建设工程施工质量验收规范要点解析

混凝土结构工程

孟文路　主编

中国铁道出版社

2012年·北　京

内容提要

本书是《建设工程施工质量验收规范要点解析》系列丛书之《混凝土结构工程》，共有六章，内容包括：模板分项工程、钢筋分项工程、预应力分项工程、混凝土分项工程、现浇结构分项工程、装配式结构分项工程。本书内容丰富，层次清晰，可供相关专业人员参考学习。

图书在版编目(CIP)数据

混凝土结构工程/孟文路主编．—北京：中国铁道出版社，2012.9
(建设工程施工质量验收规范要点解析)
ISBN 978-7-113-14481-4

Ⅰ.①混…　Ⅱ.①孟…　Ⅲ.①混凝土结构－建筑工程－工程施工－工程验收－建筑规范－中国　Ⅳ.①TU755-65

中国版本图书馆 CIP 数据核字(2012)第 066360 号

书　　名：建设工程施工质量验收规范要点解析
　　　　　混凝土结构工程
作　　者：孟文路

策划编辑：江新锡　徐　艳
责任编辑：曹艳芳　陈小刚　　电话：010－51873193
助理编辑：李慧君
封面设计：郑春鹏
责任校对：孙　玫
责任印制：郭向伟

出版发行：中国铁道出版社(100054，北京市西城区右安门西街 8 号)
网　　址：http://www.tdpress.com
印　　刷：北京新魏印刷厂
版　　次：2012 年 9 月第 1 版　2012 年 9 月第 1 次印刷
开　　本：787mm×1092mm　1/16　印张：21.75　字数：552 千
书　　号：ISBN 978-7-113-14481-4
定　　价：52.00 元

前　言

近年来，住房和城乡建设部相继对专业工程施工质量验收规范进行了修订，工程建设质量有了新的统一标准，规范对工程施工质量提出验收标准，以“验收”为手段来监督工程施工质量。为提高工程质量水平，增强对施工验收规范的理解和应用，进一步学习和掌握国家有关的质量管理、监督文件精神，掌握质量规范和验收的知识、标准，以及各类工程的操作规程，我们特组织编写了《建设工程施工质量验收规范要点解析》系列丛书。

工程质量在施工中占有重要的位置，随着经济的发展，我国建筑施工队伍也在不断的发展壮大，但不少施工企业，特别是中小型施工企业，技术力量相对较弱，对建设工程施工验收规范缺乏了解，导致单位工程竣工质量评定度低。本丛书的编写目的就是为提高企业施工质量，提高企业质量管理人员以及施工管理人员的技术水平，从而保证工程质量。

本丛书主要以“施工质量验收规范”为主线，对规范中每个分项工程进行解析。对验收标准中的验收条文、施工材料要求、施工机械要求和施工工艺的要求进行详细的阐述，模块化编写，方便阅读，容易理解。

本丛书分为：

1.《建筑地基与基础工程》；

2.《砌体工程和木结构工程》；

3.《混凝土结构工程》；

4.《安装工程》；

5.《钢结构工程》；

6.《建筑地面工程》；

7.《防水工程》；

8.《建筑给水排水及采暖工程》；

9.《建筑装饰装修工程》。

本丛书可作为监理和施工单位参考用书，也可作为大中专院校建设工程专业师生的教学参考用书。

由于编者水平有限，错误疏漏之处在所难免，请批评指正。

编　者

2012 年 5 月

目　录

第一章　模板分项工程

第一节　模板安装

一、验收条文

模板安装的验收标准见表1－1。

表1－1　模板安装验收标准

项目	内　　容
主控项目	(1)安装现浇结构的上层模板及其支架时，下层楼板应具有承受上层荷载的承载能力，或加设支架；上、下层支架的立柱应对准，并铺设垫板。 检查数量：全数检查。 检验方法：对照模板设计文件和施工技术方案观察。 (2)在涂刷模板隔离剂时，不得沾污钢筋和混凝土接槎处。 检查数量：全数检查。 检验方法：观察
一般项目	(1)模板安装应满足下列要求。 1)模板的接缝不应漏浆；在浇筑混凝土前，木模板应浇水湿润，但模板内不应有积水。 2)模板与混凝土的接触面应清理干净并涂刷隔离剂，但不得采用影响结构性能或妨碍装饰工程施工的隔离剂。 3)浇筑混凝土前，模板内的杂物应清理干净。 4)对清水混凝土工程及装饰混凝土工程，应使用能达到设计效果的模板。 检查数量：全数检查。 检验方法：观察。 (2)用作模板的地坪、胎模等应平整光洁，不得产生影响构件质量的下沉、裂缝、起砂或起鼓。 检查数量：全数检查。 检验方法：观察。 (3)对跨度不小于4 m的现浇钢筋混凝土梁、板，其模板应按设计要求起拱；当设计无具体要求时，起拱高度宜为跨度的1/1 000～3/1 000。 检查数量：在同一检验批内，对梁，应抽查构件数量的10％，且不少于3件；对板，应按有代表性的自然间抽查10％，且不少于3间；对大空间结构，板可按纵、横轴线划分检查面，抽查10％，且不少于3面。 检验方法：水准仪或拉线、钢尺检查。 (4)固定在模板上的预埋件、预留孔和预留洞均不得遗漏，且应安装牢固，其偏差应符合表1－2的规定。

续上表

项目	内　　容
一般项目	检查数量:在同一检验批内,对梁、柱和独立基础,应抽查构件数量的10%,且不少于3件;对墙和板,应按有代表性的自然间抽查10%,且不少于3间;对大空间结构,墙可按相邻轴线间高度5 m左右划分检查面,板可按纵横轴线划分检查面,抽查10%,且均不少于3面。 检验方法:钢尺检查。 (5)现浇结构模板安装的偏差应符合表1—3的规定。 检查数量:在同一检验批内,对梁、柱和独立基础,应抽查构件数量的10%,且不少于3件;对墙和板,应按有代表性的自然间抽查10%,且不少于3间;对大空间结构,墙可按相邻轴线间高度5 m左右划分检查面,板可按纵、横轴线划分检查面,抽查10%,且均不少于3面。 (6)预制构件模板安装的偏差应符合表1—4的规定。 检查数量:首次使用及大修后的模板应全数检查;使用中的模板应定期检查,并根据使用情况不定期抽查

预埋件和预留孔洞的允许偏差见表1—2。

表1—2　预埋件和预留孔洞的允许偏差

项　　目		允许偏差(mm)
预埋钢板中心线位置		3
预埋管、预留孔中心线位置		3
插筋	中心线位置	5
	外露长度	$^{+10}_{0}$
预埋螺栓	中心线位置	2
	外露长度	$^{+10}_{0}$
预留洞	中心线位置	10
	尺寸	$^{+10}_{0}$

注:检查中心线位置时,应沿纵、横两个方向量测,并取其中的较大值。

现浇结构模板安装的允许偏差及检验方法见表1—3。

表1—3　现浇结构模板安装的允许偏差及检验方法

项　　目		允许偏差(mm)	检验方法
轴线位置		5	钢尺检查
底模上表面标高		±5	水准仪或拉线、钢尺检查
截面内部尺寸	基础	±10	钢尺检查
	柱、墙、梁	$^{+4}_{-5}$	钢尺检查
层高垂直度	不大于5 m	6	经纬仪或吊线、钢尺检查
	大于5 m	8	经纬仪或吊线、钢尺检查
相邻两板表面高低差		2	钢尺检查
表面平整度		5	2 m靠尺和塞尺检查

注:检查轴线位置时,应沿纵、横两个方向量测,并取其中的较大值。

预制构件模板安装的允许偏差及检验方法见表1—4。

表1—4 预制构件模板安装的允许偏差及检验方法

项目		允许偏差(mm)	检验方法
长度	板、梁	±5	钢尺量两角边，取其中较大值
	薄腹梁、桁架	±10	
	柱	0 −10	
	墙板	0 −5	
宽度	板、墙板	0 −5	钢尺量一端及中部，取其中较大值
	梁、薄腹梁、桁架、柱	+2 −5	
高(厚)度	板	+2 −3	钢尺量一端及中部，取其中较大值
	墙板	0 −5	
	梁、薄腹梁、桁架、柱	+2 −5	
侧向弯曲	梁、板、柱	l/1 000且≤15	拉线、钢尺量最大弯曲处
	墙板、薄腹梁、桁架	l/1 500且≤15	
板的表面平整度		3	2 m靠尺和塞尺检查
相邻两板表面高低差		1	钢尺检查
对角线差	板	7	钢尺量两个对角线
	墙板	5	
翘曲	板、墙板	l/1 500	调平尺在两端量测
设计起拱	薄腹梁、桁架、梁	±3	拉线、钢尺量跨中

注：l为构件长度(mm)。

二、施工材料要求

1. 定型组合小钢模

定型组合小钢模的材料要求见表1—5。

表1—5 定型组合小钢模

项目	内容
钢模板	钢模板采用Q235钢材制成，钢板厚度2.5 mm，对于不小于400 mm宽面钢模板的钢板厚度应采用2.75 mm或3.0 mm钢板。钢模板主要包括平面模板、阴角模板、连接角模等见表1—6。 钢模板规格编码见表1—7
连接件	连接件由U形卡、L形插销、钩头螺栓、紧固螺栓、扣件、对拉螺栓等组成见表1—8。 对拉螺栓的规格和性能见表1—9。 扣件容许荷载见表1—10

续上表

项目	内　　容
支承件	(1)钢楞：又称龙骨，主要用于支承钢模板并加强其整体刚度。钢楞的材料有 Q235 圆钢管、矩形钢管、内卷边槽钢、轻型槽钢、轧制槽钢等，可根据设计要求和供应条件选用。 常用各种型钢钢楞的规格和力学性能见表 1－11。 (2)柱箍：又称柱卡箍、定位夹箍，用于直接支承和夹紧各类柱模的支承件，可根据柱模的外形尺寸和侧压力的大小来选用(图 1－1)。 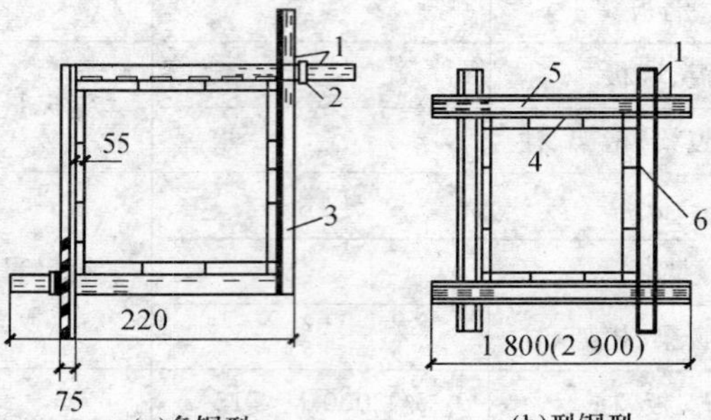 (a)角钢型　　(b)型钢型 图 1－1　柱箍(单位：mm) 1－插销；2－限位器；3－夹板；4－模板；5－型钢；6－型钢 常用柱箍的规格和力学性能见表 1－12。 (3)梁卡具：又称梁托架，是一种将大梁、过梁等钢模板夹紧固定的装置，并承受混凝土侧压力。其种类较多，其中钢管型梁卡具(图 1－2)，适用于断面为 700 mm×500 mm 以内的梁；扁钢和圆钢管组合梁卡具(图 1－3)，适用于断面为 600 mm×500 mm 以内的梁，上述两种梁卡具的高度和宽度都能调节。 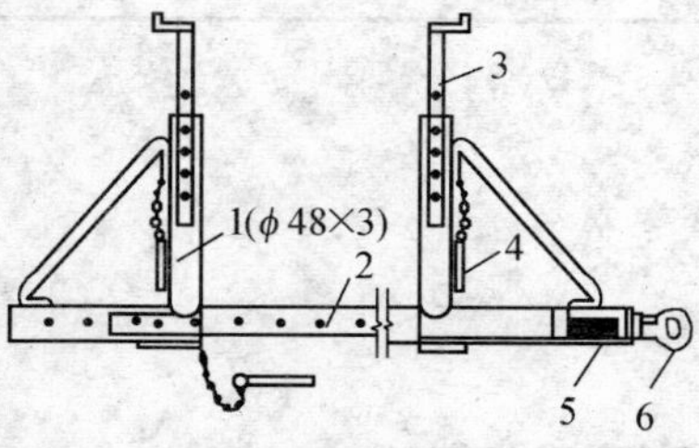 图 1－2　钢管型梁卡具(单位：mm) 1－三角架；2－底座；3－调节杆；4－插销； 5－调节螺栓；6－钢筋环 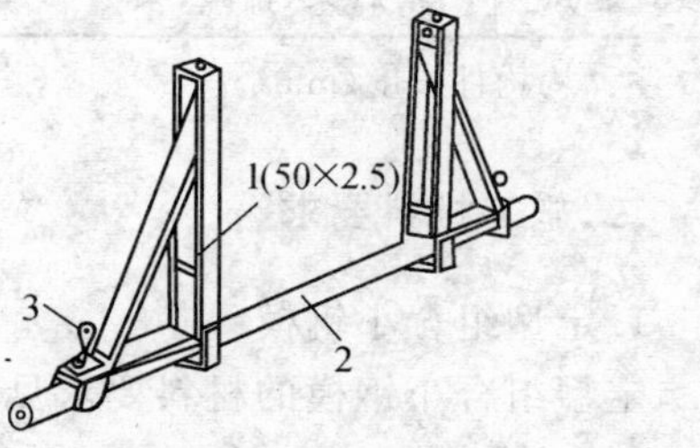 图 1－3　扁钢和圆钢管组合梁卡具(单位：mm) 1－三角架；2－底座；3－固定螺栓 (4)钢支柱：用于大梁、楼板等水平模板的垂直支撑，采用 Q235 钢管制作，有单管支柱和四管支柱多种形式(图 1－4)。单管支柱分 C－18 型、C－22 型和 C－27 型三种，其规格(长度)分别为 1 812～3 112 mm、2 212～3 512 mm 和 2 712～4 012 mm。单管钢支柱的截面特征见表 1－13，四管支柱截面特征见表 1－14。 (5)早拆柱头：用于梁和模板的早拆柱头，以及模板早拆柱头(图 1－5)。 (6)斜撑：用于承受单侧模板的侧向荷载和调整竖向支模的垂直度(图 1－6)。 (7)桁架：有平面可调和曲面可变式两种。平面可调桁架用于支承楼板、梁平面构件的模板，曲面可变桁架支承曲面构件的模板。

续上表

<table>
<tr><th>项目</th><th>内　　容</th></tr>
<tr><td>支承件</td><td>

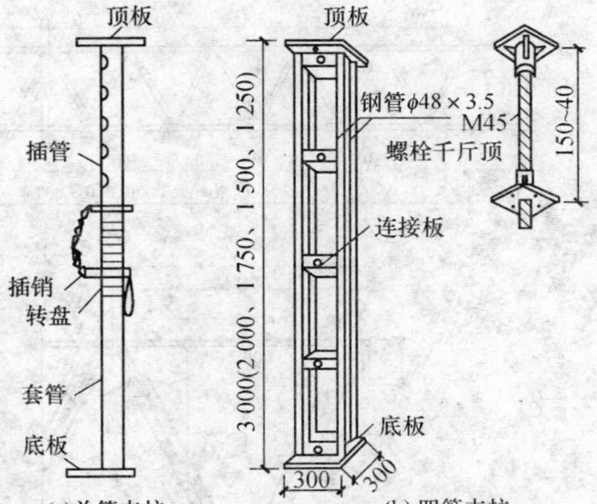

(a)单管支柱　(b)四管支柱

图 1—4　钢支柱(单位:mm)

1)平面可调桁架(图 1—7)。用于楼板、梁等水平模板的支架。用它支设模板,可以节省模板支撑和扩大楼层的施工空间,有利于加快施工速度。

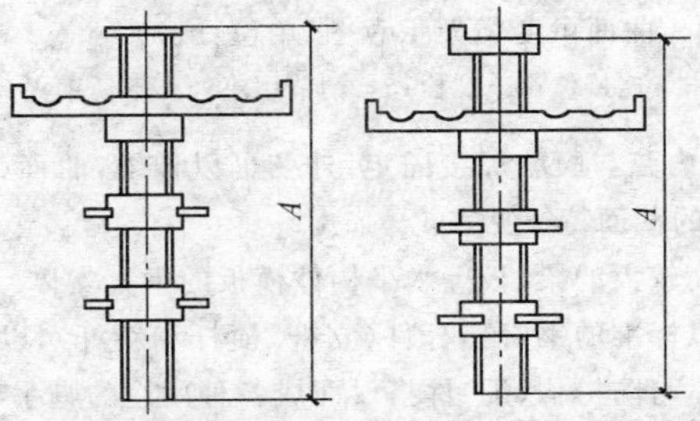

(a)用于梁的早拆柱头　(b)用于模板的早拆柱头

图 1—5　螺旋式早拆柱头

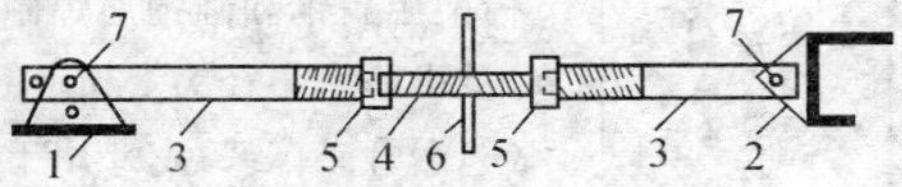

图 1—6　斜撑

1—底座;2—顶撑;3—钢筋斜撑;4—花篮螺栓;5—螺母;6—旋杆;7—销钉

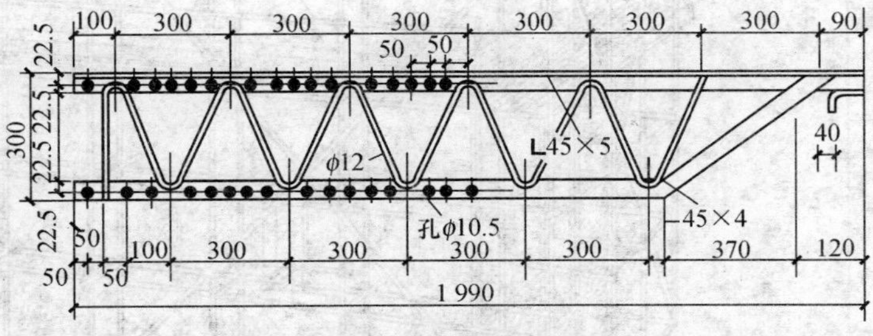

图 1—7　平面可调桁架(单位:mm)

平面可调桁架采用角钢、扁钢和圆钢筋制成,由两榀桁架组合后,其跨度可调整到 2 100～3 500 mm,一个桁架的承载力为 20 kN(均匀放置)。

2)曲面可变桁架(图 1—8)。曲面可变桁架由桁架、连接件、垫板、连接板、方垫块等组成。适用于筒仓、沉井、圆形基础、明渠、暗渠、水坝、桥墩、挡土墙等曲面构筑物模板的支撑。

</td></tr>
</table>

续上表

项目	内　　容

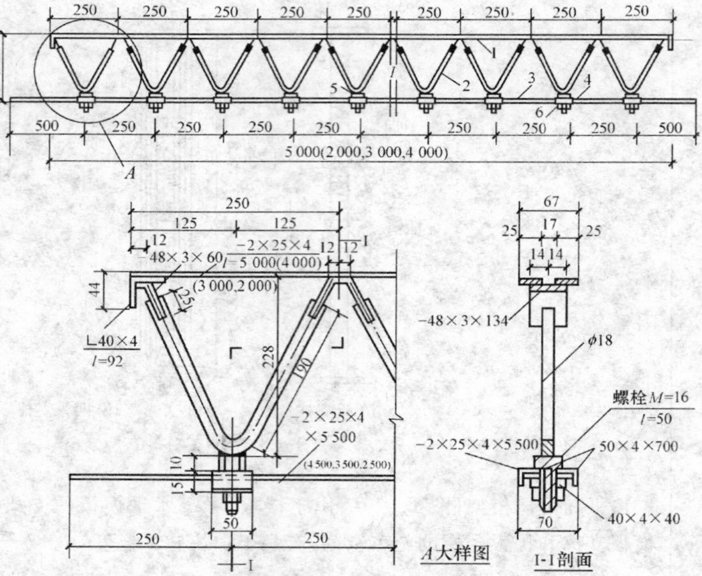

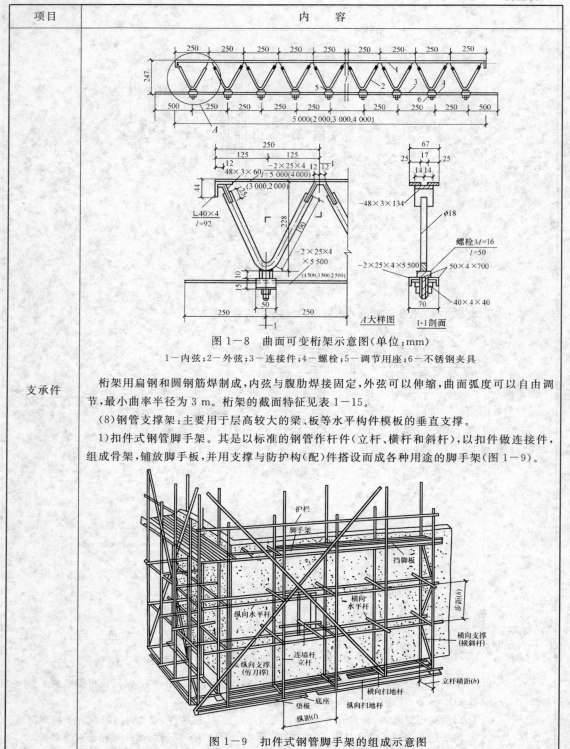

图 1－8　曲面可变桁架示意图(单位:mm)

1－内弦;2－外弦;3－连接件;4－螺栓;5－调节用座;6－不锈钢夹具

支承件

桁架用扁钢和圆钢筋焊制成,内弦与腹肋焊接固定,外弦可以伸缩,曲面弧度可以自由调节,最小曲率半径为 3 m。桁架的截面特征见表 1－15。

(8)钢管支撑架:主要用于层高较大的梁、板等水平构件模板的垂直支撑。

1)扣件式钢管脚手架。其是以标准的钢管作杆件(立杆、横杆和斜杆),以扣件做连接件,组成骨架,铺放脚手板,并用支撑与防护构(配)件搭设而成各种用途的脚手架(图 1－9)。

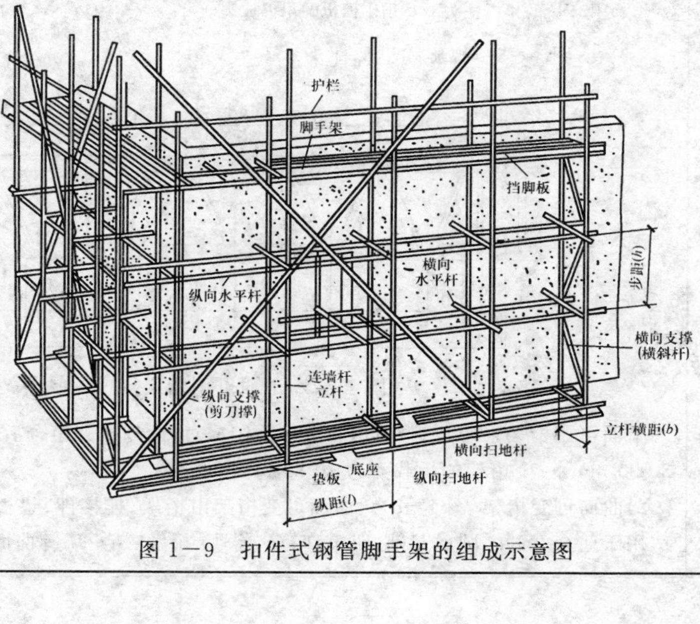

图 1－9　扣件式钢管脚手架的组成示意图

续上表

项目	内　　容
支承件	①钢管：钢管一般采用外径 48 mm、壁厚 3.5 mm 的 Q235 钢焊接钢管。也可采用同样规格的无缝钢管或用外径 50～51 mm、壁厚 3～4 mm 的焊接钢管。一个工地不宜采用两种型号规格的钢管。 用于立杆、大横杆和斜杆的钢管长度，一般为 4～6 m 为宜；小横杆的钢管长度一般为 1.9～2.3 m 为宜。 ②扣件：扣件有三种。 a. 直角扣件（十字扣）。用于两根垂直交叉钢管的连接[图 1－10(a)]。 b. 旋转扣件（回转扣）。用于两根任意角度相交钢管的连接[图 1－10(b)]。 c. 对接扣件（一字扣）。供对接钢管用[图 1－10(c)]。 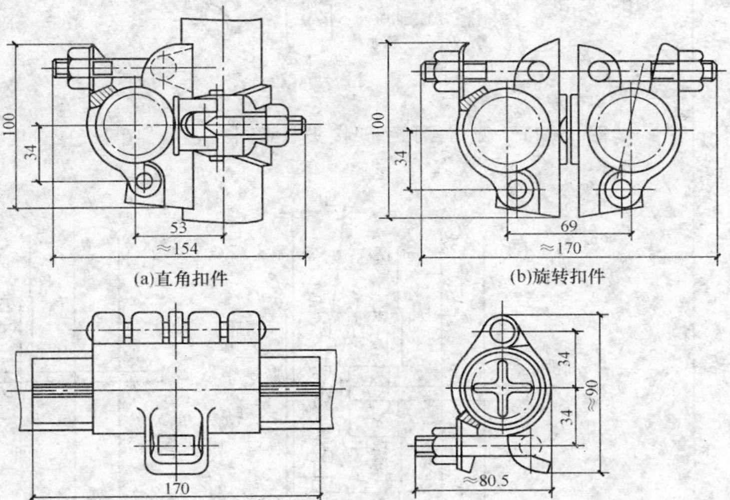 (a)直角扣件　(b)旋转扣件　(c)对接扣件 图 1－10　扣件（单位：mm） 扣件的质量应符合《钢管脚手架扣件》(GB 15831—2006)的要求，使用的扣件要有出厂合格证。有脆裂、变形、滑丝的扣件禁止使用。扣件表面应进行防锈处理。扣件活动部位应能灵活转动。当扣件夹紧钢管时，开口处的最小距离应不小于 5 mm。 ③脚手板：一般用厚 2 mm 钢板压制而成，其表面均匀分布防滑孔，板长 2～4 m，宽 250 mm。 如用木脚手板，一般长 3～6 m，宽不小于 150 mm，厚 50 mm，其材质应符合现行国家规范《木结构工程施工质量验收规范》(GB 50206－2002)二等材的规定。 2)碗扣式脚手架。 碗扣式脚手架是承插式单管脚手架的一种形式，其构造与扣件式钢管脚手架基本相同，主要由立杆、横杆、斜杆、可调底座等组成，只是立杆与横杆、斜杆之间的连接不是采用扣件而是在立杆上焊上插座，横杆和斜杆上焊上插头，利用插头插入插座，拼装成各种尺寸的脚手架。 我国已经采用的承插式脚手架有：碗扣式脚手架（图 1－11）、楔紧式脚手架（图 1－12）、卡板式脚手架（图 1－13）、插卡式脚手架（图 1－14）等，其中应用最多的为碗扣式脚手架。 ①碗扣式脚手架的特点：脚手架的核心部件是碗扣接头，由上下碗扣、横杆接头和上碗扣的限位销等组成。它具有结构简单，杆件全部轴向连接，力学性能好，接头构造合理，工作安全可靠，拆装方便，操作容易，构件自重轻，作业强度低，零部件少，损耗率低，多种功能等优点。

续上表

<table>
<tr><th>项目</th><th>内　　容</th></tr>
<tr><td>支承件</td><td>
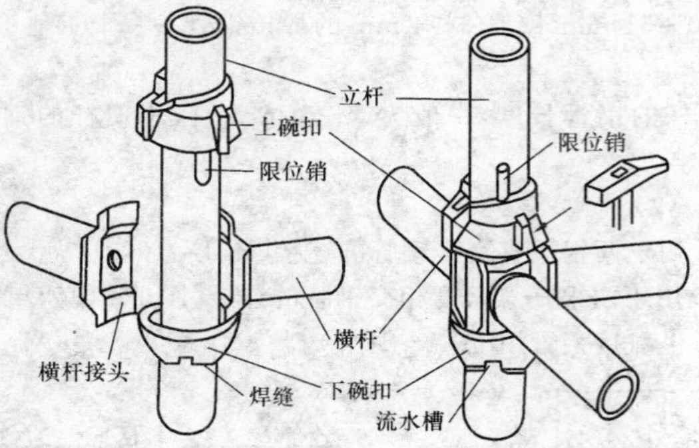

(a)连接前　(b)连接后

图 1－11　碗扣式脚手架接头示意图

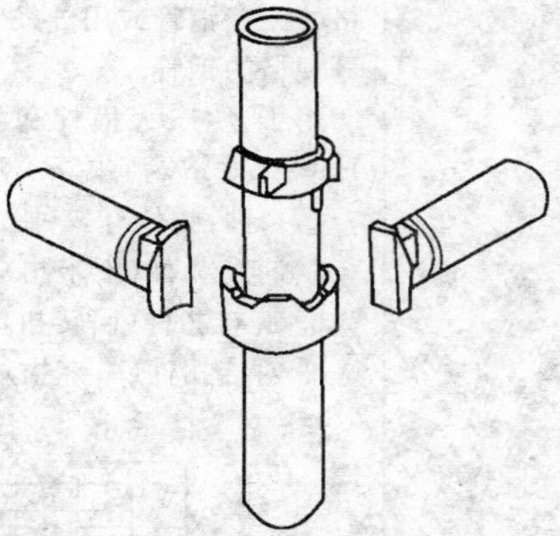

图 1－12　楔紧式脚手架接头示意图

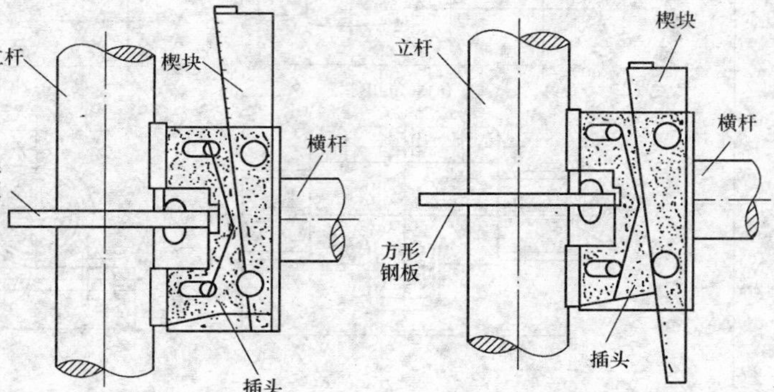

(a)打入楔板　(b)松开楔板

图 1－13　卡板式脚手架接头示意图

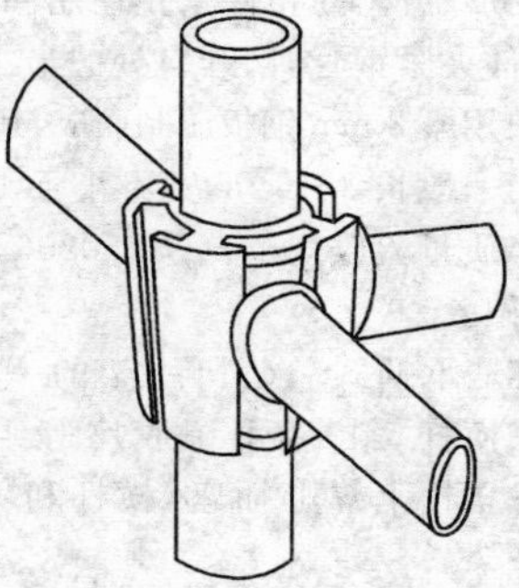

图 1－14　插卡式脚手架接头示意图

②碗扣式脚手架构件：碗扣式钢管脚手架的主要构(配)件共有 5 种(见表 1－16)，辅助构(配)件共有 19 种，并可根据需要增设一些其他构(配)件。
</td></tr>
</table>

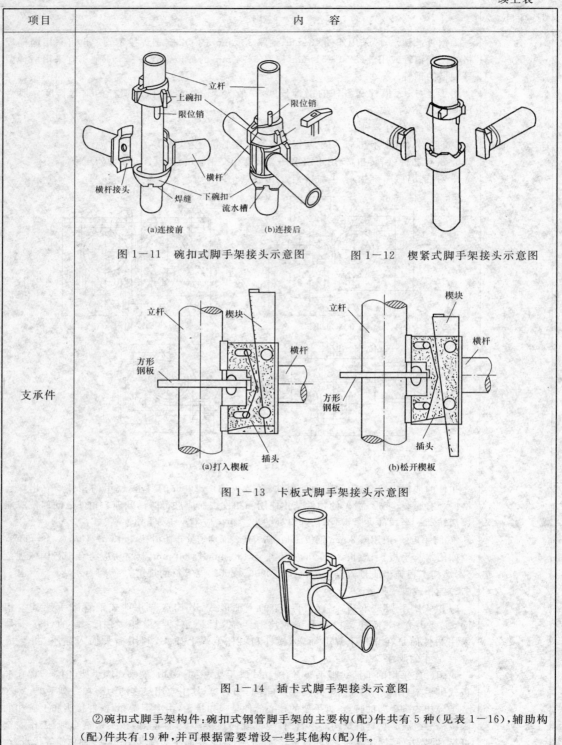

续上表

项目	内　容
支承件	3)门式支架。 门式钢管脚手架的基本受力单元是由钢管焊接而成的门型钢架(简称门架),通过剪刀撑、脚手板(或水平梁)、连墙杆以及其他连接杆、配件组装成的逐层叠起脚手架,与建筑结构拉结牢固,形成整体稳定的脚手架结构,其特点是可减少连接件,并可与模板支架通用。 这种脚手架搭设高度一般限制在35 m以内,采取一定措施后可达60 m左右。架高在40～60 m范围内,结构架可一层同时操作,装修架可二层同时操作;架高在19～38 m范围内,结构架可二层同时操作,装修架可三层同时作业;架高17 m以下,结构架可三层同时作业,装修架可四层同时作业。施工荷载限定为:均布荷载结构架3.0 kN/m^2,装修架2.0 kN/m^2,架上不应走手推车。门式钢管脚手架的组成,如图1－15所示。 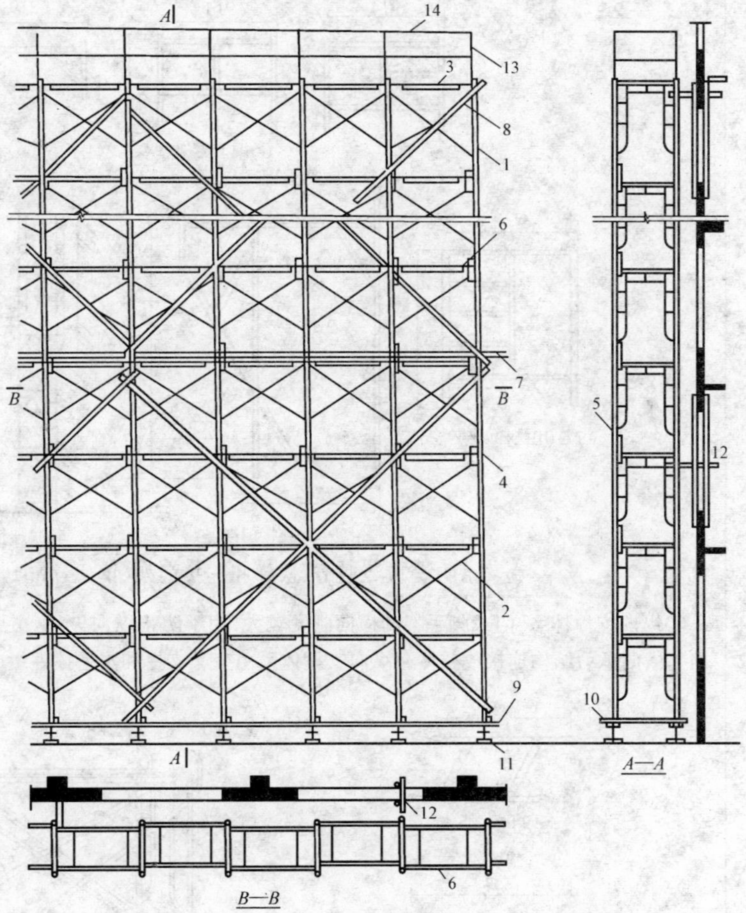 图1－15　门式钢管脚手架的组成 1－门架;2－交叉支撑;3－挂扣式脚手板;4－连接棒;5－锁臂;6－水平架;7－水平加杆;8－剪刀撑;9－扫地杆;10－封口杆;11－可调底座;12－连墙杆;13－栏杆柱;14－栏杆扶手 ①横向承力结构:门式脚手架的横向承力结构是由门架逐层叠起组成的。门架是门式脚手架的主要构件(图1－16)。

续上表

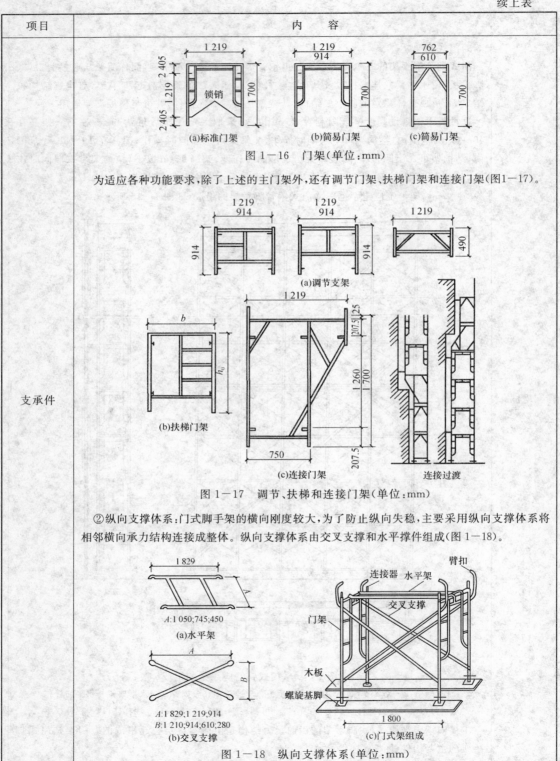

项目	内　　容
支承件	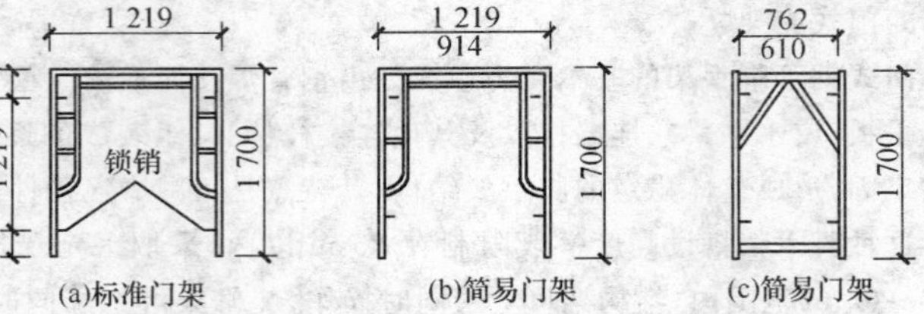 图 1－16　门架(单位:mm) 为适应各种功能要求,除了上述的主门架外,还有调节门架、扶梯门架和连接门架(图1－17)。 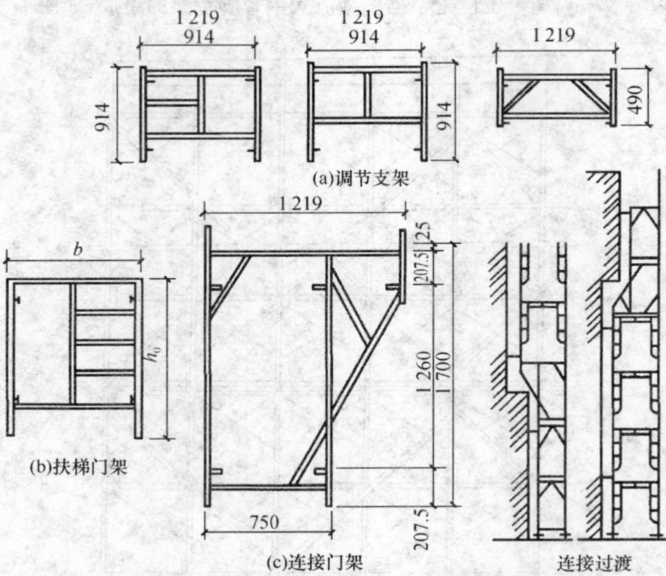 图 1－17　调节、扶梯和连接门架(单位:mm) ②纵向支撑体系:门式脚手架的横向刚度较大,为了防止纵向失稳,主要采用纵向支撑体系将相邻横向承力结构连接成整体。纵向支撑体系由交叉支撑和水平撑件组成(图 1－18)。 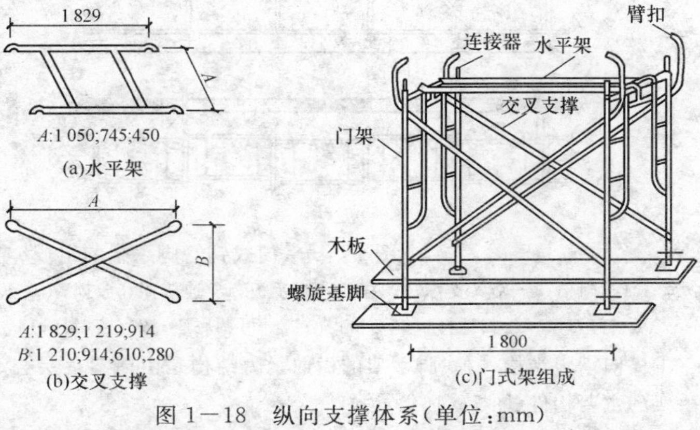 图 1－18　纵向支撑体系(单位:mm)

钢模板的用途及规格见表1—6。

表1—6　钢模板的用途及规格

名称		图示	用途	宽度(mm)	长度(mm)	肋高(mm)
平面模板		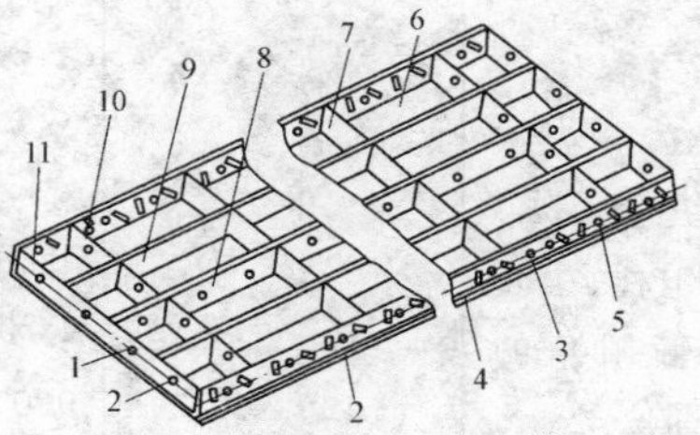 1—插销孔；2—U形卡孔；3—凸鼓；4—凸楞；5—边肋；6—主板；7—无孔横肋；8—有孔从肋；9—无孔从肋；10—有孔横肋；11—端肋	用于基础、墙体、梁、柱和板等多种结构的平面部位	600、550、500、450、400、350、300、250、200、150、100	1 800、1 500、1 200、900、750、600、450	55
转角模板	阴角模板	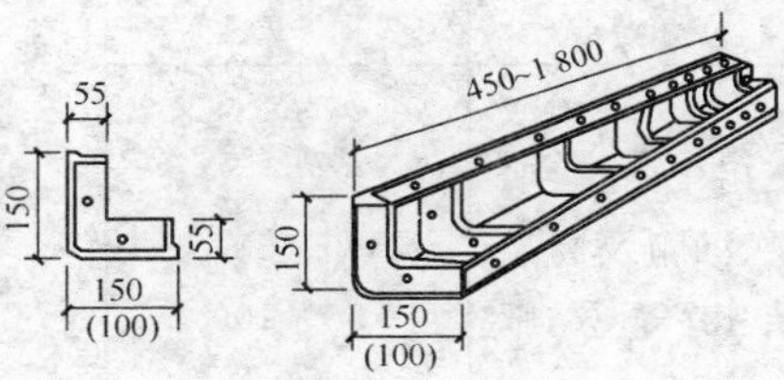	用于墙体和各种构件的内角及凹角的转角部位	150×150、100×150		
	阳角模板	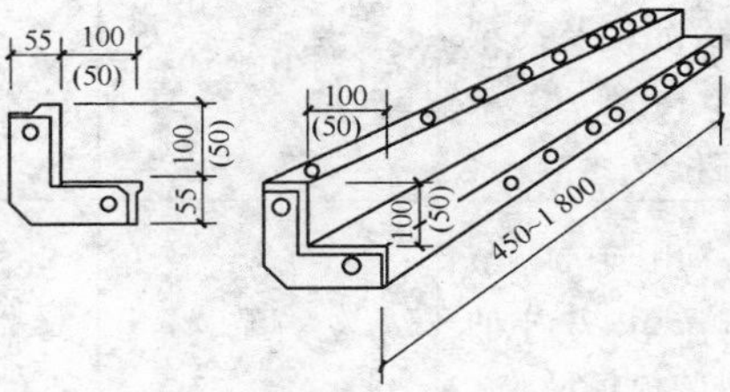	用于柱、梁及墙体等外角及凸角的转角部位			
	连接角模	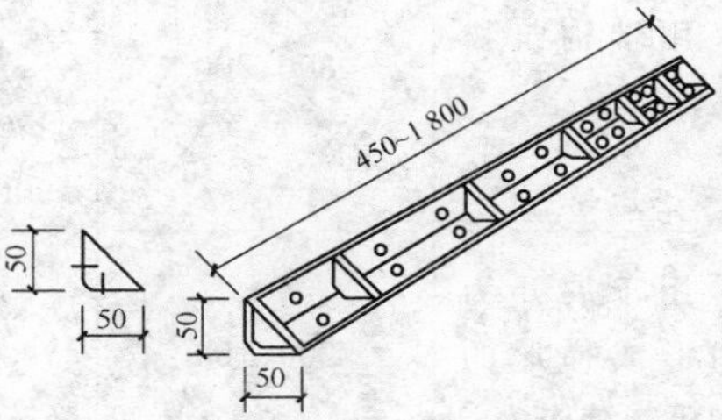	用于柱、梁及墙体等外角及凸角的转角部位			

续上表

名称		图示	用途	宽度(mm)	长度(mm)	肋高(mm)
倒棱模板	角棱模板	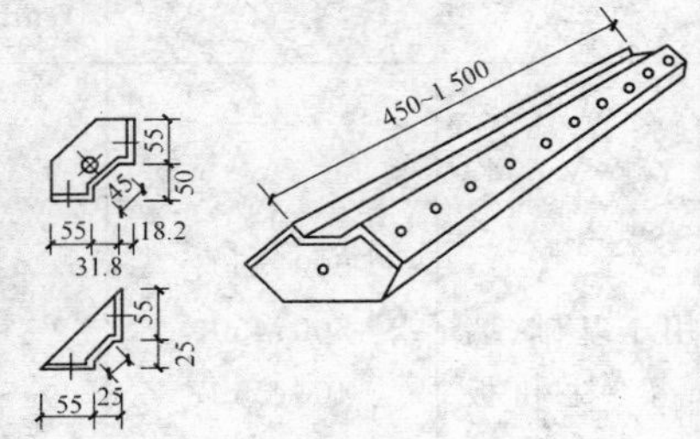	用于柱、梁及墙体等阳角的倒棱部位	17、45	1 500、1 200、900、750、600、450	55
倒棱模板	圆棱模板	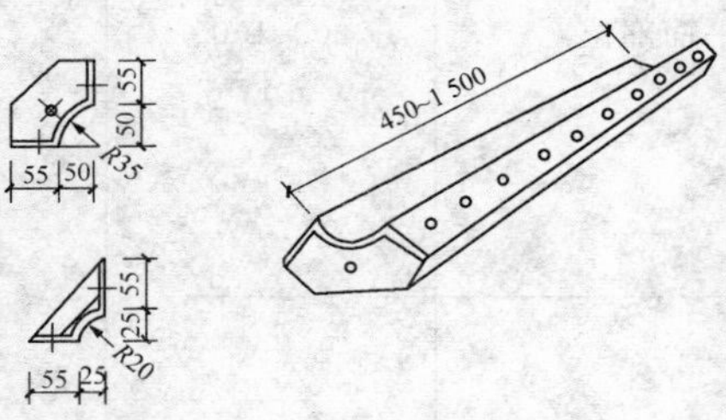	用于柱、梁及墙体等阳角的倒棱部位	*R*20、*R*25	1 500、1 200、900、750、600、450	55
梁腋模板		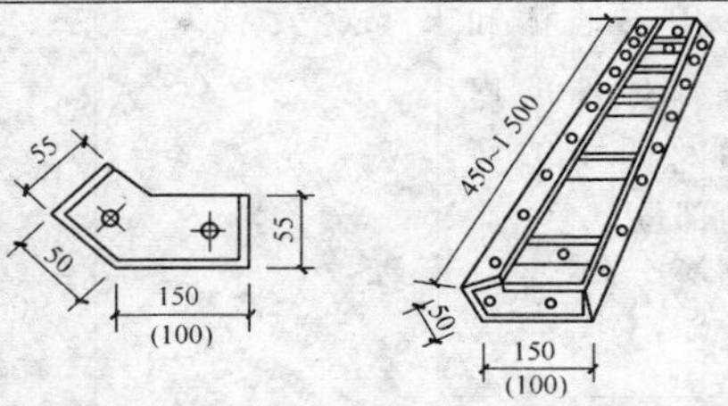	用于暗渠、明渠、沉箱及高架结构等梁腋部位	50×50、50×100	1 500、1 200、900、750、600、450	55
柔性模板		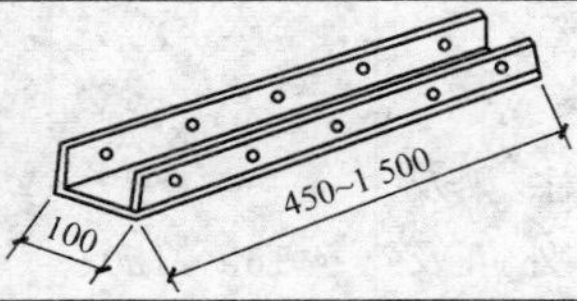	用于暗渠、明渠、沉箱及高架结构等梁腋部位	100	1 500、1 200、900、750、600、450	55
搭接模板		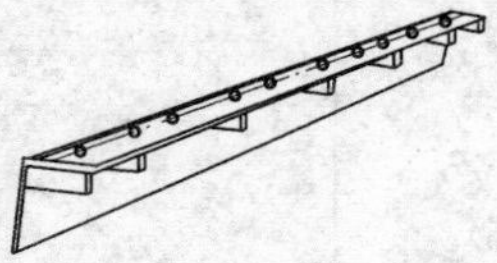	用于调节50 mm以内的拼装模板尺寸	75		55
可调模板	双曲	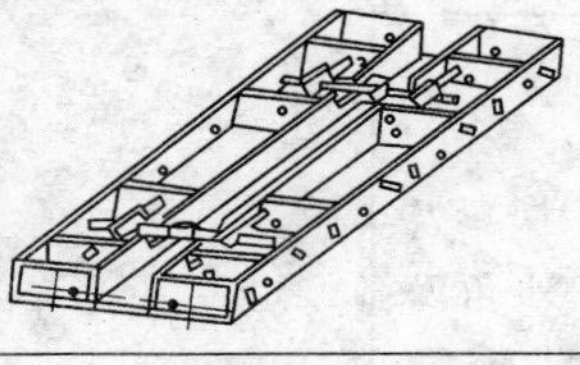	用于构筑物曲面部位	300、200	1 500、900、600	55
可调模板	变角	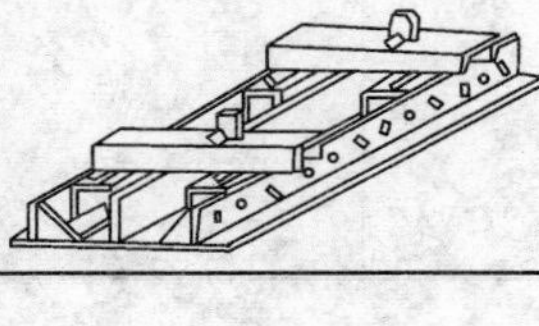	用于展开为扇形或梯形的构筑物结构	200、160	1 500、900、600	55

续上表

名称		图示	用途	宽度(mm)	长度(mm)	肋高(mm)
嵌补模板	平面嵌板	与平面模板和转角模板相同	用于梁、柱、板、墙、等结构接头部位	200、150、100	300、200、150	55
	阳角模板			150×150、100×150		
	阳角模板			100×100、50×50		
	连接模板			50×50		

钢模板规格编码见表1—7。

表1—7　钢模板规格编码　(单位:mm)

模板名称			模板长度													
			450		600		750		900		1 200		1 500		1 800	
			代号	尺寸	代号	尺寸	代号	尺寸	代号	尺寸	代号	尺寸	代号	尺寸	代号	尺寸
平面模板代号P	宽度	600	P6004	600×450	P6006	600×600	P6007	600×750	P6009	600×900	P6012	600×1 200	P6015	600×1 500	P6018	600×1 800
		550	P5504	550×450	P5506	550×600	P5507	550×750	P5509	550×900	P5512	550×1 200	P5515	550×1 500	P5518	550×1 800
		500	P5004	500×450	P5006	500×600	P5007	500×750	P5009	500×900	P5012	500×1 200	P5015	500×1 500	P5018	500×1 800
		450	P4504	450×450	P4506	450×600	P4507	450×750	P4509	450×900	P4512	450×1 200	P4515	450×1 500	P4518	450×1 800
		400	P4004	400×450	P4006	400×600	P4007	400×750	P4009	400×900	P4012	400×1 200	P4015	400×1 500	P4018	400×1 800
		350	P3504	350×450	P3506	350×600	P3507	350×750	P3509	350×900	P3512	350×1 200	P3515	350×1 500	P3518	350×1 800
		300	P3004	300×450	P3006	300×600	P3007	300×750	P3009	300×900	P3012	300×1 200	P3015	300×1 500	P3018	300×1 800
		250	P2504	250×450	P2506	250×600	P2507	250×750	P2509	250×900	P2512	250×1 200	P2515	250×1 500	P2518	250×1 800
		200	P2004	200×450	P2006	200×600	P2007	200×750	P2009	200×900	P2012	200×1 200	P2015	200×1 500	P2018	200×1 800
		150	P1504	150×450	P1506	150×600	P1507	150×750	P1509	150×900	P1512	150×1 200	P1515	150×1 500	P1518	150×1 800
		100	P1004	100×450	P1006	100×600	P1007	100×750	P1009	100×900	P1012	100×1 200	P1015	100×1 500	P1018	100×1 800

续上表

模板名称	模板长度													
	450		600		750		900		1 200		1 500		1 800	
	代号	尺寸	代号	尺寸	代号	尺寸	代号	尺寸	代号	尺寸	代号	尺寸	代号	尺寸
阴角模板(代号E)	E1504	150×150×450	E1506	150×150×600	E1507	150×150×750	E1509	150×150×900	E1512	150×150×1 800	E1515	150×150×1 500	E1518	150×150×1 800
	E1004	100×150×450	E1006	100×150×600	E1007	100×150×750	E1009	100×150×900	E1012	100×150×1 200	E1015	100×150×1 500	E1018	100×150×1 800
阳角模板(代号Y)	Y1004	100×100×450	Y1006	100×100×600	Y1007	100×100×750	Y1009	100×100×900	Y1012	100×100×1 200	Y1015	100×100×1 500	Y1018	100×100×1 800
	Y0504	50×50×450	Y0506	50×50×600	Y0507	50×50×750	Y0509	50×50×900	Y0512	50×50×1 200	Y0515	50×50×1 500	Y0518	50×50×1 800
连接角模(代号J)	J0004	50×50×450	J0006	50×50×600	J0007	50×50×750	J0009	50×50×900	J0012	50×50×1 200	J0015	50×50×1 500	J0018	50×50×1 800
倒棱模板 角棱模板(代号JL)	JL1704	17×450	JL1706	17×600	JL1707	17×750	JL1709	17×900	JL1712	17×1 200	JL1715	17×1 500	JL1718	17×1 800
	JL4504	45×450	JL4506	45×600	JL4507	45×750	JL4509	45×900	JL4512	45×1 200	JL4515	45×1 500	JL4518	45×1 800
倒棱模板 圆棱模板(代号YL)	YL2004	20×450	YL2006	20×600	YL2007	20×750	YL2009	20×900	YL2012	20×1 200	YL2015	20×1 500	YL2018	20×1 800
	YL3504	35×450	YL3506	35×600	IY3507	35×750	YL3509	35×900	YL3512	35×1 200	YL3515	35×1 500	YL3518	35×1 800
梁腋模板(代号IY)	IY1004	100×50×450	IY1006	100×50×600	IY1007	100×50×750	IY1009	100×50×900	IY1012	100×50×1 200	IY1015	100×50×1 500	IY1018	100×50×1 800
	IY1504	150×50×450	IY1506	150×50×600	IY1507	150×50×750	IY1509	150×50×900	IY1512	150×50×1 200	IY1515	150×50×500	IY1515	150×50×1 800
柔性模板(代号Z)	Z1004	100×450	Z1006	100×600	Z1007	100×750	Z1009	100×900	Z1012	100×1 200	Z1015	100×1 500	Z1018	100×1 800
搭接模板(代号D)	D7504	75×450	D7506	75×600	D7507	75×750	D7509	75×900	D7512	75×1 200	D7515	75×1 500	D7518	75×1 800
双曲可调模板(代号T)	—	—	T3006	300×600	—	—	T3009	300×900	—	—	T3015	300×1 500	T3018	300×1 800
	—	—	T2006	200×600	—	—	T2009	200×900	—	—	T2015	200×1 500	T2018	200×1 800

续上表

模板名称	模板长度													
	450		600		750		900		1 200		1 500		1 800	
	代号	尺寸	代号	尺寸	代号	尺寸	代号	尺寸	代号	尺寸	代号	尺寸	代号	尺寸
变角可调模板（代号 B）	—	—	B2006	200×600	—	—	B2009	200×900	—	—	R2015	200×1 500	B2018	200×1 800
	—	—	B1606	160×600	—	—	B1609	160×900	—	—	B1615	160×1 500	B1618	160×1 800

连接件组成及用途见表 1—8。

表 1—8 连接件组成及用途

名称	图示	用途	规格	备注
U 形卡	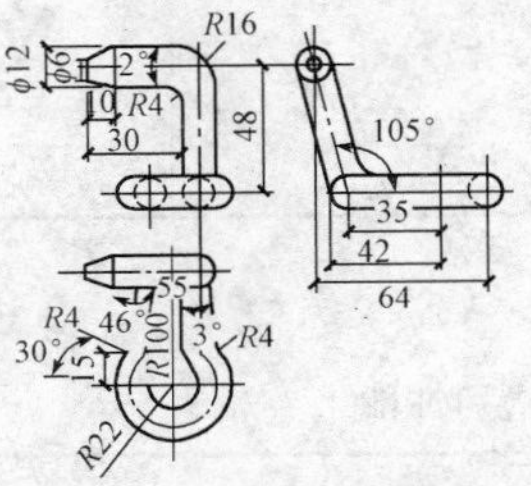	主要用于钢模板纵横向的自由拼接，将相邻钢模板夹紧固定	$\phi12$	
L 形插销	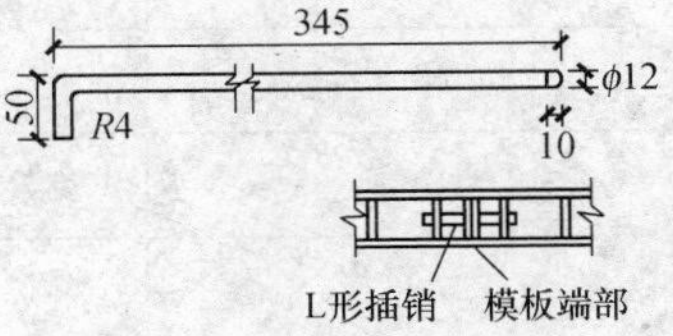	用于增强钢模板的纵向拼接刚度，保证接缝处板面平整	$\phi12$，$l=345$ mm	
钩头螺栓	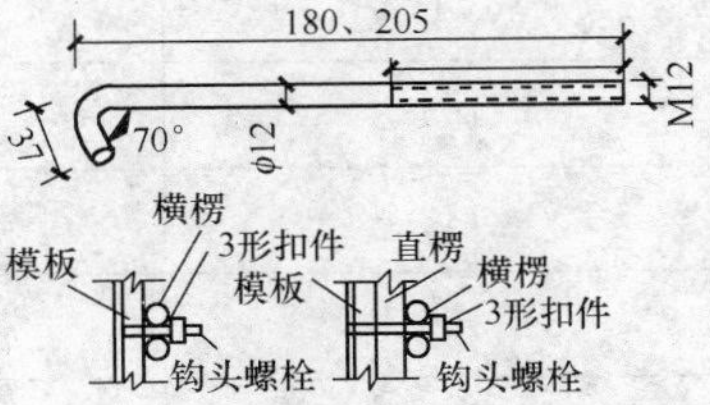	用于钢模板与内、外钢楞之间的连接固定	$\phi12$，$l=205$ mm、180 mm	Q235 圆钢
紧固螺栓	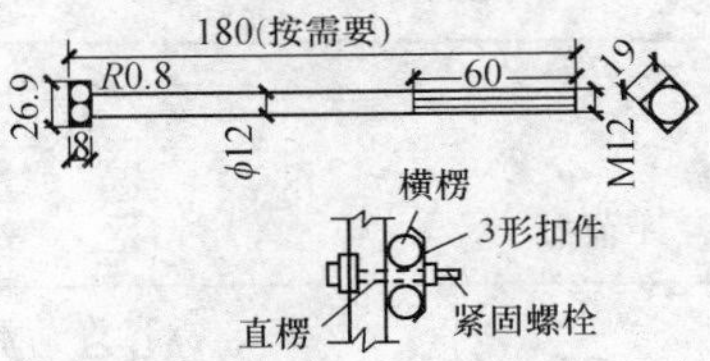	用于紧固内、外钢楞，增强拼接模板的整体性	$\phi12$，$l=180$ mm	
对拉螺栓	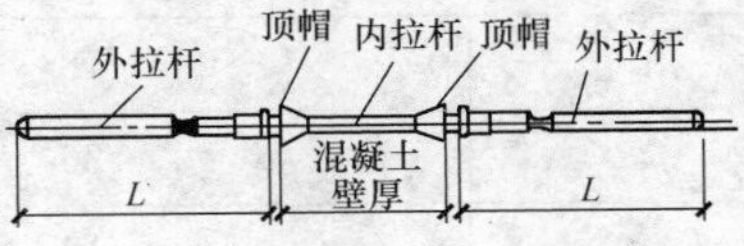	用于拉结两竖向侧模板，保持两侧模板的间距，承受混凝土侧压力和其他荷载，确保模板有足够的强度和刚度	M12、M14、M16、T12、T14、T16、T18、T20	

续上表

<table>
<tr><th colspan="2">名称</th><th>图示</th><th>用途</th><th>规格</th><th>备注</th></tr>
<tr><td rowspan="2">扣件</td><td>弓形扣件</td><td>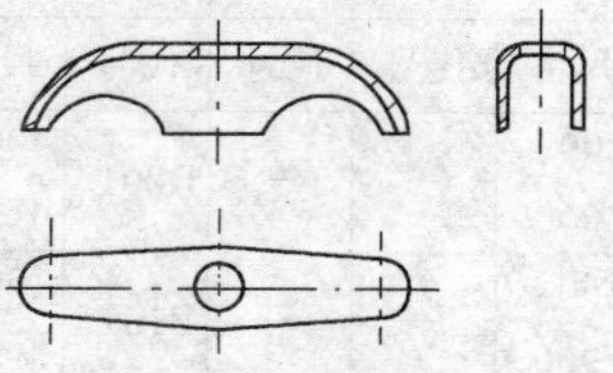</td><td rowspan="2">用于钢楞与钢模板或钢楞之间的紧固连接，与其他配件一起将钢模板拼装连接成整体，扣件应与相应的钢楞配套使用。按钢楞的不同形状，分别采用碟形和弓形扣件，扣件的刚度与配套螺栓的强度相适应</td><td>26 型，
12 型</td><td rowspan="2">Q235
圆钢</td></tr>
<tr><td>碟形扣件</td><td>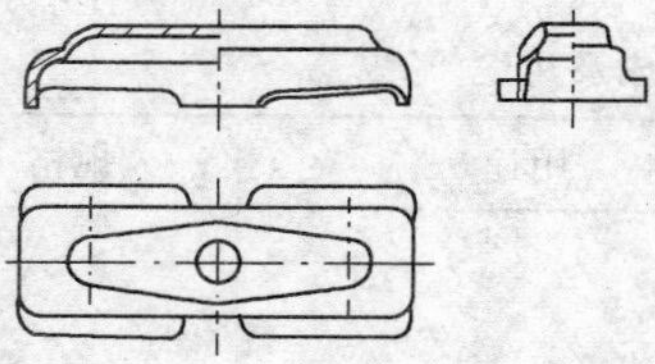</td><td>26 型，
18 型</td></tr>
</table>

对拉螺栓的规格和性能见表 1—9。

表 1—9　对拉螺栓的规格和性能

规格	螺纹内径(mm)	净面积(mm^2)	容许拉力(kN)
M12	10.11	76	12.90
M14	11.84	105	17.80
M16	13.84	144	24.50
T12	9.50	71	12.05
T14	11.50	104	17.65
T16	13.50	143	24.27
T18	15.50	189	32.08
T20	17.50	241	40.91

扣件容许荷载见表 1—10。

表 1—10　扣件容许荷载　　(单位：kN)

项　目	型号	容许荷载
碟形扣件	26 型	26
	18 型	18
弓形扣件	26 型	26
	12 型	12

常用各种型钢钢楞的规格和力学性能见表1—11。

表1—11　常用各种型钢钢楞的规格和力学性能

规格(mm)		截面积 $A(cm^2)$	质量(kg/m)	截面惯性矩 $I_x(cm^4)$	截面最小抵抗矩 $W_x(cm^3)$
圆钢管	$\phi48\times3.0$	4.24	3.33	10.78	4.49
	$\phi48\times3.5$	4.89	3.84	12.19	5.08
	$\phi51\times3.5$	5.22	4.10	14.81	5.81
矩形钢管	□60×40×2.5	4.57	3.59	21.88	7.29
	□80×40×2.0	4.52	3.55	37.13	9.28
	□100×50×3.0	8.64	6.78	112.12	22.42
轻型槽钢	[80×40×3.0	4.50	3.53	43.92	10.98
	[100×50×3.0	5.70	4.47	88.52	12.20
内卷边槽钢	[80×40×15×3.0	5.08	3.99	48.92	12.23
	[100×50×20×3.0	6.58	5.16	100.28	20.06
轧制槽钢	[80×43×5.0	10.24	8.04	101.30	25.30
轻型槽钢	[80×40×3.0	4.50	—	43.92	10.98
	[100×50×3.0	5.70	—	88.52	12.20

常用柱箍的规格和力学性能见表1—12。

表1—12　常用柱箍的规格和力学性能

材料	规格(mm)	夹板长度(mm)	截面积 $A(mm^2)$	截面惯性矩 $I_x(mm^4)$	截面最小抵抗矩 $W_x(mm^2)$	适用柱宽范围(mm)
扁钢	—60×6	790	360	10.80×10^4	3.60×10^3	250～500
角钢	∟75×50×5	1 068	612	34.86×10^4	6.83×10^3	250～750
轧制槽钢	[80×43×5	1 340	1 024	101.30×10^4	25.30×10^3	500～1 000
	[100×48×5.3	1 380	1 274	198.30×10^4	39.70×10^3	500～1 200
钢管	$\phi48\times3.5$	1 200	489	12.10×10^4	5.08×10^3	300～700
	$\phi51\times3.5$	1 200	522	14.81×10^3	5.81×10^3	300～700

单管钢支柱截面特征见表1—13。

表1—13　单管钢支柱截面特征

类型	项　目	直径(mm)		壁厚(mm)	截面积(cm^2)	截面惯性矩 $I_x(cm^4)$	回转半径 r(cm)
		外径	内径				
CH	插管	48	43	2.5	3.57	9.28	1.61
	套管	60	55	2.5	4.52	18.70	2.03
YJ	插管	48	41	3.5	4.89	12.19	1.58
	套管	60	53	3.5	6.21	24.88	2.00

四管支柱截面特征见表1—14。

表1—14　四管支柱截面特征

管柱规格(mm)	四管中心距(mm)	截面积(cm^2)	截面惯性矩 I_x(cm^4)	截面抵抗矩 W_x(cm^3)	回转半径 r(cm)
ϕ48×3.5	200	19.57	2005.34	121.24	10.12
ϕ48×3.0	200	16.96	1739.06	105.14	10.13

桁架截面特征见表1—15。

表1—15　桁架截面特征

项　目	杆件名称	杆件规格(mm)	毛截面积 A(cm^2)	杆件长度 l(mm)	惯性矩 I_x(cm^4)	回转半径 r(mm)
平面可调桁架	上弦杆	∟63×6	7.2	600	27.19	1.94
	下弦杆	∟63×6	7.2	1 200	27.19	1.94
	腹杆	∟36×4	2.72	876	3.3	1.1
		∟36×4	2.72	639	3.3	1.1
曲面可变桁架	内外弦杆	25×4	2×1=2	250	4.93	1.57
	腹杆	ϕ18	2.54	277	0.52	0.45

碗扣式钢管脚手架构(配)件规格及质量见表1—16。

表1—16　碗扣式钢管脚手架构(配)件规格及质量

名称	常用型号	规格(mm)	理论质量(kg)
立杆	LG—120	ϕ48×1 200	7.05
	LG—180	ϕ48×1 800	10.19
	LG—240	ϕ48×2 400	13.34
	LG—300	ϕ48×3 00	16.48
横杆	HG—30	ϕ48×300	1.32
	HG—60	ϕ48×600	2.47
	HG—90	ϕ48×900	3.63
	HG—120	ϕ48×1 200	4.78
	HG—150	ϕ48×1 500	5.93
	HG—180	ϕ48×1 800	7.08

续上表

名称	常用型号	规格(mm)	理论质量(kg)
间横杆	JHG－90	ϕ48×900	4.37
	JHG－120	ϕ48×1 200	5.52
	JHG－120＋30	ϕ48×(1 200＋300)用于窄挑梁	6.85
	JHG－120＋60	ϕ48×(1 200＋600)用于宽挑梁	8.16
专用外斜杆	XG－0912	ϕ48×1 500	6.33
	XG－1212	ϕ48×1 700	7.03
	XG－1218	ϕ48×2 160	8.66
	XG－1518	ϕ48×2 340	9.30
	XG－1818	ϕ48×2 550	10.04
专用斜杆	ZXG－0912	ϕ48×1 270	5.89
	ZXG－0918	ϕ48×1 750	7.73
	ZXG－1212	ϕ48×1 500	6.76
	ZXG－1218	ϕ48×1 920	8.37
窄挑梁	TL－30	宽度 300	1.53
宽挑梁	TL－60	宽度 600	8.60
立杆连接销	LLX	ϕ10	0.18
可调底座	KTZ－45	T38×6 可调范围≤300	5.82
	KTZ－60	T38×6 可调范围≤450	7.12
	KTZ－75	T38×6 可调范围≤600	8.50
可调托撑	KTC－45	T38×6 可调范围≤300	7.01
	KTC－60	T38×6 可调范围≤450	8.31
	KTC－75	T38×6 可调范围≤600	9.69
脚手板	JB－120	1 200×270	12.80
	JB－150	1 500×270	15.00
	JB－180	1 800×270	17.90

2.中型组合钢模板

中型组合钢模板的材料要求见表1－17。

表 1－17 中型组合钢模板

<table>
<tr><th>项目</th><th>内　　容</th></tr>
<tr><td>模板块</td><td>全部采用厚度 2.75～3 mm 厚优质薄钢板制成；四周边肋呈 L 形，高度为 70 mm，弯边宽度为 20 mm，模板块内侧，每 300 mm 高设一条横肋，每 150～200 mm 设一条纵肋。模板边肋及纵、横肋上的连接孔为蝶形，孔距为 50 mm，采用板销连接，也可以用一对楔板或螺栓连接。
模板块基本规格：标准块长度有 1 500 mm、1 200 mm、900 mm 三种，宽度有 600 mm、300 mm两种，非标准块的宽度有 250 mm、200 mm、150 mm、100 mm 四种，总共十八种规格。平面模板块和角模、连接角钢、调节板的规格分别见表 1－18、表 1－19</td></tr>
<tr><td>模板配件</td><td>G－70 组合钢模板的配件如图 1－19 所示，规格见表 1－20
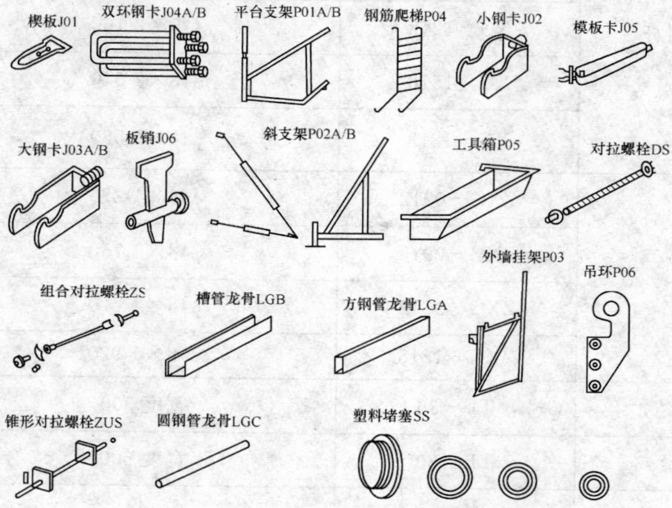

图 1－19　G－70 钢模板配件</td></tr>
<tr><td>楼(顶)板模板早拆支撑体系</td><td>既能用于 G－70 组合钢模板，又能用于小钢模、SP－70 钢框胶合板模板、竹(木)胶合板模板和模壳密肋梁模板。多功能早拆柱头，适用于不同厚度的模板，不同高度的模板梁。
早拆支撑配件如图 1－20 所示，其规格见表 1－21
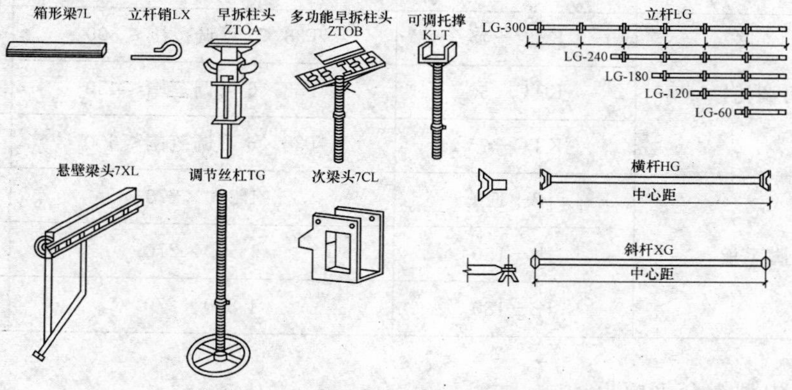

图 1－20　G－70 钢模板早拆支撑配件</td></tr>
</table>

G－70 组合钢模平面模板块规格见表 1－18。

表 1－18　G－70 组合钢模平面模板块规格

代号	规格宽长(mm)	有效面积(m^2)	质量(kg)	
			δ=3 mm	δ=2.75 mm
7P6009	600×900	0.54	23.28	21.34
7P6012	600×1 200	0.72	30.61	28.06
7P6015	600×1 500	0.90	37.92	34.76
7P3009	300×900	0.27	13.42	12.30
7P3012	300×1 200	0.36	17.67	16.20
7P3015	300×1 500	0.45	21.93	20.10
7P2509	250×900	0.225	11.16	10.23
7P2512	250×1 200	0.30	14.76	13.53
7P2515	250×1 500	0.375	18.35	16.82
7P2009	200×900	0.18	8.38	7.68
7P2012	200×1 200	0.24	11.07	10.15
7P2015	200×1 500	0.30	13.78	12.63
7P1509	150×900	0.135	6.97	6.39
7P1512	150×1 200	0.18	9.23	8.46
7P1515	150×1 500	0.225	11.48	10.52
7P1009	100×900	0.09	5.61	5.14
7P1012	100×1 200	0.12	7.43	6.81
7P1015	100×1 500	0.15	9.26	8.49

角模、调节板、连接角钢规格见表 1－19。

表 1－19　角模、调节板、连接角钢规格

名称	代号	规格(mm)	有效面积(m^2)	质量(kg)	
				δ=3 mm	δ=2.75 mm
阴角模	7E1059	150×150×900	0.27	11.06	10.14
	7E1512	150×150×1 200	0.36	14.64	13.42
	7E1515	150×150×1 500	0.45	18.20	16.69
阳角模	7Y1509	150×150×900	0.27	11.62	10.65
	7Y1512	150×150×1 200	0.36	15.30	14.07
	7Y1515	150×150×1 500	0.45	19.00	17.49
铰链角模	7L1506	150×150×600	0.18	11.00(δ=4～5 mm)	—
	7L1509	150×150×900	0.27	16.38(δ=4～5 mm)	—

续上表

名称	代号	规格(mm)	有效面积(m^2)	质量(kg)	
				δ=3 mm	δ=2.75 mm
可调阴角模	TE2827	280×280×2 700	1.35	63.00(δ=4 mm)	—
	TE2830	280×280×3 000	1.50	70.00(δ=4 mm)	—
L形调节板	7T0827	74×80×2 700	0.135	15.36(δ=5 mm)	—
	7T1327	74×130×2 700	0.27	20.87(δ=5 mm)	—
	7T0830	74×80×3 000	0.15	17.07(δ=5 mm)	—
	7T1330	74×130×3 000	0.30	23.20(δ=5 mm)	—
连接角钢	7J0009	70×70×900	—	4.02(δ=4 mm)	—
	7J0012	70×70×1 200	—	5.33(δ=4 mm)	—
	7J0015	70×70×1 500	—	6.64(δ=4 mm)	—

组合钢模板配件规格见表1－20。

表1－20 组合钢模板配件规格

名称	代号	规格(mm)	质量(kg)
楔板	J01	1对楔板	0.13
小钢卡	J02	卡 ϕ48	0.44
大钢卡	J03A	卡2ϕ48或□50100	0.64
	J03B	卡8号槽钢	0.60
双环钢卡	J04A	卡2□50100	2.40
	J04B	卡2个8号槽钢	1.70
模板卡	J05	—	0.13
板销	J06	1个楔板、1个销键	0.11
平台支架	P01A	40×40方钢管	11.07
	P01B	50×26槽钢	13.10
斜支撑	P02A	ϕ60钢管1底座2销轴卡座	30.64
	P02B	50×26槽钢	12.82
外墙挂架	P03	8号槽钢 ϕ48钢管T25高强螺栓	65.84
钢爬梯	P04	ϕ16钢筋	18.42
工具箱	P05	3厚钢板	26.80
吊环	P06	8厚、ϕ12螺栓3个	1.38
对拉螺栓	DS2570	T25 L=700 mm	3.35
	DS2270	T22 L=700 mm	3.00
组合对拉螺栓	ZS1670	M16 L=650 mm	2.14

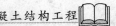

续上表

名称	代号	规格(mm)	质量(kg)
锥形对拉螺栓	ZUS3096	ϕ26～30　L＝965 mm	7.12
	ZUS3081	ϕ26～30　L＝815 mm	6.29
塑料堵塞	SS25	ϕ25	1(500个)
	SS18	ϕ18	
方钢管龙骨	LGA	□50×100　L按需要	6.6(每米)
槽钢龙骨	LGB	8号槽钢　L按需要	8.04(每米)
圆钢管龙骨	LGC	ϕ48　L按需要	3.84(每米)

柱模及早拆支撑配件规格见表1—21。

表1—21　柱模及早拆支撑配件规格

名称	代号	规格(mm)	质量(kg)
早拆柱头	ZTOA	70型	4.26
多功能早拆柱头	ZTOB	多功能型	7.83
箱形主梁	7L185	柱心距1 850	14.10
	7L155	柱心距1 550	11.95
	7L125	柱心距1 250	9.7
	7L095	柱心距950	7.53
悬臂梁头	7XL	70型	5.90
次梁头	7CL	70型	0.85
调节丝杠	TG060A	T38　L＝760	6.9
	TG060B	T36　L＝760	6.13
	TG050A	T38　L＝660	6.1
	TG050B	T38　L＝660	5.47
	TG030A	T38　L＝460	4.7
	TG030B	T36　L＝460	4.19
可调托撑	KLT300	可调范围0～300	6.10
	KLT600	可调范围0～600	8.35
立杆	LG300	有效L＝3 000	16.68
	LG240	有效L＝1 800	10.35
	LG120	有效L＝1 200	7.20
	LG060	有效L＝600	4.00
横杆	HG185	心距1 850	7.46
	HG155	心距1 550	6.32

续上表

名称	代号	规格(mm)	质量(kg)
横杆	HG125	心距 1 250	5.16
	HG95	心距 950	3.95
	HG65	心距 650	2.78
斜杆	XG300	心距 3 000　2 400×1 800	13.10
	XG258	心距 2 581　1 850×1 800	11.46
	XG220	心距 2 205　1 850×1 200	10.00
	XG237	心距 2 375　1 550×1 800	10.70
	XG196	心距 1 960　1 550×1 200	9.10
	XG173	心距 1 733　1 250×1 200	8.20
立杆销	LX	$\phi 10$	0.125

3.胶合板模板

胶合板模板的材料要求见表 1—22。

表 1—22　胶合板模板

项目	内　容
木胶合板模板	(1)尺寸和公差。 1)混凝土模板用胶合板的规格尺寸应符合表 1—23 的规定。 2)对于模数制的板,其长度和宽度公差为 $_{-3}^{0}$ mm;对于非模数制的板,其长度和宽度公差为±2 mm。 3)板的垂直度不得超过 0.8 mm/m。 4)板的四边边缘不直度均不得超过 1 mm/m。 5)板的翘曲度,A 等品不得超过 0.5%,B 等品不得超过 1%。 (2)板的结构。 1)相邻两层单板的木纹应互相垂直。中心层两侧对称层的单板应为同一树种或物理力学性能相似的树种和同一厚度。 2)应考虑成品结构的均匀性,组坯时表板和与表板纤维方向相同的各层单板厚度总和应不小于板坯厚度的 40%,不大于 60%。板的层数应不小于 7 层。表板厚度应不小于 1.2 mm,覆膜板表板厚度应不小于 0.8 mm。 3)同一层表板应为同一树种,表板应紧面朝外。表板和芯板不允许采用未经斜面胶接或直形拼接的端接。 4)板中不得留有影响使用的夹杂物。拼缝用的无孔胶纸带不得用于胶合板内部。如用其拼接或修补面板,除不修饰外,应除去胶纸带,并不留有明显胶纸痕。 (3)树种。 1)混凝土模板用胶合板的用材树种为马尾松、云南松、落叶松、辐射松、杨木、桦木、荷木、枫香、拟赤杨、柳桉、奥克榄、克隆、阿必东等。 2)混凝土模板用胶合板的面板树种为该胶合板的树种。

续上表

项目	内　容
木胶合板模板	(4)胶黏剂。 1)混凝土模板用胶合板的胶黏剂应采用酚醛树脂或性能相当的树脂。 2)树脂饰面的处理应采用酚醛树脂或性能相当的树脂。 3)覆膜用的树脂应采用酚醛树脂或性能相当的树脂。 (5)等级与允许缺陷。 1)一般通过目测成品板上允许缺陷来判定其等级。等级取决于允许的材质缺陷、加工缺陷以及对拼接的要求。 2)混凝土模板用胶合板(素板)按成品板上可见的材质缺陷和加工缺陷分成两个等级:A等品和B等品,其允许缺陷应符合表1－24的规定。 3)树脂饰面混凝土模板用胶合板(涂胶板)按成品板上可见的加工缺陷分成两个等级:A等品和B等品,其允许缺陷应符合表1－25的规定。基材板的外观质量应符合表1－24的相应要求。 4)覆膜混凝土模板用胶合板(覆膜板)按成品板上可见的加工缺陷分成两个等级:A等品和B等品,其允许缺陷应符合表1－26的规定。基材板的外观质量应符合表1－24的相应要求。 5)限制缺陷的数量、累积尺寸或范围应按整张板面积的平均每平方米上的数量进行计算,板宽度或长度上缺陷应按最严重一端的平均每米内的数量进行计算,其结果应取最接近相邻整数中的大数值。 6)从表板上可以看到的内层单板的各种缺陷不得超过每个等级表板的允许限度。因紧贴表板的芯板孔洞使板面产生凹陷时,按各个等级所允许的凹陷计。非紧贴表板的各层单板因孔洞在板边形成的缺陷,其深度不得超过该缺陷的1/2,超过者按离缝计。 7)混凝土模板用胶合板的节子或孔洞直径按常规系指与木纹垂直方向直径。节子或孔洞的直径按其轮廓线的切线间的垂直距离测定。 8)板的表面应进行砂光或刮光,如经供需双方协议可单面砂(刮)光或不砂(刮)光。 9)对非模数制板,公称幅面尺寸以外的各种缺陷均不计。 10)混凝土模板用胶合板的表板拼接单板条数不限,但拼接应符合表1－24中对表板拼接的规定。拼接需木色相近且纹理相似。修补应采用与制造混凝土模板用胶合板相近的胶黏剂进行胶黏,补片及补条的颜色和纹理应与四周木材适当相配。对于影响使用效果的板面允许缺陷,均需用填料填补平整。 11)树脂饰面混凝土模板用胶合板应双面涂树脂。如两面等级不同,则应有明确标示。四边要涂上防水的封边涂料。 12)覆膜混凝土模板用胶合板应双面覆膜。如两面等级不同,则应有明确标示。四边要涂上防水的封边涂料。 (6)物理力学性能。 1)各等级混凝土模板用胶合板出厂时的物理力学性能应符合表1－27的规定。 2)如测定胶合强度全部试件的平均木材破坏率超过60%或80%时,其胶合强度指标值可比规定的指标值分别低0.10 MPa或0.20 MPa。 3)在模板工程设计时,混凝土模板用胶合板抗弯性能修正系数:顺纹静曲强度修正系数为0.6;横纹静曲强度修正系数为0.9;顺纹弹性模量修正系数为0.7;横纹弹性模量修正系数为0.7

续上表

项目	内　　容
竹胶合板	(1)构造。 混凝土模板用的竹胶合板(图 1－21),其面板与芯板做法不同。芯板通常为竹帘单板,做法是将竹子内肉部分劈成竹条,宽度为 14～17 mm,厚度为 3～5 mm,在软化池中进行高温软化处理后,作烤青、烤黄、去竹衣及干燥等进一步处理。竹帘的编织可用人工或编织机编织。 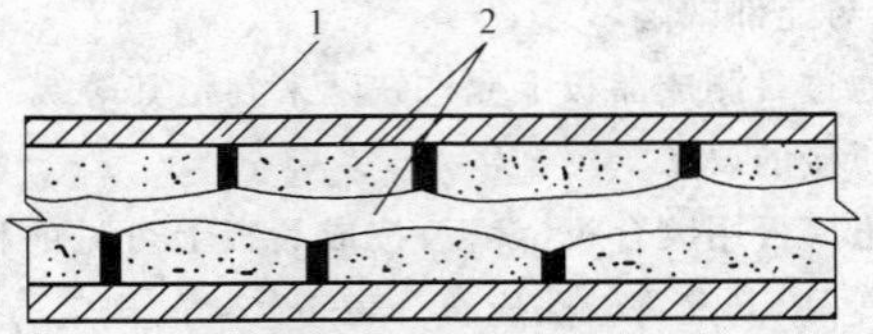 图 1－21　竹胶合板断面构造 1－竹席或薄木片表板;2－竹帘芯板 采用覆木竹胶合板,即芯板仍用竹帘单板,但表板采用木单板。这种品种胶合板,既利用了竹材资源,又兼有木胶合板的表面平整度,利于进行表面处理,提高竹胶合板的质量。 混凝土模板用竹胶合板的厚度常为 9 mm、12 mm、15 mm。为增加周转使用次数,竹胶合板的厚度应大于 9 mm,并作表面处理。 (2)技术要求。 1)材料要求。 ①竹、木材应采用无霉变、无腐朽、无虫蛀的原料。 ②胶黏剂应采用性能符合《木材工业胶黏剂用脲醛、酚醛、三聚氰胺甲醛树脂》(GB/T 14732－2006)要求的酚醛树脂胶或其他性能相当的胶黏剂。 2)组坯要求。 ①竹席模板应由多层竹席组坯。 ②竹帘模板或竹片模板应由层数不少于 3 的竹帘或竹片对称组坯。其表层竹帘的竹篾或竹片的长度方向应与成品板长度方向一致。同张板内,各对称层竹帘或竹片厚度应相同。 ③竹席竹帘模板或竹席竹片模板,除应按上述第②项要求组坯外,其两表面各为 1 层以上的竹席表板。 3)板边封边处理要求。 产品出厂时,竹模板的四边应采用封边处理。封边涂料应防水并涂刷均匀、牢固,无漏涂。 4)尺寸偏差。 ①厚度的允许偏差应符合表 1－28 的规定。 ②长度、宽度的允许偏差为±2 mm。 ③对角线长度之差应符合表 1－29 的规定。 ④竹模板的板面翘曲度允许偏差,优等品不应超过 0.2%,合格品不应超过 0.8%。 ⑤竹模板的四边不直度均不应超过 1 mm/m。 5)外观质量要求应符合表 1－30 的规定。 6)物理力学性能应符合表 1－31 的规定。 7)表面处理板的外观质量与性能要求。 ①涂膜板外观质量与性能除应满足表 1－30、表 1－31 的要求外,还应符合表 1－32 的规定。 ②覆膜板外观质量与性能除应满足表 1－30、表 1－31 的要求

混凝土模板用胶合板的规格尺寸见表1－23。

表1－23　规格尺寸

（单位：mm）

幅面尺寸				厚度及允许偏差		
模数制		非模数制		厚度	平均厚度与公称厚度间允许偏差	每张板内厚度最大允差
宽度	长度	宽度	长度			
—	—	915	1 830	≥12～<15	±0.5	0.8
900	1 800	1 220	1 830	≥15～<18	±0.6	1.0
1 000	2 000	915	2 135			
1 200	2 400	1 220	2 440	≥18～<21	±0.7	1.2
—	—	1 250	2 500	≥21～<24	±0.8	1.4

注：其他规格尺寸由供需双方协议。

混凝土模板用胶合板外观分等的允许缺陷见表1－24。

表1－24　混凝土模板用胶合板外观分等的允许缺陷

缺陷种类	检量项目		检量单位	面板		背板
				A等品	B等品	
针节	—		—	允许		
活节、半活节、死节	每平方米板面上总个数		—	5	不限	不限
	活节	单个最大直径	mm	25	不限	
	半活节、死节	单个最大直径	mm	15	30	
木材异常结构	—		—	允许		
夹皮、树脂囊	每平方米板面上总个数		—	2	不限	不限
	单个最大长度		mm	30	120	
裂缝	单个最大宽度		mm	1.5	4	6
	单个最大长度占板长的百分比		%	20	30	40
	每米板宽内条数		—	2	不限	
孔洞、虫孔、排钉孔	单个最大直径（不超过）		mm	3	10	20
	每平方米板面上总个数		—	4	10（自5 mm以下不计）	不呈筛孔状不限
变色	—		—	不允许	不允许	
腐朽	—		—	不允许		
树脂漏	—		—	允许		
表板拼接离缝	单个最大宽度		mm	不允许	1.5	2
	单个最大长度占板长的百分比（不超过）		%		20	30
	每米板宽内条数		—		2	4

续上表

缺陷种类	检量项目	检量单位	面板		背板
			A 等品	B 等品	
表板叠层	单个最大宽度	mm	不允许	8	10
	单个最大长度占板长的百分比(不超过)	%		20	40
芯板离缝	紧贴表板的芯板离缝单个最大宽度	mm	2	4	6
	上述离缝每米板宽内条数	—	2	3	4
	其他芯板层离缝的最大宽度	mm	6		
芯板叠层	单个最大宽度	mm	4	12	
	每层每米板宽内条数	—	2	不限	
长中板叠离	单个最大宽度	mm	3	8	
鼓泡、分层	—	—	不允许		
凹陷、压痕、鼓包	单个最大面积	mm²	不允许	3 000	不限
	每平方米板面上总个数	—		2	
	凹凸高度(不超过)	mm		1	
毛刺沟痕	占板面积的百分比(不超过)	%	3	20	不限
	深度(不超过)	mm	0.5	不穿透,允许	
表面砂(刮)透	每平方米板面上的面积	mm²	不允许	1 000	2 000
表面漏砂(刮)	占板面积百分比(不超过)	%	不允许	30	40
补片、补条	每平方米板面上总个数	—	不允许	5	10
	累计面积占板面面积的百分比(不超过)	%		5	不限
	缝隙(不超过)			1	1.5
板边缺损	自板边(不超过)	mm	不允许	8	
其他缺陷	—	—	不允许	按最类似缺陷考虑	

树脂饰面混凝土模板用胶合板(涂胶板)外观分等的允许缺陷见表1—25。

表1—25 树脂饰面混凝土模板用胶合板(涂胶板)外观分等的允许缺陷

缺陷种类	检量项目	检量单位	A 等品	B 等品
缺胶	—	—	不允许	—
凹陷、压痕、鼓包	单个最大面积	mm²	允许	1 000
	每平方米板面上总个数	—		2
	凹凸高度(不超过)	mm		1
鼓泡、分层	—	—	不允许	
色泽不均	占板面积的百分比(不超过)	%	3	10
其他缺陷	—	—	不允许	按最类似缺陷考虑

覆膜混凝土模板用胶合板(覆膜板)外观分等的允许缺陷见表 1—26。

表 1—26　覆膜混凝土模板用胶合板(覆膜板)外观分等的允许缺陷

缺陷种类	检量项目	检量单位	A 等品	B 等品
覆膜纸重叠	占板面积的百分比(不超过)	%	不允许	2
缺纸	—	—	不允许	
凹陷、压痕、鼓包	单个最大面积	mm^2	允许	1 000
	每平方米板面上总个数	—		1
	凹凸高度(不超过)	mm		0.5
鼓泡、分层	—	—	不允许	
划痕	单个最大长度	mm	不允许	200
	每米板宽内条数	—		2
其他缺陷	—	—	不允许	按最类似缺陷考虑

各等级混凝土模板用胶合板出厂时的物理力学性能指标见表 1—27。

表 1—27　物理力学性能指标值

项　目		单位	厚度(mm)			
			≥12～<15	≥15～<18	≥18～<21	≥21～<24
含水率		%	6～14			
胶合强度		MPa	≥0.70			
静曲强度	顺纹	MPa	≥50	≥45	≥40	≥35
	横纹		≥30	≥30	≥30	≥25
弹性模量	顺纹	MPa	≥6 000	≥6 000	≥5 000	≥5 000
	横纹		≥4 500	≥4 500	≥4 000	≥4 000
浸渍剥离性能		—	浸渍胶膜纸贴面与胶合板表层上的每一边累计剥离长度不超过 25 mm			

竹模板厚度允许偏差见表 1—28。

表 1—28　竹模板厚度允许偏差　(单位:mm)

厚度	等　级	
	优等品	合格品
9、12	±0.5	±1.0
15	±0.6	±1.2
18	±0.7	±1.4

竹模板对角线长度之差见表 1—29。

表 1—29　竹模板对角线长度之差　　（单位：mm）

长度	宽度	两对角线长度之差
1 830	915	≤2
1 830	1 220	≤3
2 000	1 000	
2 135	915	
2 440	1 220	≤4
3 000	1 500	

竹模板外观质量要求见表 1—30。

表 1—30　竹模板外观质量要求

项　目	检测要求	单位	优等品		合格品	
			表板	背板	表板	背板
腐朽、霉斑	任意部位	—	不允许			
缺损	自公称幅面内	mm^2	不允许		≤400	
鼓泡	任意部位	—	不允许			
单板脱胶	单个面积 20～500 mm^2	个/m^2	不允许		1	3
	单个面积 20～1 000 mm^2				不允许	2
表面污染	单个污染面积 100～2 000 mm^2	个/m^2	不允许		4	不限
	单个污染面积 100～5 000 mm^2				2	
凹陷	最大深度不超过 1 mm 单个面积	mm^2	不允许	10～500	10～1 500	
	单位面积上数量	个/m^2	不允许	2	4	不限

竹模板物理力学性能要求见表 1—31。

表 1—31　竹模板物理力学性能要求

项目		单位	优等品	合格品
含水率		%	≤12	≤14
静曲弹性模量	板长向	N/mm^2	$\geqslant 7.5\times10^3$	$\geqslant 6.5\times10^3$
	板宽向	N/mm^2	$\geqslant 5.5\times10^3$	$\geqslant 4.5\times10^3$
静曲强度	板长向	N/mm^2	≥90	≥70
	板宽向	N/mm^2	≥60	≥50
冲击强度		kJ/m^2	≥60	≥50
胶合性能		mm/层	≤25	≤50
水煮、冰冻、干燥的保存强度	板长向	N/mm^2	≥60	≥50
	板宽向	N/mm^2	≥40	≥35
折减系数		—	0.85	0.80

涂膜板外观质量与性能要求见表1－32。

表1－32 涂膜板外观质量与性能要求

项目	单位	优等品	合格品
涂层流淌不平	—	不允许	
涂层缺损	mm^2	不允许	≤400
涂层鼓泡	—	不允许	
表面耐磨性	g/100r	≤0.03	≤0.05
耐老化性	—	无开裂	
耐碱性	—	无裂隙、鼓泡、脱胶，无明显变色或光泽变化	无裂隙、鼓泡、脱胶

4.钢框胶合板模板

钢框胶合板模板的材料要求见表1－33。

表1－33 钢框胶合板模板

项目	内　容
55型和78型钢框胶合板模板	(1)模板块。 1)55型钢框胶合板模板。这种模板可与55型小钢模通用，但比55型小钢模约轻1/3，单块面积大，因而拼缝小，施工方面。 ①构造：模板由钢边框、加强肋和防水胶合板模板组成。边框采用带有面板承托肋的异型钢，宽55 mm，厚5 mm，承托肋宽6 mm。边框四周设ϕ13连接孔，孔距150 mm，模板加强肋采用－43×3扁钢，纵横间距300 mm。在模板四角及中间一定距离位置设斜铁，用沉头螺栓同面板连接。面板采用12 mm厚防水胶合板(图1－22)。 模板允许承受混凝土侧压力为30 kN/m^2。 ②轻型钢框胶合板模板的规格。 a. 长度：900 mm、1 200 mm、1 500 mm、1 800 mm、2 100 mm、2 400 mm； b. 宽度：300 mm、450 mm、600 mm、900 mm。 常用规格为600 mm×1 200(1 800、2 400)mm。面板的锯口和孔眼均涂刷封边胶。 2)78型钢框胶合板模板。与55型钢框胶合板模板相比约重1倍。该模板刚度大，面板平整光洁，可以整装整拆，也可散装散拆。 ①构造：模板由钢边框、加强肋和防水胶合板面板组成。边框采用带有面板承托肋的异型钢，宽78 mm，厚5 mm，承托肋宽6 mm。四周设17 mm×21 mm连接孔，孔距300 mm。模板加强肋采用钢板压制成型的[60×30×3槽钢，肋距300 mm，在加强肋两端设节点板，节点板上留有与背楞相连的连接孔17 mm×21 mm椭圆孔，面板上有ϕ25穿墙孔。在模板四角斜铁及加强位置用沉头螺栓同面板连接。面板采用18 mm厚防水胶合板。模板允许承受混凝土侧压力为50 kN/m^2。 ②78型钢框胶合板模板的规格： a. 长度：900 mm、1 200 mm、1 500 mm、1 800 mm、2 100 mm、2 400 mm； b. 宽度：7 300 mm、450 mm、600 mm、900 mm、1 200 mm。 (2)支撑系统。

续上表

<table>
<tr><th>项目</th><th>内　容</th></tr>
<tr><td>55 型和 78 型钢框胶合板模板</td><td>

独立式钢支撑由支撑杆、支撑头和折叠三角架组成，是一种可伸缩微调的独立式钢支撑，主要用于建筑物水平结构作垂直支撑。单根支撑杆也可用作斜撑、水平撑。

1)构造：支撑杆由内外两个套管组成。内管采用 ϕ48 mm×3.5 mm 钢管，内管上每隔 100 mm有一个销孔，可插入回形钢销调整支撑高度；外管采用 ϕ60 mm×3.5 mm 钢管，外管上部焊有一节螺纹管，同微调螺母配合，微调范围 150 mm。由于采用内螺纹调节，螺纹不外露，可以防止螺纹的碰损和污染。

支撑头插入支撑杆顶部，支撑头上焊有 4 根小角钢。净空 85 mm 宽的方向用于搁置单根空腹工字钢梁；170 mm 宽的方向用双根钢梁搭接。

折叠三角架的腿部用薄壁钢板压制成⊏形，核心部分有 2 个卡瓦，靠偏心锁紧。折叠三角架打开后卡住支撑杆。用锁紧把手紧固，使支撑杆独立、稳定(图 1－23)。

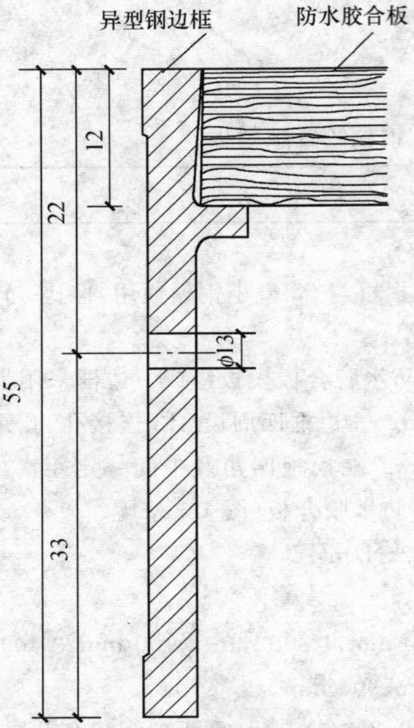

图 1－22　55 型钢框胶合板模板边框剖面(单位：mm)

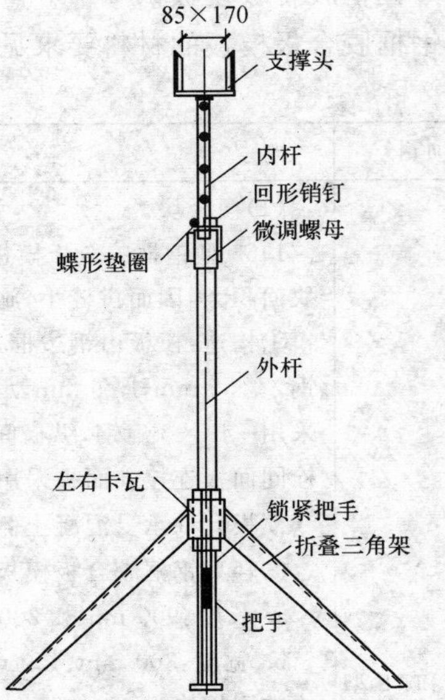

图 1－23　独立钢支撑(单位：mm)

2)规格、性能：独立式钢支撑的型号及性能见表 1－34。

水平结构模板的选用见表 1－35。

(3)当纵梁跨度大于规定时，可在梁中部增设一根普通钢支撑(钢立柱)。楼板模板组装后的情况如图 1－24 所示。

1)空腹工字钢梁。空腹工字钢梁上下翼缘采用 1.5 mm 厚冷轧薄钢板压制成形，腹部斜杆为 40 mm×35 mm 薄壁矩形焊接钢管，翼缘内侧开口处用 1.2 mm 厚薄钢板封口(图 1－25)。其型号、规格和性能见表 1－36。

2)钢木工字梁。钢木工字梁其上下翼缘采用木方，腹板由薄钢板压制而成，并与翼缘木方连接，腹板之间用薄壁钢管铆接(图 1－26)。上下翼缘木方尺寸为 80 mm×40 mm，其型号、长度见表 1－37

</td></tr>
</table>

续上表

项目	内　　容
55 型和 78 型钢框胶合板模板	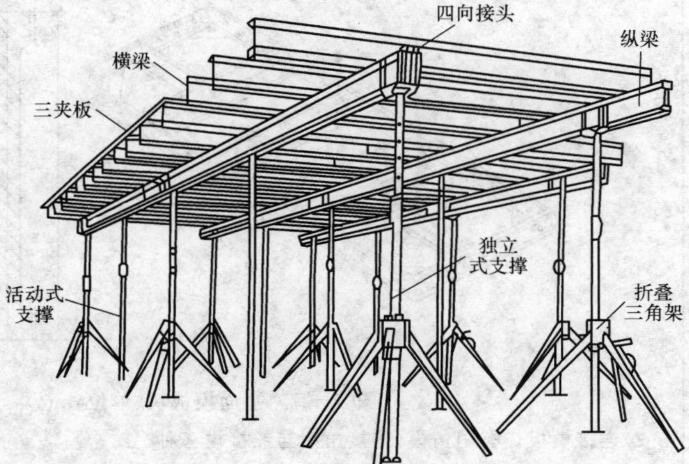 图 1－24　板楼模板支设情况 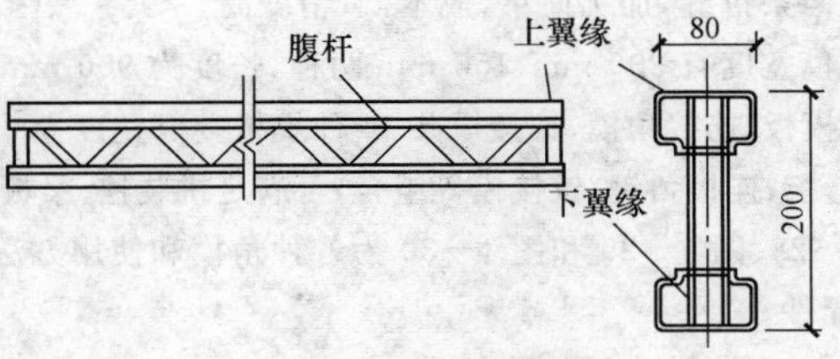 图 1－25　空腹工字钢梁(单位:mm) 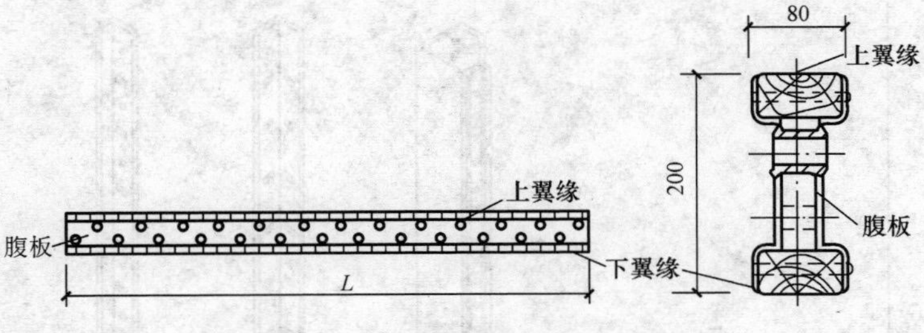 图 1－26　钢木工字梁(单位:mm)
75 系列钢框胶合板模板组合模板	(1)模板。 1)平面模板块。平面模板(图 1－27)以 600 mm 为最宽尺寸,作为标准板,级差为 50 mm 或其倍数,宽度小于 600 mm 的为补充板。长度以 2 400 mm 为最长尺寸,级差为 300 mm(表1－38)。

续上表

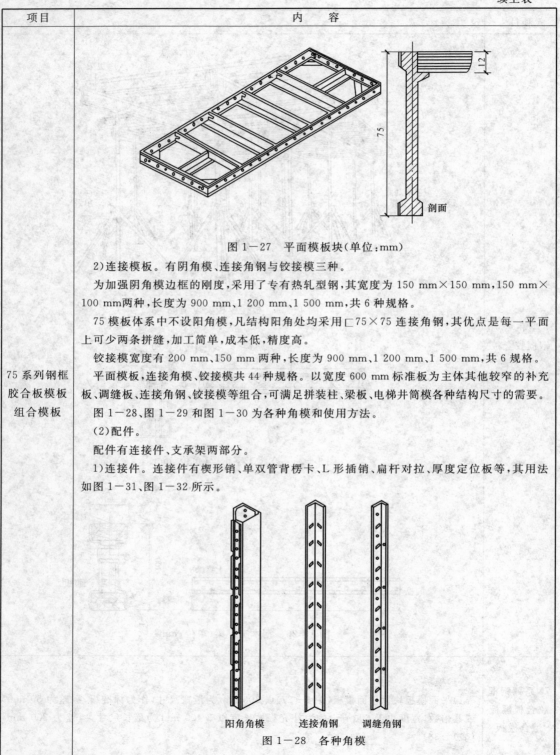

项目	内　　容
75系列钢框胶合板模板组合模板	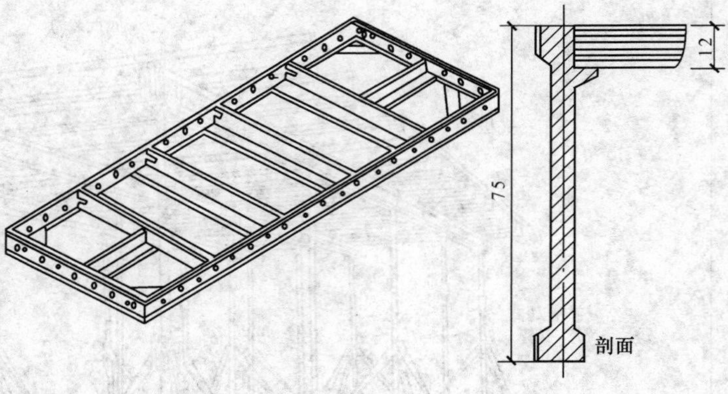 图1－27　平面模板块(单位:mm) 2)连接模板。有阴角模、连接角钢与铰接模三种。 为加强阴角模边框的刚度,采用了专有热轧型钢,其宽度为150 mm×150 mm,150 mm×100 mm两种,长度为900 mm、1 200 mm、1 500 mm,共6种规格。 75模板体系中不设阳角模,凡结构阳角处均采用∟75×75连接角钢,其优点是每一平面上可少两条拼缝,加工简单,成本低,精度高。 铰接模宽度有200 mm、150 mm两种,长度为900 mm、1 200 mm、1 500 mm,共6规格。 平面模板,连接角模、铰接模共44种规格。以宽度600 mm标准板为主体其他较窄的补充板、调缝板、连接角钢、铰接模等组合,可满足拼装柱、梁板、电梯井筒模各种结构尺寸的需要。 图1－28、图1－29和图1－30为各种角模和使用方法。 (2)配件。 配件有连接件、支承架两部分。 1)连接件。连接件有楔形销、单双管背楞卡、L形插销、扁杆对拉、厚度定位板等,其用法如图1－31、图1－32所示。 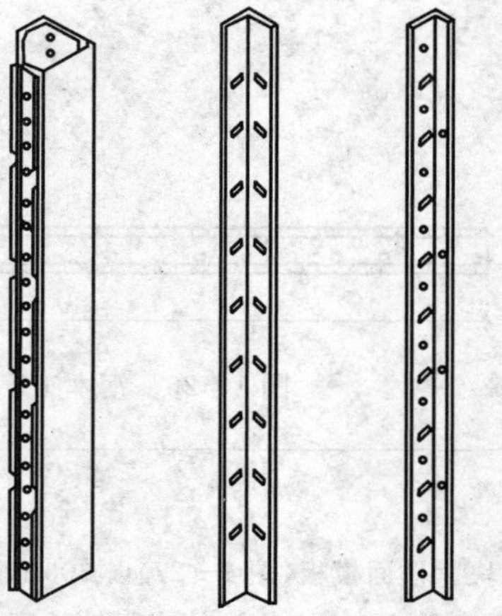 图1－28　各种角模

续上表

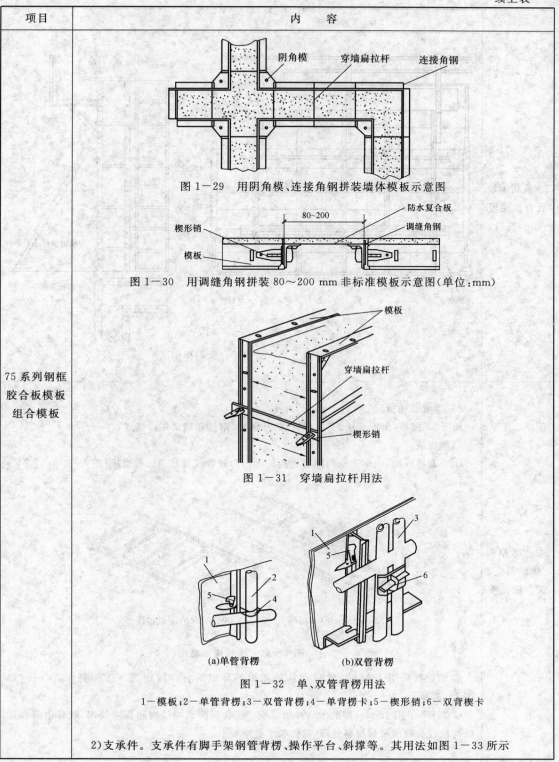

项目	内　　容
75系列钢框胶合板模板组合模板	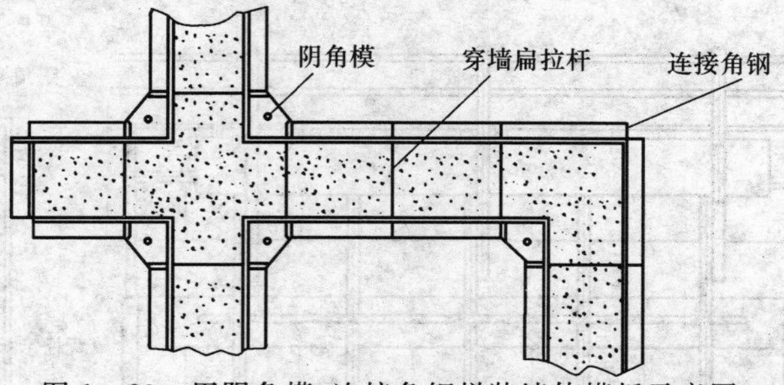 图1－29　用阴角模、连接角钢拼装墙体模板示意图 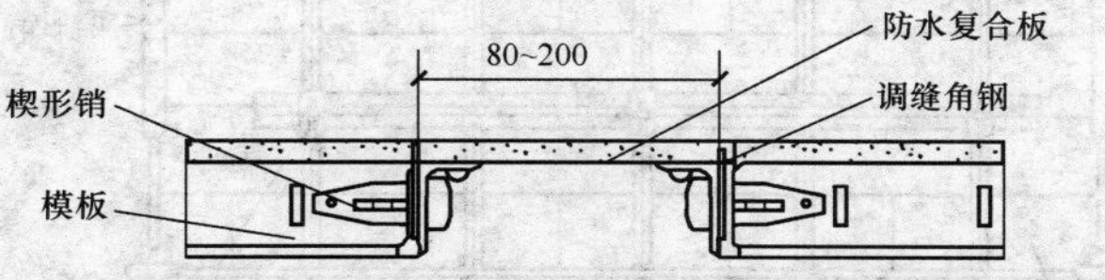 图1－30　用调缝角钢拼装80～200 mm非标准模板示意图(单位:mm) 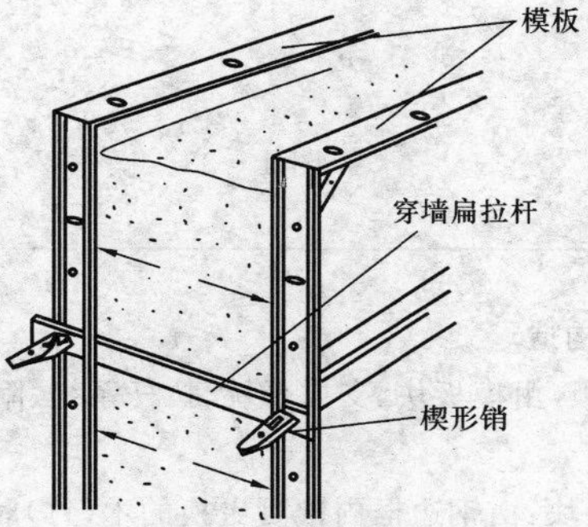 图1－31　穿墙扁拉杆用法 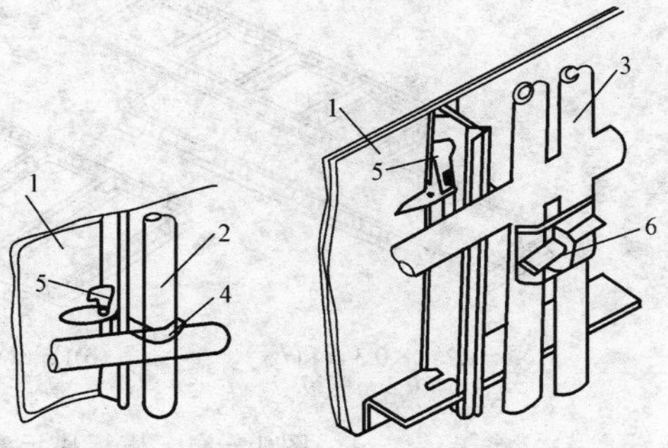 (a)单管背楞　(b)双管背楞 图1－32　单、双管背楞用法 1－模板;2－单管背楞;3－双管背楞;4－单背楞卡;5－楔形销;6－双背楔卡 2)支承件。支承件有脚手架钢管背楞、操作平台、斜撑等。其用法如图1－33所示

续上表

<table>
<tr><th>项目</th><th>内　　容</th></tr>
<tr><td>75 系列钢框胶合板模板组合模板</td><td>
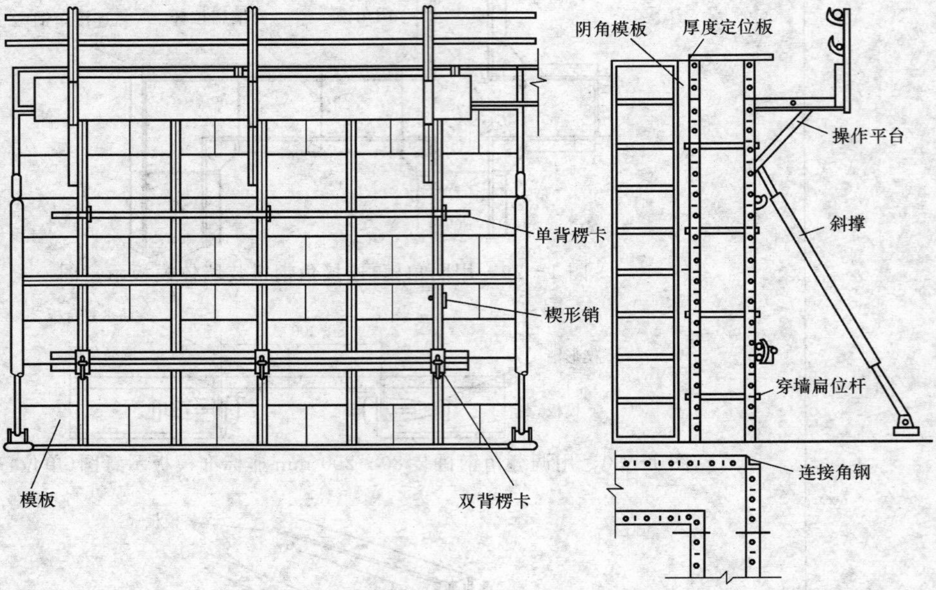

图 1－33　操作平台及斜撑用法
</td></tr>
<tr><td>SP－70 早拆体系钢框胶合板模板</td><td>
(1)组成及构造。
SP－70 模板，由模板块、支撑系统、拉杆系统、附件和辅助零件组成。
1)模板块。
①平面模板块：由钢边框内镶可更换的木(竹)胶合板或其他面板组成(图 1－34)。
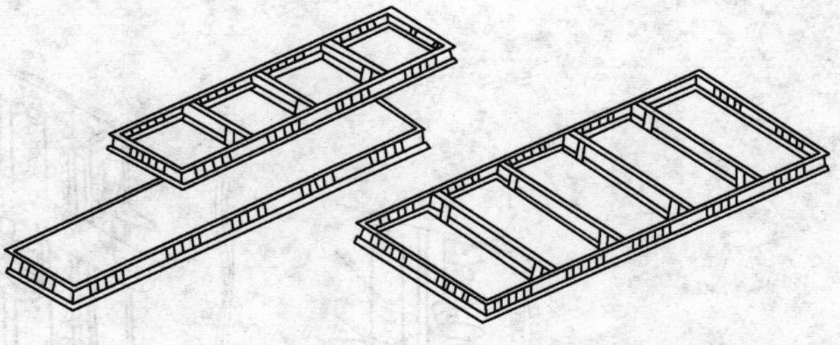
(a)1.2 m×0.3 m和1.5 m×0.3 m模板　(b)1.5 m×0.6 m模板块
图 1－34　模板块示意图
a. 钢边框采用 16Mn 热轧带有承托面板的异型钢材焊接而成。总高度为 70 mm，如图 1－35所示。
b. 板面：采用 12 mm 厚的木(竹)胶合板。胶合板两面均经树脂覆膜处理，所有边沿和孔眼均经过有效的密封材料处理，以防吸水受潮变形。
</td></tr>
</table>

续上表

项目	内 容
SP－70 早拆体系钢框胶合板模板	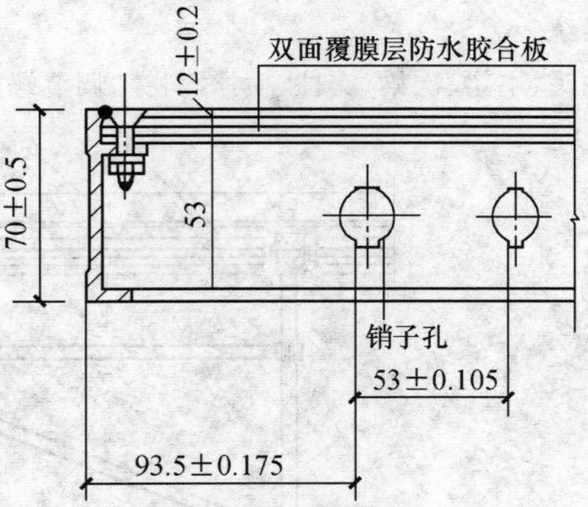 图 1－35 模板块剖面图(单位:mm) 模板块宽度一般为 300 mm、600 mm 两种,非标准板块可达 900 mm、1 200 mm;长度一般为 900 mm、1 200 mm、1 500 mm、1 800 mm,非标准板块长度可达 2 400 mm。 ②角模、角钢和镶边件。 a. 内角模:用于墙的内角,采用 0.15 m×0.15 m 钢构件[图 1－36(a)]可与模板块或辅助件拼装,其规格有 150 mm×1 800 mm、150 mm×1 500 mm、150 mm×1 200 mm 和 150 mm×900 mm 四种。 b. 外角模:用于墙的外角,采用 0.15 m×0.15 m 钢构件[图 1－36(b)],可以与模板块或辅助件拼装,其规格同内角模。 c. 外角连接角钢:是与模板块或辅助件组成 90°外角的连接件[图 1－36(c)],其规格有 70 mm×70 mm×1 800 mm、70 mm×70 mm×1 500 mm、70 mm×70 mm×1 200 mm 和 70 mm×70 mm×900 mm 四种。 d. 镶边件:热轧 16Mn 钢制型材可与 12 mm 厚胶合板拼接成非标准尺寸的模板块[图 1－36(d)],其长度与内、外角模相同。 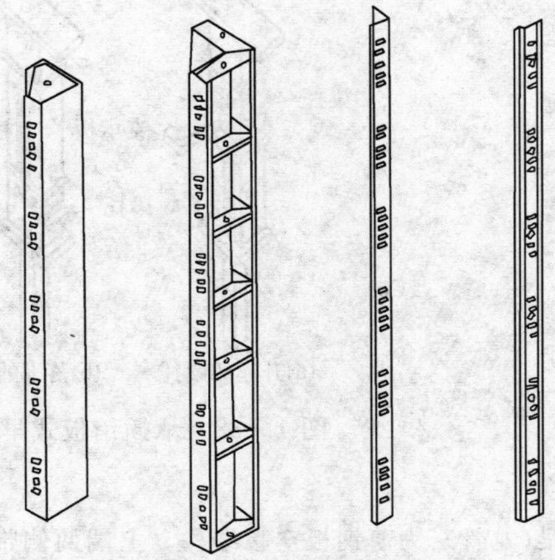 (a)内角模 (b)外角模 (c)外角连接角钢 (d)镶边件 图 1－36 角模、角钢、和镶边件

续上表

项目	内　　容
SP－70 早拆体系钢框胶合板模板	2)支撑系统。 由早拆柱头、主梁、次梁、支柱、横撑、斜撑、调节螺栓组成(图 1－37)。 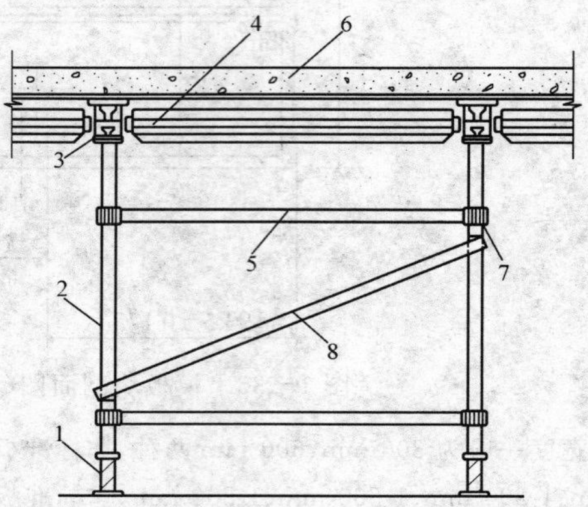 图 1－37　支撑系统示意图 1－底脚螺栓;2－支柱;3－早拆柱头;4－主梁; 5－水平支撑;6－现浇楼板;7－梅花接头;8－斜撑 ①早拆柱头:是用于支撑模板梁的支承装置(图 1－38),其承载力为 35.3 kN。按照现行《混凝土结构工程施工质量验收规范》(GB 50204—2002)(2011 版)关于当跨度小于 2 m 的现浇结构,其拆模强度可大于或等于混凝土设计强度 50%的规定,在常温条件下,当楼板混凝土浇筑3～4 d后,即可用锤子敲击柱头的支承板,使梁托下落 115 mm。此时便可先拆除模板梁及模板,而柱顶板仍然支顶着现浇楼板,直到混凝土强度达到规范要求拆模强度为止。早期拆模的原理如图1－39所示。 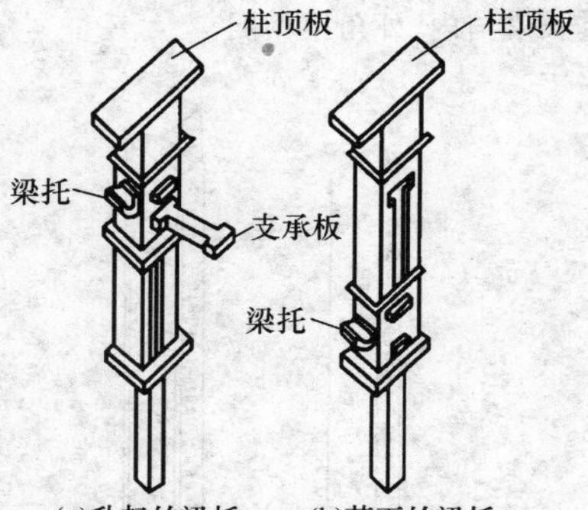 (a)升起的梁托　(b)落下的梁托 图 1－38　承插销板式早拆柱头 ②模板主梁(龙骨):为薄钢板空腹结构。上端两侧带有 50 mm 宽的翼缘,用于支设模板块,两端通过舌头挂在柱头的梁托上(图 1－40),其规格长度有 850 mm、1 150 mm、1 450 mm、1 750 mm 四种。

续上表

项目	内　　容
SP－70 早拆体系钢框胶合板模板	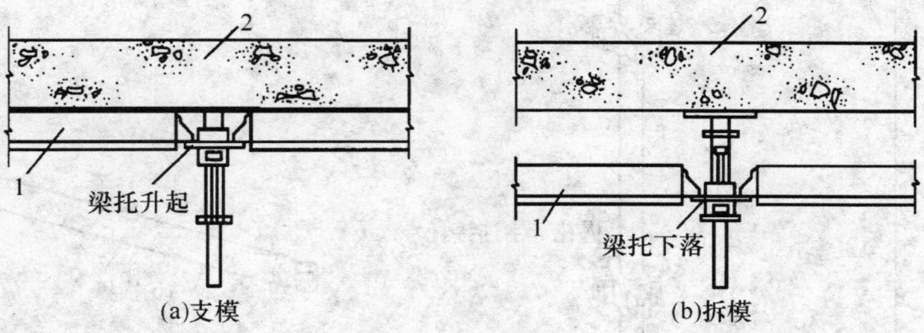 图 1－39　早期拆模原理 1－横板主梁；2－现浇楼板 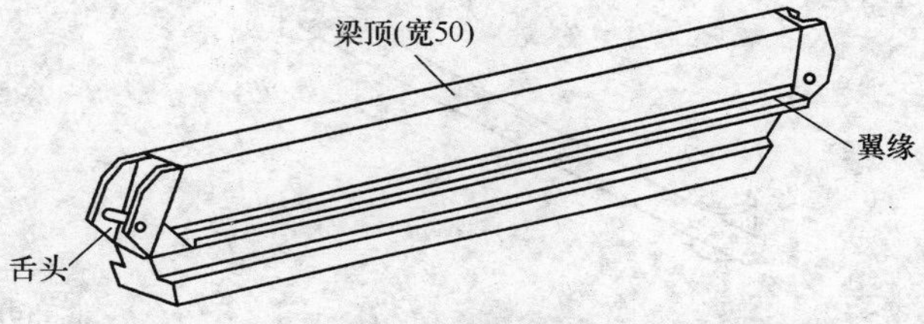 图 1－40　模板主梁示意图(单位：mm) ③模板次梁：用于无边框模板系统，起模板边框的作用(图 1－41)，其长度有 915 mm、1 220 mm、1 370 mm 和 1 830 mm 四种。 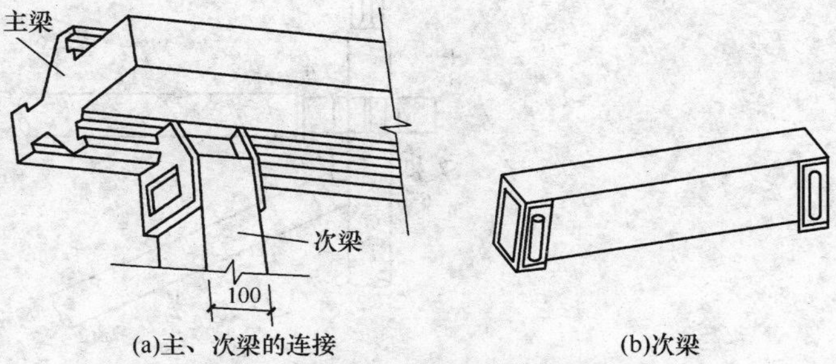 图 1－41　主、次梁连接及次梁示意图(单位：mm) ④立柱：采用 ϕ48×3.5 钢管，它是支设楼板模板的垂直支撑[图 1－42(a)]。立柱上焊有两道锥销十字连接托(梅花十字接头)，以便与横撑连接。当横撑间隔为 1.5 m 时，每根立柱可承受荷载 35.3 kN。其长度有 2 200 mm、2 400 mm 和 2 600 mm 三种。 ⑤横撑：横撑亦采用 ϕ48×3.5 钢管制成，其两端焊有锥销式连接销[图 1－42(b)]，以便与立柱上的连接托连接，其长度有 950 mm、1 250 mm、1 550 mm 和 1 850 mm 四种。 ⑥斜撑：采用握式卡与垂直立柱连接，可以任何角度固定两根互相垂直的杆件[图 1－42(c)]。 ⑦高度调节器：用于调节立柱的高度[图 1－42(d)]。调节范围为 500 mm。 ⑧立柱连接接头：用于连接上下立柱的接头(图 1－43)。 ⑨梅花十字接头：用于横撑与立柱连接。将横撑的连接销插入立柱连接托的孔内，用锤子一击即可连接在一起。每个梅花接头的承载力为 0.4 kN。

续上表

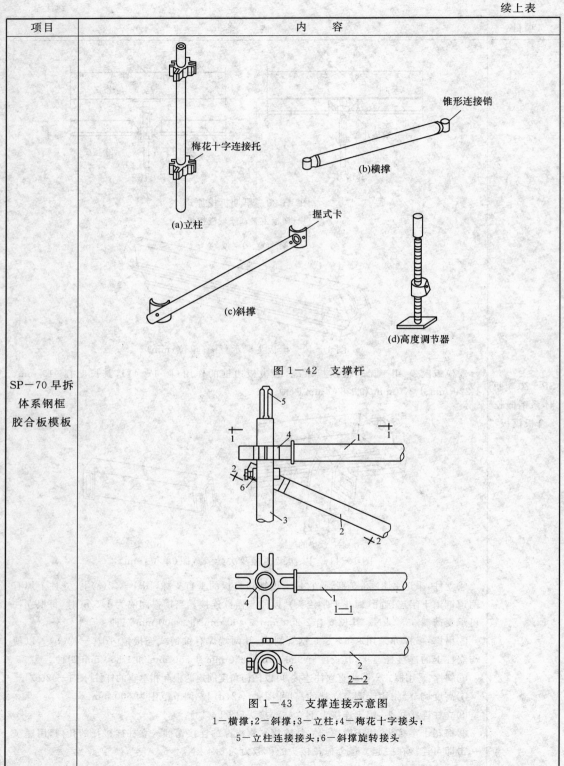

项目	内　　容
SP－70早拆体系钢框胶合板模板	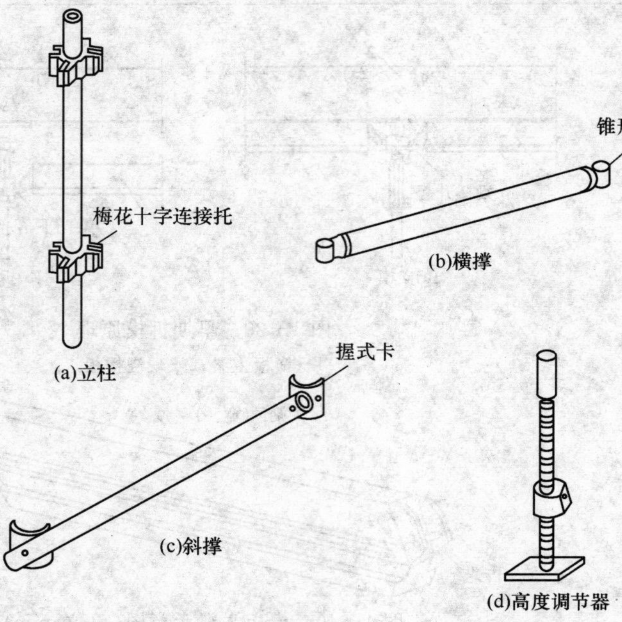 图1－42　支撑杆 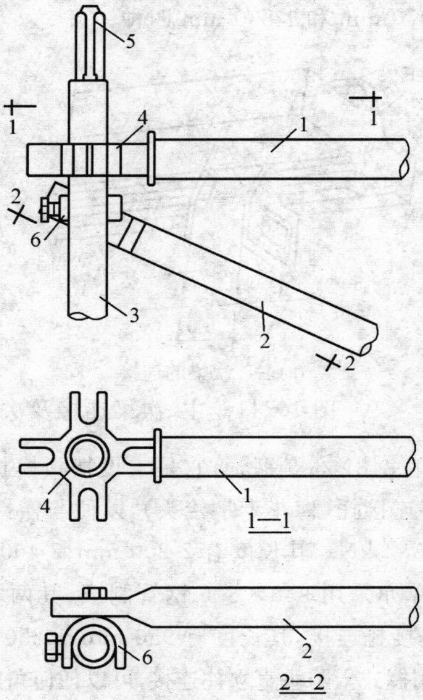 图1－43　支撑连接示意图 1－横撑；2－斜撑；3－立柱；4－梅花十字接头； 5－立柱连接接头；6－斜撑旋转接头

续上表

<table>
<tr><th>项目</th><th>内　　容</th></tr>
<tr><td>SP－70 早拆体系钢框胶合板模板</td><td>
3)拉杆系统。
拉杆系统是用于墙体模板的定位工具，由拉杆、母螺栓、模板块挡片、翼形螺母组成(图1－44)。
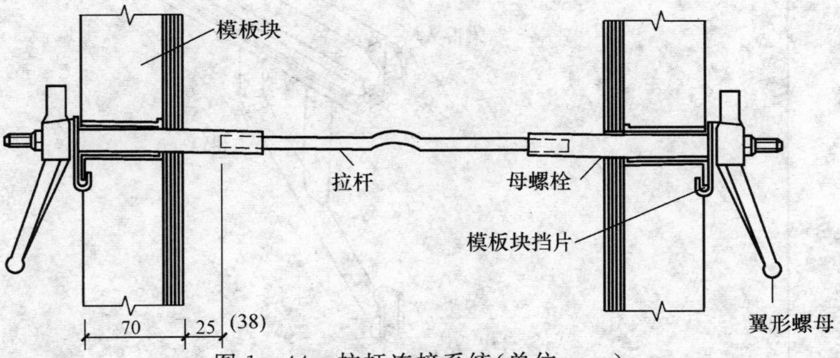

图 1－44　拉杆连接系统(单位：mm)
①拉杆：拉杆采用 ϕ16 钢筋制作，浇筑混凝土后。保留在混凝土墙体内。拉杆中间弯成波形[图 1－45(a)]，以防止拆母螺栓时跟着转动。其安全荷载为 26.5 kN，长度从 75～550 mm，以 25 mm 进级。拉杆长度的计算如下：
拉杆＝墙厚－(2×接头长度)
注：接头长度为 25 mm。
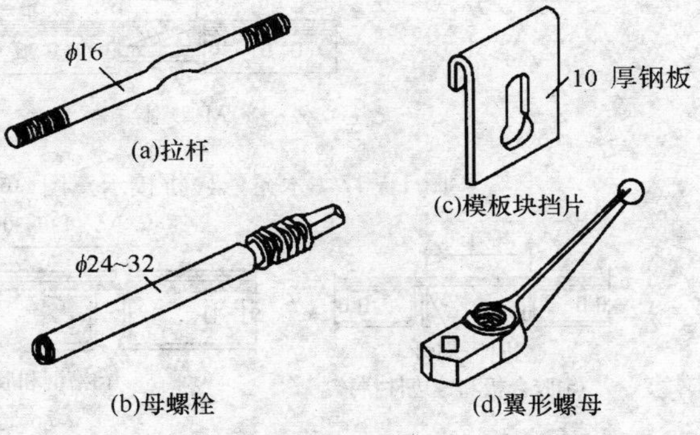

图 1－45　拉杆配件图
②母螺栓：母螺栓的一端设内螺纹与拉杆连接。螺纹接头长 25 mm[图1－45(b)]。
③模板块挡片：用于控制模板块的实际间距[图 1－45(c)]。
④翼形螺母：是母螺栓与拉杆连接固定和拆卸母螺栓的工具[图 1－45(d)]。
4)附件。
用于非标准部位或不符合模数的边角部位，主要有悬臂梁或预制拼条等。
①悬臂梁：是非标准模板端头的支撑。它与模板主梁一样，当梁头挂在柱头的梁托上支起后，能够自锁不会脱落。梁体为木质梁(图 1－46)。
②预制拼条：用于楼板和墙体模板非标准部位的连接。较窄的拼缝，可采用木条或木梁拼接(图 1－47)；较宽的拼缝，可采用胶合板或槽钢加强胶合板和镶边件拼接(图 1－48)。
</td></tr>
</table>

续上表

<table>
<tr><th>项目</th><th>内　容</th></tr>
<tr><td>SP－70 早拆体系钢框胶合板模板</td><td>
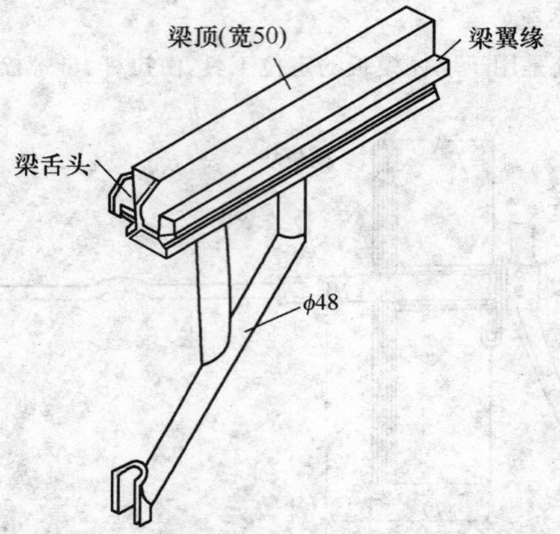

图 1－46　悬臂梁示意图(单位:mm)

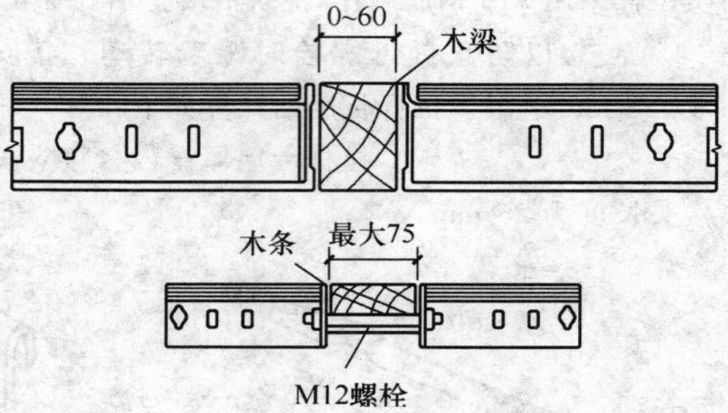

图 1－47　木条(梁)拼接示意图(单位:mm)

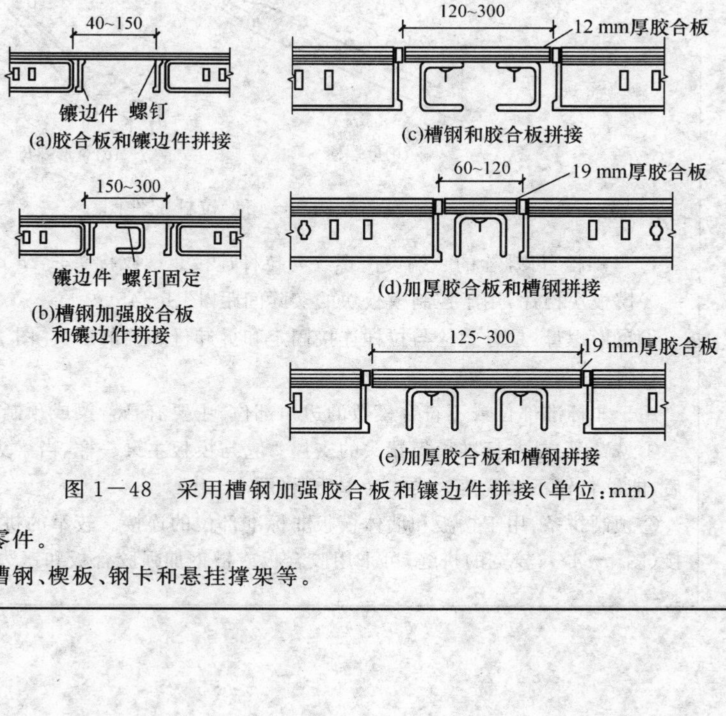

图 1－48　采用槽钢加强胶合板和镶边件拼接(单位:mm)

5)辅助零件。

有镶嵌槽钢、楔板、钢卡和悬挂撑架等。
</td></tr>
</table>

续上表

<table>
<tr><th>项目</th><th>内　容</th></tr>
<tr><td>SP—70早拆体系钢框胶合板模板</td><td>

①镶嵌槽钢:用于墙体模板或楼板模板补板胶合板中间的支承[图 1—49(a)],其长度有 900 mm、1 200 mm、1 500 mm、1 800 mm 和 2 400 mm 五种。

②楔板:是一种连接模板块或镶边件的工具[图 1—49(b)]。

③钢卡:用于固定模板背楞。常用于加强模板的承载强度及模板块的调平[图 1—49(c)]。单管钢卡可卡住断面为 50 mm×50 mm 的杆件;双管钢卡可卡住断面为 50 mm×100 mm 的杆件。

④悬吊撑架:固定在模板上的脚手支架[图 1—49(d)],扶手栏杆可插入竖管内用销钉锁牢,间距为 1.2 m。

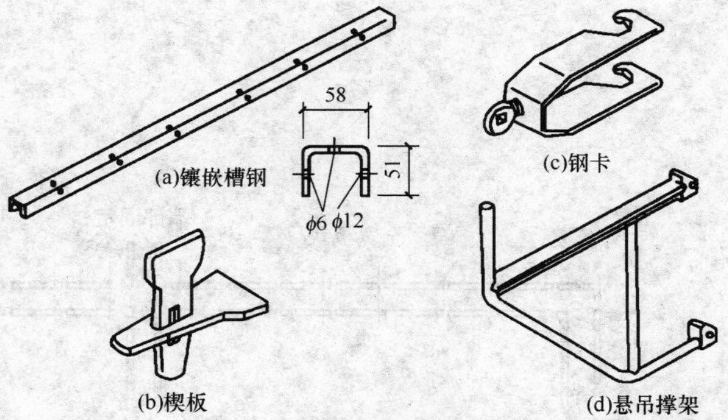

图 1—49　辅助零件示意图

(2)模板的组合。

1)楼(顶)板模板的组合。

可根据结构尺寸,选择不同规格的模板块及支撑进行组合。由模板块及早拆支撑组成,其组合示意图,如图 1—50 所示。钢框木(竹)组合模板用于楼(顶)板模板的支承格构共有 16 种,详见表 1—39、表 1—40 和图 1—51。

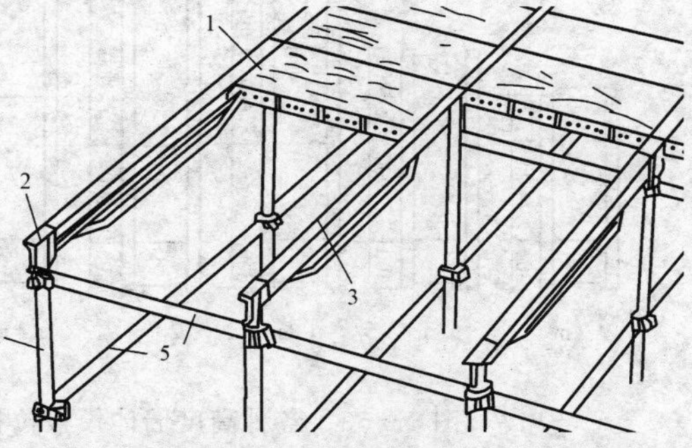

图 1—50　钢框木(竹)组合模板楼(顶)板模板组合示意图

1—模板块;2—早拆柱头;3—主梁;4—立柱;5—横撑

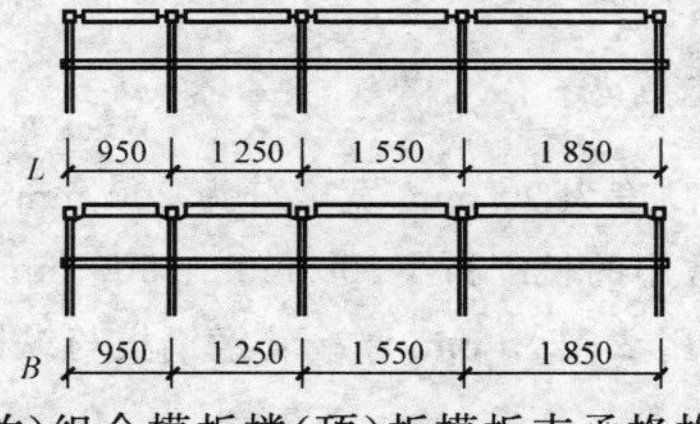

图 1—51　钢框木(竹)组合模板楼(顶)板模板支承格构示意图(单位:mm)

</td></tr>
</table>

续上表

项目	内　　容
SP－70 早拆体系钢框胶合板模板	2)墙体模板的组合。 墙体模板可根据结构的尺寸选择不同规格的模板块、角模和非标准件组合。墙体模板的平面布置如图 1－52 所示。不同高度墙体模板的拉杆布置,如图 1－53 所示 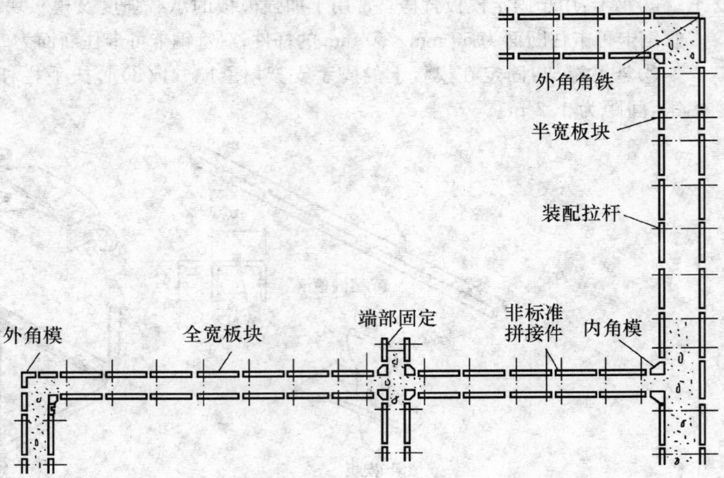 图 1－52　墙体模板的平面布置示意图 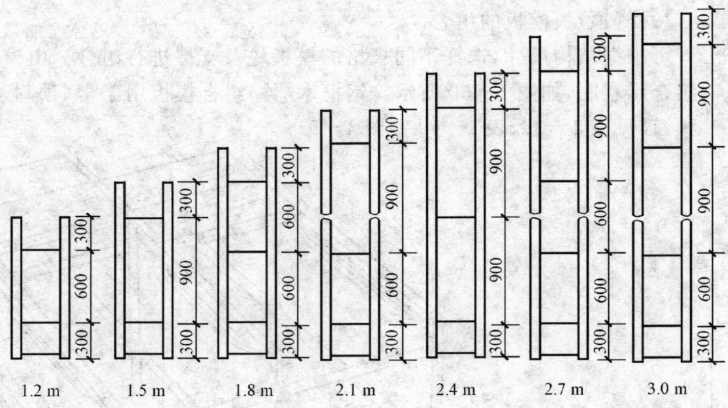 图 1－53　各种高度墙体模板拉杆布置示意图 (混凝土侧压力 50 kN/m²)(单位:mm)
GZ－90 早拆体系模板	(1)GZB 模板。 1)平面模板。 模板的边框高度为 90 mm,宽度分为 200 mm、300 mm 和 600 mm 三种,其中 600 mm 为标准块宽度;常用的长度为 1 200 mm、1 500 mm 和 1 800 mm 三种。 模板边框采用 2～2.5 mm 厚冷轧锰钢板与纵横肋焊接而成(图 1－54)。边框设有供组合用的销孔。

续上表

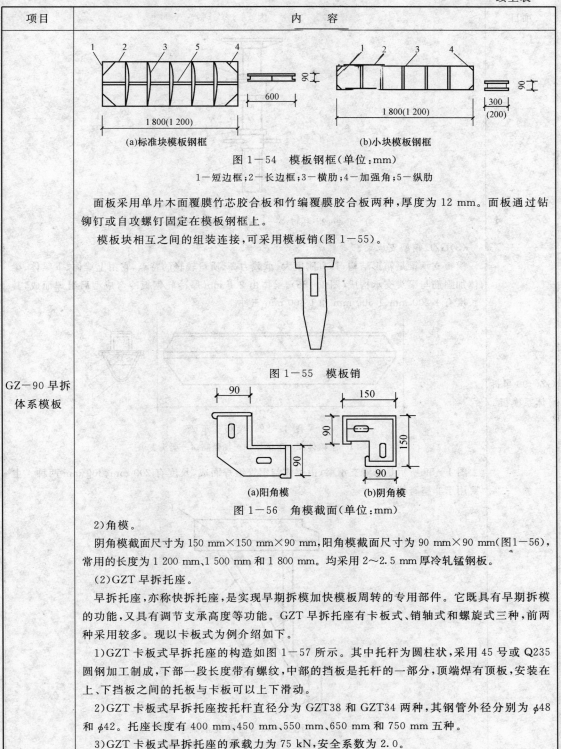

项目	内　容
GZ—90 早拆体系模板	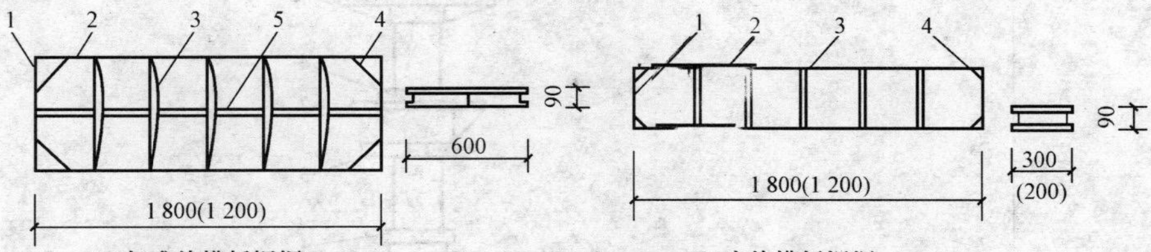 (a)标准块模板钢框　(b)小块模板钢框 图 1—54　模板钢框(单位:mm) 1—短边框;2—长边框;3—横肋;4—加强角;5—纵肋 面板采用单片木面覆膜竹芯胶合板和竹编覆膜胶合板两种,厚度为 12 mm。面板通过钻铆钉或自攻螺钉固定在模板钢框上。 模板块相互之间的组装连接,可采用模板销(图 1—55)。 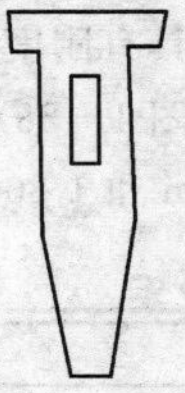 图 1—55　模板销 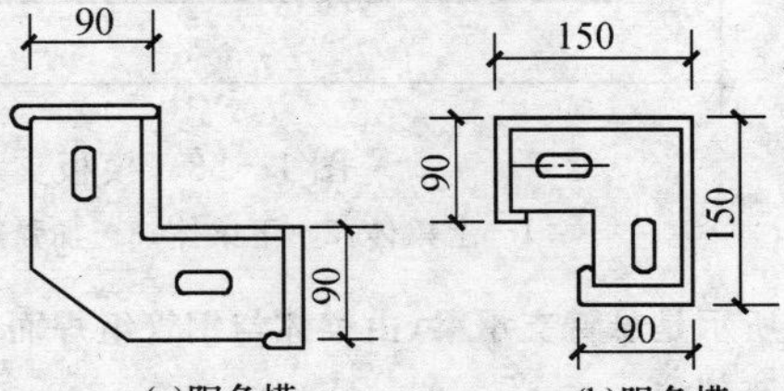 (a)阳角模　(b)阴角模 图 1—56　角模截面(单位:mm) 2)角模。 阴角模截面尺寸为 150 mm×150 mm×90 mm,阳角模截面尺寸为 90 mm×90 mm(图1—56),常用的长度为 1 200 mm、1 500 mm 和 1 800 mm。均采用 2～2.5 mm 厚冷轧锰钢板。 (2)GZT 早拆托座。 早拆托座,亦称快拆托座,是实现早期拆模加快模板周转的专用部件。它既具有早期拆模的功能,又具有调节支承高度等功能。GZT 早拆托座有卡板式、销轴式和螺旋式三种,前两种采用较多。现以卡板式为例介绍如下。 1)GZT 卡板式早拆托座的构造如图 1—57 所示。其中托杆为圆柱状,采用 45 号或 Q235 圆钢加工制成,下部一段长度带有螺纹,中部的挡板是托杆的一部分,顶端焊有顶板,安装在上、下挡板之间的托板与卡板可以上下滑动。 2)GZT 卡板式早拆托座按托杆直径分为 GZT38 和 GZT34 两种,其钢管外径分别为 $\phi48$ 和 $\phi42$。托座长度有 400 mm、450 mm、550 mm、650 mm 和 750 mm 五种。 3)GZT 卡板式早拆托座的承载力为 75 kN,安全系数为 2.0。

续上表

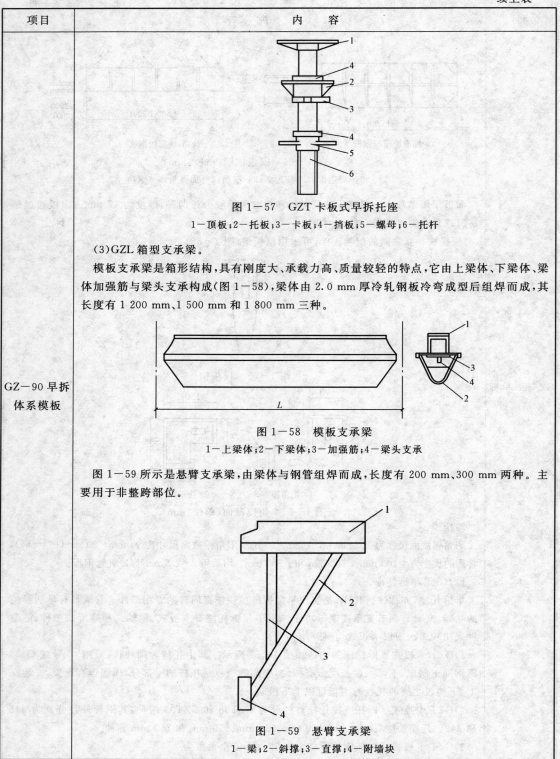

项目	内　容
GZ—90 早拆体系模板	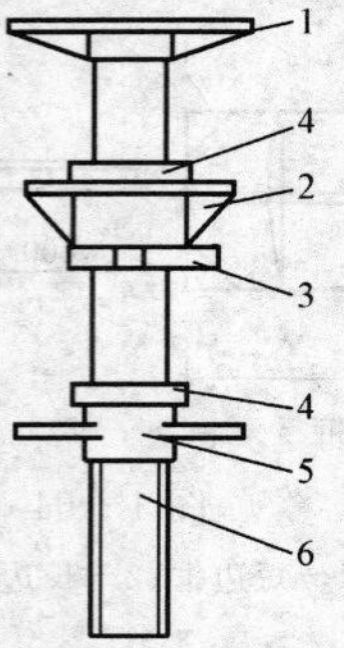 图 1—57　GZT 卡板式早拆托座 1—顶板；2—托板；3—卡板；4—挡板；5—螺母；6—托杆 (3)GZL 箱型支承梁。 模板支承梁是箱形结构，具有刚度大、承载力高、质量较轻的特点，它由上梁体、下梁体、梁体加强筋与梁头支承构成(图 1—58)，梁体由 2.0 mm 厚冷轧钢板冷弯成型后组焊而成，其长度有 1 200 mm、1 500 mm 和 1 800 mm 三种。 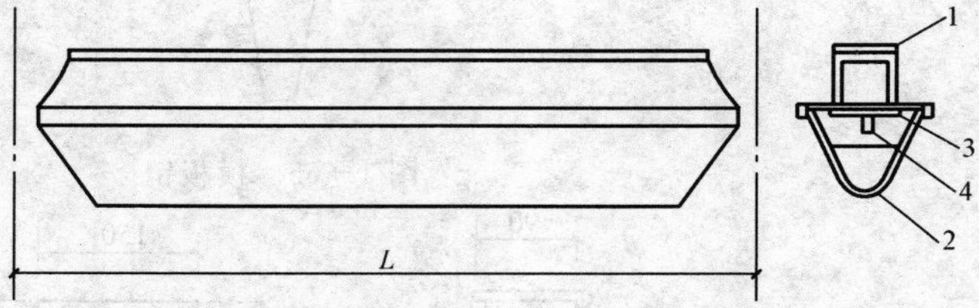 图 1—58　模板支承梁 1—上梁体；2—下梁体；3—加强筋；4—梁头支承 图 1—59 所示是悬臂支承梁，由梁体与钢管组焊而成，长度有 200 mm、300 mm 两种。主要用于非整跨部位。 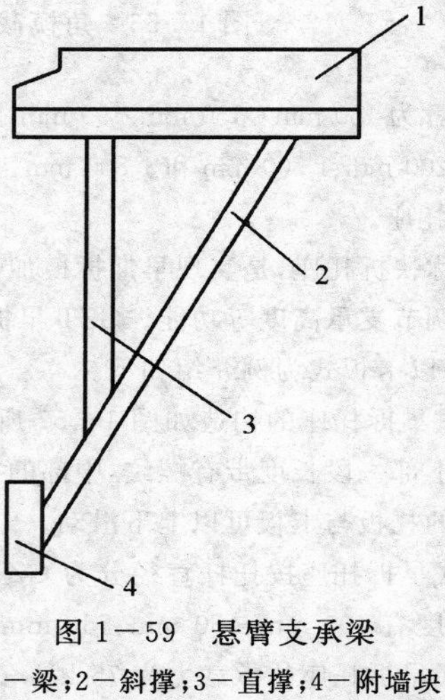 图 1—59　悬臂支承梁 1—梁；2—斜撑；3—直撑；4—附墙块

续上表

<table>
<tr><th>项目</th><th>内容</th></tr>
<tr><td>GZ－90 早拆体系模板</td><td>

(4)GZM 多功能门式脚手架。

GZM 多功能门式脚手架是 GZ 型早拆模板体系中的垂直支撑，主要由新型门式架、加荷座、三角支架与连接棒、自锁销钩、斜拉杆、水平拉杆等组成(图 1－60)。

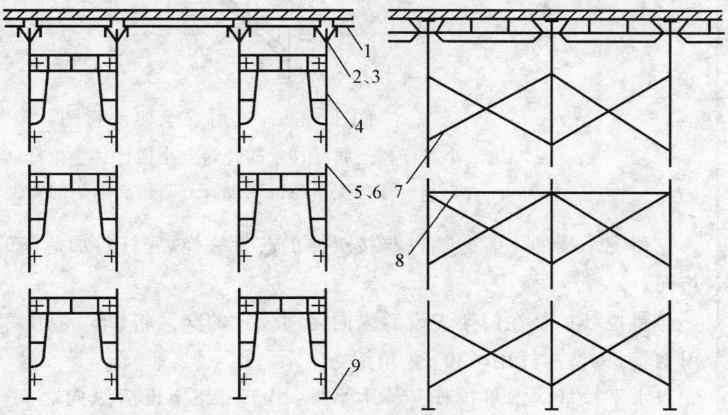

图 1－60 GZM 新型门架支撑与早拆模板体系

1－GZB 轻型组合模板；2－GZL 模板支承梁；3－GZT 多功能早拆托座；4－GZM 新型门式架；5－连接棒；6－自锁销钩；7－斜拉杆；8－水平拉杆；9－底座

1) 门架。

①标准型门架(简称标准架)：它的上部由二根横杆与数根腹杆组焊在立杆之间，形成一个构架式横梁，在横梁与立杆之间设有供装拆攀登用的脚手杆，常用规格见表 1－41。

②调节型门架(简称调节架)：调节架的高度较小，可以与标准架配合使用，也可单独使用。常用规格见表 1－42。

③加宽架：加宽架有两个宽度，上部的宽度与下部的宽度不同，但其中的一个宽度与标准架或调节架是相同的。常用规格见表 1－43。

门架钢管为高频焊接钢管，其管径与壁厚见表 1－44。

标准架、调节架及加宽架的承载能力与门架的管径、宽度和高度有关，尤其门架高度的影响为最大。若用几种高度不同的门架组合使用时，以最大高度的门架为依据。ϕ48 和 ϕ42 系列常用门架的承载力见表 1－45。

2)加荷支座。是当门架的宽度缩小使用时设置的一种荷载支承装置(图 1－61)。小立杆的管径与门架立杆相同，长 100～300 mm，底杆为 $\phi 48 \times 3.0$ 的半圆管，长 100～200 mm。使用时，将底杆扣在上横杆上，然后用扣件固结好。

3)三角支承架。是当门架的宽度需要加大使用时而设置的一种支承装置(图 1－62)。三角支承架的宽度 c，根据使用要求确定或者可以随使用要求进行调节。

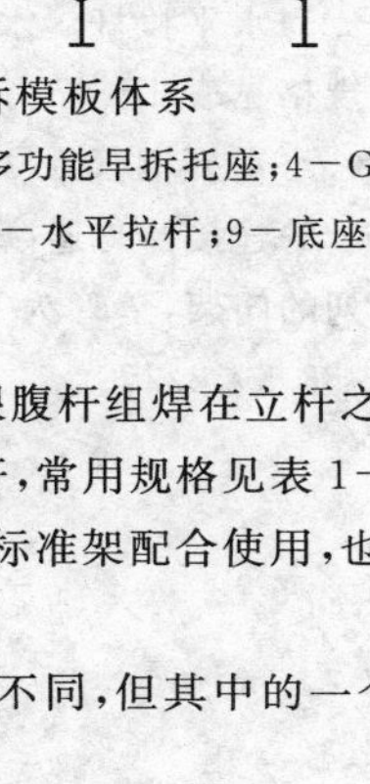

图 1－61 加荷支座与安装示意图

1－小立杆；2－底杆

</td></tr>
</table>

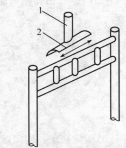

续上表

<table>
<tr><th>项目</th><th>内　容</th></tr>
<tr><td>GZ－90 早拆体系模板</td><td>
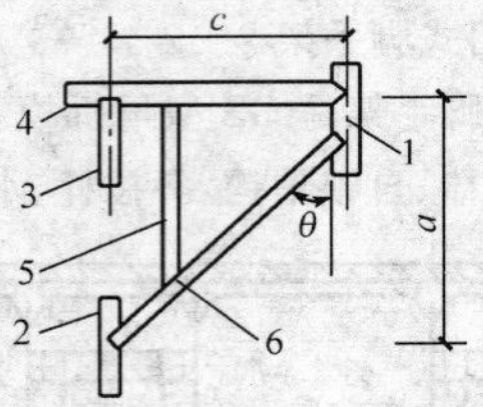

图 1－62　三角支承架示意图

1－小立杆；2－底杆；3－插杆；4－小横杆；5－拉杆；6－斜杆

a－三角支承架的高度；c－三角支承架的宽度

三角支承架的钢管除插杆与接头棒的芯管一样、底杆与加荷座的底杆相同外，其余与门架相同。

4)斜拉杆。是在门架支设后纵向之间设置的交叉斜撑。常用规格见表 1－46。轻型拉杆用钢管，重型拉杆用∟ 30×3 角钢。

5)水平拉杆。水平拉杆又称水平架，用于门架架设后纵向之间设置的水平支撑。常用的规格见表 1－47。

水平杆钢管为 ϕ42×3.0，腹杆钢管为 ϕ38×2.0，搭钩为铸钢件。

6)连接棒。连接棒是门架在竖直方向架设时连接用的一种装置，如图 1－63 所示。ϕ48 系列的门架，套管为 ϕ48×3.0，芯管为 ϕ38×2.0；ϕ42 系列的门架，套管为 ϕ42×3.0，芯管为 ϕ33.5×3.25。

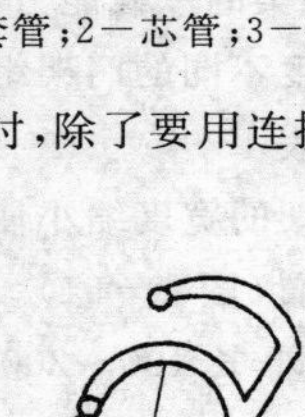

图 1－63　连接棒示意图(单位：mm)

1－套管；2－芯管；3－销孔

7)自锁销钩。门架在竖直方向架设时，除了要用连接棒连接外，还要用自锁销钩进行固定(图 1－64)，销钩用钢筋冷弯制成。

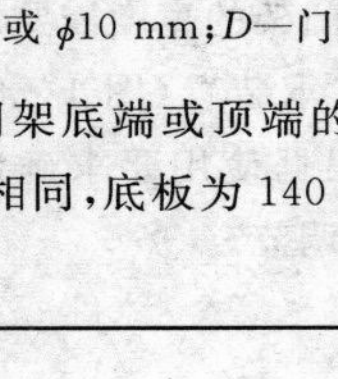

图 1－64　自锁销钩示意图

d—ϕ8 mm 或 ϕ10 mm；D—门架立杆外径

8)固定底座。固定底座是安装在门架底端或顶端的一种固定托座(图 1－65)，芯管直径与连接棒相同，座管与连接棒的套管相同，底板为 140 mm×140 mm×6 mm 的钢板，在底板上有2～4 个 ϕ5 钉子孔。
</td></tr>
</table>

续上表

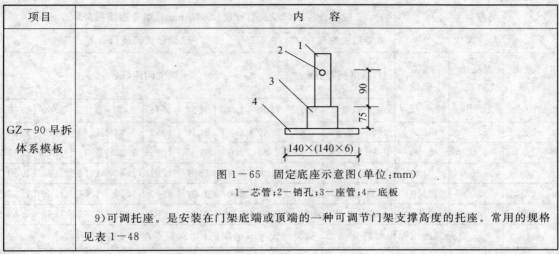

<table>
<tr><th>项目</th><th>内　容</th></tr>
<tr><td>GZ－90 早拆体系模板</td><td>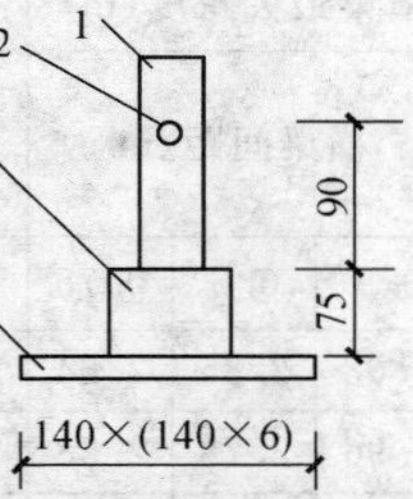

图 1－65　固定底座示意图(单位:mm)
1－芯管;2－销孔;3－座管;4－底板

9)可调托座。是安装在门架底端或顶端的一种可调节门架支撑高度的托座。常用的规格见表 1－48</td></tr>
</table>

独立式钢支撑的型号及性能见表 1－34。

表 1－34　独立式钢支撑的型号及性能

型号	LJC－3	LJC－3.4	LJC－4.1	LJC－4.9	LJC－5.5
支撑可调高度(m)	1.7～3.0	1.9～3.4	2.3～4.1	2.7～4.9	3.5～5.5
微调装置螺纹	内螺纹外螺纹	外螺纹	外螺纹	外螺纹	外螺纹
每根支撑杆质量(kg)	15.5	18.7	27.5	32.2	35.7
每个折叠架质量(kg)	3.4	3.4	3.4	3.4	3.4
支撑头上口尺寸(mm)	85×170	85×170	85×170	85×170	85×170
支撑杆允许荷载(kN)	11.89～32.22	18.62～33.32	26.46～44.10	19.60～44.10	—

注:LJD－3、LJC－3.4……表示梁的长度 3 m、3.4 m……。

水平结构模板选用表见表 1－35。

表 1－35　水平结构模板选用表

模板种类			多层胶合板、木丝板、竹丝板(厚 18 mm)、组合钢模板(厚 55 mm)										
允许跨度			横梁最大跨度(m)			纵梁最大跨度(m)							
混凝土板厚(cm)	混凝土自重(kN/m^2)	施工荷载(kN/m^2)	横梁间距(m)			纵梁间距(m)							
			0.5	0.6	0.75	1.00	1.25	1.50	1.75	2.00	2.25	2.50	3.00
10	2.50	2.50	3.65	3.43	3.19	2.90	2.69	2.53	2.40	2.30	2.21	2.13	2.01
12	3.00	2.50	3.51	3.30	3.06	2.78	2.58	2.43	2.31	2.21	2.12	2.05	1.93
14	3.50	2.50	3.39	3.19	2.96	2.69	2.49	2.35	2.23	2.13	2.05	1.98	1.86
16	4.00	2.50	3.28	3.09	2.87	2.60	2.42	2.27	2.16	2.07	1.99	1.92	1.80
18	4.50	2.50	3.19	3.00	2.78	2.53	2.35	2.21	2.10	2.01	1.93	1.86	1.75
20	5.00	2.50	3.10	2.92	2.71	2.46	2.29	2.15	2.04	1.98	1.88	1.81	1.71

续上表

模板种类			多层胶合板、木丝板、竹丝板(厚 18 mm)、组合钢模板(厚 55 mm)										
允许跨度			横梁最大跨度(m)			纵梁最大跨度(m)							
混凝土板厚(cm)	混凝土自重(kN/m²)	施工荷载(kN/m²)	横梁间距/m			纵梁间距(m)							
			0.5	0.6	0.75	1.00	1.25	1.50	1.75	2.00	2.25	2.50	3.00
22	5.50	2.50	3.03	2.85	2.64	2.40	2.23	2.10	1.99	1.91	1.83	1.77	1.66
24	6.00	2.50	2.96	2.78	2.58	2.35	2.18	2.05	1.95	1.86	1.79	1.73	1.63
26	6.50	2.50	2.90	2.72	2.53	2.30	2.13	2.01	1.91	1.82	1.75	1.69	1.59
28	7.00	2.50	2.84	2.67	2.48	2.25	2.09	1.97	1.87	1.79	1.72	1.66	1.56
30	7.50	2.50	2.78	2.62	2.43	2.21	2.05	1.93	1.83	1.75	1.68	1.63	1.53
备注	1. 横梁间距按模板材料选择;2. 横梁跨度＝纵梁间距;3. 纵梁跨度＝支撑间距												

空腹工字钢梁的型号、规格及性能见表 1－36。

表 1－36　空腹工字钢梁的型号、规格及性能

型号	长度(m)	质量(kg/m)	允许弯矩(kN·m)	允许剪力(kN)	设计线荷载(kN/m)	跨中最大挠度(mm)
LJL－1.3	1.3	8	9.49	18.82	3.82	1.88
LJL－2	2					
LJL－2.5	2.5					
LJL－3	3					

注:1. 设计线荷载按楼板厚 200 mm、施工荷载 2.5 kN/m²、横梁间距 600 mm、跨度 2 m 考虑。
2. 跨中最大挠度按 2 倍设计线荷载考虑。

钢木工字梁的型号、长度见表 1－37。

表 1－37　钢木工字梁的型号、长度

型号	长度 *L*(m)	型号	长度 *L*(m)
LJML－2.5	2.5	LJML－4.5	4.5
LJML－3	3	LJML－5	5
LJML－3.5	3.5	LJML－5.5	5.5
LJML－4	4	LJML－6	6

平面模板规格见表 1－38。

表 1－38　平面模板规格　　(单位:mm)

项　目	尺寸	项　目	尺寸
高度	75	长度	900、1 200、1 500、1 800、2 400
宽度	200、250、300、450、600		

支承结构种类表见表 1－39。

表 1－39　支承结构种类表

格构种类	格构尺寸 $L\times B$(mm)	格构种类	格构尺寸 $L\times B$(mm)
A	1 850×1 850	I	1 250×1 850
B	1 850×1 550	J	1 250×1 550
C	1 850×1 250	K	1 250×1 250
D	1 850×950	L	1 250×950
E	1 550×1 850	M	950×1 850
F	1 550×1 550	N	950×1 550
G	1 550×1 250	O	950×1 250
H	1 550×950	P	950×950

注：*L* 为沿梁方向立柱间距；

B 为沿模板块方向立柱间距。

各种支承格构性能表见表 1－40。

表 1－40　各种支承结构性能表

类别	格构尺寸 $L\times B$(mm)	允许最大混凝土厚度(mm)	主梁挠度(mm)	相对挠度	内应力(N/mm^2)	立柱荷载(kN)	面积(m^2)
A	1 850×1 850	160	2.12	*L*/874	166.9	23.82	3.423
B	1 850×1 550	220	2.39	*L*774	170.7	24.49	2.668
C	1 850×1 250	300	2.56	*L*/722	169.5	24.51	2.313
D	1 850×950	400	2.54	*L*/728	158.3	23.20	1.758
E	1 550×1 850	300	1.81	*L*/855	174.5	30.40	2.868
F	1 550×1 550	350	1.76	*L*/881	163.8	28.69	2.403
G	1 550×1 250	500	2.0	*L*/776	174.5	30.81	1.938
H	1 550×950	650	1.93	*L*/803	162.7	29.11	1.473
I	1 250×1 850	450	1.07	*L*/1 172	150.7	33.65	2.313
J	1 250×1 550	500	0.98	*L*/1 265	137.2	30.80	1.938
K	1 250×1 250	750	1.17	*L*/1 066	154.5	34.90	1.563
L	1 250×950	1 000	1.17	*L*/1 070	149.6	34.32	1.188
M	950×1 850	650	0.45	*L*/2 083	111.8	34.75	1.758
N	950×1 550	800	0.47	*L*/2 036	111.7	34.90	1.473
O	950×1 250	1 000	0.46	*L*/2 044	109.0	34.32	1.188
P	950×950	1 300	0.45	*L*/2 104	103.8	33.12	0.903

标准型门架规格表见表 1—41。

表 1—41　标准型门架规格表

简图	系列	代号	B(mm)	H(mm)	质量(kg)
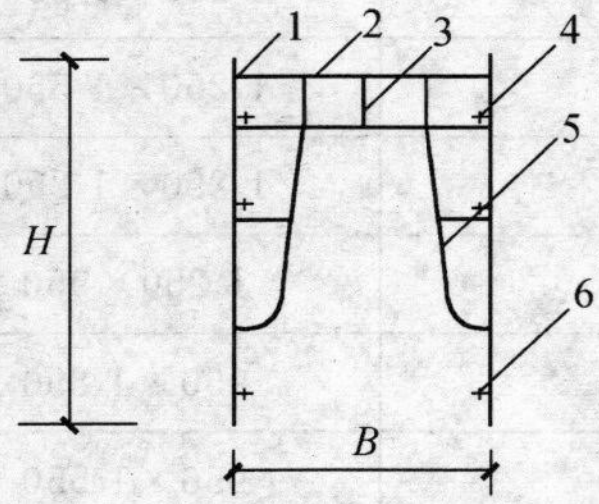 1—立杆;2—上横杆; 3—腹杆;4—下横杆; 5—脚手杆;6—止退销	$\phi 48$	M1 200(1 250)×1 800	1 200 (1 250)	1 800	21.3 (21.6)
		M1 200(1 250)×1 500	1 200 (1 250)	1 500	18.8 (19.1)
		M900(950)×1 800	900 (950)	1 800	19.6 (19.9)
		M900(950)×1 500	900 (950)	1 500	17.1 (17.4)
	$\phi 42$	M1 200×1 800	1 200	1 800	18.2
		M1 200×1 500	1 200	1 500	16.2
		M900×1 800	900	1 800	16.5
		M900×1 500	900	1 500	14.5

调节型门架规格表见表 1—42。

表 1—42　调节型门架规格表

简图	系列	代号	B(mm)	H(mm)	质量(kg)
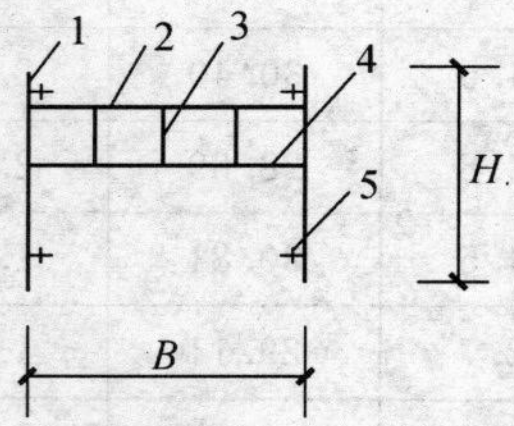 1—立柱;2—上横杆; 3—腹杆;4—下横杆; 5—止退销	$\phi 48$	M1 200(1 250)×1 200	1 200 (1 250)	1 200	15.1 (15.4)
		M1 200(1 250)×900	1 200 (1 250)	900	13.2 (13.5)
		M1 200(1 250)×600	1 200 (1 250)	600	11.2 (11.5)
		M900(950)×1 200	900 (950)	1 200	13.4 (13.7)
		M900(950)×900	900 (950)	900	11.5 (11.8)
		M900(950)×600	900 (950)	600	9.5 (9.8)
	$\phi 42$	M1 200×1 200	1 200	1 200	13.1
		M1 200×900	1 200	900	11.6
		M1 200×600	1 200	600	10.1
		M900×1 200	900	1 200	11.4
		M900×900	900	900	9.9
		M900×600	900	600	8.4

加宽架规格表见表1－43。

表1－43　加宽架规格表

简图	系列	代号	B(mm)	C (mm)	H(mm)	质量(kg)
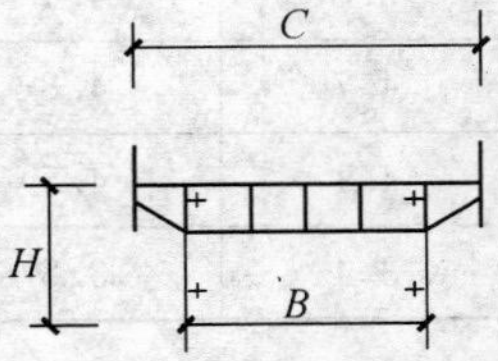	ϕ48	M1 200(1 250)×1 850×900	1 200 (1 250)	1 850	900	18.5 (18.8)
		M900（950）×1 250×900	900 (950)	1 250	900	14.96 (15.26)
		M900（950）×1 250×600	900 (950)	1 250	600	12.96 (13.26)
	ϕ42	M1 200(1 250)×1 850×900	1 200 (1 250)	1 850	900	16.07 (16.37)
		M900（950）×1 250×900	900 (950)	1 250	900	12.73 (13.03)
		M900（950）×1 250×600	900 (950)	1 250	600	11.23 (11.53)

门架钢管的管径与壁厚见表1－44。

表1－44　门架钢管的管径与壁厚　　(单位:mm)

系列	立杆	攒杆	腹杆	斜杆	脚手杆
ϕ48	ϕ48×3.0	ϕ42×3.0	ϕ38×2.0	ϕ42×3.0	ϕ17×2.25
ϕ42	ϕ42×3.0	ϕ42×3.0	ϕ38×2.0	ϕ42×3.0	ϕ17×2.25

常用门架的承载力见表1－45。

表1－45　常用门架的承载力

序号	代号	门架宽(mm)	门架高(mm)	允许承载力(kN)	
				ϕ48 系列	ϕ42 系列
1	M1 200×1 800	1 200	1 800	75	55
2	M1 200×1 500	1 200	1 500		
3	M1 200×1 200	1 200	1 200	75	65

斜拉杆规格见表 1—46。

表 1—46 斜拉杆规格

简图	B(mm)	A (mm)	C (mm)	质量(kg)	
				轻型	重型
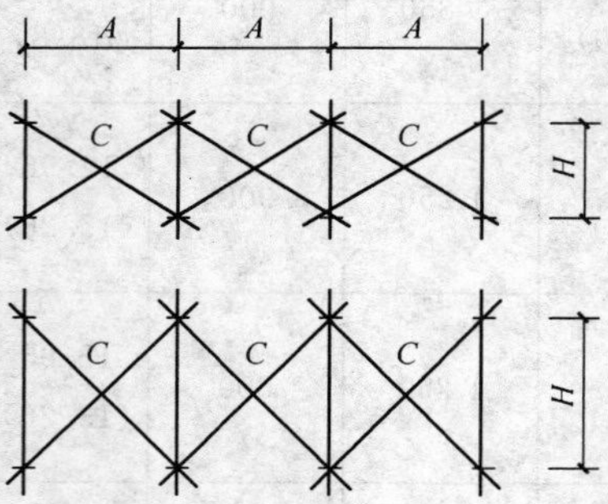	1 200	1 800	2 163	5.5	6.1
		1 500	1 921	5.0	5.4
		1 200	1 697	4.5	4.8
	800	1 800	1 970	5.1	5.5
		1 500	1 700	4.4	4.8
		1 200	1 442	3.8	4.1
	520	1 800	1 876	4.7	4.8
		1 500	1 591	4.1	4.5
		1 200	1 311	3.4	3.8

水平拉杆规格见表 1—47。

表 1—47 水平拉杆规格

简图	A(mm)	B(mm)	重量(kg)
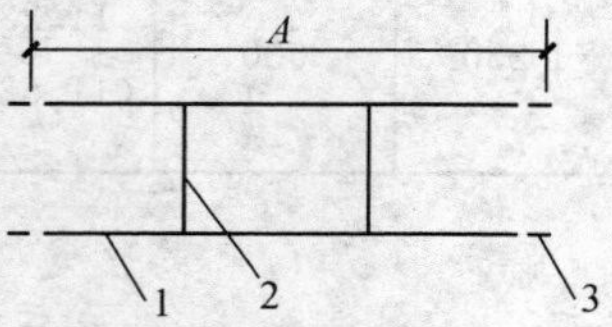 1—水平杆；2—腹杆；3—搭钩	1 800	1 000	15.6
		500	13.0
	1 500	500	11.3
	1 200	500	9.6

可调托座规格见表 1—48。

表 1—48 可调托座规格

简图	系列	代号	D(mm)	H(mm)	质量(kg)
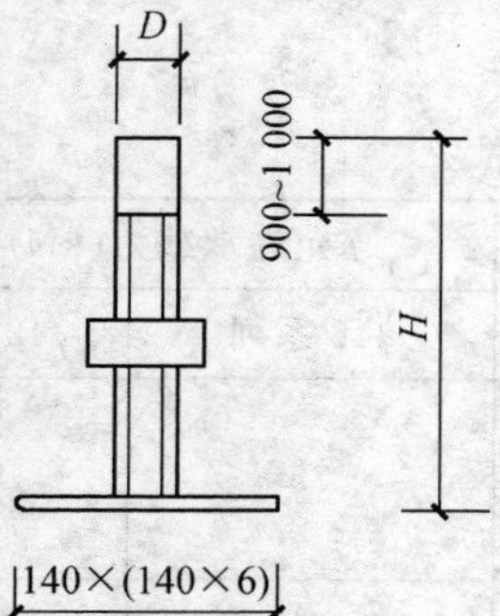	ϕ48	KT38×400	38	400	5.2
		KT38×600	38	600	7.0
		KT38×800	38	800	8.7
	ϕ42	KT34×400	34	400	4.5
		KT34×600	34	600	6.0
		KT34×800	34	800	7.4

5.模板的维修与保管

钢模板及配件修复后的质量标准见表1－49。

表1－49 钢模板及配件修复后的质量标准

项目		允许偏差(mm)
钢模板	板面平整度	≤2.0
	凸棱直线度	≤1.0
	边肋不直度	不得超过凸棱高度
配件	U形卡卡口残余变形	≤1.2
	钢楞和支柱直线度	≤L/1 000

注:L为钢楞和支柱的长度。

6.隔离剂

隔离剂的种类和配制以及使用注意事项见表1－50。

表1－50 隔离剂

项目	内容
种类和配制	(1)油类隔离剂。 1)机柴油。 用机油和柴油按3∶7(体积比)配制而成。 2)乳化机油。 先将乳化机油加热至50℃～60℃,将磷质酸压碎倒入已加热的乳化机油中搅拌使其溶解,再将60℃～80℃的水倒入,继续搅拌至乳白色为止,然后加入磷酸和苛性解溶液,继续搅拌均匀。 3)妥乐油。 用妥乐油∶煤油∶锭子油＝1∶7.5∶1.5配制(体积比)。 4)机油皂化油。 用机油∶皂化油∶水＝1∶1∶6(体积比)混合,用蒸汽拌成乳化剂。 (2)水性隔离剂。 主要是海藻酸钠,其配制方法是海藻酸钠∶滑石粉∶洗衣粉∶水＝1∶13.3∶1∶53.3(质量比)配合而成。先将海藻酸钠放置2～3 d,再加滑石粉、洗衣粉和水搅拌均匀即可使用,刷涂、喷涂均可。 (3)树脂类隔离剂。 为长效隔离剂,刷一次可用6次,如成膜好可用到10次。 甲基硅树脂用乙醇胺作固化剂,质量配合比为1 000∶(3～5)。气温低或涂刷速度快时,可以多掺一些乙醇胺;反之,要少掺
使用注意事项	(1)油类隔离剂虽涂刷方便,脱模效果也好,但对结构构件表面有一定污染,影响装饰装修,因此应慎用。其中乳化机油,使用时按乳化机油∶水＝1∶5调配(体积比),搅拌均匀后涂刷,效果较好。

续上表

项目	内　容
使用注意事项	(2)油类隔离剂可以在低温和负温时使用。 (3)甲基硅树脂成膜固化后，透明、坚硬、耐磨、耐热和耐水性能都很好。涂在钢模面上，不仅起隔离作用，也能起防锈、保护作用。该材料无毒，喷、刷均可。 配制时容器工具要干净，无锈蚀，不得混入杂质。工具用完后，应用酒精洗刷干净晾干。由于加入了乙醇胺易固化，不宜多配。故应根据用量配制，用多少配多少。当出现变稠或结胶现象时，应停止使用。甲基硅树脂与光、热、空气等物质接触都会加速聚合，应储存在避光、阴凉的地方，每次用过后，必须将盖子盖严，防止潮气进入，储存期不宜超过三个月。 在首次涂刷甲基硅树脂隔离剂前，应将板面彻底擦洗干净，打磨出金属光泽，擦去浮锈，然后用棉纱沾酒精擦洗。板面处理越干净，则成模越牢固，周转使用次数越多。采用甲基硅树脂隔离剂，模板表面不准刷防锈漆。当钢模重刷隔离剂时，要趁拆模后板面潮湿，用扁铲、棕刷、棉丝将浮渣清理干净，否则，干涸后清理就比较困难。 (4)涂刷隔离剂可以采用喷涂或刷涂，操作要迅速。结膜后，不要回刷，以免起胶。涂层要薄而均匀，太厚反而容易剥落

三、施工机械要求

1. 锯割机械

锯割机械的设备选用见表1－51。

表1－51　锯割机械

项目	内　容
圆锯机的构造	圆锯机由机架、台面、电动机、锯片、锯比尺防护罩等组成，如图1－66所示。锯片的规格一般以锯片的直径、中心孔直径或锯片的厚度为基数 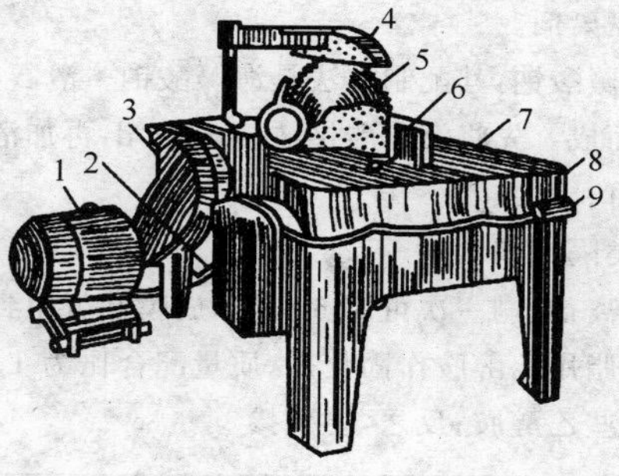 图1－66　手动进料圆锯机 1－电动机；2－开关盒；3－皮带罩；4－防护罩； 5－锯片；6－锯比尺；7－台面；8－机架；9－双联按钮

续上表

项目	内　容
圆锯片	圆锯机所用的圆锯片两面是平直的，锯齿经过拨料，用来作纵向锯割或横向截断板、方材及原木，是广泛采用的一种锯片
圆锯片的齿形与拨料	锯齿的拨料是将相邻各齿的上部互相向左右拨弯，如图1－67所示。 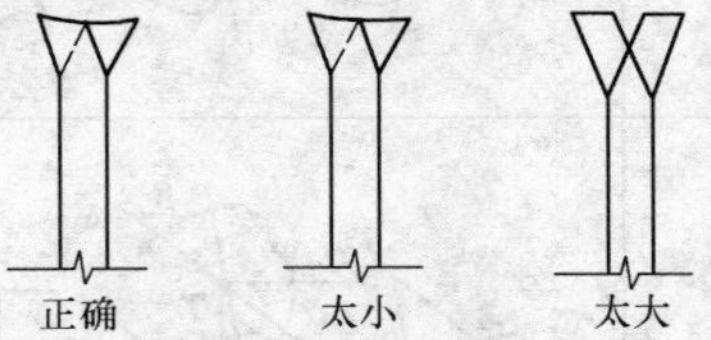 图1－67　锯齿的拨料 圆锯片锯齿形状与锯割木材的软硬、进料速度、光洁度及纵割或横割等有密切关系。常用的几种齿形或齿形角度、齿高及齿距等有关数据见表1－52。正确拨料的基本要求如下： (1)所有锯齿的每边拨料量都应相等。 (2)锯齿的弯折处不可在齿的根部，而应在齿高的一半以上处，厚锯约为齿高的1/3，薄锯为齿高的1/4。弯折线应向锯齿的前面稍微倾斜，所有锯齿的弯折线锯齿尖的距离都应当相等。 (3)拨料大小应与工作条件相适应，每一边的拨料量一般为0.2～0.8 mm，约等于锯片厚度的1.4～1.9倍，最大不应超过2倍。软料湿材取较大值，硬材与干材取较小值。 (4)锯齿拨料一般采用机械和手工两种方法，目前多以手工拨料为主，即用拨料器或锤打的方法进行
圆锯机的基本操作	(1)操作前应检查锯片有无断齿或裂纹现象，然后安装锯片，并装好防护罩和安全装置。 (2)安装锯片应与主轴同心，其内孔与轴的间隙不应大于0.15～0.2 mm，否则会产生离心惯性力，使锯片在旋转中摆动。 (3)法兰盘的夹紧面必须平整，要严格垂直于主轴的旋转中心，同时保持锯片安装牢固。 (4)先检查被锯割的木材表面或裂缝中是否有钉子或石子等坚硬物，以免损伤锯齿，甚至发生伤人事故。 (5)操作时应站在锯片稍左的位置，不应与锯片站在同一直线上，以免木料弹出伤人。 (6)送料不要用力过猛，木料应端平，不要摆动或抬高、压低。 (7)锯到木节处要放慢速度，并应注意防止木节弹出伤人。 (8)纵向破料时，木料要紧靠锯比，不得偏歪；横向截料时，要对准锯料线，端头要锯平齐。 (9)木料锯到尽头，不得用手推按，以防锯伤手指。如系两人操作，下手应待木料出锯台后，方可接位。 (10)木料卡住锯片时应立即停车，再做处理。 (11)锯短料时，必须用推杆送料，以确保安全。 (12)锯台上的碎屑、锯末，应用木棒或其他工具待停机后清理。 (13)锯割作业完成后要及时关闭电门，拔去插头，切断电源，确保安全

常用的几种齿形或齿形角度、齿高及齿距见表 1－52。

表 1－52 齿高及齿距

<table>
<tr><td>锯片名称</td><td>类型</td><td colspan="3">简图</td><td>用途</td><td colspan="2">特征</td></tr>
<tr><td rowspan="2">圆锯片齿形</td><td>纵割锯</td><td colspan="3">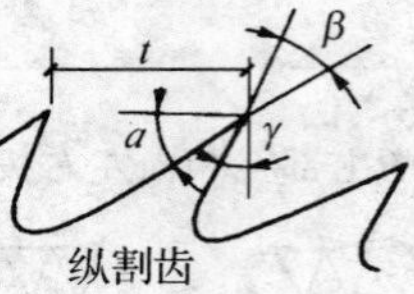纵割齿</td><td>主要用于纵向锯割，亦用于横割</td><td colspan="2">以纵割为主，但亦可横割，齿形应用较广泛</td></tr>
<tr><td>横割锯</td><td colspan="3">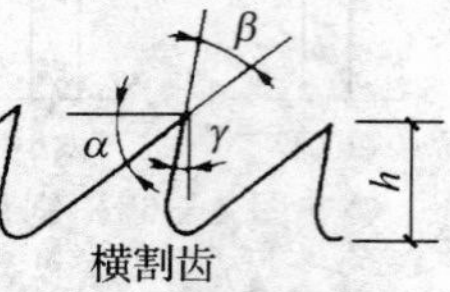横割齿</td><td>用于横向锯割</td><td colspan="2">锯割时速度轻纵向慢，但较光洁</td></tr>
<tr><td rowspan="4">圆锯片齿形角度</td><td rowspan="2">锯割方法</td><td colspan="3">齿形角度</td><td rowspan="2">齿高 h</td><td rowspan="2">齿距 t</td><td rowspan="2">槽底圆弧半径 r</td></tr>
<tr><td>α</td><td>β</td><td>γ</td></tr>
<tr><td>纵割</td><td>30°～35°</td><td>35°～45°</td><td>15°～20°</td><td>(0.5～0.7)t</td><td>(8～14)s</td><td>0.2t</td></tr>
<tr><td>横割</td><td>35°～45°</td><td>45°～55°</td><td>5°～10°</td><td>(0.9～1.2)t</td><td>(7～10)s</td><td>0.2t</td></tr>
</table>

注：表中 s 为锯片厚度。

2. 刨削机械

刨削机械的设备选用见表 1－53。

表 1－53 刨削机械

<table>
<tr><td>项目</td><td>内 容</td></tr>
<tr><td>平刨机的构造</td><td>平刨又名手压刨，主要由机座、前后台面、刀轴、导板、台面升降机构、防护罩、电动机等组成，如图 1－68 所示
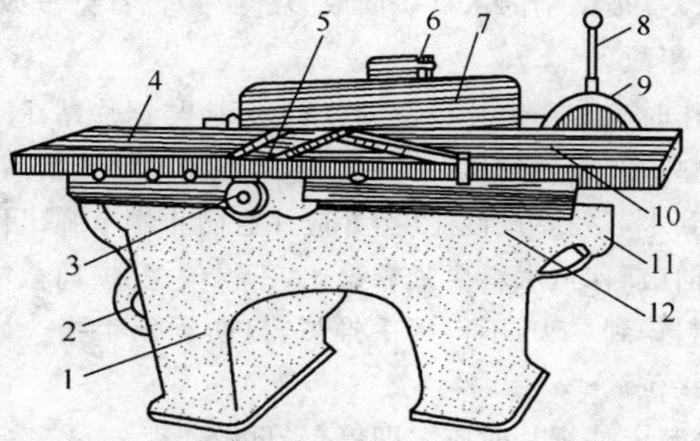
图 1－68 平刨机
1－机座；2－电动机；3－刀轴轴承座；4－工作台面；5－扇形防护罩；6－导板支架；7－导板；8－前台面调整手柄；9－刻度盘；10－工作台面；11－电钮；12－偏心轴架护罩</td></tr>
</table>

续上表

项目	内 容
平刨机安全防护装置	平刨机是用手推工件前进，为了防止操作中伤手，必须装有安全防护装置，确保操作安全。平刨机的安全防护装置常用的有扇形罩、双护罩、护指键等，如图 1－69 所示 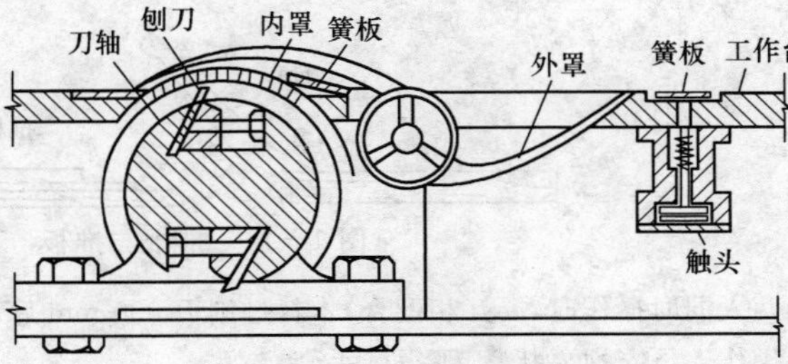 图 1－69 双护罩
刨刀	刨刀有两种：一是有孔槽的厚刨刀；一是无孔槽的薄刨刀。厚刨刀用于方刀轴及带弓形盖的圆刀轴；薄刨刀用于带楔形压条的圆刀轴。常用刨刀尺寸是：长度 200～600 mm，厚刨刀厚度7～9 mm，薄刨刀厚度 3～4 mm。 刨刀变钝一般使用砂轮磨刀机修磨。刨刀的磨修要求达到刨削锋利、角度正确、刃口成直线等。刃口角度：刨软木为 35°～37°，刨硬木为 37°～40°。斜度允许误差为 0.02%。修磨时在刨刀的全长上，压力应均匀一致，不宜过重，每次行程磨去的厚度不宜超过 0.015 mm，刃口形成时适当减慢速度。磨修时要防止刨刀过热退火，无冷却装置的应用冷水浇注退热。操作人员应站在砂轮旋转方向的侧边，以防止砂轮万一破碎飞出伤人。 为保证刨削木料的质量，需要精确地调整刀刃装置，使各刀刃离转动中心的距离一致。刀刃的位置，一般用平直的木条来检验，将刨刀装在刀轴上后，用木条的纵向放在后台面上伸出刨口，木条端头与刀轴的垂直中心线相交，然后转动刀轴，沿刨刀全长取两头及中间做三点检验，看其伸出量是否一致
平刨的操作	(1)操作前，应全面检查机械各部件及安全装置是否有松动或失灵现象，如有问题，应修理后使用。 (2)检查刨刃锋利程度，调整刨刃吃刀深度，经过试车 1～3 min 后，没有问题才能正式操作。 (3)吃刀深度一般调为 1～2 mm。 (4)操作时，人要站在工作台的左侧中间，左脚在前，右脚在后，左手压住木料，右手均匀推送，如图 1－70 所示。当右手离刨口 150 mm 时即应脱离料面，靠左手用推棒推送。 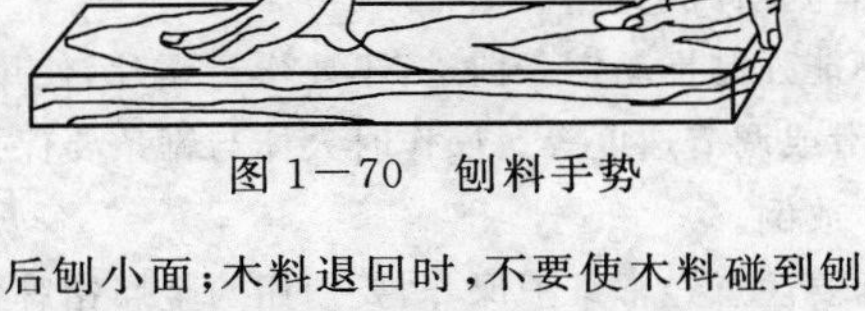 图 1－70 刨料手势 (5)刨削时，先刨大面，后刨小面；木料退回时，不要使木料碰到刨刃。 (6)遇到节子、戗槎、纹理不顺时，推送速度要慢，必须思想集中。

续上表

项目	内　容
平刨的操作	(7)刨削较短、较薄的木料时，应用推棍、推板推送，如图 1－71 所示。长度不足 400 mm 或薄且窄的小料，不要在平刨上刨削，以免发生伤手事故。 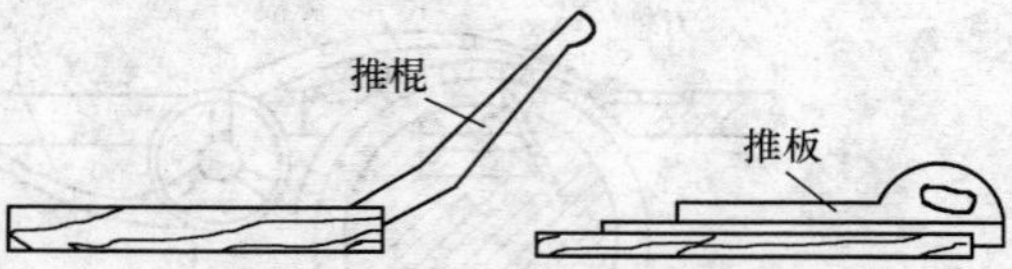 图 1－71　推棍与推板 (8)两人同时操作时，要互相配合，木料过刨刃 300 mm 后，下手方可接拉。 (9)操作人员衣袖要扎紧，不得戴手套。 (10)平刨机发生故障，应切断电源后再仔细检查，及时处理，要做到勤检查、勤保养、勤维修

3. 轻便机具

轻便机具的设备选用见表 1－54。

表 1－54　轻便机具

项目	内　容
曲线锯	曲线锯又称反复锯，分水平和垂直曲线锯两种，如图 1－72 所示。 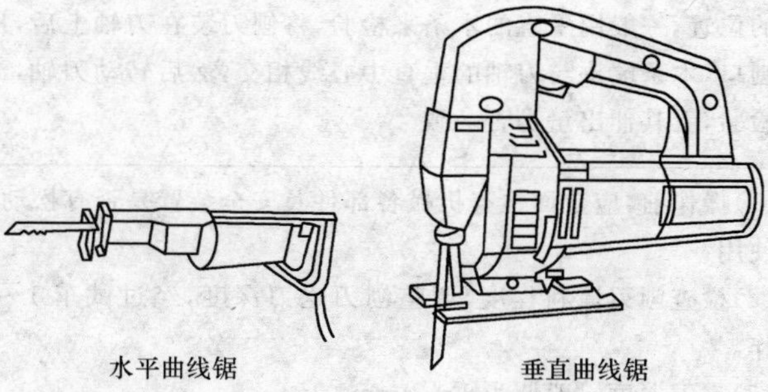 图 1－72　电动曲线锯 对不同材料，应选用不同的锯条，中、粗齿锯条适用于锯割木材；中齿锯条适用于锯割有色金属板、压层板；细齿锯条适用于锯割钢板。 曲线锯可以作中心切割(如开孔)、直线切割、圆形或弧形切割。为了切割准确，要始终保持机体底面与工件成直角。 操作中不能强制推动锯条前进，不要弯折锯片，使用中不要覆盖排气孔，不要在开动中更换零件、润滑或调节速度等。操作时人体与锯条要保持一定的距离，运动部件未完全停下时不要把机体放倒。 对曲线锯要注意经常维护保养，要使用与金属铭牌上相同的电压

续上表

<table>
<tr><th>项目</th><th>内　　容</th></tr>
<tr><td>圆锯</td><td>手提式电动圆锯如图 1—73 所示。
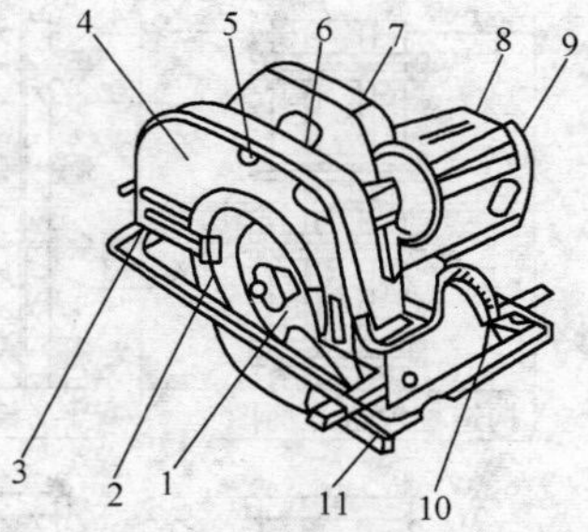

图 1—73　手提式木工电动圆锯
1—锯片；2—安全护罩；3—底架；4—上罩壳；
5—锯切深度调整装置；6—开关；7—接线盒手柄；
8—电机罩壳；9—操作手柄；10—锯切角度调整装置；11—靠山
手提式电锯的锯片有圆形的钢锯片和砂轮锯片两种。钢锯片多用于锯割木材，砂轮锯片用于锯割铝、铝合金、钢铁等。
操作中要注意的事项同曲线锯</td></tr>
</table>

四、施工工艺解析

1. 砌筑工程构造柱、圈梁模板的安装

砌筑工程构造柱、圈梁模板的安装见表 1—55。

表 1—55　砌筑工程构造柱、圈梁模板的安装

项目	内　　容
准备工作	支模板前将构造柱、圈梁处杂物全部清理干净
支模板	(1)构造柱模板。 1)砖混结构构造柱的模板，可采用木模板、多层板或竹胶合板、定型组合钢模板。为防止浇筑混凝土时模板变形，影响外墙平整，用木模或钢模板贴在外墙面上，使用穿墙螺栓与墙体内侧模板拉结，穿墙螺栓直径不应小于 $\phi16$。穿墙螺栓竖向间距不应大于 1 m，水平间距 70 mm 左右，下部第一道拉条距地面 300 mm 以内。穿墙螺栓孔的平面位置在构造柱马牙槎以外一砖处，使用多层板或竹胶合板应注意竖龙骨的间距，控制模板的挠度变形，如图 1—74 所示。 2)外砖内模结构工程的组合柱，用角模与大模板连接，在外墙处为防止浇筑混凝土挤动变形，应进行加固处理，模板贴在外墙面上，然后用穿墙螺栓拉牢，穿墙螺栓规格与间距同砖混结构。 3)外砖内模结构在山墙处组合柱，模板采用木模多层板或竹胶板或组合钢模板，支撑方法可采用斜撑。使用多层板或竹胶合板应注意木龙骨的间距及模板配制方法。

续上表

项目	内　　容
支模板	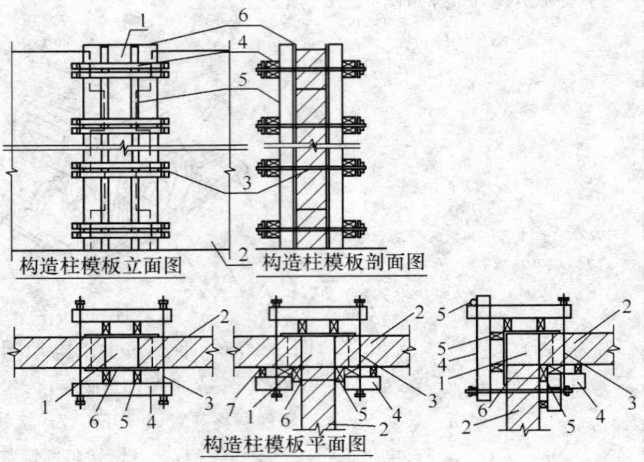 图 1－74　构造柱模板示意图 1－构造柱；2－砖墙；3－穿墙螺栓；4－夹杠；5－竖龙骨；6－模板板面；7－垫木 4)构造柱根部应留置清扫口。 (2)圈梁模板。 1)圈梁模板可采用木模板、多层板或竹胶合板、定型组合钢模板，模板上口标高应根据墙身＋50(或＋100) cm 水平线拉线找平。 2)圈梁模板的支撑可采用落地支撑，下面应垫方木。当用方木支撑时下面用木楔楔紧。用钢管支撑时高度调整合适。 3)钢筋绑扎完成以后，模板上口宽度进行校正，并用支撑进行校正定位。如采用组合钢模板可用卡具卡牢，保证圈梁的尺寸。 4)砖混结构圈梁模板的支撑也可采用悬空支撑法。砖墙上口下一皮砖留洞，横带扁担留洞位置从距墙两端 240 mm 开始留洞，间距 500 mm 左右
成品保护	(1)在砖墙上支圈梁模板时，防止撞动最上一皮砖。 (2)支完模后，应保持模内清洁，防止掉入砖头、石子、木屑等杂物。 (3)应保护钢筋不受扰动
应注意的质量问题	(1)构造柱外砖墙变形：支模板时没有在外墙面采取加固措施或措施不当。 (2)圈梁模板外涨：圈梁模板支撑没夹紧，支撑不牢固，加固方法不当。 (3)流坠：模板缝不严密，墙面不平，应粘贴密封条。灰缝砂浆不饱满致使水泥浆顺砖缝流坠。清水砖墙外墙圈梁没有先支模板浇筑圈梁混凝土，而是先包砖再浇筑混凝土，致使水泥浆顺砖缝流坠

2. 现浇钢筋混凝土结构定型组合钢模板的安装

现浇钢筋混凝土结构定型组合钢模板的安装见表 1－56。

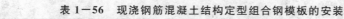

表 1－56　现浇钢筋混凝土结构定型组合钢模板的安装

项目	内　　容
安装柱模板	(1)按照放线位置，在柱内四边的预留地锚筋上焊接支杆，从四面顶住模板以防止位移。 (2)安装柱模板：先安装楼层平面的两边柱，经校正、固定，再拉通线校正中间各柱。一般情况下模板预拼成一面一片（组合钢模一面的一边带两个角模），就位后先用钢丝与主筋绑扎临时固定，组合钢模用 U 形卡子将两侧模板连接卡紧。安装完两面后，再安装另外两面模板。 (3)安装柱箍：柱箍可用方钢、角钢、槽钢、钢管等制成，也可以采用钢木夹箍。柱箍应根据柱模尺寸、侧压力大小等因素在模板设计时确定柱箍尺寸间距。柱断面大时，可增加穿模螺栓。 (4)安装柱模的拉杆或斜撑。柱模每边设两根拉杆，固定于事先预埋在楼板内的钢筋拉环上，用线坠（必要时用经纬仪）控制垂直度，用花篮螺栓或螺杠调节校正。拉杆或斜撑与楼板面夹角宜为 45°，预埋在楼板内的钢筋拉环与柱距离宜为 3/4 柱高。 (5)将柱模内清理干净，封闭清理口，办理模板预检
安装剪力墙模板	(1)按位置线安装门洞口模板，下预埋件或木砖，门窗洞口模板应加定位筋固定和支撑，洞口设 4～5 道横撑。门窗洞口模板与墙模接合处应加垫海绵条防止漏浆。 (2)把预先拼装好的一面墙体模板按位置线就位，然后安装拉杆或斜撑，安塑料套管和穿墙螺栓，穿墙螺栓规格和间距应符合模板设计规定。 (3)清扫墙内杂物，再安另一侧模板，调整斜撑（拉杆）使模板垂直后，拧紧穿墙螺栓。注意模板上口应加水平楞，以保证模板上口水平向的顺直。 (4)调整模板顶部的钢筋位置、钢筋水平定距框的位置，确认保护层厚度。 (5)模板安装完毕后，检查扣件、螺栓是否紧固，模板拼缝是否严密，办预检手续
安装梁模板	(1)放线、抄平：柱子拆模后在混凝土柱上弹出水平线，在楼板上和柱子上弹出梁轴线。安装梁柱头节点模板，如图 1－75 所示。 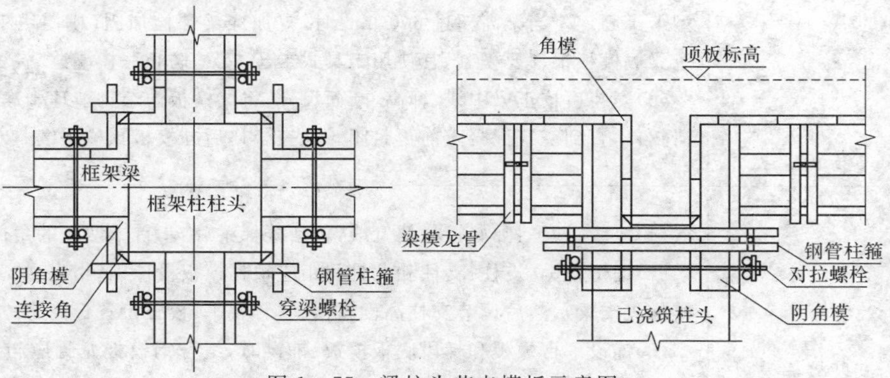 图 1－75　梁柱头节点模板示意图 (2)铺设垫板：安装梁模板支柱之前应先铺垫板。垫板可用 50 mm 厚脚手板或 50 mm×100 mm 木方，长度不小于 400 mm，当施工荷载大于 1.5 倍设计使用荷载或立柱支设在基土上时，垫通长脚手板。

续上表

<table>
<tr><th>项目</th><th>内　　容</th></tr>
<tr><td>安装梁模板</td><td>(3)安装立柱:一般梁支柱采用单排,当梁截面较大时可采用双排或多排,支柱的间距应由模板设计确定,支柱间应设双向水平拉杆,离地 300 mm 设第一道。当四面无墙时,每一开间内支柱应加一道双向剪刀撑,保证支撑体系的稳定性。
(4)调整标高和位置、安装梁底模板:按设计标高调整支柱的标高,然后安装梁底模板,并拉线找直,按梁轴线找准位置。梁底模板跨度大于或等于 4 m 应按设计要求起拱。当设计无明确要求时,一般起拱高度为跨度的 1/1 000～1.5/1 000,如图 1－76 所示。
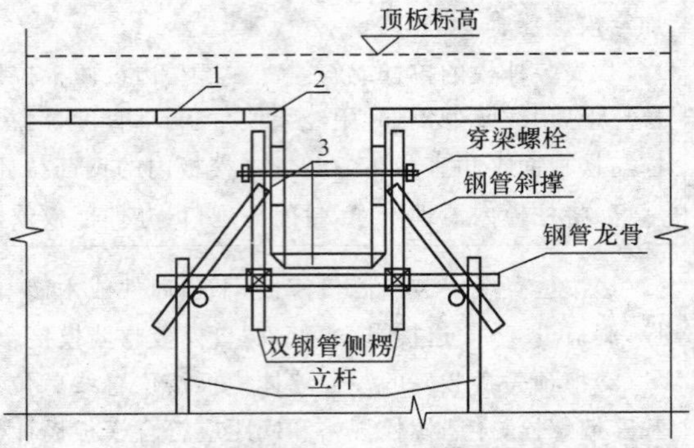

图 1－76　梁支模示意图
1－楼板模板;2－阴角模板;3－梁模板
(5)绑扎梁钢筋,经检查合格后办理隐检手续。
(6)清理杂物,安装侧模板,把两侧模板与梁底板固定牢固,组合小钢模用 U 形卡连接。
(7)用梁托架加支撑固定两侧模板。龙骨间距应由模板设计确定,梁模板上口应用定型卡子固定。当梁高超过 600 mm 时,应加穿梁螺栓加固(或使用工具式卡子)。并注意梁侧模板根部要楔紧,宜使用工具式卡子夹紧,防止胀模漏浆。
(8)安装后校正梁中线、标高、断面尺寸,将梁模板内杂物清理干净。梁端头一般作为清扫口,直到浇筑混凝土前再封闭。检查合格后办模板预检手续</td></tr>
<tr><td>安装楼梯模板</td><td>(1)放线、抄平:弹好楼梯位置线,包括楼梯梁、踏步首末两级的角部位置、标高等。
(2)铺垫板、立支柱:支柱和龙骨间距应根据模板设计确定,先立支柱、安装龙骨(有梁楼梯先支梁),然后调节支柱高度,将大龙骨找平,校正位置标高,并加拉杆。
(3)铺设平台模板和梯段底板模板:铺设时,组合钢模板龙骨应与组合钢模板长向相垂直,在拼缝处可采用窄尺寸的拼缝模板或木板代替。当采用木板时,板面应高于钢模板板面 2～3 mm。
底板铺设完毕后,在板上划梯段宽度线,依线立外帮板,外帮板可用夹木或斜撑固定,见图 1－77。</td></tr>
</table>

续上表

项目	内　　容
安装楼梯模板	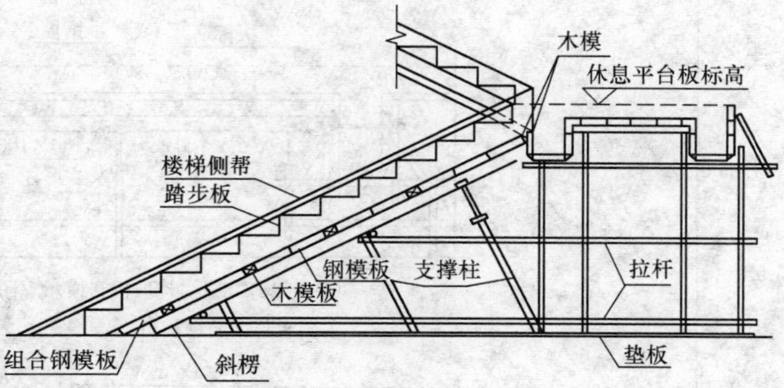 图 1－77　楼梯模板示意图 (4)绑扎楼梯钢筋、有梁先绑扎梁钢筋。 (5)吊楼梯踏步模板。办钢筋的隐检和模板的预检。 注意梯步高度应均匀一致，最下一步及最上一步的高度，必须考虑到楼地面最后的装修厚度及楼梯踏步的装修做法，防止由于装修厚度不同形成楼梯踏步高度不协调，装修后楼梯相邻踏步高度差不得大于 10 mm
安装楼板模板	(1)安装楼板模板支柱之前应先铺垫板。垫板可用 50 mm 厚脚手板或 50 mm×100 mm木方，长度不小于 400 mm，当施工荷载大于 1.5 倍设计使用荷载或立柱支设在基土上时，垫通长脚手板。采用多层支架支模时，支柱应垂直，上下层支柱应在同一竖向中心线上。 (2)严格按照各房间支撑图支模。从边跨一侧开始安装，先安装第一排龙骨和支柱，临时固定后再安装第二排龙骨和支柱，依次逐排安装。支柱和龙骨间距应根据模板设计确定，碗扣式脚手架还要符合模数要求。 (3)调节支柱高度，将大龙骨找平。楼板跨度大于或等于 4 m 时应按设计要求起拱，当设计无明确要求时，一般起拱高度为跨度的 1/1 000～1.5/1 000。 此外注意大小龙骨悬挑部分应尽量缩短，避免出现较大变形。面板模板不得有悬挑，凡有悬挑部分，板下应加小龙骨。 (4)铺设定型组合钢模板：可从一侧开始铺，每两块板间纵向边肋上用 U 形卡连接，U 形卡与 L 形插销应全部安满。每个 U 形卡卡紧方向应正反相间，不要同一方向。楼板大面积均应采用大尺寸的定型组合钢模板块，在拼缝处可采用窄尺寸的拼缝模板或木板代替。当采用木板时，板面应高于钢模板板面 2～3 mm，但均应拼缝严密不得漏浆。 (5)楼板模板铺完后，用水准仪测量模板标高，进行校正，并用靠尺检查平整度。 (6)支柱之间加设水平拉杆：根据支柱高度确定水平拉杆的数量和间距。一般情况下离地 300 mm 处设第一道，其构造如图 1－78 所示

续上表

项目	内　　容
安装楼板模板	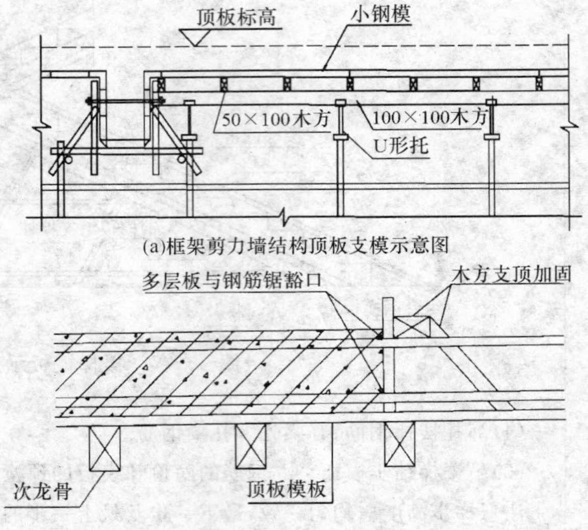 (a)框架剪力墙结构顶板支模示意图 (b)顶板施工缝示意图 图1－78　顶板施工示意图 (7)将模板内杂物清理干净，办预检手续
成品保护	(1)吊装模板时轻起轻放，不准碰撞，防止模板变形。 (2)拆模时不得用大锤硬砸或撬棍硬撬，以免损伤混凝土表面和棱角。 (3)拆下的钢模板，如发现模板不平或肋边损坏变形应及时修理。 (4)在使用过程中应加强管理，分规格堆放及时补刷防锈漆
应注意的质量问题	(1)柱子模板容易产生的问题是：截面尺寸不准、梁柱节点轴线偏移、钢筋保护层过大或过小、柱身扭曲。 防止办法是：支模前按图弹位置线，校正钢筋位置，支模前柱子根部200 mm宽范围内应严格找平。柱模顶安好钢筋双控水平定距框，控制钢筋保护层厚度和钢筋间距。根据柱子截面尺寸及高度，设计好柱箍尺寸及间距，柱四角做好支撑或拉杆。梁柱节点模板与施工的混凝土柱固定牢固。 (2)梁模板容易产生的问题是：梁身不平直、梁底不平、梁侧面鼓出、梁上口尺寸偏大、中部下挠。 梁板模板应通过设计确定龙骨、支柱的尺寸及间距，使模板支撑系统有足够的强度和刚度，防止浇筑混凝土时模板变形。模板支柱的底部应支在坚实的地面上，垫通长脚手板防止支柱下沉，梁板模板应按设计要求起拱，防止挠度过大。支梁模板时梁底两侧拉通线。梁模板上口应有拉杆锁紧，梁侧模下口应严格楔紧，梁上口应拉通线，支模、浇筑混凝土时看着通线，发现胀模立即加固，防止变形。

续上表

项目	内　容
应注意的质量问题	(3)墙模板容易产生的问题是：墙体混凝土薄厚不一致，截面尺寸不准确，拼接不严，缝子过大造成跑浆。 防止办法是：根据墙体高度和厚度通过设计确定纵横龙骨的尺寸及间距，墙体的支撑方法、角模的形式，墙体钢筋支棍的间距、支顶位置。模板上口应拉通线、加设拉结螺栓，使用钢筋双控水平定距框，控制钢筋保护层厚度和竖向钢筋间距、位置，防止上口尺寸出现差偏，看着通线浇筑混凝土，发现变形立即加固，混凝土初凝前及时进行模板的校正。模板接缝处使用密封条，防止出现跑浆现象

3. 现浇钢筋混凝土结构木胶合板与竹胶板模板的安装

(1)安装柱模板。

柱模板的安装见表1－57。

表1－57　柱模板的安装

项目	内　容
楼层放线	按照放线位置，在柱内四边的预留地锚筋上焊接支杆，从四面顶住模板以防止位移
安装柱模	通排柱，先安装楼层平面的两边柱，经校正、固定，再拉通线校正中间各柱。一般情况下，模板按柱子大小，可以预拼成一面一片，就位后先用钢丝与主筋绑扎临时固定，用木钉将两侧模板连接紧。安装完两面后，再安装另外两面模板
安装柱箍	柱箍可用方钢、角钢、槽钢、钢管等制成，也可以采用钢木夹箍。柱箍应根据柱模尺寸、侧压力大小等因素在模板设计时确定柱箍尺寸间距。柱断面大时，可增加穿模螺栓
安装柱模的拉杆或斜撑	柱模每边设两根拉杆，固定于事先预埋在楼板内的钢筋拉环上，用线坠(必要时用经纬仪)控制垂直度，用花篮螺栓或螺杠调节校正。拉杆或斜撑与楼板面夹角宜为45°，预埋在楼板内的钢筋拉环与柱距离宜为3/4柱高，如图1－79所示 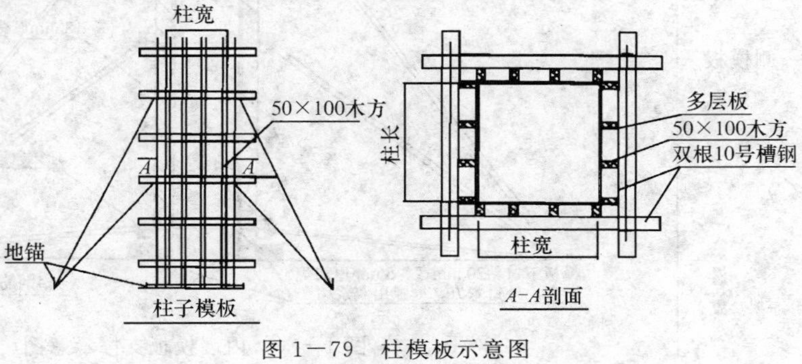 图1－79　柱模板示意图

续上表

项目	内容
办预检	将柱模内清理干净,封闭清理口,办理模板预检
应注意的质量问题	截面尺寸不准、梁柱节点轴线偏移、钢筋保护层过大、柱身扭曲。 防止办法是:支模前按图弹位置线,校正钢筋位置,支模前柱子根部 200 mm 宽范围内应严格找平。柱模顶安好双控水平定距框,控制钢筋保护层、竖向钢筋间距排距和位置。根据柱子截面尺寸及高度,设计好柱箍尺寸及间距,柱四角做好支撑或拉杆。梁柱节点模板与施工的混凝土柱固定牢固

(2)安装剪力墙模板

剪力墙模板的安装见表 1－58。

表 1－58　剪力墙模板的安装

项目	内容
安装窗洞口模板并在接触墙面的两侧粘贴密封条	按位置线安装门洞口模板,下预埋件或木砖,门窗洞口模板应加定位筋固定和支撑,洞口设 4～5 道横撑。门窗洞口模板与墙模接合处应加垫海绵条防止漏浆
安装一侧模板	把预先拼装好的一面墙体模板按位置线就位,然后安装拉杆或斜撑,安装塑料套管和穿墙螺栓,穿墙螺栓规格和间距应符合模板设计规定,见图 1－80～图 1－82 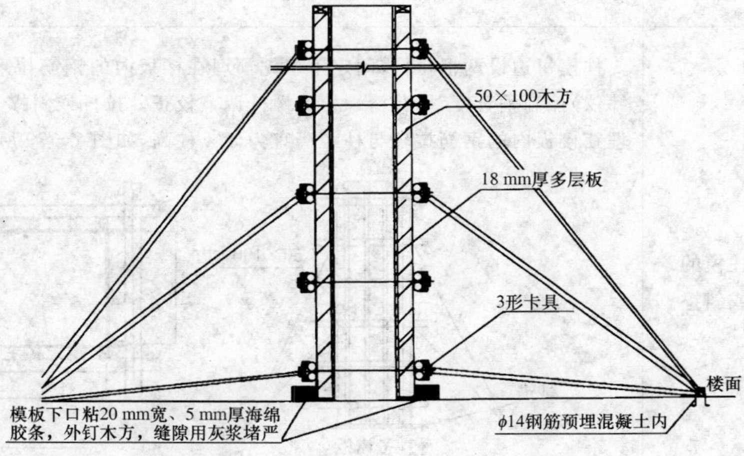 图 1－80　内墙模板支撑示意图

续上表

<table>
<tr><th>项目</th><th>内　　容</th></tr>
<tr><td>安装一侧模板</td><td>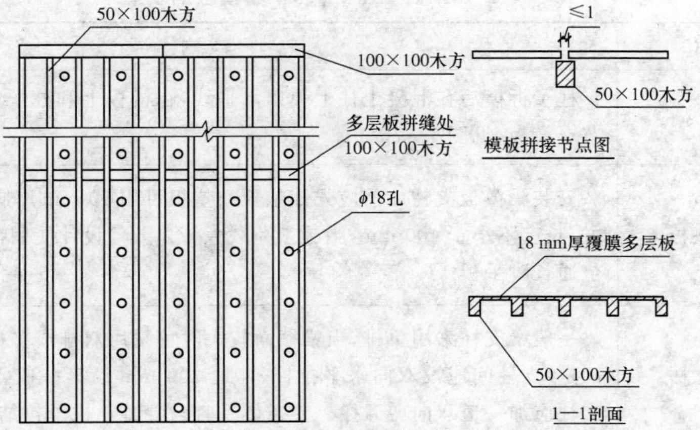

图 1－81　墙模板立面节点示意图
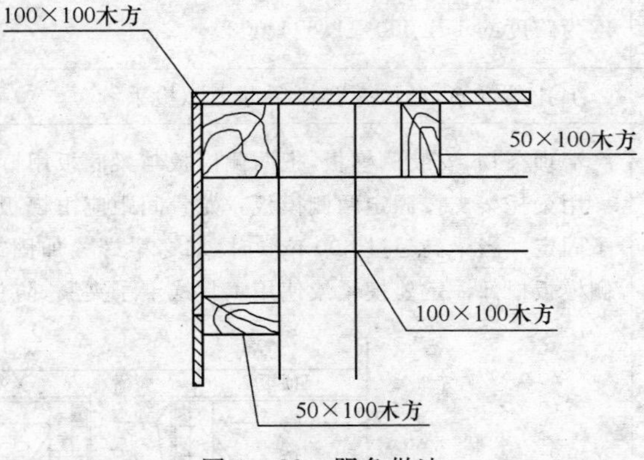

图 1－82　阴角做法</td></tr>
<tr><td>安装另一侧模板</td><td>清扫墙内杂物，再安装另一侧模板，调整斜撑(拉杆)使模板垂直后，拧紧穿墙螺栓。注意模板上口应加水平楞，以保证模板上口水平向的顺直</td></tr>
<tr><td>调整加固、办预检</td><td>模板安装完毕后，检查一遍扣件，螺栓是否紧固，模板拼缝是否严密，办完预检手续。
调整好模板顶部的水平顺直，钢筋水平定距框位置，保证混凝土钢筋间距、排距及保护层厚度符合设计与规范要求</td></tr>
<tr><td>应注意的质量问题</td><td>墙体混凝土薄厚不一致，截面尺寸不准确。拼接不严，缝子过大造成跑浆。应根据墙体高度和厚度通过设计确定纵横龙骨的尺寸及间距，墙体的支撑方法、角模的形式。模板上口应拉通线设拉结，防止上口尺寸偏大，看着通线打混凝土，发现胀模立即加固。混凝土初凝前及时进行模板的校正。模板接缝处使用密封条，防止出现跑浆现象</td></tr>
</table>

(3)安装梁模板

梁模板的安装见表1－59。

表1－59　梁模板的安装

项目	内　　容
放线、找平	柱子拆模后在混凝土柱上弹出水平线，在楼板上和柱子上弹出梁轴线。安装梁柱头节点模板，见图1－75
铺设垫板	安装梁模板支柱之前应先铺垫板。垫板可用50 mm厚脚手板或50 mm×100 mm木方，长度不小于400 mm，当施工荷载大于1.5倍设计使用荷载或立柱支设在基土上时，垫通长脚手板
安装立柱	一般梁支柱采用单排，当梁截面较大时可采用双排或多排，支柱的间距应由模板设计确定，支柱间应设双向水平拉杆，离地300 mm设第一道。当四面无墙时，每一开间内支柱应加一道双向剪刀撑。支撑体系宜与混凝土柱子拉结，保证支撑体系的稳定性
调整标高和位置、安装梁底模板	按设计标高调整支柱的标高，然后安装梁底模板，并拉线找直，按梁轴线找准位置。梁底模板跨度大于或等于4 m应按设计要求起拱。当设计无明确要求时，一般起拱高度为跨度的1/1 000～1.5/1 000
绑扎钢筋	绑扎梁钢筋，经检查合格后办理隐检手续
安装侧模	清理杂物，安装侧模板，把两侧模板与梁底板用钉子或工具卡子连接。 用梁托架支撑固定两侧模板。龙骨间距应由模板设计确定，梁模板上口应用定型卡子固定。当梁高超过600 mm时，加穿梁螺栓加固或使用工具式卡子加固。并注意梁侧模板根部一定要楔紧或使用工具式卡子夹紧，防止胀模漏浆通病，见图1－83 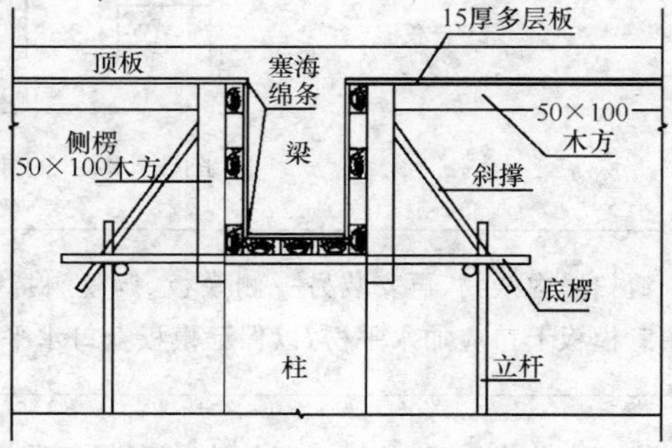 图1－83　梁支模示意图
办预检	安装后校正梁中线、标高、断面尺寸。将梁模板内杂物清理干净，梁端头一般作为清扫口，直到打混凝土前再封闭。检查合格后办模板预检手续
应注意的质量问题	梁身不平直、梁底不平、梁侧面鼓出、梁上口尺寸偏大、中部下挠。防止办法是：梁板模板应通过设计确定龙骨、支柱的尺寸及间距，使模板支撑系统有足够的强度和刚度，防止浇筑混凝土时模板变形。模板支柱的底部应支在坚实的地面上，垫通长脚手板防止支柱下沉，梁板模板应按设计要求起拱，防止挠度过大。梁模板上口应有拉杆锁紧，

续上表

项目	内　　容
应注意的质量问题	梁侧模下口应严格楔紧，梁上口应拉通线，支模、打混凝土时看着通线打，发现胀模立即加固，防止变形，混凝土初凝前及时进行模板的校正。模板接缝处使用密封条，防止出现跑浆现象

(4)安装楼梯模板、楼板模板

楼梯模板、楼板模板的安装见表1－60。

表1－60　楼梯模板、楼板模板的安装

<table>
<tr><th>项目</th><th>内　　容</th></tr>
<tr><td>安装楼梯模板</td><td>
(1)放线、抄平：弹好楼梯位置线，包括楼梯梁、踏步首末两级的角部位置、标高等。
(2)铺垫板、立支柱：支柱和龙骨间距应根据模板设计确定，先立支柱、安装龙骨(有梁楼梯先支梁)，然后调节支柱高度，将大龙骨找平，校正位置标高，并加拉杆，如图1－84所示。
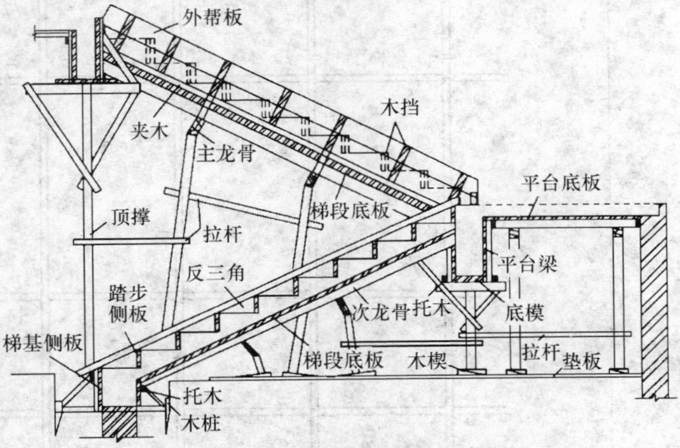

图1－84　有梁楼梯模板示意图
(3)铺设平台模板和梯段底板模板，模板拼缝应严密不得漏浆。在板上划梯段宽度线，依线立外帮板，外帮板可用夹木或斜撑固定，如图1－85所示。
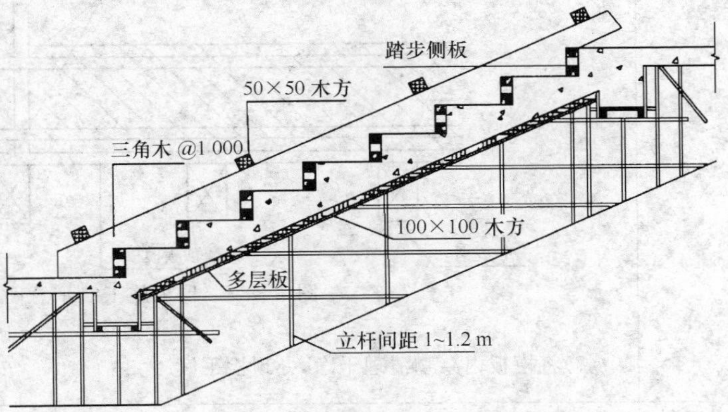

图1－85　楼梯模板示意图
</td></tr>
</table>

续上表

<table>
<tr><th>项目</th><th>内　容</th></tr>
<tr><td>安装楼梯模板</td><td>(4)绑扎楼梯钢筋(有梁先绑扎梁钢筋)。
(5)吊楼梯踏步模板。办钢筋的隐检和模板的预检。
注意梯步高度应均匀一致,最下一步及最上一步的高度,必须考虑到楼地面最后的装修厚度及楼梯踏步的装修做法,防止由于装修厚度不同形成楼梯步高度不协调。装修后楼梯相邻踏步高度差不得大于 10 mm</td></tr>
<tr><td>安装楼板模板</td><td>(1)～(5)参见表 1－56“现浇钢筋混凝土结构定型组合钢模板的安装”。
(6)支柱之间加设水平拉杆:根据支柱高度确定水平拉杆的数量和间距。一般情况下离地 300 mm 处设第一道,其构造如图 1－86、图 1－87 所示。

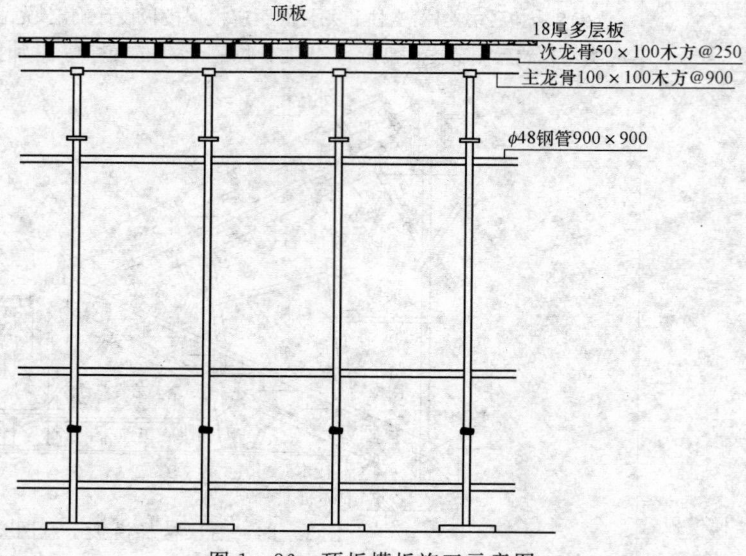

图 1－86　顶板模板施工示意图

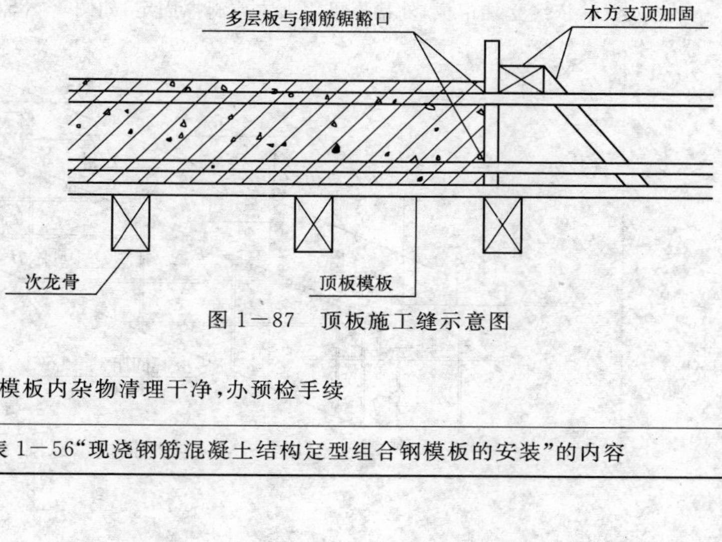

图 1－87　顶板施工缝示意图

(7)将模板内杂物清理干净,办预检手续</td></tr>
<tr><td>成品保护</td><td>参见表 1－56“现浇钢筋混凝土结构定型组合钢模板的安装”的内容</td></tr>
</table>

续上表

项目	内　容
应注意的质量问题	截面尺寸不准、梁柱节点轴线偏移、钢筋保护层过大、柱身扭曲。 防止办法是：支模前按图弹位置线，校正钢筋位置，支模前柱子根部 200 mm 宽范围内应严格找平。柱模顶安好双控水平定距框，控制钢筋保护层、竖向钢筋间距排距和位置。根据柱子截面尺寸及高度，设计好柱箍尺寸及间距，柱四角做好支撑或拉杆。梁柱节点模板与施工的混凝土柱固定牢固

4. 剪力墙结构墙体全钢大模板的安装

剪力墙结构墙体全钢大模板的安装见表 1－61。

表 1－61　剪力墙结构墙体全钢大模板的安装

项目	内　容
外板内模结构安装大模板	(1)根据纵横模板之间的构造关系安排安装顺序，将一个流水段的正号模板用塔式起重机按位置吊至安装位置初步就位，用撬棍按墙位置先调整模板位置，对称调整模板的对角螺栓或斜杆螺栓。用 2 m 靠尺板测垂直校正标高，使模板的垂直度、水平度、标高符合设计要求，立即拧紧螺栓。 (2)安装外挂板，用花篮螺栓或卡具将上下端与混凝土楼板锚固钢筋拉结固定。 (3)合模前检查钢筋、水电预埋管件、门窗洞口模板、穿墙套管是否遗漏，位置是否准确，安装是否牢固或削弱混凝土断面过多等，合反号模板前将墙内杂物清理干净。 (4)安装反号模板，经校正垂直后用穿墙螺栓将两块模板锁紧。 (5)正反模板安装完后检查角模与墙模，模板与墙面间隙必须严密，防止漏浆，错台现象。检查每道墙上口是否平直，用扣件或螺栓将两块模板上口固定。办完模板工程预检验收，方准浇灌混凝土
全现浇结构大模板安装	(1)按照方案要求，安装模板支撑平台架。 (2)安装门洞口模板、预留洞模板及水电预埋件。门窗洞口模板与墙模板结合处应加垫海绵条防止漏浆。如结构保温采用大模内置外墙外保温(EPS 保温板)，应安装保温板。 (3)安装内横墙、内纵墙模板，安装方法同(2)条。 (4)在流水段分段处，墙体模板的端头安装卡槎子模板，它可以用木板或用胶合板根据墙厚制作，模板要严密，防止浇筑内墙混凝土时，混凝土从外端头部分流出。 (5)安装外墙内侧模板，按模板的位置线将大模板安装就位找正。 (6)安装外墙外侧模板，模板放在支撑平台架上(为保证上下接缝平整、严密，模板支撑尽量利用下层墙体的穿墙螺栓紧固模板)，将模板就位找正，穿螺栓，与外墙内模连接紧固校正。注意施工缝模板的连接必须严密，牢固可靠，防止出现错台和漏浆的现象。 (7)穿墙螺栓与顶撑可在一侧模立好后先安，也可以两边立好从一侧穿入
成品保护	参见表 1－56“现浇钢筋混凝土结构定型组合钢模板的安装”的内容
应注意的质量问题	(1)墙身超厚：墙身放线时误差较大，模板就位调整不认真，穿墙螺栓没有全部穿齐，拧紧。 (2)墙体上口过大：支模时上口卡具未按设计尺寸卡紧。 (3)混凝土墙体表面粘连：模板清理不好，涂刷隔离剂不均匀，拆模过早致使混凝土强度低所造成。

续上表

项目	内　　容
应注意的质量问题	(4)角模与大模板缝隙过大跑浆:模板拼装时缝隙过大,连接固定措施不牢固,应加强检查,及时处理调整加固方法。 (5)角模入墙过深:支模时角模与大模板连接凹入过多或不牢固。应改进角模支模方法或墙体钢筋支棍位置。 (6)门窗洞口混凝土变形:门窗洞口模板的组装,内支撑间距过大,缺少斜撑,与大模板的固定不牢固,混凝土不是对称下灰,对称振捣。必须认真进行洞口模板设计,能够保证尺寸,便于装拆。 (7)严格控制模板上口标高(模板高度应为楼层净高+50 mm),墙顶混凝土浮浆及软弱层全部剔除后,应仍比楼板底模高3~5 mm。 (8)上下楼层窗洞口位置偏移:窗帮未设垂直通线。 (9)如果有条件,将滴水线或鹰嘴一次支模,混凝土一步到位。 (10)模板经常在阳角或上下接槎处胀开而漏浆,应注意尽量减少模板悬挑部分尺寸。为减少墙体接缝,模板设计时阳角处可考虑不设置阳角模,采用大钢模硬拼。连接时采用定型连接器和专用螺栓交错连接。 (11)外墙、楼梯间、电梯井墙面接槎错台:原因是模板方案不合理,上层模与下层墙体无法支顶、拉结、或下层墙体模板上口不直、或下层墙体模板垂直偏差过大

5.弧形墙体模板的安装

弧形墙体模板的安装见表1-62。

表1-62　弧形墙体模板的安装

项目	内　　容
弹线放样	按照放线位置,在墙两侧预留地锚筋上焊接支杆,顶住模板以防止位移。使用木制多层板、竹胶板模板时,支杆端头应有焊好的垫片,防止螺栓紧固后模板板面破损或截面尺寸变小
安装墙模板	根据放样位置从一头安装一侧墙模板,就位后先用钢丝与主筋绑扎临时固定,然后再安装另外一侧模板。注意使用木制多层板竹胶板模板时,因板面较宽安装时应考虑安装长度
安装水平楞和竖楞	水平楞可用方钢、钢管等制成,加工圆弧时,应放大样,可用压弯机或手工调弯,加工后应与大样对比。应根据侧压力大小等因素在模板设计时确定水平楞及竖楞的尺寸间距、穿墙螺栓的规格和间距。紧固螺栓调整模板,注意模板上口必须设一道水平楞(坡道应顺着坡道的坡度)
安装墙模的拉杆或斜撑	模板拉杆,应固定于事先预埋在楼板内的钢筋拉环上。用线坠控制墙体垂直度,吊线的长度不应小于2 m,或根据墙的高度吊墙体全高的垂直度。用花篮螺栓(或螺杠)调节校正模板垂直度。拉杆(或斜撑)与楼板面夹角宜为45°,预埋在楼板内的钢筋拉环与柱距离宜为3/4墙高
办预检	将模内清理干净,封闭清理口,办理模板预检
成品保护	(1)加固的水平楞应按曲率分别堆放。 (2)其他内容参见表1-56“现浇钢筋混凝土结构定型组合钢模板的安装”的内容

续上表

项目	内　　容
应注意的质量问题	(1)墙模板容易产生的问题是:墙体混凝土薄厚不一致,弧线不顺,截面尺寸不准确。拼接不严,缝子过大造成跑浆。 防止办法是:根据墙体高度和厚度通过设计确定纵横龙骨的尺寸及间距,墙体的支撑方法,模板连接的形式,墙体钢筋支棍的间距、支顶位置,模板上口应加设拉结螺栓,使用钢筋双控水平定距框,控制钢筋保护层厚度和竖向钢筋间距、位置,防止上口尺寸出现偏差,发现变形立即加固,混凝土初凝前及时进行模板的校正。模板接缝处使用密封条,防止出现跑浆现象。穿墙螺栓套管尺寸要准确。 (2)墙身超厚:墙身放线时误差较大,模板就位调整不认真,穿墙螺栓没有全部穿齐,拧紧。穿墙螺栓套管尺寸不准确。 (3)墙体上口过大:支模时上口卡具没按设计尺寸卡紧。 (4)混凝土墙体表面粘连:模板清理不好,涂刷隔离剂不均匀,拆模过早混凝土强度低所造成。 (5)模板接槎处错台:应改进墙体模板支棍位置和方法,模板接槎处应另加支棍,保证接槎处不出错台。 (6)门窗洞口混凝土变形:门窗洞口模板的组装,内支撑间距过大,缺少斜撑,及与墙体模板的固定不牢固,混凝土不是对称下灰,对称振捣。必须认真进行洞口模板设计,能够保证尺寸,便于装拆。 (7)严格控制模板上口标高(模板高度应为楼层净高+30～50 mm,即:楼板高度=层高－顶板厚度(或梁高)+30～50 mm)。墙顶混凝土浮浆及软弱层全部剔除后,应仍比楼板底模高3～5 mm。 (8)墙体支模垂直度不好,造成上下层接槎错台

6.弧形汽车坡道楼板模板的安装

弧形汽车坡道楼板模板的安装见表1－63。

表1－63　弧形汽车坡道楼板模板的安装

项目	内　　容
放标高控制线	按设计要求放出坡道坡度变化位置线,坡道坡度变化位置标高点、控制线,如图1－88所示。 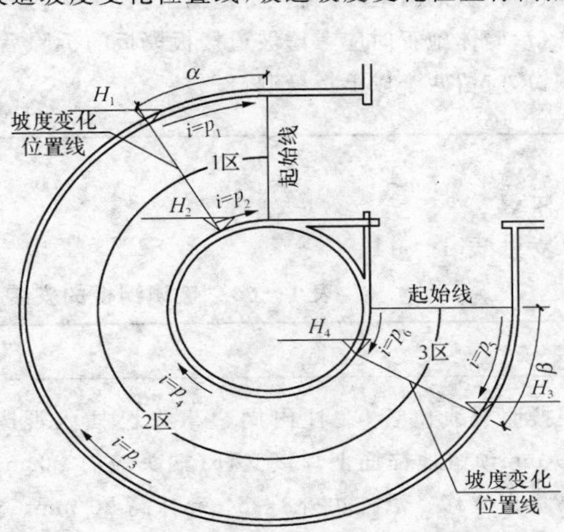 图1－88　坡道坡度变化点、控制线示意图

续上表

项目	内　　容
铺设垫板	顺着主龙骨方向铺设垫板，垫板尺寸应满足卸荷要求
安装钢支柱	(1)根据模板设计要求安装钢支柱，安装支柱顶托，粗调整标高。 (2)加固支柱间拉杆设双向加水平拉杆，离地 300 mm 设第一道。 (3)顺坡道坡度方向安装剪刀支撑。顺坡道坡度方向以三根立柱间距为一个单元，可跳单元安装剪刀支撑，保证支撑体系的稳定性
安装主龙骨	(1)主龙骨采用 10 cm×10 cm 的木板，其间距应符合模板设计要求，曲线汽车坡道的局部主龙骨其间距大的部位应另加支撑和主龙骨。 (2)调整主龙骨标高，重点控制坡道坡度变化线位置及高程是否符合设计要求
安装次龙骨	次龙骨采用 5 cm×10 cm 的木板，其上下面应刨光，保证板面平整度。坡道坡度变化位置线标高应拉线控制，并调整次龙骨的高度
铺设模板版面	定型组合钢模，相邻两块模板用 U 形卡满安连接，U 形卡紧方向应正反相间
办预检	将模内清理干净，封闭清理口，办理模板预检
成品保护	(1)模板在现场堆放时，要分类码放。 (2)其他参见"现浇钢筋混凝土结构定型组合钢模板的安装"的内容
应注意的质量问题	(1)模板支柱应安装在平整、坚实的地面上，并应铺设垫板。 (2)坡道两侧曲线长度不同，起始标高相同由于坡道两侧坡度变化不同，坡度变化点标高及各部尺寸必须准确。 (3)侧帮要顺着墙体成弧状，与墙体接槎要平顺。 (4)底板要平整，坡度变化要顺畅符合设计要求。 (5)整个坡道模板必需牢固、稳定。 (6)模板的拼缝要严密，防止漏浆。 (7)墙体施工时应考虑坡道楼板模板的拆除后从何处运出。如需要在侧墙留置拆模洞口，应留两个以上拆模洞口

7. 玻璃钢板的安装

玻璃钢板的安装见表 1－64。

表 1－64　玻璃钢板的安装

项目	内　　容
沿柱外侧抹水泥砂浆带	按照放线位置，在柱内周边事先已插入混凝土楼板的 ϕ18～ϕ25 高出楼板 50～80 mm预留地锚筋上焊接支杆(端头应有 20 mm×20 mm 的垫片)，从四面顶住模板以防止位移。沿柱边外3～5 mm抹高 20 mm、宽 50～80 mm 的水泥砂浆找平带防止根部漏浆

续上表

项目	内　容
安装柱模板	平板形模板安装时需由二人将模板抬至柱钢筋一侧，将模板竖立，然后顺着模板接口由下往上将模板逐渐扒开，套在柱子钢筋周围，下端与模板定位支杆贴紧，套好后将模板接口转向任一支撑的方向，再逐个拧紧模板接口螺栓。加劲肋型模板安装时将模板运至柱边，将一侧模板竖起，用支撑撑住或用钢丝与主筋绑扎临时固定，再竖起另一侧模板，对准接口后拧紧模板接口螺栓
安装柱箍与支撑或缆绳	每个柱模应设上、中、下三道柱箍，柱箍用角钢∟40 mm×4 mm或扁钢－56 mm×6 mm做成，柱箍的内径与圆柱模板的外径一致，接口处用螺栓连接。中部柱箍应设在柱模高度2/3处。其上安缆绳，用花篮螺钉紧固，以此调整柱模的垂直，缆绳固定在楼板预留的拉结埋件上，缆绳在水平方向按90°或120°夹角分开，与地面呈45°～60°夹角。为防止柱箍下滑，可用50 cm×100 cm木方或其他支撑支顶。 需要注意的是：缆绳的延长线要通过圆柱模板的圆心，否则缆绳用力后易使模板扭转
办预检	模板安装完毕后，检查一遍螺栓是否紧固，模板拼接的接缝是否严密，办完预检手续
成品保护	(1)模板安装时轻起轻放，不准碰撞，防止模板变形破损。 (2)拆模时不得用大锤砸或撬棍硬撬，以免损伤模板和混凝土表面。 (3)拆模后一定要及时清理模板表面的水泥残渣，防止腐蚀模板，并刷好脱模剂。 (4)圆柱模板要竖向放置，水平放置时只准单层码放，严禁叠层码放，以免受压变形。 (5)对于接口处的加强肋要倍加爱护，不得摔碰，否则容易出现裂缝
应注意的质量问题	(1)加工质量要求。 1)模板内侧表面应平整、光滑、无气泡、皱纹、外露纤维、毛刺等现象。 2)模板拼接部位的边肋和加强肋，必须与模板连成一体，安装牢固。 3)模板拼接的接缝，必须严密，无变形现象。 (2)柱模板容易产生的问题是：截面尺寸不准，钢筋保护层过大。 防止办法是：支模前按图弹好位置线，严格校正钢筋位置。柱模板顶部安装好双控水平定距框位置，保证混凝土钢筋间距、排距及控制钢筋保护层。根据柱子截面尺寸及高度，设计好柱箍尺寸及间距。混凝土浇筑时严格控制浇筑高度、速度及振捣时间。上段柱梁节点模板必须与已浇筑混凝土固定牢固，无轴线偏移现象

8. 密肋楼板模壳的安装

密肋楼板模壳的安装见表1－65。

表1－65　密肋楼板模壳的安装

项目	内　容
安装立柱	立柱间距位置应符合模壳安装的要求，支柱的平面布置应设在模壳的四角点支撑上，对于大规模的模壳，主龙骨立柱可适当加密。立柱安装要垂直
安装柱头U形托，调整位置及标高	起拱高度如设计无要求，应按开间的短向长度起拱1%～3%。根据方案设计设置纵横拉杆，并与结构柱连接牢固

续上表

项目	内　容
安装龙骨	龙骨放置(快拆梁)在U形托上或将桁架梁两端之舌头挂于柱头板上,找平调直后安装支撑模壳龙骨(或∟50×5角钢),安装时拉通线控制,调整加固
安装主次梁模板	安装主次梁模板时应按照梁轴线找准位置,拉通线铺设,横平竖直。再次调整标高
安放模壳	根据模板组装设计的平面位置,按型号安装模壳,模壳铺放排列时均从中间轴线向两边铺放,避免出现两边的边肋不等的现象。凡不能用模壳的地方可用木模代替。 相邻模壳之间的缝子要用布基胶带或胶带粘贴堵严,防止漏浆
堵气孔	检查气孔是否通畅,用50 mm×50 mm的布基胶布堵住气孔,浇筑混凝土时应设专人看管
刷脱模剂	模壳安装好以后,刷脱模剂
办预检	将模内清理干净,封闭清理口,办理模板预检
成品保护	(1)模壳在现场堆放时,要套叠成垛,并注意轻拿轻放。 (2)拆模时不得用大锤硬砸或撬棍硬撬,以免损伤混凝土表面和棱角。 (3)拆下的模板,如发现模板不平或破损变形应及时修理。 (4)在使用过程中应加强管理,分规格堆放。 (5)模壳在施工过程(电工配管、电盒固定施焊时)和存放过程还要做好防火措施
应注意的质量问题	(1)模壳支柱应安装在平整、坚实的地面上,并应铺设垫板。 (2)支柱间拉杆应设双向加水平拉杆,离地300 mm设一道,其上方每隔1.5(1.2) m设一道,四面没有墙体时应跳间加剪刀撑,保证支撑体系的稳定性。 (3)垂直运送模壳、配件应上下有人接应,严禁抛扔

第二节　模板拆除

一、验收条文

模板拆除的验收标准见表1—66。

表1—66　模板拆除验收标准

项目	内　容
主控项目	(1) 底模及其支架拆除时的混凝土强度应符合设计要求;当设计无具体要求时,混凝土强度应符合表1—67的规定。 检查数量:全数检查。 检验方法:检查同条件养护试件强度试验报告。 (2)对后张法预应力混凝土结构构件,侧模宜在预应力张拉前拆除;底模支架的拆除应按

续上表

项目	内容
主控项目	施工技术方案执行，当无具体要求时，不应在结构构件建立预应力前拆除。 检查数量：全数检查。 检验方法：观察。 (3)后浇带模板的拆除和支顶应按施工技术方案执行。 检查数量：全数检查。 检验方法：观察
一般项目	(1)侧模拆除时的混凝土强度应能保证其表面及棱角不受损伤。 检查数量：全数检查。 检验方法：观察。 (2)模板拆除时，不应对楼层形成冲击荷载。拆除的模板和支架宜分散堆放并及时清运。 检查数量：全数检查。 检验方法：观察

底模拆除时的混凝土强度要求见表1－67。

表1－67 底模拆除时的混凝土强度要求

构件类型	构件跨度(m)	达到设计的混凝土立方体抗压强度标准值的百分率(%)
板	≤2	≥50
	>2，≤8	≥75
	>8	≥100
梁、拱、壳	≤8	≥75
	>8	≥100
悬臂构件	—	≥100

二、施工材料要求

参见模板安装的施工材料要求。

三、施工机械要求

参见模板安装的施工机械要求。

四、施工工艺解析

1.现浇钢筋混凝土结构定型组合钢筋模板的拆除

现浇钢筋混凝土结构定型组合钢筋模板的拆除见表1－68。

表 1—68 现浇钢筋混凝土结构定型组合钢筋模板的拆除

项目	内　容
模板拆除时混凝土强度要求	底模及其支架拆除时的混凝土强度应符设计要求；当设计无具体要求时，混凝土强度应符合表 1—67 的规定。检查同条件养护试件强度试验报告。拆除顺序应按施工方案规定执行。 侧模拆除时的混凝土强度也应能保证其表面及棱角不受损伤，不应对楼层形成冲击荷载。拆除的模板和支架宜分散堆放并及时清运。模板拆除应有拆模申请并由项目技术负责人批准
柱子模板拆除	先拆掉柱斜拉杆或斜支撑，卸掉柱箍，在把连接每片柱模板的连接件拆掉，使模板与混凝土脱离
墙模板拆除	先拆掉穿墙螺栓等附件，再拆除斜拉杆或斜撑，用撬棍轻轻撬动模板，使模板脱离墙体，即可把模板吊运走
楼板、梁模板拆除	(1)宜先拆除梁侧模，再拆除楼板模板。楼板模板拆模先拆掉水平拉杆，然后拆除支柱，每根龙骨留 1～2 根支柱暂不拆。 (2)操作人员站在已拆出的空间，拆去近旁余下的支柱。 (3)当楼层较高，支模采用多层排架时，应从上而下逐层拆除，不可采用在一个局部拆除到底再转向相邻部位的方法。 (4)有穿梁螺栓者先拆掉穿梁螺栓和梁底模板支架，再拆除梁底模板。 楼板与梁拆模强度按工程拆模一览表执行

2. 剪力墙结构墙体全钢大模板的拆除

剪力墙结构墙体全钢大模板的拆除见表 1—69。

表 1—69 剪力墙结构墙体全钢大模板的拆除

项目	内　容
模板拆除时混凝土强度要求	模板拆除时，结构混凝土强度应符合设计和规范要求，混凝土强度应以保证表面及棱角不因拆除模板而受损，且混凝土强度达到 1 MPa。 冬施中，混凝土强度达到 1 MPa 可松动螺栓，当采用综合蓄热法施工时待混凝土达到4 MPa方可拆模，且应保证拆模时混凝土温度与环境温度之差不大于 20℃，且混凝土冷却到 5℃及以下。拆模后的混凝土表面应及时覆盖，使其缓慢冷却
拆除模板	(1)首先拆下穿墙螺栓，再松开地脚螺栓使模板向后倾斜与墙体脱开。如果模板与混凝土墙面吸附或黏接不能离开时，可用撬棍撬动模板下口。但不得在墙体上撬模板，或用大锤砸模板。且应保证拆模时不晃动混凝土墙体，尤其在拆门窗洞口模板时不能用大锤砸模板。 (2)拆除全现浇混凝土结构模板时，应先拆外墙外侧模板，再拆除内侧模板。 (3)清除模板平台上的杂物，检查模板是否有钩挂兜绊的地方，调整塔臂至被拆除模板的上方，将模板吊出。

续上表

项目	内容
拆除模板	(4)大模板吊至存放地点时，必须一次放稳，其自稳角应根据模板支撑体系的形式确定，中间留 500 mm 工作面，及时进行模板清理，涂刷隔离剂保证不漏刷、不流淌。每块模板后面挂牌，标明清理、涂刷人名单
检查和维修	(1)大模板应定期进行检查和维修，在大模板上后开的孔洞应打磨平整，不用者应补堵后磨平，保证使用质量。冬季大模板背后做好保温，拆模后发现有脱落及时补修。 (2)为保证墙筋保护层准确，大模板上口顶部应配合钢筋工安装控制竖向钢筋位置、间距和钢筋保护层工具式的定距框。 (3)当风力大于 5 级时，停止对墙体模板的拆除

3. 弧形汽车坡道楼板模板的拆除

弧形汽车坡道楼板模板的拆除见表 1－70。

表 1－70 弧形汽车坡道楼板模板的拆除

项目	内容
模板拆除时混凝土强度要求	参见表 1－68
拆模的顺序和方法	应遵循先支后拆，后支先拆；先拆不承重的模板，后拆承重部分的模板；自上而下，支架先拆除拉杆、剪刀撑，后拆竖向支撑的原则。 下调支柱顶托，拆除定型组合钢模相邻两块模板用 U 形卡，拆除支架拉杆、剪刀撑，拆除支柱，拆除模板

第二章 钢筋分项工程

第一节 原材料

原材料的检验标准见表 2－1。

表 2—1 原材料验收标准

项目	内容
主控项目	(1)钢筋进场时，应按国家现行相关标准的规定抽取试件作力学性能和重量偏差检验，检验结果必须符合有关标准的规定。 检查数量：按进场的批次和产品的抽样检验方案确定。 检验方法：检查出厂合格证、出厂检验报告和进场复验报告。 (2)对有抗震设防要求的结构，其纵向受力钢筋的性能应满足设计要求；当设计无具体要求时，对按一、二、三级抗震等级设计的框架和斜撑构件（含梯段）中的纵向受力钢筋应采用HRB335E、HRB400E、HRB500E、HRBF335E、HRBF400E 或 HRBF500E 钢筋，其强度和最大力下总伸长率的实测值应符合下列规定： 1)钢筋的抗拉强度实测值与屈服强度实测值的比值不应小于 1.25； 2)钢筋的屈服强度实测值与屈服强度标准值的比值不应大于 1.30； 3)钢筋的最大力下总伸长率不应小于 9%。 检查数量：按进场的批次和产品的抽样检验方案确定。 检查方法：检查进场复验报告。 (3)当发现钢筋脆断、焊接性能不良或力学性能显著不正常等现象时，应对该批钢筋进行化学成分检验或其他专项检验。 检验方法：检查化学成分等专项检验报告
一般项目	钢筋应平直、无损伤，表面不得有裂纹、油污、颗粒状或片状老锈。 检查数量：进场时和使用前全数检查。 检验方法：观察

第二节 钢筋加工

一、验收条文

钢筋加工的验收标准见表 2－2。

表 2—2　钢筋加工验收标准

项目	内　　容
主控项目	(1)受力钢筋的弯钩和弯折应符合下列规定。 1)HPB235 级钢筋末端应作 180°弯钩，其弯弧内直径不应小于钢筋直径的 2.5 倍，弯钩的弯后平直部分长度不应小于钢筋直径的 3 倍。 2)当设计要求钢筋末端需作 135°弯钩时，HRB335 级、HRB400 级钢筋的弯弧内直径不应小于钢筋直径的 4 倍，弯钩的弯后平直部分长度应符合设计要求。 3)钢筋作不大于 90°的弯折时，弯折处的弯弧内直径不应小于钢筋直径的 5 倍。 检查数量：按每工作班同一类型钢筋、同一加工设备抽查不应少于 3 件。 检验方法：钢尺检查。 (2)除焊接封闭环式箍筋外，箍筋的末端应作弯钩，弯钩形式应符合设计要求；当设计无具体要求时，应符合下列规定。 1)箍筋弯钩的弯弧内直径除应满足第(1)条的规定外，尚应不小于受力钢筋直径。 2)箍筋弯钩的弯折角度：对一般结构，不应小于 90°；对有抗震等要求的结构，应为 135°。 3)箍筋弯后平直部分长度：对一般结构，不宜小于箍筋直径的 5 倍；对有抗震等要求的结构，不应小于箍筋直径的 10 倍。 检查数量：按每工作班同一类型钢筋、同一加工设备抽查不应少于 3 件。 检验方法：钢尺检查。 钢筋调直后应进行力学性能和重量偏差的检验，其强度应符合有关标准的规定。 盘卷钢筋和直条钢筋调直后的断后伸长率、重量负偏差应符合表 2—3 规定。 采用无延伸功能的机械设备调直的钢筋，可不进行本规定的检验。 检查数量：同一厂家、同一牌号、同一规格调直钢筋，重量不大于 30 t 为一批；每批见证取 3 件试件。 检验方法：3 个试件先进行重量偏差检验，再取其中 2 个试件经时效处理后进行力学性能检验。检验重量偏差时，试件切块应平滑且与长度方向垂直，且长度不应小于 500 mm；长度和重量的量测精度分别不应低于 1 mm 和 1 g
一般项目	(1)钢筋宜采用无延伸装置的机械设备进行调直，也可采用冷拉方法调直。当采用冷拉方法调直时，HPB235、HPB300 光圆钢筋的调直冷拉率不宜大于 4%；HRB335、HRB400、HRB500、HRBF335、HRBF400、HRBF500 及 RRB400 带肋钢筋的冷拉率不宜大于 1%。 检查数量：每工作班按同一类型钢筋、同一加工设备抽查不应少于 3 件。 检验方法：观察，钢尺检查。 (2)钢筋加工的形状、尺寸应符合设计要求，其偏差应符合表 2—4 的规定。 检查数量：按每工作班同一类型钢筋、同一加工设备抽查不应少于 3 件。 检验方法：钢尺检查

盘卷钢筋和直条钢筋调直后的断后伸长率、重量负偏差要求见表 2—3。

表 2—3　盘卷钢筋和直条钢筋调直后的断后伸长率、重量负偏差要求

钢筋牌号	断后伸长率 A（%）	重量负偏差（%）		
		直径 6 mm～12 mm	直径 14 mm～20 mm	直径 22 mm～50 mm
HPB235、HPB300	≥21	≤10	—	—
HRB335、HRBF335	≥16	≤8	≤6	≤5
HRB400、HRBF 400	≥15			
RRB400	≥13			
HRB500、HRBF500	≥14			

注：1. 断后伸长率 A 的量测标距为 5 倍钢筋公称直径；

2. 重量负偏差（%）按公式$(W_0-W_d)/W_0\times100$计算，其中 W_0 为钢筋理论重量(kg/m)，W_d 为调直后钢筋的实际重量(kg/m)；

3. 对直径为 28～40 mm 的带肋钢筋，表中断后伸长率可降低 1%；对直径大于 40 mm 的带肋钢筋，表中断后伸长率可降低 2%。

钢筋加工的允许偏差见表 2—4。

表 2—4　钢筋加工的允许偏差

项　目	允许偏差(mm)
受力钢筋顺长度方向全长的净尺寸	±10
弯起钢筋的弯折位置	±20
箍筋内净尺寸	±5

二、施工材料要求

1. 钢筋的分类

钢筋的分类见表 2—5。

表 2—5　钢筋的分类

项目		内　容
按化学成分分类	碳素钢钢筋	碳素钢钢筋是由碳素钢轧制而成。碳素钢钢筋按含碳量多少又分为：低碳钢钢筋(w_c<0.25%)；中碳钢筋(w_c=0.25%～0.6%)；高碳钢钢筋(w_c>0.60%)。常用的有 Q235、Q215 等品种。含碳量越高，强度及硬度也越高，但塑性、韧性、冷弯及焊接性等均降低
	普通低合金钢钢筋	普通低合金钢钢筋是在低碳钢和中碳钢的成分中加入少量元素（硅、锰、钛、稀土等）制成的钢筋。普通低合金钢筋的主要优点是强度高，综合性能好，用钢量比碳素钢少 20%左右。常用的有 24MnSi、25MnSi、40MnSiV 等品种

续上表

项目	内　容
按生产工艺分类	可分为热轧钢筋、余热处理钢筋、冷拉钢筋、冷拔钢丝、热处理钢筋、碳素钢丝、刻痕钢丝、钢绞线、冷轧带肋钢筋、冷轧扭钢筋等。 (1)热轧钢筋是用加热钢坯轧成的条形钢筋。由轧钢厂经过热轧成材供应，钢筋直径一般为5～50 mm。分直条和盘条两种。 (2)余热处理钢筋又称调质钢筋，是经热轧后立即穿水，进行表面控制冷却，然后利用芯部余热自身完成回火处理所得的成品钢筋。其外形为有肋的月牙肋。 (3)冷加工钢筋有冷拉钢筋和冷拔低碳钢丝两种。冷拉钢筋是将热轧钢筋在常温下进行强力拉伸使其强度提高的一种钢筋。钢丝有低碳钢丝和碳素钢丝两种。冷拔低碳钢丝由直径6～8 mm的普通热轧圆盘条经多次冷拔而成，分甲、乙两个等级。 (4)碳素钢丝是由优质高碳钢盘条经淬火、酸洗、拔制、回火等工艺而制成的。按生产工艺可分为冷拉及矫直回火两个品种。 (5)刻痕钢丝是把热轧大直径高碳钢加热，并经铅浴淬火，然后冷拔多次，钢丝表面再经过刻痕处理而制得的钢丝。 (6)钢绞线是把光圆碳素钢丝在绞线机上进行捻合而成的钢绞线

2. 钢筋的牌号

钢筋的牌号见表2－6。

表2－6　钢筋的牌号

项目	内　容
分类	钢筋的牌号分为HPB235、HRB335、HRB400、HRB500级，HPB235级钢筋为光圆钢筋，热轧直条光圆钢筋强度等级代号为R235。低碳热轧圆盘条按其屈服强度代号为Q195、Q215、Q235，供建筑用钢筋为Q235。HRB335、HRB400、HRB500级为热轧带肋钢筋。其中Q为“屈服”的汉语拼音字头，H、R、B分别为热轧(Hot rolled)、带肋(Ribbed)、钢筋(Bars)三个词的英文首位字母
交货重量	钢筋可按实际重量或理论重量交货
重量允许偏差	根据需方要求，钢筋按重量偏差交货时，其实际重量与理论重量的允许偏差应符合表2－7的规定

热轧钢筋的实际重量与理论重量的允许偏差见表2－7。

表2－7　热轧钢筋的实际重量与理论重量的允许偏差

公称直径(mm)	6～12	14～20
实际重量与理论重量的偏差(%)	±7	±5

3. 冷轧带肋钢筋的技术性能

冷轧带肋钢筋的外形尺寸、表面质量和重量偏差应符合表2－8～表2－11的规定。

表 2—8　三面肋和二面肋钢筋的尺寸、重量及允许偏差

公称直径 d (mm)	公称横截面积 (mm^2)	重量		横肋中点高		横肋 1/4 处高 $h_{1/4}$ (mm)	横肋顶宽 b(mm)	横肋间隙		相对肋面积 f,不小于
		理论重量 (kg/m)	允许偏差 (%)	h (mm)	允许偏差 (mm)			l(mm)	允许偏差(%)	
4	12.6	0.099		0.30		0.24		4.0		0.036
4.5	15.9	0.125		0.32		0.25		4.0		0.039
5	19.6	0.154		0.32		0.26		4.0		0.039
5.5	23.7	0.186		0.40		0.32		5.0		0.039
6	28.3	0.222	±4	0.40	+0.10 −0.05	0.32	−0.2d	5.0	±15	0.039
6.5	33.2	0.261		0.46		0.37		5.0		0.045
7	38.5	0.302		0.46		0.37		5.0		0.045
7.5	44.2	0.347		0.55		0.44		6.0		0.045
8	50.3	0.395		0.55		0.44		6.0		0.045
8.5	56.7	0.445		0.55		0.44		7.0		0.045
9	63.6	0.499		0.75		0.60		7.0		0.052
9.5	70.8	0.556		0.75		0.60		7.0		0.052
10	78.5	0.617	±4	0.75	±0.10	0.60	−0.2d	7.0	±15	0.052
10.5	86.5	0.679		0.75		0.60		7.4		0.052
11	95.0	0.745		0.85		0.68		7.4		0.056
11.5	103.8	0.815		0.95		0.76		8.4		0.056
12	113.1	0.888		0.95		0.76		8.4		0.056

注:1. 横肋 1/4 处需、横肋顶宽供孔型设计用。

2. 二面肋钢筋允许有高度不大于 0.5h 的纵肋。

表 2—9　力学性能和工艺

牌号	$R_{g0.2}$(MPa) 不小于	R_m(MPa) 不小于	伸长率(%)不小于		弯曲试验 180°	反复弯曲次数	应力松弛初始应力应相当于公称抗拉强度的 70%
			$A_{11.3}$	A_{100}			1 000 h 松弛率(%)不大于
CRB550	500	550	8.0	—	$D=3d$	—	—
CRB650	585	650	—	4.0	—	3	8
CRB800	720	800	—	4.0	—	3	8
CRB970	875	970	—	4.0	—	3	8

注:表中 D 为弯心直径,d 为钢筋公称直径。

表 2—10　反复弯曲试验的弯曲半径　　(单位:mm)

钢筋公称直径	4	5	6
弯曲半径	10	15	15

表 2—11　冷轧带肋钢筋用盘条的参考牌号和化学成分

钢筋牌号	盘条牌号	化学成分(质量分数)(%)					
		C	Si	Mn	V、Ti	S	P
CRB550 CRB650	Q215	0.09～0.15	≤0.30	0.25～0.55	—	≤0.050	≤0.045
	Q235	0.14～0.22	≤0.30	0.30～0.65	—	≤0.050	≤0.045
CRB850	24MnTi	0.19～0.27	0.17～0.37	1.20～1.60	Ti:0.01～0.05	≤0.045	0.045
	20MnSi	0.17～0.25	0.40～.80	1.20～1.60	—	≤0.045	0.045
CRB970	41MnTiv	0.37～0.45	0.60～1.10	1.00～1.40	V:0.05～0.12	≤0.045	≤0.045
	60	0.57～0.65	0.17～0.37	0.50～0.80	—	≤0.035	≤0.035

4.冷轧扭钢筋的技术性能

冷轧扭钢筋的技术性能见表 2—12～表 2—14。

表 2—12　冷轧扭钢筋的力学性能指标

级　别	型　号	抗拉强度 σ_b(N/mm^2)	伸长率 δ(%)	180°弯曲(弯心直径=3d)
CTB550	Ⅰ	≥550	$A_{11.3}$≥4.5	受弯曲部位钢筋表面不得产生裂纹
	Ⅱ	≥550	A≥10	
	Ⅲ	≥550	A≥12	
CTB650	Ⅲ	≥650	A_{100}≥4	

注:1. d 为冷轧扭钢筋标志直径。

2. A、$A_{11.3}$ 分别表示以标距 $5.65\sqrt{S_0}$ 或 $11.3\sqrt{S_0}$(S_0 为试样原始截面面积)的试样断后伸长率,A_{100} 表示标距为 100 mm 的试样断后伸长率。

表 2—13　冷轧扭钢筋的规格及截面参数

强度级别	型　号	标志直径 d (mm)	公称截面面积 A_s (mm^2)	理论质量 G (kg/m)
CTB550	Ⅰ	6.5	29.50	0.232
		8	45.30	0.356
		10	68.30	0.536
		12	96.14	0.755
	Ⅱ	6.5	29.20	0.229
		8	42.30	0.332
		10	66.10	0.519
		12	92.74	0.728
	Ⅲ	6.5	29.86	0.234
		8	45.24	0.355
		10	70.69	0.555

续上表

强度级别	型　号	标志直径 d (mm)	公称截面面积 A_s (mm^2)	理论质量 G (kg/m)
CTB650	Ⅲ	6.5	28.20	0.221
		8	42.73	0.335
		10	66.76	0.524

注：Ⅰ型为矩形截面；Ⅱ型为方形截面；Ⅲ型为圆形截面。

表 2－14　冷轧扭钢筋的截面控制尺寸、节距

强度级别	型　号	标志直径 d(mm)	截面控制尺寸(mm)，不小于				节距 l_1 (mm)，不大于
			轧扁厚度 t_1	方形边长 a_1	外圆直径 d_1	内圆直径 d_2	
CTB550	Ⅰ	6.5	3.7	—	—	—	75
		8	4.2	—	—	—	95
		10	5.3	—	—	—	110
		12	6.2	—	—	—	150
	Ⅱ	6.5	—	5.4	—	—	30
		8	—	6.5	—	—	40
		10	—	8.1	—	—	50
		12	—	9.6	—	—	80
	Ⅲ	6.5	—	—	6.17	5.67	40
		8	—	—	7.59	7.09	60
		10	—	—	9.49	8.89	70
CTB650	Ⅲ	6.5	—	—	6.00	5.50	30
		8	—	—	7.38	6.88	50
		10	—	—	9.22	8.67	70

5. 低碳钢热轧圆盘条钢筋

低碳钢热轧圆盘条钢筋的技术性能要求见表 2－15。

表 2－15　低碳钢热轧圆盘条钢筋技术性能要求

牌号	力学性能		冷弯试验 180° d＝弯心直径 a＝试样直径
	抗拉强度 P_m (N/mm^2) 不大于	断后伸长率 $A_{11.3}$ (%) 不小于	
Q195	410	30	$d=0$
Q215	435	28	$d=0$
Q235	500	23	$d=0.5a$
Q275	540	21	$d=1.5a$

6. 热轧光圆钢筋的技术性能

(1)热轧光圆钢筋的公称横截面积与理论重量应符合表 2－16 的规定。

表 2—16　热轧光圆钢筋公称横截面积与理论重量

公称直径(mm)	公称横截面面积(mm^2)	理论重量(kg/m)
6(6.5)	28.27(33.18)	0.222(0.260)
8	50.27	0.395
10	78.54	0.617
12	113.1	0.888
14	153.9	1.21
16	201.1	1.58
18	254.5	2.00
20	314.2	2.47
22	380.1	2.98

注：表中理论重量按密度为 7.85 g/cm^2 计算。公称直径 6.5 mm 的产品为过滤性产品。

(2)钢筋牌号及化学成分(熔炼分析)应符合表 2—17 的规定。

表 2—17　化学成分要求

牌号	化学成分(质量分数)(%),不大于				
	C	Si	Mn	P	S
HPB235	0.22	0.30	0.65	0.045	0.050
HPB300	0.25	0.55	1.50		

(3)热轧光圆钢筋力学性能应符合表 2—18 的规定。

表 2—18　力学性能

牌号	屈服强度 R_{CL} (MPa)	抗拉强度 R_m (MPa)	断后伸长率 A (%)	最大力总伸长率 A_{gt} (%)	冷弯试验 180° d—弯芯直径 a—钢筋公称直径
	不小于				
HPB235	235	370	25.0	10.0	$d=a$
HPB300	300	420			

7.热轧带肋钢筋的技术性能

(1)热轧带肋钢筋的公称横截面积与理论重量列于表 2—19。

表 2—19　热轧带钢筋的公称横截面积与理论重量

公称直径(mm)	公称横截面面积(mm)	理论重量(kg/m)	公称直径(mm)	公称横截面面积(mm^2)	理论重量(kg/m)
6	28.27	0.222	14	153.9	1.21
8	50.27	0.395	16	201.1	1.58
10	78.54	0.617	18	254.5	2.00
12	113.1	0.888	20	214.2	2.47

续上表

公称直径（mm）	公称横截面面积（mm）	理论重量（kg/m）	公称直径（mm）	公称横截面面积（mm^2）	理论重量（kg/m）
22	380.1	2.98	36	1 018	7.99
25	490.9	3.85	40	1 257	9.87
28	615.8	4.83	50	1 964	15.42
32	804.2	6.31			

注：表中理论重量按密度为 7.85 g/cm^3 计算。

(2)热轧带肋钢筋的技术性能要求见表 2－20。

表 2－20　热轧带肋钢筋的技术性能指标

牌号	化学成分（质量分数）（%），不大于					
	C	Si	Mn	P	S	Cep
HRB335 HRBF335						0.52
HRB400 HRBF400	0.25	0.80	1.60	0.045	0.045	0.54
HRB500 HRBF500						0.55

8.钢筋混凝土用余热处理钢筋的技术性能

钢筋混凝土用余热处理钢筋的牌号及化学成分应符合表 2－21 的规定。

表 2－21　钢筋混凝土用余热处理钢筋的牌号及化学成分

表面形状	钢筋级别	强度代号	牌号	化 学 成 分（%）				
				C	Si	Mn	P	S
月牙肋	Ⅲ	KL 400	20MnSi	0.17～0.25	0.40～0.80	1.20～1.60	不大于	
							0.045	0.045

9.预应力混凝土用钢丝的技术性能

(1)预应力混凝土用钢丝的分类见表 2－22。

表 2—22 预应力混凝土用钢丝分类

分类方法	名 称	
加工状态	冷拉钢丝(WCD)	
	消除应力钢丝	低松弛级钢丝(WLR)
		普通松弛级钢丝(WNR)
外形	光圆钢丝(P)	
	螺旋肋钢丝(H)	
	刻痕钢丝(I)	

(2)光圆钢丝、螺旋肋钢丝、三面刻痕钢丝尺寸及允许偏差见表 2—23～表 2—25。

表 2—23 光圆钢丝尺寸及允许偏差、每米参考质量

公称直径 d_n(mm)	直径允许偏差(mm)	公称横截面积 S_n(mm^2)	每米参考质量(g/m)
3.00	±0.04	7.07	55.5
4.00		12.57	98.6
5.00	±0.05	19.63	154
6.00		28.27	222
6.25		30.68	241
7.00		38.48	302
8.00	±0.06	50.26	394
9.00		63.62	499
10.00		78.54	616
12.00		113.1	888

表 2—24 螺旋肋钢丝的尺寸及允许偏差

公称直径 d_n(mm)	螺旋肋数量(条)	基圆尺寸		外轮廓尺寸		单肋尺寸	螺旋肋导程 C(mm)
		基圆直径 D_1(mm)	允许偏差(mm)	外轮廓直径 D(mm)	允许偏差(mm)	宽度 a(mm)	
4.00	4	3.85	±0.05	4.25	±0.05	0.90～1.30	24～30
4.80	4	4.60		5.10		1.30～1.70	28～36
5.00	4	4.80		5.30			

续上表

公称直径 d_n(mm)	螺旋肋数量(条)	基圆尺寸		外轮廓尺寸		单肋尺寸	螺旋肋导程 C(mm)
		基圆直径 D_1(mm)	允许偏差(mm)	外轮廓直径 D(mm)	允许偏差(mm)	宽度 a(mm)	
6.00	4	5.80	±0.05	6.30	±0.05	1.60～2.00	30～38
6.25	4	6.00		6.70			30～40
7.00	4	6.73		7.46	±0.10	1.80～2.20	35～45
8.00	4	7.75		8.45		2.00～2.40	40～50
9.00	4	8.75		9.45		2.10～2.70	42～52
10.00	4	9.75		10.45		2.50～3.00	45～58

表 2－25 三面刻痕钢丝尺寸及允许偏差

公称直径 d_n(mm)	刻痕深度		刻痕长度		节距	
	公称深度 a(mm)	允许偏差(mm)	公称长度 b(mm)	允许偏差(mm)	公称节距 L(mm)	允许偏差(mm)
≤5.00	0.12	±0.05	3.5	±0.05	5.5	±0.05
＞5.00	0.15		5.0		8.0	

注：公称直径指横截面积等同于光圆钢丝横截面积时所对应的直径。

(3)冷拉钢丝、消除应力光圆及螺旋肋钢丝、消除应力刻痕钢丝的力学性能见表 2－26～表 2－28。

表 2－26 冷拉钢丝的力学性能

公称直径 d_n(mm)	抗拉强度 σ_b(MPa)，不小于	规定非比例伸长应力 $\sigma_{P0.2}$(MPa)，不小于	最大力下总伸长率(L_0=200 mm) δ_{gt}(%)，不小于	弯曲次数(次/180°)，不小于	弯曲半径 R(mm)	断面收缩率 ψ(%)，不小于	每 210m 扭矩的扭转次数 n，不小于	初始应力相当于 70% 公称抗拉强度时，1 000 h 后应力松弛率 r(%)，不大于
3.00	1 470	1 100	1.5	4	7.5	—	—	8
4.00	1 570 1 670	1 180 1 250		4	10	35	8	
5.00	1 770	1 330		4	15		8	
6.00	1 470	1 100		5	15	30	7	
7.00	1 570 1 670	1 180 1 250		5	20		6	
8.00	1 770	1 330		5	20		5	

表 2－27　消除应力光圆及螺旋肋钢丝的力学性能

<table>
<tr><th rowspan="4">公称直称
d_n(mm)</th><th rowspan="4">抗拉强度
σ_b
(MPa),
不小于</th><th colspan="2" rowspan="2">规定非比例伸长应力
$\sigma_{P0.2}$(MPa),
不小于</th><th rowspan="4">最大力下总伸长率
(L_0=200 mm)
δ_{gt}(%),
不小于</th><th rowspan="4">弯曲次数
(次/180°),
不小于</th><th rowspan="4">弯曲半径
R(mm)</th><th colspan="3">应力松弛性能</th></tr>
<tr><th rowspan="2">初始应力相当于公称抗拉强度的百分数(%)</th><th colspan="2">1 000 h 后应力松弛率 r(%),不大于</th></tr>
<tr><th rowspan="2">WLR</th><th rowspan="2">WNR</th><th>WLR</th><th>WNR</th></tr>
<tr><th colspan="3">对所有规格</th></tr>
<tr><td>4.00</td><td rowspan="3">1 470
1 570
1 670
1 770
1 860</td><td rowspan="3">1 290
1 380
1 470
1 560
1 640</td><td rowspan="3">1 250
1 330
1 410
1 500
1 580</td><td rowspan="10">3.5</td><td>3</td><td>10</td><td rowspan="10">60
70
80</td><td rowspan="10">1.0
2.0
4.5</td><td rowspan="10">4.5
8
12</td></tr>
<tr><td>4.80</td><td rowspan="2">4</td><td rowspan="2">15</td></tr>
<tr><td>5.00</td></tr>
<tr><td>6.00</td><td rowspan="3">1 470
1 570
1 670
1 770</td><td rowspan="3">1 290
1 380
1 470
1 560</td><td rowspan="3">1 250
1 330
1 410
1 500</td><td>4</td><td>15</td></tr>
<tr><td>6.25</td><td>4</td><td>20</td></tr>
<tr><td>7.00</td><td>4</td><td>20</td></tr>
<tr><td>8.00</td><td rowspan="2">1 470
1 570</td><td rowspan="2">1 290
1 380</td><td rowspan="2">1 250
1 330</td><td>4</td><td>20</td></tr>
<tr><td>9.00</td><td>4</td><td>25</td></tr>
<tr><td>10.00</td><td rowspan="2">1 470</td><td rowspan="2">1 290</td><td rowspan="2">1 250</td><td>4</td><td>25</td></tr>
<tr><td>12.00</td><td>4</td><td>30</td></tr>
</table>

表 2－28　消除应力的刻痕钢丝的力学性能

<table>
<tr><th rowspan="4">公称直称
d_n(mm)</th><th rowspan="4">抗拉强度
σ_b
(MPa),
不小于</th><th colspan="2" rowspan="2">规定非比例伸长应力
$\sigma_{P0.2}$(MPa),
不小于</th><th rowspan="4">最大力下总伸长率
(L_0=200 mm)
δ_{gt}(%),
不小于</th><th rowspan="4">弯曲次数
(次/180°),
不小于</th><th rowspan="4">弯曲半径
R(mm)</th><th colspan="3">应力松弛性能</th></tr>
<tr><th rowspan="2">初始应力相当于公称抗拉强度的百分数(%)</th><th colspan="2">1 000 h 后应力松弛率 r(%),不大于</th></tr>
<tr><th rowspan="2">WLR</th><th rowspan="2">WNR</th><th>WLR</th><th>WNR</th></tr>
<tr><th colspan="3">对所有规格</th></tr>
<tr><td>≤5.0</td><td>1 470
1 570
1 670
1 770
1 860</td><td>1 290
1 380
1 470
1 560
1 640</td><td>1 250
1 330
1 410
1 500
1 580</td><td rowspan="2">3.5</td><td rowspan="2">3</td><td>15</td><td rowspan="2">60
70
80</td><td rowspan="2">1.5
2.5
4.5</td><td rowspan="2">4.5
8
12</td></tr>
<tr><td>>5.0</td><td>1 470
1 570
1 670
1 770</td><td>1 290
1 380
1 470
1 560</td><td>1 250
1 330
1 410
1 500</td><td>20</td></tr>
</table>

10. 预应力混凝土用钢绞线的技术性能

预应力混凝土用钢绞线的尺寸及力学性能。1×2 结构钢绞线的力学性能应符合表 2—29 规定。1×3 结构钢绞线的力学性能应符合表 2—30 规定。1×7 结构钢绞线的力学性能应符合表 2—31 规定。

表 2—29　1×2 结构钢绞线力学性能

钢绞线结构	钢绞线公称直径 D_n(mm)	抗拉强度 R_m(MPa)，不小于	整根钢绞线的最大力 F_m(kN)，不小于	规定非比例延伸力 $F_{p0.2}$(kN)，不小于	最大力总伸长率 ($L_0 \geqslant 400$ mm) A_{gt}(%)，不小于	应力松弛性能	
						初始负荷相当于公称最大力的百分数(%)	1 000 h 后应力松弛率 r(%)，不大于
1×2	5.00	1 570	15.4	13.9	对所有规格 3.5	对所有规格 60 70 80	对所有规格 1.0 2.5 4.5
		1 720	16.9	15.2			
		1 860	18.3	16.5			
		1 960	19.2	17.3			
	5.80	1 570	20.7	18.6			
		1 720	22.7	20.4			
		1 860	24.6	22.1			
		1 960	25.9	23.3			
	8.00	1 470	36.9	33.2			
		1 570	39.4	35.5			
		1 720	43.2	38.9			
		1 860	46.7	42.0			
		1 960	49.2	44.3			
	10.00	1 470	57.8	52.0			
		1 570	61.7	55.5			
		1 720	67.6	60.8			
		1 860	73.1	65.8			
		1 960	77.0	69.3			
	12.00	1 470	83.1	74.8			
		1 570	88.7	79.8			
		1 720	97.2	87.5			
		1 860	105	94.5			

注：规定非比例延伸力 $F_{p0.2}$ 值不小于整根钢绞线公称最大力 F_m 的 90%。

表 2－30　1×3 结构钢绞线力学性能

<table>
<tr><th rowspan="2">钢绞线结构</th><th rowspan="2">钢绞线公称直径 D_n(mm)</th><th rowspan="2">抗拉强度 R_m(MPa)，不小于</th><th rowspan="2">整根钢绞线的最大力 F_m(kN)，不小于</th><th rowspan="2">规定非比例延伸力 $F_{p0.2}$(kN)，不小于</th><th rowspan="2">最大力总伸长率 ($L_0 \geqslant 400$ mm) A_{gt}(%)，不小于</th><th colspan="2">应力松弛性能</th></tr>
<tr><th>初始负荷相当于公称最大力的百分数(%)</th><th>1 000 h 后应力松弛率 r(%)，不大于</th></tr>
<tr><td rowspan="26">1×3</td><td rowspan="4">6.20</td><td>1 570</td><td>31.1</td><td>28.0</td><td rowspan="29">对所有规格
3.5</td><td rowspan="29">对所有规格
60
70
80</td><td rowspan="29">对所有规格
1.0
2.5
4.5</td></tr>
<tr><td>1 720</td><td>34.1</td><td>30.7</td></tr>
<tr><td>1 860</td><td>36.8</td><td>33.1</td></tr>
<tr><td>1 960</td><td>38.8</td><td>34.9</td></tr>
<tr><td rowspan="4">6.50</td><td>1 570</td><td>33.3</td><td>30.0</td></tr>
<tr><td>1 720</td><td>36.5</td><td>32.9</td></tr>
<tr><td>1 860</td><td>39.4</td><td>35.5</td></tr>
<tr><td>1 960</td><td>41.6</td><td>37.4</td></tr>
<tr><td rowspan="5">8.60</td><td>1 470</td><td>55.4</td><td>39.9</td></tr>
<tr><td>1 570</td><td>59.2</td><td>53.3</td></tr>
<tr><td>1 720</td><td>64.8</td><td>58.3</td></tr>
<tr><td>1 860</td><td>70.1</td><td>63.1</td></tr>
<tr><td>1 960</td><td>73.9</td><td>66.5</td></tr>
<tr><td rowspan="3">8.74</td><td>1 570</td><td>60.6</td><td>54.5</td></tr>
<tr><td>1 670</td><td>64.5</td><td>58.1</td></tr>
<tr><td>1 860</td><td>71.8</td><td>64.6</td></tr>
<tr><td rowspan="5">10.80</td><td>1 470</td><td>86.6</td><td>77.9</td></tr>
<tr><td>1 570</td><td>92.5</td><td>83.3</td></tr>
<tr><td>1 720</td><td>101</td><td>90.9</td></tr>
<tr><td>1 860</td><td>110</td><td>99.0</td></tr>
<tr><td>1 960</td><td>115</td><td>104</td></tr>
<tr><td rowspan="5">12.90</td><td>1 470</td><td>125</td><td>113</td></tr>
<tr><td>1 570</td><td>133</td><td>120</td></tr>
<tr><td>1 720</td><td>146</td><td>131</td></tr>
<tr><td>1 860</td><td>158</td><td>142</td></tr>
<tr><td>1 960</td><td>166</td><td>149</td></tr>
<tr><td rowspan="3">1×3 I</td><td rowspan="3">8.74</td><td>1570</td><td>60.6</td><td>54.5</td></tr>
<tr><td>1 670</td><td>64.5</td><td>58.1</td></tr>
<tr><td>1 860</td><td>71.8</td><td>64.6</td></tr>
</table>

注：规定非比例延伸力 $F_{p0.2}$ 值不小于整根钢绞线公称最大力 F_m 的 90%。

表 2-31　1×7 结构钢绞线力学性能

钢绞线结构	钢绞线公称直径 D_n(mm)	抗拉强度 R_m(MPa)，不小于	整根钢绞线的最大力 F_m(kN)，不小于	规定非比例延伸力 $F_{p0.2}$(kN)，不小于	最大力总伸长率($L_0 \geqslant 400$ mm) A_{gt}(%)，不小于	应力松弛性能 初始负荷相当于公称最大力的百分数(%)	应力松弛性能 1 000 h 后应力松弛率 r(%)，不大于
1×7	9.50	1 720	94.3	84.9			
		1 860	102	91.8			
		1 960	107	96.3			
	11.10	1 720	128	115			
		1 860	138	124			
		1 960	145	131			
	12.70	1 720	170	153		对所有规格	对所有规格
		1 860	184	166			
		1 960	193	174	对所有规格		
	15.20	1 470	206	185		60	1.0
		1 570	220	198			
		1 670	234	211			
		1 720	241	217		70	2.5
		1 860	260	234	3.5		
		1 960	274	247			
	15.70	1 770	266	239		80	4.5
		1 860	279	251			
	17.80	1 720	327	294			
		1 860	353	318			
(1×7)C	12.70	1 860	208	187			
	15.20	1 820	300	270			
	18.00	1 720	384	346			

注：规定非比例延伸力 $F_{p0.2}$ 值不小于整根钢绞线公称最大力 F_m 的 90%。

11. 冷拔低碳钢丝的力学性能

冷拔低碳钢丝的力学性能见表 2—32。

表 2—32 冷拔低碳钢丝的力学性能

钢丝级别	直径(mm)	抗拉强度(MPa)		伸长率(%)	反复弯曲180°的次数
		HPB235 级	HRB335 级		
甲级	5	650	600	3	4
	4	700	650	2.5	4
乙级	3～5	550		2	4

12. 钢筋表面质量

建筑钢筋表面质量见表 2—33。

表 2—33 建筑钢筋表面质量

钢筋种类	表面质量
热轧钢筋	表面不得有裂缝、结疤和折叠，如有凸块不得超过螺纹高度，其他缺陷的高度和深度不得大于所在部位的允许偏差
热处理钢筋	表面无肉眼可见裂纹、结疤、折叠，如有凸块不得超过横肋高度，表面不得沾有油污
冷拉钢筋	表面不得有裂纹和局部缩颈
碳素钢丝	表面不得有裂纹、小刺、机械损伤、氧化铁皮和油迹，允许有浮锈
刻痕钢丝	表面不得有裂纹、分层、铁锈、结疤，但允许有浮锈
钢绞线	不得有折断、横裂和相互交叉的钢丝，表面不得有润滑剂、油渍，允许有轻微浮锈，但不得有锈麻坑

13. 冷钢筋力学性能复检

钢筋力学性能复验见表 2—34。

表 2—34 钢筋力学性能复验

钢筋种类	验收批钢筋组成	每批数量	取样数量	复验与判定
热轧钢筋	①每批应由同一牌号、同一炉罐号、同一规格、同一交货状态的钢筋组成；②同一钢号的混合批，不超过 6 个炉罐号	≤60 t	在任意 2 根钢筋上，分别从每根上切取 1 根拉力试件和 1 根冷弯试件	如果某一项试验结果不符合标准要求，则从同一批中再任取双倍数量的试件进行该不合格项目的复验，复验结果(包括该项试验所要求的任一指标)，即使一个指标不合格，则整批不合格

续上表

钢筋种类	验收批钢筋组成	每批数量	取样数量	复验与判定
余热处理钢筋	①每批由同一外形截面尺寸、同一热处理制度、同一炉罐号钢筋组成;②同钢号混合批不超过10个炉罐号	≤60 t	取10%的盘数(不少于25盘),每盘取1个拉力试件	如果某一项试验结果不符合标准要求,则从同一批中再任取双倍数量的试件进行该不合格项目的复验,复验结果(包括该项试验所要求的任一指标),即使一个指标不合格,则整批不合格
刻痕钢丝	同一钢号、同一形状尺寸、同一交货状态	≤60 t	取5%的盘数(但不少于3盘),优质钢丝取10%(不少于3盘),每盘取1个拉力和1个弯曲试件	如有某一项试验结果不符合标准要求,则从同一批中再任取双倍数量的试件进行该不合格项目的复验,复验结果(包括该项试验所要求的任一指标),即使一个指标不合格,则整批不合格
钢绞线	同一钢号,同一规格,同一生产工艺	≤60 t	任取3盘,每盘取1根拉力试件	
冷拉钢筋	同级别,同直径	≤20 t	任取2根钢筋,分别从每根上切取1根拉力和1根冷弯试件	当有一项试验不合格时,应另取双倍数量试件重做各项试验,仍有一项不合格时,则为不合格

三、施工机械要求

钢筋加工的机械要求见表2—35。

表2—35 钢筋加工机械

项目	内容
钢筋切割机	(1)钢筋切断机的分类。 1)按结构形式可分为手持式、立式、卧式、颚剪式等四种,其中以卧式为基本型,使用最普遍。

续上表

项目	内容
钢筋切割机	2)按工作原理可分为凸轮式和曲柄式两种。 3)按传动方式可分为机械式和液压式两种。 (2)钢筋切断机的基本参数及技术性能。 钢筋切断机基本参数见表2－36;机械式钢筋切断机主要技术性能见表2－37;液压式钢筋切断机主要技术性能见表2－38。 (3)钢筋切断机的构造和工作原理。 1)卧式钢筋切断机。卧式钢筋切断机属于机械传动,因其结构简单,使用方便,得到广泛采用。 ①卧式钢筋切断机构造,如图2－1所示,主要由电动机、传动系统、减速机构、曲轴机构、机体及切断刀等组成。适用于切断直径6～40 mm的普通碳素钢筋。 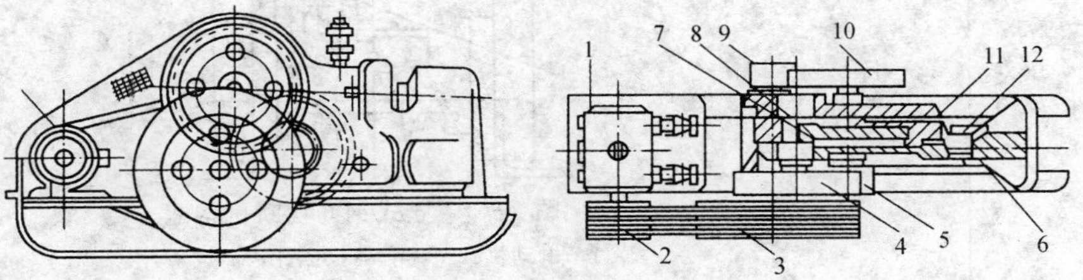 图2－1 卧式钢筋切断机构造 1－电动机;2、3－V带;4、5、9、10－减速齿轮; 6－固定刀片;7－连杆;8－曲柄轴;11－滑块;12－活动刀片 ②工作原理。如图2－2所示,它由电动机驱动,通过V带轮、圆柱齿轮减速带动偏心轴旋转。在偏心轴上装有连杆,连杆带动滑块和动刀片在机座的滑道中作往复运动,并和固定在机座上的定刀片相配合切断钢筋。切断机的刀片选用碳素工具钢并经热处理制成,一般前角度为3°,后角度为12°。一般定刀片和动刀片之间的间隙为0.5～1 mm。在刀口两侧机座上装有两个挡料架,以减少钢筋的摆动现象。 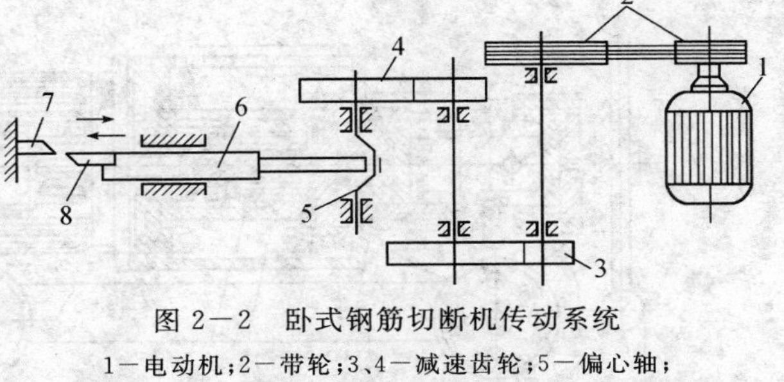 图2－2 卧式钢筋切断机传动系统 1－电动机;2－带轮;3、4－减速齿轮;5－偏心轴; 6－连杆;7－固定刀片;8－活动刀片 2)立式钢筋切断机。 ①立式钢筋切断机构造。立式钢筋切断机都用于构件预制厂的钢筋加工生产线上,且固定使用,其构造如图2－3所示。

续上表

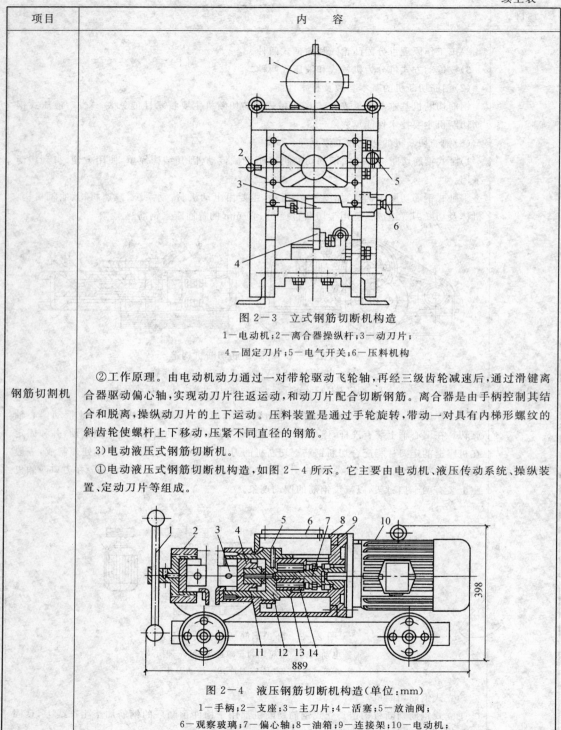

<table>
<tr><th>项目</th><th>内　容</th></tr>
<tr><td>钢筋切割机</td><td>
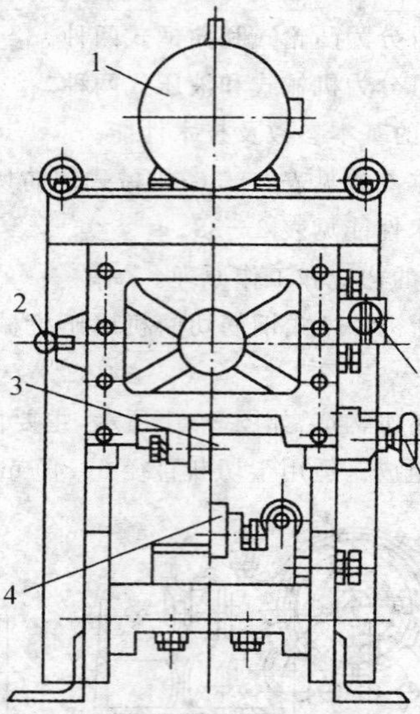

图 2—3　立式钢筋切断机构造
1—电动机；2—离合器操纵杆；3—动刀片；
4—固定刀片；5—电气开关；6—压料机构

②工作原理。由电动机动力通过一对带轮驱动飞轮轴，再经三级齿轮减速后，通过滑键离合器驱动偏心轴，实现动刀片往返运动，和动刀片配合切断钢筋。离合器是由手柄控制其结合和脱离，操纵动刀片的上下运动。压料装置是通过手轮旋转，带动一对具有内梯形螺纹的斜齿轮使螺杆上下移动，压紧不同直径的钢筋。

3)电动液压式钢筋切断机。

①电动液压式钢筋切断机构造，如图 2—4 所示。它主要由电动机、液压传动系统、操纵装置、定动刀片等组成。

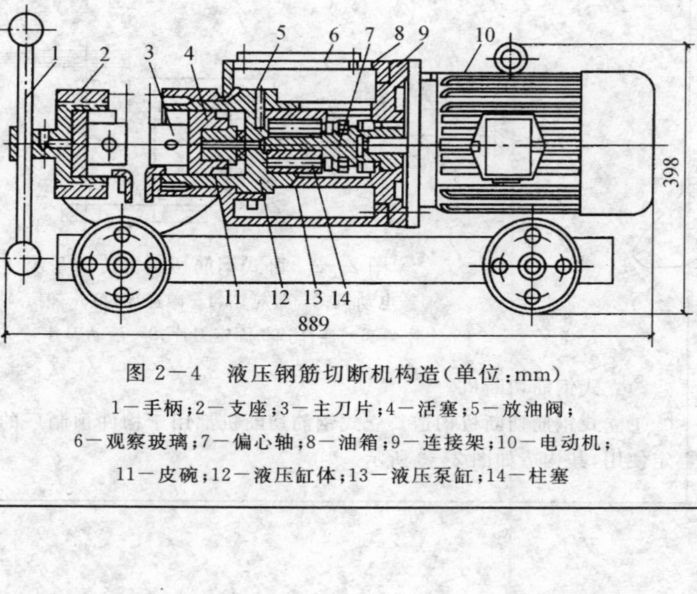

图 2—4　液压钢筋切断机构造(单位：mm)
1—手柄；2—支座；3—主刀片；4—活塞；5—放油阀；
6—观察玻璃；7—偏心轴；8—油箱；9—连接架；10—电动机；
11—皮碗；12—液压缸体；13—液压泵缸；14—柱塞
</td></tr>
</table>

续上表

项目	内　容
	②工作原理。如图 2－5 所示，电动机带动偏心轴旋转，偏心轴的偏心面推动和它接触的柱塞作往返运动，使柱塞泵产生高压油压入液压缸体内，推动液压缸内的活塞，驱使动刀片前进，和固定在支座上的定刀片相错而切断钢筋。
	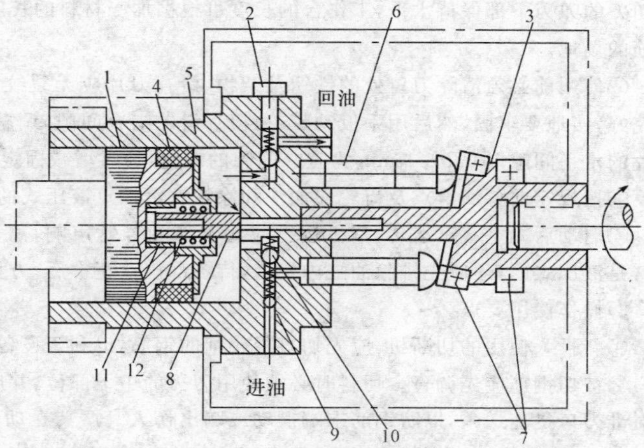
	图 2－5　液压钢筋切断机工作原理 1－活塞；2－放油阀；3－偏心轴；4－皮碗；5－液压缸体； 6－柱塞；7－推力轴承；8－主阀；9－吸油球阀；10－进油球阀； 11－小回位弹簧；12－大回位弹簧
钢筋切割机	4)手动液压钢筋切断机：手动液压钢筋切断机体积小，使用轻便，但工作压力较小，只能切断直径 16 mm 以下的钢筋。
	①手动液压钢筋切断机构造。如图 2－6 所示，液压系统由活塞、柱塞、液压缸、压杆、拔销、复位弹簧、储油筒及放、吸油阀等元件组成。
	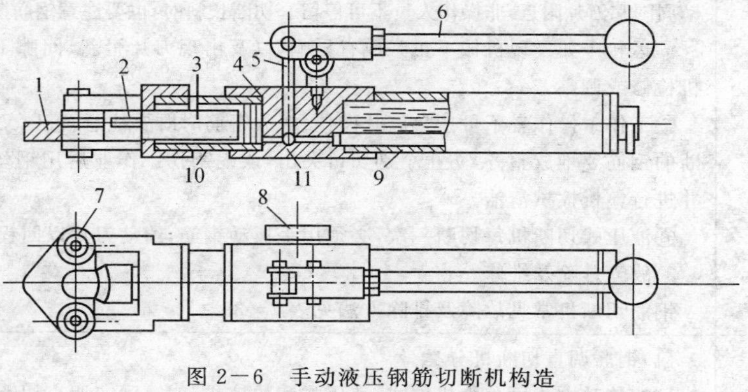
	图 2－6　手动液压钢筋切断机构造 1－滑轨；2－刀片；3－活塞；4－缸体；5－柱塞；6－压杆； 7－拔销；8－放油阀；9－储油筒；10－回位弹簧；11－吸油阀
	②工作原理。先将放油阀按顺时针方向旋紧，揿动压杆，柱塞即提升，吸油阀被打开，液压油进入油室；提起压杆、液压油被压缩进入缸体内腔，从而推动活塞前进，安装在活塞前端的动切刀即可断料；断料后立即按逆时针方向旋开放油阀，在复位弹簧的作用下，压力油又流回油室，切刀便自动缩回缸内。如此周而复始，进行切筋。

续上表

项目	内　容
钢筋切割机	(4)钢筋切断机的使用。 1)使用前的准备工作。 ①钢筋切断机应选择坚实的地面安置平稳，机身铁轮用三角木楔好，接送料工作台面应和切刀的刀刃下部保持水平，工作台的长度可根据加工材料的长度决定，四周应有足够搬运钢筋的场地。 ②使用前必须清除刀口处的铁锈及杂物，检查刀片应无裂纹，刀架螺栓应紧固，防护罩应完好，接地要牢固，然后用手扳动带轮，检查齿轮啮合间隙，调整好刀刃间隙，定刀片和动刀片的水平间隙以 0.5～1 mm 为宜。间隙的调整，通过增减固定刀片后面的垫块来实现。 ③按规定向各润滑点及齿轮面加注和涂抹润滑油。液压式的还要补充液压油。 ④启动后先空载试运转，整机运行应无卡滞和异常声响，离合器应接触平稳，分离彻底。若是液压式的，还应先排除油缸内空气，待各部确认正常后，方可作业。 2)操作使用要点。 ①新投入使用的切断机，应先切直径较细的钢筋，以利于设备磨合。 ②被切钢筋应先调直。切料时必须使用刀刃的中下部位，并应在动刀片后退时，紧握钢筋对准刀口迅速送入，以防钢筋末端摆动或蹦出伤人。严禁在动刀片已开始向前推进时向刀口送料，否则易发生事故。 ③严禁切断超出切断机规定范围的钢筋和材料。一次切断多根钢筋时，其总截面积应在规定范围以内。禁止切断中碳钢钢筋和烧红的钢筋。切断低合金钢等特种钢筋时，应更换相应的高硬度刀片。 ④断料时，必须将被切钢筋握紧，以防钢筋末端摆动或弹出伤人。在切短料时，靠近刀片的手和刀片之间的距离应保持 150 mm 以上，如手握一端的长度小于 400 mm 时，应用套管或夹具将钢筋短头压住或夹牢，以防弹出伤人。 ⑤在机械运转时，严禁用手去摸刀片或用手直接去清理刀片上的铁屑，也不可用嘴吹。钢筋摆动周围和刀片附近，非操作人员不可停留。切断长料时，也要注意钢筋摆动方向，防止伤人。 ⑥运转中如发现机械不正常或有异响，以及出现刀片歪斜、间隙不合等现象时，应立即停机检修或调整。 ⑦工作中操作者不可擅自离开岗位，取放钢筋时既要注意自己，又要注意周围的人。已切断的钢筋要堆放整齐，防止个别切口突出，误踢割伤。作业后用钢丝刷清除刀口处的杂物，并进行整机擦拭清洁。 ⑧液压式切断机每切断一次，必须用手扳动钢筋，给动刀片以回程压力，才能继续正作。 3)故障排除及维修。 钢筋切断机常见故障及排除方法见表 2－39
钢筋调直切割机	(1)钢筋调直切断机分类。 1)按传动方式可分为机械式、液压式和数控式三类，国产调直切断机仍是机械式较多。 2)按调直原理可分为孔模式、斜辊式(双曲线式)二类，以孔模式居多。 3)按切断原理可分为锤击式、轮剪式二类。 (2)调直切断机的技术性能见表 2－40。 (3)钢筋调直切断机的构造及工作原理：现以机械式 GT4/8 型、数控式 GTS3/8 型、斜辊式 GT6/12 型为例，简述其结构及工作原理。

续上表

<table>
<tr><th>项目</th><th>内　容</th></tr>
<tr><td>钢筋调直切割机</td><td>

1)GT4/8 型钢筋调直切断机。

①GT4/8 型钢筋调直切断机构造。GT4/8 型调直切断机主要由放盘架、调直筒、传动箱、切断机构、承受架及机座等组成,如图 2－7 所示。

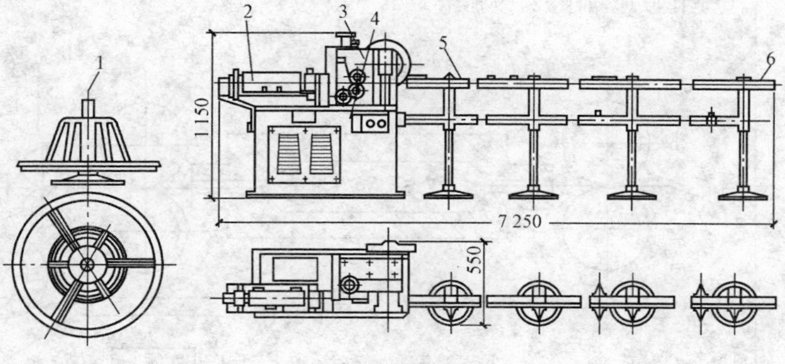

图 2－7　GT4/8 型钢筋调直切断机构造

1－放盘架;2－调直筒;3－传动箱;4－机座;5－承受架;6－定尺板

②工作原理。如图 2－8 所示,电动机经 V 带轮驱动调直筒旋转,实现调直钢筋动作。另通过同一电动机上的另一胶带轮传动一对锥齿轮转动偏心轴,再经过两级齿轮减速后带动上辊和下压辊相对旋转,从而实现调直和曳引运动。偏心轴通过双滑块机构,带动锤头上下运动,当上切刀进入锤头下面时即受到锤头敲击,实现切断作业。上切刀依赖拉杆重力作用完成回程。

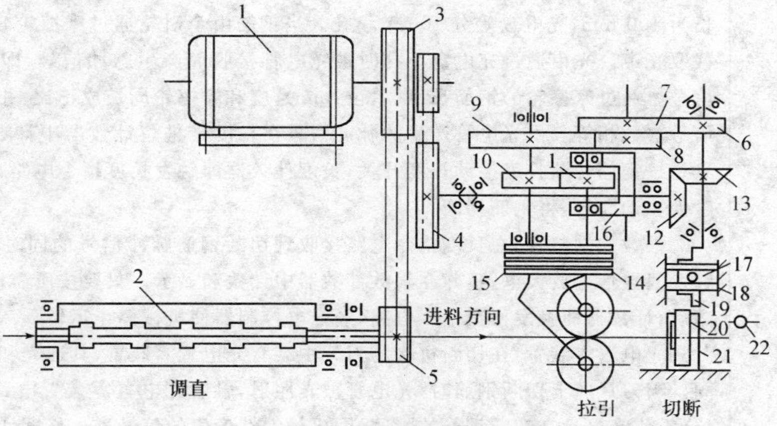

图 2－8　GT4/8 型钢筋调直切断机传动示意图

1－电动机;2－调直筒;3、4、5－胶带轮;6～11－齿轮;12、13－锥齿轮;

14、15－上下压辊;16－框架;17、18－双滑块;19－锤头;

20－上切刀;21－方刀台;22－拉杆

在工作时,方刀台和承受架上的拉杆相连,拉杆上装有定尺板,当钢筋端部顶到定尺板时,即将方刀台拉到锤头下面,切断钢筋。定尺板在承受的位置,可按切断钢筋所需长度调整。

</td></tr>
</table>

续上表

项目	内　　容
钢筋调直切割机	2)GTS3/8 型数控钢筋调直切断机。 数控钢筋调直切断机的特点是利用光电脉冲及数字计数原理，在调直机上架装有光电测长、根数控制、光电置零等装置，从而能自动控制切断长度和切断根数以及自动停止运转。其工作原理，如图 2－9 所示。 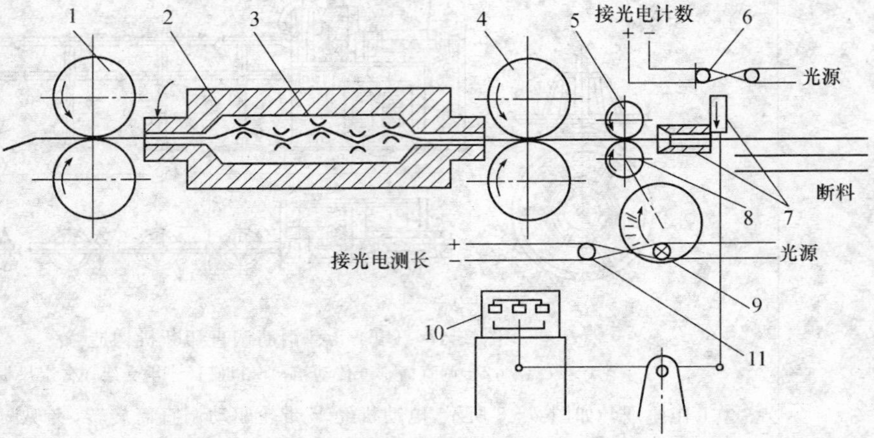 图 2－9　数控调直切断机工作原理示意图 1－进料压辊；2－调直筒；3－调直块；4－牵引轮；5－从动轮； 6－摩擦轮；7－光电盘；8、9－光电管；10－电磁铁；11－切断刀片 ①光电测长装置：如图 2－9 所示，由被动轮、摩擦轮、充电盘及光电管等组成。摩擦轮周长为 100 mm，光电盘等分 100 个小孔。当钢筋由牵引轮通过摩擦轮时，带动光电盘旋转并截取光束。光束通过充电盘小孔时被光电管接收而产生脉冲信号，即钢筋长 1 mm 的转换信号。通过摩擦轮的钢筋长度(单位：mm)，应和摩擦轮周长成正比，并和光电管产生的脉冲信号次数相等。由光电管产生的脉冲信号在长度十进位计数器中计数并显示出来。因此，只要按钢筋切断长度拨动长度开关，长度计数器即触发长度指令电路，使强电控制器驱动电磁铁拉动联杆，将钢筋切断。 ②根数控制装置：在长度指令电路接收到切断钢筋脉冲信号的同时，发出根数脉冲信号，触发根数信号放大电路，并在根数计数器中计数和显示。只要按所需根数拨动根数开关，数满后，计数器即触发根数指令电路，经强电控制器使机械停止运转。 ③光电置零装置：在切断机构的刀架中装有光电置零装置，其通光和截止原理和光电盘相同。当刀片向下切断钢筋时，光电管被光照射，触发光电置零装置电路，置长度计数器于零位，不使光电盘在切断钢筋的瞬间，因机械惯性产生的信号进入长度计数器而影响后面一根钢筋的长度。 此外，当设备发生故障或材料用完时，能自动发出故障电路信号，使机械停止运转。 (4)钢筋调直切断机的使用。 1)使用前的准备工作。 ①调直切断机应安装在坚实的混凝土基础上，室外作业时应设置机棚，机棚的旁边应有足够的堆放原料、半成品的场地。

续上表

项目	内容
钢筋调直切割机	②承受架料槽应安装平直，其中心应对准导向筒、调直筒和下切刀孔的中心线。钢筋转盘架应安装在离调直机 5～8 m 处。 ③按所调直钢筋的直径，选用适当的调直模，调直模的孔径应比钢筋直径大 2～5 mm。首尾两个调直模须放在调直筒的中心线上，中间三个可偏离中心线。一般先使钢筋有 3 mm 的偏移量，经过试调直后如发现钢筋仍有慢弯现象，则可逐步调整偏移量直至调直为止。 ④根据钢筋直径选择适当的牵引辊槽宽，一般要求在钢筋夹紧后上下辊之间有 3 mm 左右的间隙。引辊夹紧程度应保证钢筋能顺利地被拉引前进，不会有明显转动，但在切断的瞬间，允许钢筋和牵引辊之间有滑动现象。 ⑤根据活动切刀的位置调整固定切刀，上下切刀的刀刃间隙应不大于 1 mm，侧向间隙应不大于 0.1～0.15 mm。 ⑥新安装的调直机要先检查电气系统和零件有无损坏，各部连接及连接件牢固可靠，各转动部分运转灵活，传动和控制系统性能符合要求，方可进行试运转。 ⑦空载运转 2 h，然后检查轴承温度(重点检查调直筒轴承)，查看锤头、切刀或切断齿轮等工作是否正常，确认无异常状况后，方可送料并试验调直和切断性能。 2)操作要点。 ①作业前先用手扳动飞轮，检查传动机构和工作装置，调整间隙，紧固螺栓，确认无误后启动空运转，检查轴承应无异响，齿轮啮合应良好，待运转正常后方可作业。 ②在调直模未固定、防护罩未盖好前不可穿入钢筋，以防开始后调直模甩出伤人。 ③送料前应将不直的料头切去，在导向筒前部应安装一根 1 m 左右的钢管，钢筋必须先穿过钢管再穿入导向筒和调直筒，以防每盘钢筋接近调直完毕时甩出伤人。 ④在钢筋上盘、穿丝和引头切断时应停机进行。当钢筋穿入后，手和牵引辊必须保持一定距离，以防手指卷入。 ⑤开始切断几根钢筋后，应停机检查其长度是否合适。如有偏差，可调整限位开关或定尺板。 ⑥作业时整机应运转平稳，各部轴承温升正常，滑动轴承最高不应超过 80℃，滚动轴承不应超过 70℃。 ⑦机械运转中，严禁打开各部防护罩及调整间隙，如发现有异常情况，应立即停机检查，不可勉强使用。 ⑧停机后，应松开调直筒的调直模回到原来位置，同时预压弹簧也必须回位。 ⑨作业后，应将已调直切断的钢筋按规格、根数分成小捆堆放整齐，并清理现场，切断电源。 3)调直切断后的钢筋质量要求。 ①切断后的钢筋长度应一致，直径小于 10 mm 的钢筋误差不超过±1 mm；直径大于 10 mm的钢筋误差不超过±2 mm。 ②调直后的钢筋表面不应有明显的擦伤，其伤痕不应使钢筋截面积减少 5%以上。切断后的钢筋断口处应平直无撕裂现象。 ③如采用卷扬机拉直钢筋时，必须注意冷拉率，对 HPB235 钢筋不宜大于 4%；HRB335～HRB400 级钢筋及 Q275 钢筋不宜大于 1%。 ④数控钢筋调直切断机的最大切断量为 4 000 根/h 时，切断长度误差应小于 2 mm。 4)常见故障排除及维修。 钢筋调直切断机常见故障及排除方法见表 2－41

续上表

项目	内　　容
钢筋弯曲机	(1)钢筋弯曲机的分类。 1)按传动方式可分为机械式、液压式和数控式三种，其中以机械式使用最广泛。 2)按工作原理可分为涡轮涡杆式和齿轮式两种。 3)按结构形式可分为台式和手持式两种，台式工作效率高而得到广泛应用。 在钢筋弯曲机的基础上改进而派生出钢筋弯箍机、螺旋绕制机及钢筋切断弯曲组合机等。 (2)钢筋弯曲机技术性能：常用钢筋弯曲机、钢筋弯箍机主要技术性能见表 2－42。 (3)钢筋弯曲机的构造和工作原理。 1)涡轮涡杆式钢筋弯曲机。 ①涡轮涡杆式钢筋弯曲机构造。如图 2－10 所示，主要由机架、电动机、传动系统、工作机构(工作盘、插入座、夹持器、转轴等)及控制系统等组成。机架下装有行走轮，便于移动。 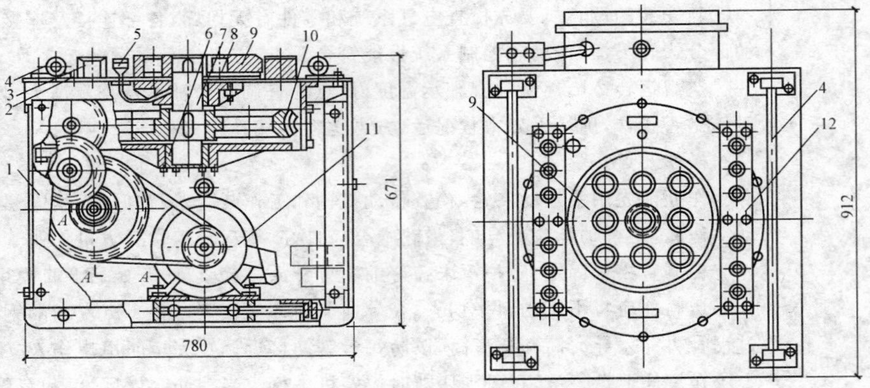 图 2－10　涡轮涡杆式钢筋弯曲机构造示意图(单位：mm) 1－机架；2－工作台；3－插座；4－滚轴；5－油杯；6－涡轮箱；7－工作主轴；8－立轴承；9－工作盘；10－涡轮；11－电动机；12－孔眼条板 ②工作原理。电动机动力经 V 带轮、两对直齿轮及涡轮涡杆减速后，带动工作盘旋转。工作盘上一般有 9 个轴孔，中心孔用来插中心轴，周围的 8 个孔用来插成形轴和轴套。在工作盘外的两侧还有插入座，各有 6 个孔，用来插入挡铁轴。为了便于移动钢筋，各工作台的两边还设有送料辊。工作时，根据钢筋弯曲形状，将钢筋平放在工作盘中心轴和相应的成形轴之间，挡铁轴的内侧。当工作盘转动时，钢筋一端被挡铁轴阻止不能转动，中心轴位置不变，而成形轴则绕中心轴作圆弧转动，将钢筋推弯，钢筋弯曲过程如图 2－11 所示。 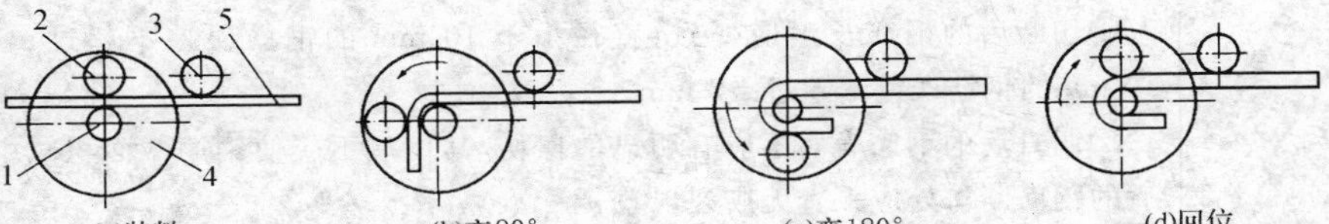 (a)装料　(b)弯90°　(c)弯180°　(d)回位 图 2－11　钢筋弯曲过程示意图 1－中心轴；2－成形轴；3－挡铁轴；4－工作盘；5－钢筋 由于规范规定，当作 180°弯钩时，钢筋的圆弧弯曲直径应不小于钢筋直径的 2.5 倍。因此，中心轴也相应地制成 16～100 mm 等 9 种不同的规格，以适应弯曲不同直径钢筋的需要

续上表

项目	内　　容
钢筋弯曲机	2)齿轮式钢筋弯曲机。 ①齿轮式钢筋弯曲机构造。如图 2－12 所示,主要由机架、电动机、齿轮减速器、工作机构及电气控制系统等组成。它改变了传统的涡轮涡杆传动,并增加了角度自动控制机构及制动装置。 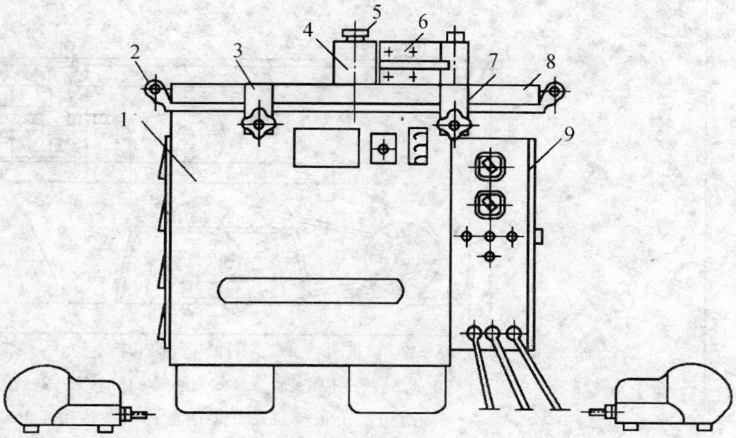 图 2－12　齿轮式钢筋弯曲机构造 1－机架;2－滚轴;3、7－紧固手柄;4－转轴;5－调节手轮; 6－夹持器;8－工作台;9－控制配电箱 ②工作原理。传动系统如图 2－13 所示,由一台带制动的电动机为动力,带动工作盘旋转。工作机构中左、右两个插入座可通过手轮无级调节,并和不同直径的成形辊及装料装置配合,能适应各种不同规格的钢筋弯曲成形。角度的控制是由角度预选机构和几个长短不一的限位销相互配合而实现的。当钢筋被弯曲到预选角度,限位销触及行程开关,使电动机停机并反转,恢复到原位,完成钢筋弯曲工序。此外,电气控制系统还具有点动、自动状态、双向控制、瞬时制动、事故急停及系统短路保护、电动机过热保护等特点。 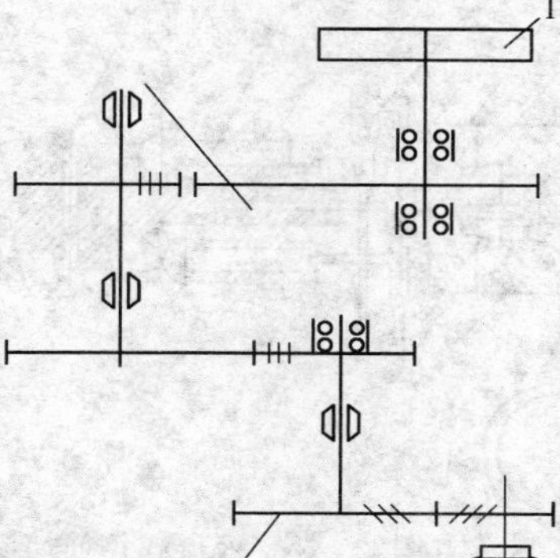 图 2－13　齿轮式弯曲机传动系统 1－工作盘;2－减速器

续上表

<table>
<tr><th>项目</th><th>内　容</th></tr>
<tr><td>钢筋弯曲机</td><td>

3)钢筋弯箍机。

①钢筋弯箍机构造。钢筋弯箍机是适合弯制箍筋的专用机械,弯曲角度可任意调节,其构造和弯曲机相似,如图 2—14 所示。

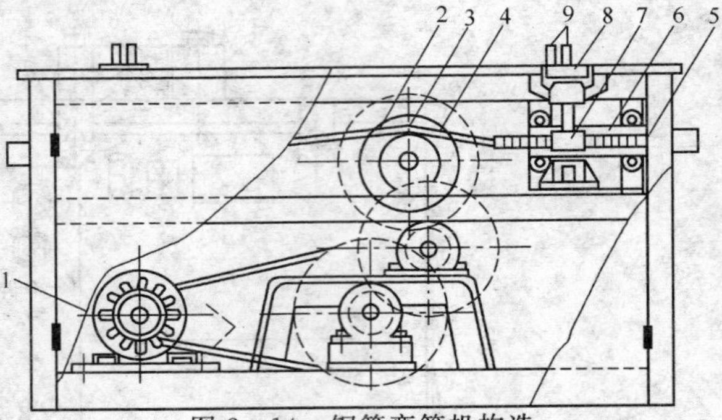

图 2—14　钢筋弯箍机构造

1—电动机;2—偏心圆盘;3—偏心铰;4—连杆;5—齿条;6—滑道;7—正齿条;8—工作盘;9—心轴和成形轴

②工作原理。电动机动力通过一双带轮和两对直齿轮减速使偏心圆盘转动。偏心圆盘通过偏心铰带动两个连杆,每个连杆又铰接一根齿条,于是齿条沿滑道作往复直线运动。齿条又带动齿轮使工作盘在一定角度内作往复回转运动。工作盘上有两个轴孔,中心孔插中心轴,另一孔插成形轴。当工作盘转动时,中心轴和成形轴都随之转动,和钢筋弯曲机同一原理,能将钢筋弯曲成所需的箍筋。

4)液压式钢筋切断弯曲机。

这是运用液压技术对钢筋进行切断和弯曲成形的两用机械,自动化程度高,操作方便。

①液压式钢筋切断弯曲机构造。主要由液压传动系统、切断机构、弯曲机构、电动机、机体等组成。其结构及工作原理如图 2—15 所示。

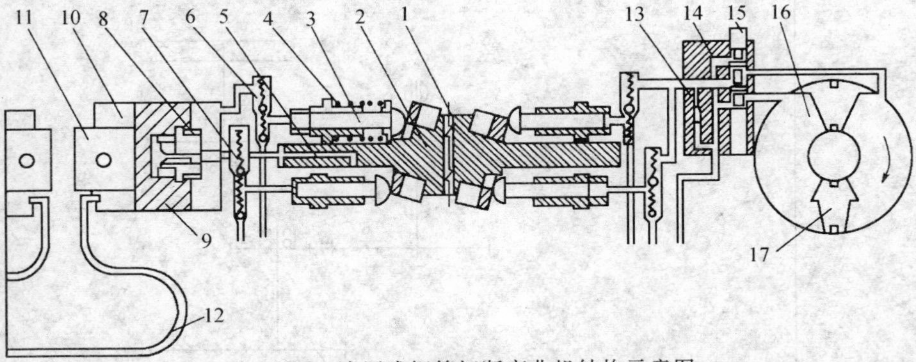

图 2—15　液压式钢筋切断弯曲机结构示意图

1—双头电动机;2—轴向偏心泵轴;3—油泵柱塞;4—弹簧;5—中心油孔;6、7—进油阀;8—中心阀柱;9—切断活塞;10—油缸;11—切刀;12—板弹簧;13—限压阀;14—分配阀体;15—滑阀;16—回转油缸;17—回转叶片

</td></tr>
</table>

续上表

项目	内容
钢筋弯曲机	②工作原理。由一台电动机带动两组柱塞式液压泵，一组推动切断用活塞；另一组驱动回转液压缸，带动弯曲工作盘旋转。 a. 切断机构的工作原理。在切断活塞中间装有中心阀柱及弹簧，当空转时，由于弹簧的作用，使中心阀柱离开液压缸的中间油孔，高压油则从此也经偏心轴油道流回油箱。在切断时，以人力推动活塞，使中心阀柱堵死液压缸的中心孔，此时由柱塞泵来的高压油经过油阀进入液压缸中，产生高压推动活塞运动，活塞带动切刀进行切筋。此时压力弹簧的反推力作用大于液压缸内压力，阀柱便退回原处，液压油又沿中心油孔的油路流回油箱。切断活塞的回程是依靠板弹簧的回弹力来实现。 b. 弯曲机构的工作原理。进入组合分配阀的高压油，由于滑阀的位置变换，可使油从回转液压缸的左腔进油或右腔进油而实现液压缸的左右回转。当油阀处于中间位置时，压力油流回油箱。当液压缸受阻或超载时，油压迅速增高，自动打开限压阀，压力油液回油箱，以确保安全。 (4)钢筋弯曲机的使用。 1)使用前的准备工作。 ①钢筋弯曲机应在坚实的地面上放置平稳，铁轮应用三角木楔好，工作台面和弯曲机台面要保持水平和平整，送料辊转动灵活，工作盘稳固。当弯曲根数较多或较长的钢筋时，应设支架支持，周围还要有足够的工作场地。 ②作业前检查机械零部件、附件应齐全完好，连接件无松动。电气线路正确牢固。接地良好。 ③准备各种作业附件。 a. 根据弯曲钢筋的直径选择相应的中心轴和成形轴。弯曲细钢筋时，中心轴换成细直径的，成形轴换成粗直径的；弯曲粗钢筋时，中心轴换成粗直径的，成形轴换成较细直径的。一般中心轴直径应是钢筋直径的 2.5～3 倍，钢筋在中心轴和成形轴间的空隙不应超过 2 mm。 b. 为适应钢筋和中心轴直径的变化，应在成形轴上加一个偏心套，用以调节中心轴、钢筋和成形轴三者之间的间隙。 c. 根据弯曲钢筋的直径更换配套齿轮，以调整工作盘(主轴)转速。当钢筋直径 $d<18$ mm时取高速；$d=18\sim32$ mm 时取中速；$d>32$ mm 时取低速。一般工作盘常放在慢速上，以便弯曲在允许范围内所有直径的钢筋。 d. 当弯曲钢筋直径在 20 mm 以下时，应在插入座上放置挡料架，并有轴套，以使被弯钢筋能正确成形。挡板要贴紧钢筋以保证弯曲质量。 ④作业前先进行空载试运转，应无卡滞、异响，各操纵按钮灵活可靠；再进行负载试验，先弯小直径钢筋，再弯大直径钢筋，确认正常后，方可投入使用。 ⑤为了减少度量时间，可在台面上设置标尺，在弯曲前先量好弯曲点位置，并先试弯一根，经检查无误后再正式作业。 2)操作要点。 ①操作时要集中精力，熟悉倒顺开关控制工作盘的旋转方向，钢筋放置要和工作盘旋转方向相适应。在变换旋转方向时，要从正转→停车→倒转，不可直接从正一倒或从倒一正，而不在“停车”停留，更不可频繁交换工作盘旋转方向。 ②钢筋弯曲机应设专人操作，弯曲较长钢筋时，应有专人扶持。严禁在弯曲钢筋的作业半径内和机身不设固定销的一侧站人。弯曲好的半成品应及时堆放整齐，弯头不可朝上。

续上表

项目	内　容
钢筋弯曲机	③作业中不可更换中心轴、成形轴和挡铁轴，也不可在运转中进行维护和清理作业。 ④表 2－43 所列转速及最多弯曲根数仅适用于极限强度不超过 450 MPa 的材料，如材料强度变更时，钢筋直径应相应变化。不可超过机械对钢筋直径、根数及转速的有关规定的限制。 ⑤挡铁轴的直径和强度不可小于被弯钢筋的直径和强度。未经调直的钢筋禁止在弯曲机上弯曲。作业时，应注意放入钢筋的位置、长度和旋转方向，以保安全。 ⑥为使新机械正常磨合，在开始使用的三个月内，一次最多弯曲钢筋的根数应比表 2－43 所列的数值少一根。最大弯曲钢筋的直径应不超过 25 mm。 ⑦作业完毕要先将倒顺开关扳到零位，切断电源，将加工后的钢筋堆放好。 3)常见故障排除及维修。 钢筋弯曲机主要故障及排除方法见表 2－44

钢筋切断机基本参数见表 2－36。

表 2－36　钢筋切断机基本参数

名称		单位	基本参数系列						
钢筋公称直径		mm	12	20	25	32	40	50	65
钢筋抗拉强度 R_m		N/mm²	≤450						
液压传动	切断一根(或一束)钢筋所需的时间	s	≤2	≤3	≤5	≤12		≤15	
机械传动	动刀片往复运动次数	min⁻¹	≥32					≥28	
两刀刃间开口度		mm	≥15	≥23	≥28	≥37	≥45	≥57	≥72

机械式钢筋切断机主要技术性能见表 2－37。

表 2－37　机械式钢筋切断机主要技术性能

项　目		型号			
		GQ40	GQ40	AGQ40B	GQ50
切断钢筋直径(mm)		6～40	6～40	6～40	6～50
切断次数(次/min)		40	40	40	30
电动机型号		Y100L－2	Y100L－2	Y100L－2	Y132S－4
功率(kW)		3	3	3	5.5
转速(r/min)		2 880	2 880	2 880	1 450
外形尺寸	长(mm)	1 150	1 395	1 200	1 600
	宽(mm)	430	556	490	695
	高(mm)	750	780	570	915
整机质量(kg)		600	720	450	950
传动原理及特点		开式、插销离合器曲柄	凸轮、滑键离合器	全封闭曲柄连杆转键离合器	曲柄连杆传动半开式

液压式钢筋切断机主要技术性能见表 2—38。

表 2—38　液压式钢筋切断机主要技术性能

类型		电动	手动	手持	
型号		DYJ—32	SYJ—16	GQ—12	GQ—20
切断钢筋直径(mm)		8～32	16	6～12	6～20
工作总压力(kN)		320	80	100	150
活塞直径(mm)		95	36	—	—
最大行程(mm)		28	30	—	—
液压泵柱塞直径(mm)		12	8	—	—
单位工作压力(MPa)		45.5	79	34	34
液压泵输油率(L/min)		4.5	—	—	—
压杆长度(mm)		—	438	—	—
压杆作用力(N)		—	220	—	—
储油量(kg)		—	35	—	—
电动机	型号	Y 型	—	单相串激	单相串激
	功率(kW)	3	—	0.567	0.750
	转速(r/min)	1 440	—	—	—
外形尺寸	长(mm)	889	680	367	420
	宽(mm)	396	—	110	218
	高(mm)	398	—	185	130
总质量(kg)		145	6.5	7.5	14

钢筋切断机常见故障及排除方法见表 2—39。

表 2—39　钢筋切断机常见故障及排除方法

故障现象	故障原因	排除方法
剪切不顺利	刀片安装不牢固,刀口损伤	紧固刀片或修磨刀口
	刀片侧间隙过大	调整间隙
切刀或衬刀打坏	一次切断钢筋太多	减少钢筋数量
	刀片松动	调整垫铁,拧紧刀片螺栓
	刀片质量不好	更换
切细钢筋时切口不直	切刀过钝	更换或修磨
	上、下刀之间间隙太大	调整间隙
轴承及连杆瓦发热	润滑不良,油路不通	加油
	轴承不清洁	清洗

续上表

故障现象	故障原因	排除方法
连杆发出撞击声	铜瓦磨损，间隙过大	研磨或更换轴瓦
	连接螺栓松动	紧固螺栓
齿轮传动有噪声	齿轮损伤	修复齿轮
	齿轮啮合部位不清洁	清洁齿轮，重新加油
液压切断机切刀无力或不能切断	油缸中存有空气	排除空气
	液压油不足或有泄漏	加注液压油，紧固密封装置
	油阀堵塞，油路不通	清洗油阀，疏通油路
	液压泵柱塞卡住或损坏	检修液压泵

钢筋调直切断机主要技术性能见表2—40。

表2—40 钢筋调直切断机主要技术性能

参数名称	型号		
	GT1.6/4	GT4/8	GT6/12
调直切断钢筋直径(mm)	1.6～4	4～8	6～12
钢筋抗拉强度(MPa)	650	650	650
切断长度(mm)	300～3 000	300～6 500	300～6 500
切断长度误差(mm/m)	≤3	≤3	≤3
牵引速度(m/min)	40	40、65	36、54、72
调直筒转速(r/min)	2 900	2 900	2 800
送料、牵引辊直径(mm)	80	90	102
电动机型号：调直	Y100L.2	Y132M.4	Y132S.2
牵引	Y100L.6		Y112M.4
切断	Y100L.6	Y90S.6	Y90S.4
功率：调直(kW)	3	7.5	7.5
牵引(kW)	1.5	7.5	4
切断(kW)	1.5	0.75	1.1
外形尺寸：长(mm)	3410	1854	1 770
宽(mm)	730	741	535
高(mm)	1 375	1 400	1 457
整机质量(kg)	1 000	1 280	1 263

钢筋调直切断机常见故障及排除方法见表2－41。

表2－41 钢筋调直切断机常见故障及排除方法

故障现象	故障原因	排除方法
调出的钢筋不直	调直块未对好或磨损过大	调整或更换调直块
钢筋上有深沟线	调直块上有尖角和毛刺	研磨或更换调直块
钢筋切口不直	切刀过钝	研磨或更换切刀
钢筋切口有压扁的痕迹	安装剪切齿轮时切刀齿的啮合不正确	被动切刀齿装在主动切刀齿面前
切断的钢筋长度不一	传送钢筋的上曳引辊压得不紧	加大曳引辊的压力
在切长钢筋时切出短料	离合器的棘齿损坏	将棘齿锉整齐
	限位开关位置太低	将限位开关位器移高一点
	推动离合器的弹簧力不足	调整弹簧弹力
调直筒转数不够	带过松而打滑	移动电动机，调节带紧度
连续切出短料连切或空切	限位开关的凸轮杠杆被卡住	调节限位开关架
	被切断的钢筋没有落下	停机检修托板
	定长机构失控	停机检修定长机构
钢筋从承受架上窜出来	钢筋没有调直	调整或更换调直块
切断的钢筋落不下来	托板开得不够或开得太慢	调整托板的开度和速度
齿轮有噪声	上下曳引轮槽没有对正，有轴向偏移	修理或更换曳引辊
压辊无法压紧钢筋	压辊槽子磨损过大	更换压辊
主、被动轴弯	有钢筋头掉入转动的齿轮内	及时清除机件上的料头，机体上的防护装置应完好无损

钢筋弯曲机、弯箍机主要技术性能见表2－42。

表2－42 钢筋弯曲机、弯箍机主要技术性能

类型	弯曲机			弯箍机	
型号	GW32	GW40A	GW50A	$SGWK_8B$	GJG4/12
弯曲钢筋直径(mm)	6～32	6～40	6～50	4～8	4～12
工作盘直径(mm)	360	360	360	—	—
工作盘转速(r/min)	10/20	3.7/14	6	18	18
弯箍次数(次/h)	—	—	—	270～300	1080

续上表

类型		弯曲机			弯箍机	
型号		GW32	GW40A	GW50A	$SGWK_8B$	GJG4/12
电动机	型号	YEJ100L－4	$Y100L_2-4$	Y112M－4	Y112M－6	YA100－4
	功率(kW)	2.2－1 420	3	4	2.2	2.2
	转速(r/min)	—	14 30	1 440	940	1 420
外形尺寸	长(mm)	875	774	1 075	1 560	1 280
	宽(mm)	615	898	930	650	810
	高(mm)	945	728	890	1 550	790
总重(kg)		340	442	740	800	—
结构特点		齿轮流动，角度控制半自动化双速	全齿轮传动，半自动化，双速	涡轮涡杆传动，角度控制半自动化，单速	—	—

不同转速的钢筋弯曲根数见表2－43。

表2－43 不同转速的钢筋弯曲根数

钢筋直径(mm)	工作盘(主轴)转速(r/min)		
	3.7	7.2	14
	可弯曲钢筋根数		
6	—	—	6
8	—	—	5
10	—	—	5
12	—	5	—
14	—	4	—
19	3	—	不能弯曲
27	2	不能弯曲	不能弯曲
32～40	1	不能弯曲	不能弯曲

钢筋弯曲机主要故障及排除方法见表2－44。

表2－44 钢筋弯曲机主要故障及排除方法

故障现象	故障原因	排除方法
电动机只有嗡嗡响声，但不转	一相断电	接通电源
	倒顺开关触头接触不良	修磨触点，使接触良好
弯曲 ϕ30 以上钢筋时无力	V带松弛	调整V带轮间距使松紧适宜
运转吃力，噪声过大	V带过紧	调整V带松紧度
	润滑部位缺油	加润滑油减少

续上表

故障现象	故障原因	排除方法
运转时有异响	螺栓松动	紧固螺栓
	轴承松动或损坏	检修或更换轴承
机械渗油、漏油	涡轮箱加油过多	放掉过多的油
	各封油部件失效	用硝基油漆重新封死
工作盘只能一个方向转	换向开关失灵	断开总开关后检修
被弯曲的钢筋在滚轴处打滑	滚轴直径过小	选用较小的滚轴
	垫板的长度和厚度不够	更换较长较厚的垫板
立轴上端过热	轴承润滑脂内有铁末或缺少润滑油	清洗、更换或加注润滑油
	轴承间隙过小	调整轴承间隙

四、施工工艺解析

钢筋加工施工工艺见表2－45。

表2－45　钢筋加工施工工艺

项目	内　容
钢筋除锈	(1)对钢筋表面的油渍、漆污和用铁锤敲击时能剥落的浮皮、铁锈等应在使用前清除干净。 (2)光圆盘条钢筋表面的浮锈、陈锈等采用在冷拉或钢筋调直过程中除锈。 (3)对直条钢筋采用电动除锈机进行除锈，操作时应将钢筋放平握紧，操作人员必须侧身送料，钢筋与钢丝刷松紧程度要适当，保证除锈效果。 (4)对于局部少量的钢筋除锈采用人工除锈方法，直接用钢丝刷清刷干净。 (5)经除锈后的钢筋应尽早绑扎就位
钢筋调直	(1)对于光圆盘条钢筋和直径不大于14 mm的直条细钢筋需要进行调直处理，可采用调直机调直和卷扬机拉伸调直。 (2)调直机调直：对冷拔钢丝和细钢筋可采用调直机调直。 采用调直机时，要根据钢筋的直径选用调直模和传送压辊，并要正确掌握调直模的偏移量和压辊的压紧程度。 调直模的偏移量根据其磨损程度及钢筋品种通过试验确定；调直筒两端的调直模一定要在调直前后导孔的轴心线上。 压辊的槽宽，在钢筋穿入压辊之后上下压辊间宜有3 mm之内的间隙。压辊的压紧程度要做到保证钢筋能顺利地被牵引前进，看不出钢筋有明显的转动，且在被切断的瞬时钢筋和压辊间不允许打滑。

续上表

项目	内　　容
钢筋调直	(3)卷扬机冷拉方法调直。 1)根据现场场地情况安装好卷扬机、地锚、滑轮和钢筋夹具，分固定端和张拉端。安装时，首先应确定张拉距离 L_0(即钢筋张拉前的长度)，在现场条件许可时张拉距离尽量越长越好，以提高工作效率。根据张拉距离和钢筋的冷拉率确定拉伸总长度(即张拉后的长度)L，从而确定卷扬机、地锚、滑轮和钢筋夹具的位置。一般情况下： 钢筋拉伸总长度 $L=L_0(1+\Delta L)$ 式中　L——拉伸后总长度； L_0——未拉伸时总长度； ΔL——拉伸率，HPB235 级钢筋拉伸率不宜大于 4%，HRB335、HRB400 级钢筋拉伸率不宜大于 1%。 2)拉伸设备安装完成后，用标牌在钢筋张拉前和张拉后位置处分别做好明显标记。 3)张拉时，先将整盘钢筋放在钢筋转盘上，用人工拽住钢筋端头拉至张拉端的钢筋夹具上(此夹具应事先放在张拉前标牌位置处)，在固定端确定好位置用大钳剪断钢筋并锁固在钢筋夹具上，然后启动卷扬机进行拉伸，当钢筋夹具到达张拉后位置标牌时，停止拉伸，松开夹具，取下钢筋，并将钢筋夹具退回到张拉前位置，进行下次张拉。 采用卷扬机调直钢筋示意见图 2－16(见图中数字仅为示例)。 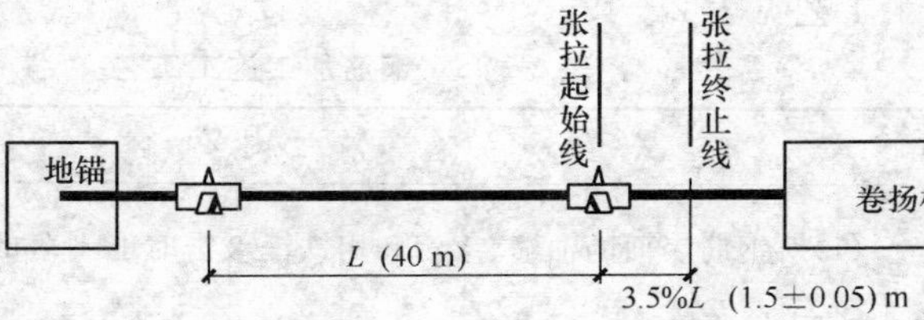 图 2－16　卷扬机调直示意图 (4)对于直径大于等于 14 mm 的粗钢筋有局部弯曲时，采用人工手扳调直即可。 (5)钢筋调直后应平直、无局部弯曲
钢筋切断	(1)将同规格钢筋根据不同长度长短搭配，统筹配料，先断长料，后断短料，减少短头，减少损耗。 (2)钢筋切断时应核对配料单，并进行钢筋试弯，检查下料表尺寸与实际成型的尺寸是否相符，无误后方可大量切断成型。 (3)钢筋切断主要采用钢筋切断机机械切断。根据下料单的尺寸用尺量出断料长度，用石笔做好标记，然后用切断机从标记处切断。对同一尺寸量多的钢筋切断，应在工作台上设置控制下料长度的限位挡板，精确控制钢筋的下料长度。 断料时，必须将被切断钢筋握紧，应在活动刀片向后退时将钢筋垂直送入刀口，切断后，及时将钢筋取下。切短钢筋时，须用钳子夹住送料。 一次切断钢筋根数宜控制在表 2－46 要求内(表 2－46 仅做参考，对于不同型号切断机，应按照机械使用说明使用)。

续上表

项目	内　容
钢筋切断	(4)用于机械连接、定位用钢筋应采用无齿锯锯断，保证端头平直，无变形，顶端切口无有碍于套丝质量的斜口、马蹄口或扁头。用于绑扎接头、机械连接、电弧焊、电渣压力焊等接头部位及非接头部位的钢筋，均应将钢筋端头的热轧弯头或劈裂头切除。 (5)对零星小直径钢筋的切断，可采用手工切断，用断线钳直接切断钢筋即可。 (6)用于机械连接以外钢筋切断后的断口，应尽量减少马蹄形或起弯等现象
钢筋弯曲成型	(1)画线：钢筋弯曲前，根据钢筋标识牌上标明的尺寸，用石笔在钢筋上标示出各弯曲点的位置。 画线工作宜从钢筋中线开始向两边进行，两边不对称的钢筋，也可以从钢筋的一端开始画线，若划到另一端有出入时，则应重新调整。 (2)机械弯曲成型：对受力钢筋的成型一般采用弯曲机机械成型。 1)首先安装芯轴、成型轴和挡轴。选择芯轴时，芯轴直径的选择跟钢筋的直径和弯曲角度有关，用于普通混凝土结构的钢筋成型按不小于表2－47中要求直径选用芯轴(钢筋弯曲最小内直径)。 2)操作时先将钢筋放在芯轴与成型轴之间，将弯曲点线约与芯轴内边缘齐，然后开动弯曲机使工作盘转动，当转动达到要求时，停止转动，用倒顺开关使工作盘反转，成型轴回到初始位置，再重新弯曲另一根钢筋。在放置钢筋时，若弯180°时，弯曲点线距芯轴内边缘为1.0～1.5倍钢筋直径，如图2－17所示。 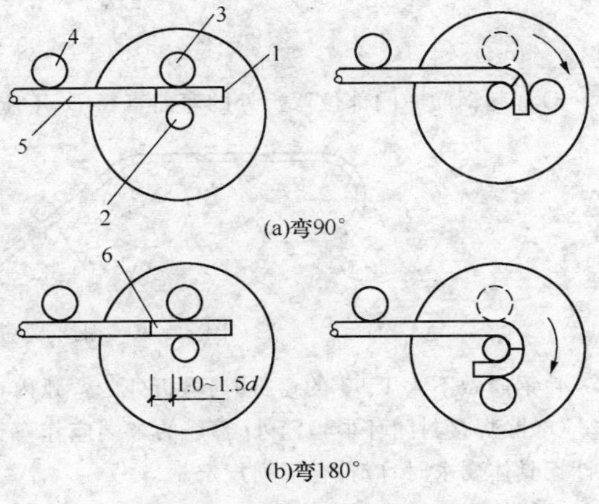 图2－17　弯曲点线与芯轴关系 1－工作盘；2－芯轴；3－成型轴；4－固定挡铁；5－钢筋；6－弯曲点线 (3)手工弯曲成型：对小直径的光圆钢筋、箍筋等的成型通常采用手工弯曲。 (4)螺旋形钢筋成型。螺旋形钢筋，可用手摇滚筒成型，也可用机械传动的滚筒。由于钢筋有弹性，滚筒直径应比螺旋筋内径略小，滚筒直径与螺旋筋直径关系见表2－48。

续上表

项目	内　　容
钢筋弯曲成型	(5)受力钢筋的弯钩或弯折要求。 1)HPB235 级钢筋末端需要作 180°弯钩，其圆弧弯曲直径 D 不应小于钢筋直径 d 的 2.5 倍，平直部分长度不宜小于钢筋直径 d 的 3 倍(图 2－18)；用于轻集料混凝土结构时，其弯曲直径 D 不应小于钢筋直径 d 的 3.5 倍。 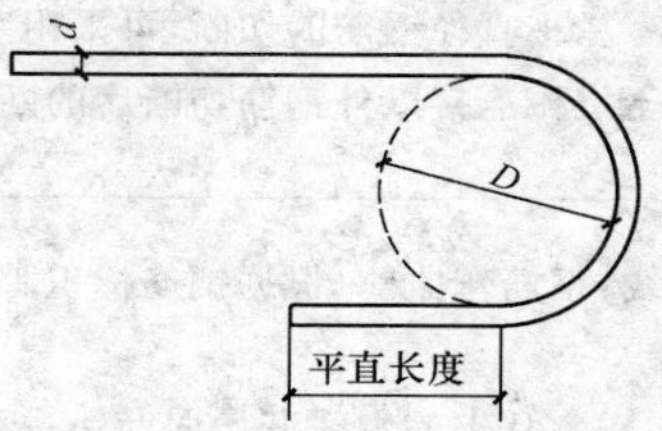 图 2－18　钢筋末端 180°弯钩 2)HRB335、HRB400 级钢筋末端需作 90°或 135°弯折时，HRB335 级钢筋的弯曲直径 D 不宜小于钢筋直径 d 的 4 倍；HRB400 级钢筋不宜小于钢筋直径 d 的 5 倍(图 2－19)，平直部分长度应按设计要求确定。 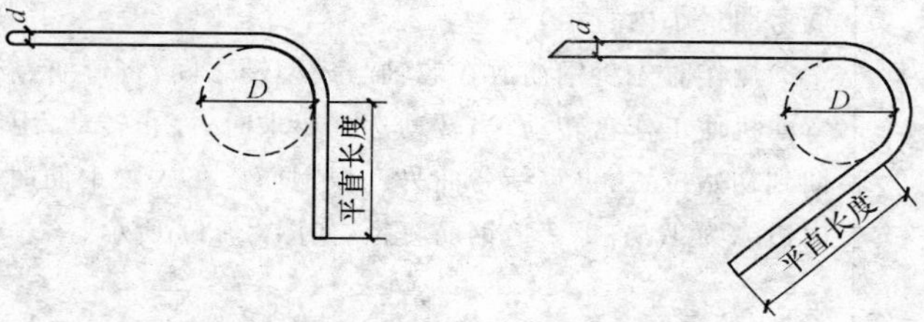 图 2－19　钢筋末端 90°或 135°弯折 3)弯起钢筋中间部位弯折处的弯曲直径 D，不应小于钢筋直径 d 的 5 倍(图 2－20)。 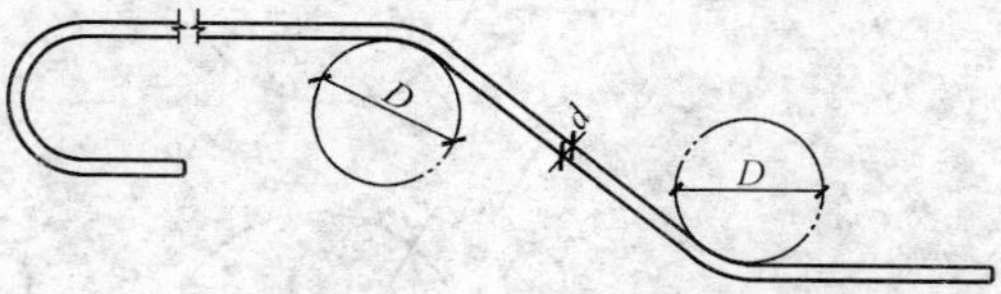 图 2－20　钢筋弯折加工 4)钢筋做不大于 90°的弯折时，弯折处的弯弧内直径不应小于钢筋直径的 5 倍。 (6)除焊接封闭环形箍筋外，箍筋的末端应作弯钩，弯钩形式应符合设计要求。当设计无具体要求时，应符合下列规定。 1)箍筋弯钩的弯弧内直径应不小于受力钢筋直径。 2)箍筋弯钩的弯折角度：对有抗震要求的结构，应为 135°。 3)箍筋弯后平直部分长度：对有抗震要求的结构，不应小于箍筋直径的 10 倍。 对有抗震要求和受扭的结构，可按[图 2－21(a)]加工。对于柱、梁钢筋绑扎接头范围内的箍筋可按[图 2－21(b)]加工。 (7)复合箍筋的闭合方式如图 2－22 所示。 (8)圆柱螺旋箍筋构造如图 2－23 所示。

续上表

<table>
<tr><th>项目</th><th>内　　容</th></tr>
<tr><td>钢筋弯曲成型</td><td>
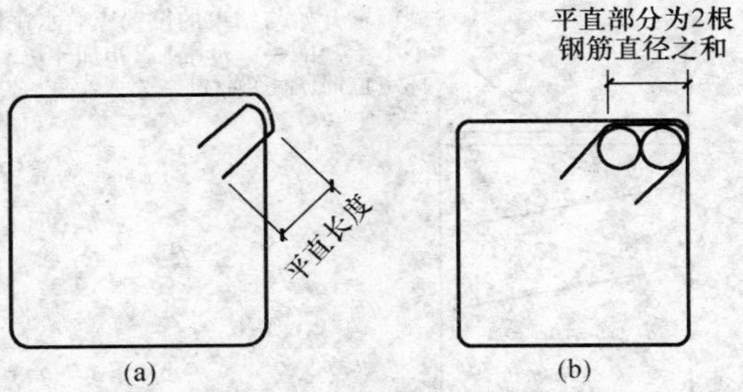

图 2－21　箍筋示意图 90°/135°

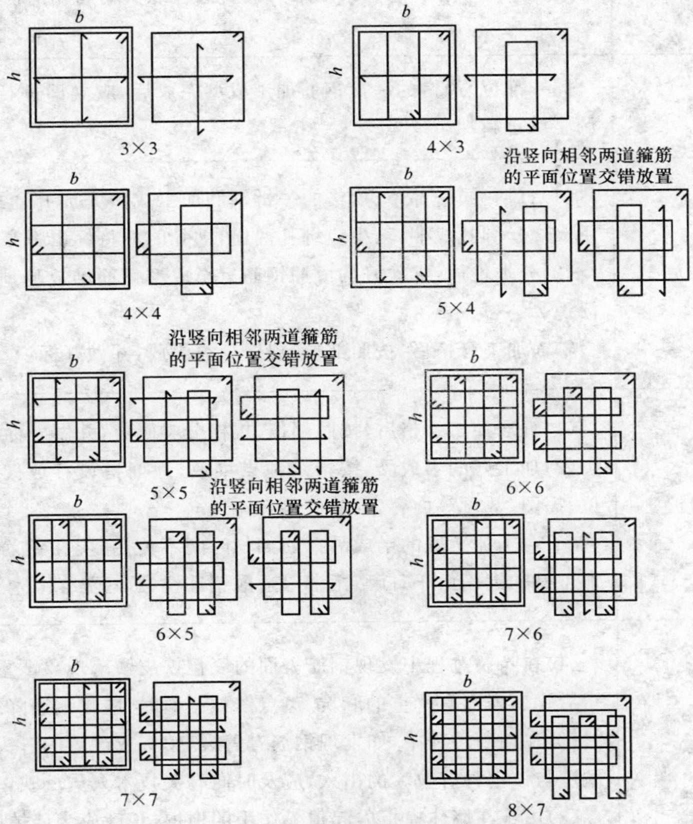

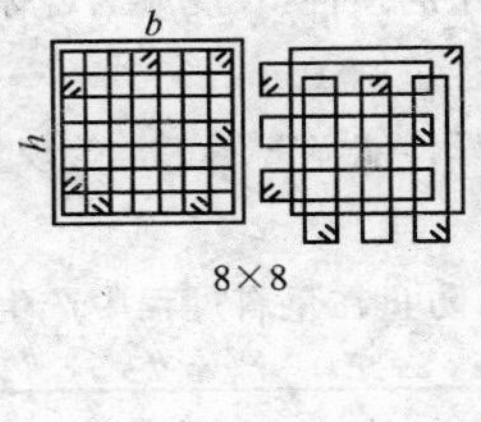

注：矩形复合箍筋的基本方式可分为：
1.沿复合箍周边，箍筋局部重叠不宜多于两层，以复合箍筋最外围的封闭箍筋为准，柱内的横向箍筋紧挨其设置在下(或在上)，柱内纵向箍筋紧挨其设置在上(或在下)。
2.柱内复合箍可全部采用拉筋，拉筋须同时钩住纵向钢筋和外围封闭箍筋。
3.为使箍筋外围局部重叠不多于两层，当拉筋设在旁边时，可沿竖向将相邻两道箍筋按其各自平面位置交错放置。

图 2－22　矩形复合箍筋的基本方式
</td></tr>
</table>

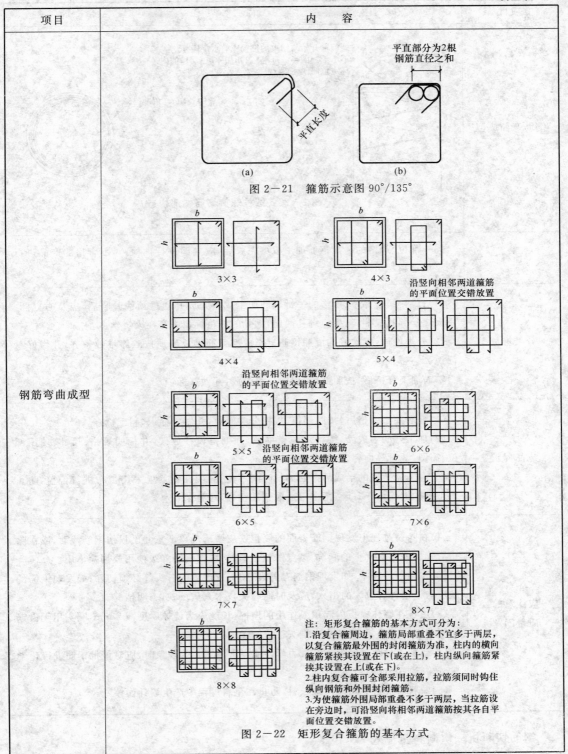

续上表

项目	内　　容
钢筋弯曲成型	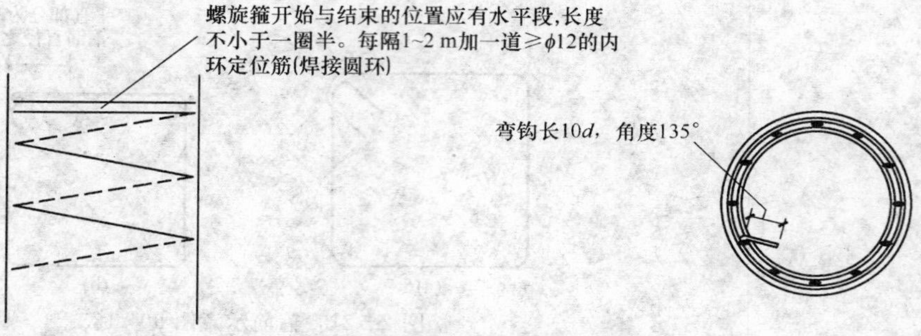 图 2－23　圆柱螺旋箍筋端部构造
预检	同一部位、规格的一批钢筋加工成型完成后，应立即进行预检，对不合格的产品进行调整或重新加工成型
分类堆放	(1)打捆：同一部位、规格的一批钢筋加工成型完成并通过预检验收后，应及时打捆。用火烧丝绑扎成捆，至少应绑扎两道，绑扎时应将标识牌穿在火烧丝上。 (2)分类堆放：绑扎好的成捆钢筋运至成型钢筋堆放场地按顺序堆放整齐，并做好总标识。 箍筋加工合格后，按照部位、规格分类码放，并做好标识
成品保护	(1)箍筋加工合格后，按照部位、规格分类码放，并做好标识，利于检查。 (2)加工好的半成品，按指定地点堆放，地面搭设存放架，并标明规格、尺寸、使用部位、简图、数量等内容，堆放应整齐。 (3)对于加工好的半成品钢筋如长时间不使用，应在钢筋上采用苫布进行苫盖，防止加工好的钢筋由于日晒、雨淋等造成钢筋锈蚀、污染
应注意的质量问题	(1)在除锈过程中发现钢筋表面的氧化铁皮鳞落现象严重并已损伤钢筋截面，或在除锈后钢筋表面有严重的麻坑、斑点锈蚀截面时，应将钢筋降级使用或剔除不用。 (2)在切断过程中，如发现钢筋有劈裂、锁头或严重的弯头等必须切除；如发现钢筋的硬度与该钢种有较大的出入，应及时向有关技术人员反映，查明情况。 (3)用于在墙体模板内起顶模作用的顶棍，长度应为墙体厚度减 2 mm，端头用无齿锯切割并刷防锈漆，防锈漆应由端头往里刷 10 mm。 (4)当加工过程中发生脆断或力学性能显著不正常等现象时，应对该批钢筋进行化学成分检验或其他专项检验。 (5)断料时应避免用短尺量长料，防止在量料过程中产生累计误差

钢筋切断机一次断料量见表 2－46。

表 2－46　钢筋切断机一次断料量

钢筋直径(mm)	5.5～8	9～12	13～16	18～20	20 以上
可切断根数	12～8	6～4	3	2	1

钢筋弯曲最小内直径见表 2－47。

表 2－47　钢筋弯曲最小内直径　（单位：mm）

弯曲角度	规格	6	8	10	12	14	16	18	20	22	25	28	32	40
180°	HPB235	15	20	25	30	—	—	—	—	—	—	—	—	—
135°	HRB335 HRB400	—	—	—	48	56	64	72	80	88	100	112	128	160
≤900	—	30	40	50	60	70	80	90	100	110	125	140	160	200

滚筒直径与螺旋筋直径关系见表 2－48。

表 2－48　滚筒直径与螺旋筋直径关系

螺旋筋内径(mm)	$\phi 6$	288	360	418	485	575	630	700	760	845	—	—	—
	$\phi 8$	270	325	390	440	500	565	640	690	765	820	885	965
滚筒外径(mm)		260	310	365	410	460	510	555	600	660	710	760	810

第三节　钢筋连接

一、验收条文

钢筋连接的验收标准见表 2－49。

表 2－49　钢筋连接验收标准

项目	内　　容
主控项目	(1)纵向受力钢筋的连接方式应符合设计要求。 检查数量：全数检查。 检验方法：观察。 (2)在施工现场，应按国家现行标准《钢筋机械连接技术规程》(JGJ 107—2010)、《钢筋焊接及验收规程》(JGJ 18—2012)的规定抽取钢筋机械连接接头、焊接接头试件作力学性能检验，其质量应符合有关规程的规定。 检查数量：按有关规程确定。 检验方法：检查产品合格证、接头力学性能试验报告
一般项目	(1)钢筋的接头宜设置在受力较小处。同一纵向受力钢筋不宜设置两个或两个以上接头。接头末端至钢筋弯起点的距离不应小于钢筋直径的 10 倍。

续上表

项目	内　　容
一般项目	检查数量:全数检查。 检验方法:观察,钢尺检查。 (2)在施工现场,应按国家现行标准《钢筋机械连接技术规程》(JGJ 107—2010)、《钢筋焊接及验收规程》(JGJ 18—2012)的规定对钢筋机械连接接头、焊接接头的外观进行检查,其质量应符合有关规程的规定。 检查数量:全数检查。 检验方法:观察。 (3)当受力钢筋采用机械连接接头或焊接接头时,设置在同一构件内的接头宜相互错开。 纵向受力钢筋机械连接接头及焊接接头连接区段的长度为 35d(d 为纵向受力钢筋的较大直径)且不小于 500 mm,凡接头中点位于该连接区段长度内的接头均属于同一连接区段。同一连接区段内,纵向受力钢筋机械连接及焊接的接头面积百分率为该区段内有接头的纵向受力钢筋截面面积与全部纵向受力钢筋截面面积的比值。 同一连接区段内,纵向受力钢筋的接头面积百分率应符合设计要求;当设计无具体要求时,应符合下列规定: 1)在受拉区不宜大于 50%。 2)接头不宜设置在有抗震设防要求的框架梁端、柱端的箍筋加密区;当无法避开时,对等强度高质量机械连接接头,不应大于 50%。 3)直接承受动力荷载的结构构件中,不宜采用焊接接头;当采用机械连接接头时,不应大于 50%。 检查数量:在同一检验批内,对梁、柱和独立基础,应抽查构件数量的 10%,且不少于 3 件;对墙和板,应按有代表性的自然间抽查 10%,且不少于 3 间;对大空间结构,墙可按相邻轴线间高度 5 m 左右划分检查面,板可按纵横轴线划分检查面,抽查 10%,且均不少于 3 面。 检验方法:观察,钢尺检查。 (4)同一构件中相邻纵向受力钢筋的绑扎搭接接头宜相互错开。绑扎搭接接头中钢筋的横向净距不应小于钢筋直径,且不应小于 25 mm。 钢筋绑扎搭接接头连接区段的长度为 1.3l_l(l_l 为搭接长度),凡搭接接头中点位于该连接区段长度内的搭接接头均属于同一连接区段。同一连接区段内,纵向钢筋搭接接头面积百分率为该区段内有搭接接头的纵向受力钢筋截面面积与全部纵向受力钢筋截面面积的比值(图2—24)。 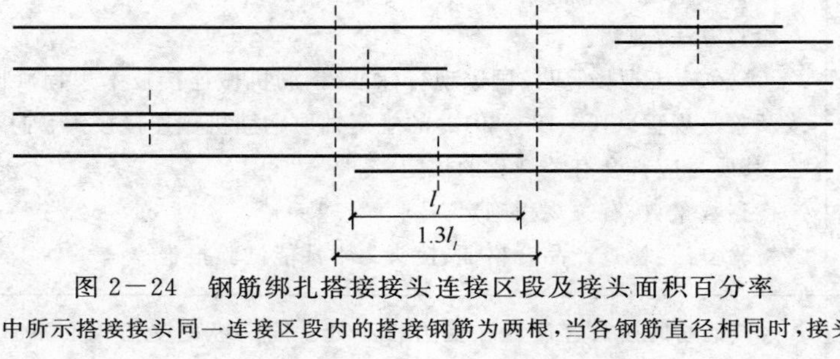 图 2—24　钢筋绑扎搭接接头连接区段及接头面积百分率 注:图中所示搭接接头同一连接区段内的搭接钢筋为两根,当各钢筋直径相同时,接头面积百分率为 50%。

续上表

项目	内容
一般项目	同一连接区段内，纵向受拉钢筋搭接接头面积百分率应符合设计要求；当设计无具体要求时，应符合下列规定： 1)对梁类、板类及墙类构件，不宜大于25%。 2)对柱类构件，不宜大于50%。 3)当工程中确有必要增大接头面积百分率时，对梁类构件，不应大于50%；对其他构件，可根据实际情况放宽。 纵向受力钢筋绑扎搭接接头的最小搭接长度应符合《混凝土结构工程质量验收规范》(GB 50203—2002)附录B的规定。 检查数量：在同一检验批内，对梁、柱和独立基础，应抽查构件数量的10%，且不少于3件；对墙和板，应按有代表性的自然间抽查10%，且不少于3间；对大空间结构，墙可按相邻轴线间高度5 m左右划分检查面，板可按纵、横轴线划分检查面，抽查10%，且均不少于3面。 检验方法：观察，钢尺检查。 (5)在梁、柱类构件的纵向受力钢筋搭接长度范围内，应按设计要求配置箍筋。当设计无具体要求时，应符合下列规定： 1)箍筋直径不应小于搭接钢筋较大直径的0.25倍。 2)受拉搭接区段的箍筋间距不应大于搭接钢筋较小直径的5倍，且不应大于100 mm。 3)受压搭接区段的箍筋间距不应大于搭接钢筋较小直径的10倍，且不应大于200 mm。 4)当柱中纵向受力钢筋直径大于25 mm时，应在搭接接头两个端面外100 mm范围内各设置两个箍筋，其间距宜为50 mm。 检查数量：在同一检验批内，对梁、柱和独立基础，应抽查构件数量的10%，且不少于3件；对墙和板，应按有代表性的自然间抽查10%，且不少于3间；对大空间结构，墙可按相邻轴线间高度5 m左右划分检查面，板可按纵、横轴线划分检查面，抽查10%，且均不少于3面。 检验方法：钢尺检查

二、施工材料要求

参见本章钢筋加工的施工材料要求。

三、施工机械要求

1. 钢筋锥螺纹套丝机

钢筋锥螺纹套丝机的机械要求见表2—50。

表2—50 钢筋锥螺纹套丝机的机械要求

项目	内容
锥螺纹套丝机分类	(1)第一类。其切削头是利用靠模推动滑块拨动梳刀座，带动梳刀，进行切削加工钢筋锥螺纹的，如图2—25所示。

续上表

<table>
<tr><th>项目</th><th>内　容</th></tr>
<tr><td>锥螺纹套丝机分类</td><td>

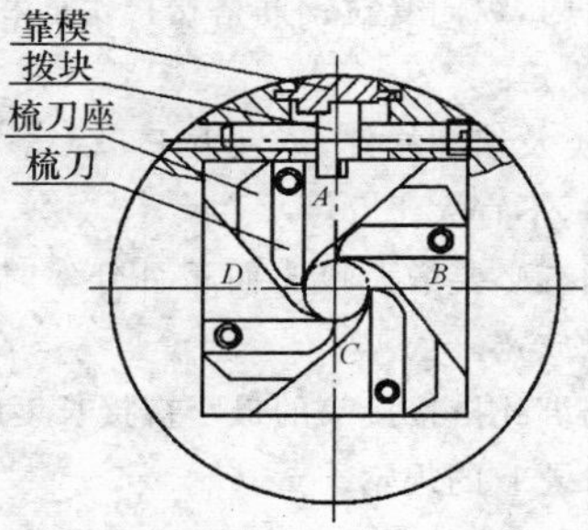

图 2－25　第一类切削头

这种套丝机梳刀小巧，切削阻力小，转速快，内冲洗冷却润滑梳刀，铁屑冲洗得干净，但不能自动进刀和张刀，加工粗钢筋要多次切削成型，牙形不易饱满。

(2)第二类。其切削头是利用定位环和弹簧共同推动梳刀座，使梳刀张合，进行切削加工钢筋锥螺纹的，如图 2－26 所示。

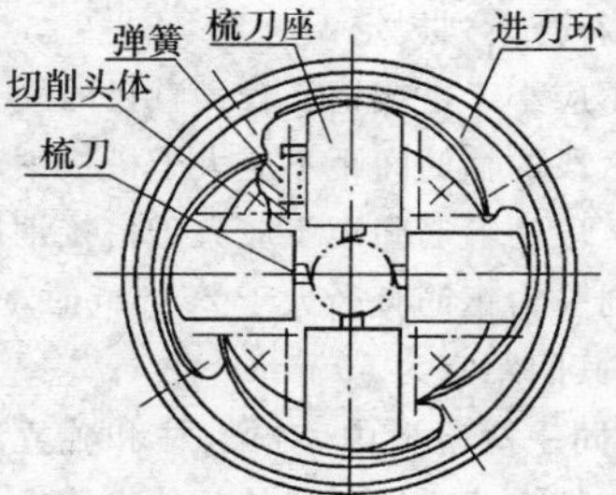

图 2－26　第二类切削头

这种套丝机梳刀长，切削阻力大，转速慢，能自动进给、自动张刀，一次成型，牙形饱满，但锥螺纹丝头的锥度不稳定，更换梳刀略麻烦。

(3)第三类。其切削头是用在四爪卡盘上装梳刀的办法使梳刀张合，进行切削加工钢筋锥螺纹的，如图 2－27 所示。

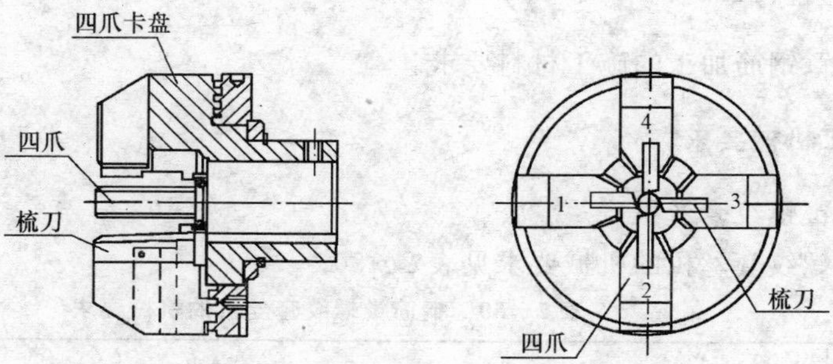

图 2－27　第三类切削头

这种套丝机电能自动进刀和自动退刀一次成型，牙形饱满。但切削阻力大，每加工一次钢筋丝头就需对一次梳刀，效率低，外冷却冲洗，铁屑难以冲洗干净，降低了螺纹牙面光洁度。

</td></tr>
</table>

续上表

<table>
<tr><th>项目</th><th>内　　容</th></tr>
<tr><td>锥螺纹套丝机分类</td><td>
目前，国内钢筋锥螺纹接头的锥度有 1∶5、1∶7、1∶10 和 6°等多种，其中以 1∶10 和 6°居多。

圆锥体的锥度以锥底直径 D 与锥体高 L 之比，即 D/L 来表示；锥角为 2α 斜角(亦称半锥角)为 α[图 2－28(a)]。

钢筋锥螺纹丝头为截头圆锥体[图 2－28(b)]，其锥度表示如下：

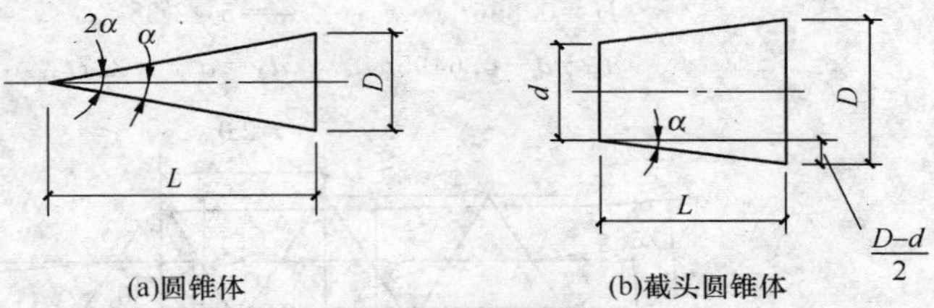

(a)圆锥体　(b)截头圆锥体
图 2－28　圆锥体锥度

$$锥度=\frac{D-d}{L}=2\tan\alpha$$
当锥度为 1∶10 时，若取 $L=10$，$D-d=1$；锥角 $2\alpha=5.72°$，斜角 α 为 2.86°。

当锥角为 6°时，斜角为 3°；锥度 $D/L=1∶9.54$。

梳刀牙形均为 60°；螺距有 2.0 mm、2.5 mm、3 mm 三种，其中以 2.5 mm 居多。牙形角平分线有垂直母线和轴线两种。用户选用时一定要特别注意，且不可混用，否则会降低钢筋锥螺纹接头的各项力学性能
</td></tr>
<tr><td>常用钢筋锥螺纹套丝机规格型号</td><td>钢筋锥螺纹接头套丝机有多种规格型号见表 2－51</td></tr>
<tr><td>钢筋锥螺纹丝头的锥度和螺距</td><td>
不同型号钢筋锥螺纹套丝机配套的梳刀不尽相同；在施工中，应根据该项技术提供单位的技术参数，选用相应的梳刀和连接套，且不可混用。以 TBL－40C 型钢筋锥螺纹套丝机为例，若选用 A 型梳刀，钢筋轴向螺距 2.5 mm；B 型梳刀，钢筋轴向螺距 3 mm；C 型梳刀，钢筋轴向螺距 2 mm。钢筋锥度分为 1∶5(斜角 5.71°，锥度 11.42°)；1∶7(斜角 4.08°，锥度 8.16°)；1∶10(斜角 2.86°，锥度 5.72°)。螺纹牙型角为 60°，牙形角平分线垂直于母线。牙形尺寸按下列公式计算，并参见图 2－29 和表 2－52

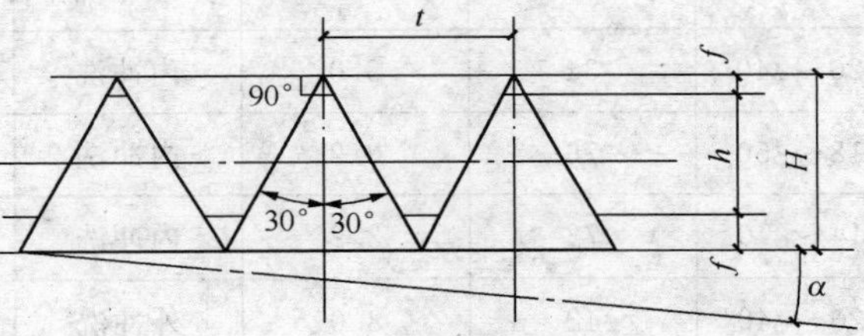

图 2－29　钢筋锥螺纹牙形
</td></tr>
</table>

续上表

项目	内　　容
钢筋锥螺纹丝头的锥度和螺距	$H=0.8661t$ $h=0.6134t$ $f=0.1261t$ TS－40型套丝机配套提供的梳刀，其加工的锥螺纹牙型如图2－30所示。图中数据如下： $H=0.866t$　　$\alpha=5°42'38''$ $d_2=d-0.6495t$　　$d_1=d-1.227t$ 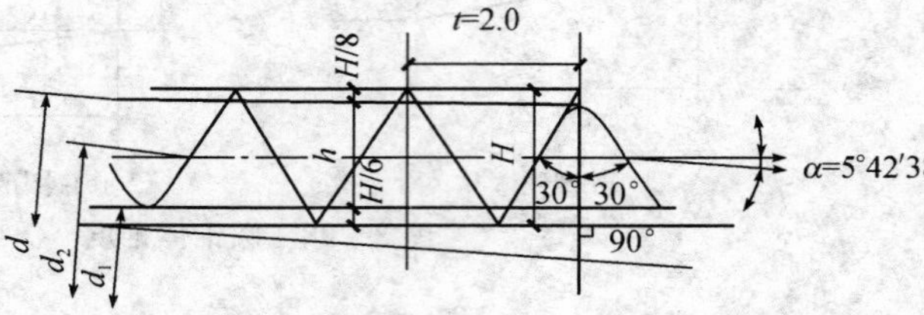 图2－30　TS－40型套丝机梳刀加工锥螺纹牙型

注：t—母线方向螺距；H—螺纹理论高度；h—螺纹有效高度；f—空隙；α斜角。

钢筋锥螺纹套丝机技术参数见表2－51。

表2－51　钢筋锥螺纹套丝机技术参数

型号	钢筋直径加工范围(mm)	切削头转速(r/min)	主电动机功率(kW)	排屑方法	整机质量(kg)	外形尺寸(mm)
TBL－40C	ϕ16～ϕ40	40	3.0	内冲洗	300	1 000×500×1 000
SZ－50A	ϕ16～ϕ40	85	2.2	内冲洗	300	1 000×500×1 000
GZL－40B	ϕ16～ϕ40	49	3.0	内冲洗	385	1 250×615×1 120
HTS－40	ϕ16～ϕ40	30.49	2.2;3.0	内冲洗	370	1 300×650×1 100
HTS－50	ϕ20～ϕ50	30	2.2;3.0	外冲洗	—	1 300×650×1 100
GTJ－40	ϕ16～ϕ40	52	3.0	内冲洗	280	960×500×1 100
XZL－40Ⅱ	ϕ20～ϕ40	34	3.0	内冲洗	500	1 100×650×1 040
GZS－50	ϕ18～ϕ50	76	3.2	内冲洗	270	780×470×803
TS－40	ϕ14～ϕ40	72	2.2	内冲洗	350	900×400×900
GTS－40	ϕ20～ϕ40	42	3.0	外冲洗	500	1 300×700×1 200
XZL－40	ϕ20～ϕ40	31	2.2	内冲洗	580	1 000×600×970

螺距和锥度见表 2－52。

表 2－52 螺距和锥度

规格系列(mm)	轴向螺距 P(mm)	锥度 K	母线方向螺距 t(mm)
ϕ16 ϕ16 ϕ20	2.0	1∶5	2.010
		1∶7	2.005
		1∶10	2.003
ϕ22 ϕ25 ϕ28	2.5	1∶5	2.513
		1∶7	2.506
		1∶10	2.503
ϕ32 ϕ36 ϕ40	3	1∶5	3.015
		1∶7	3.008
		1∶10	3.004

2. 力矩扳手

力矩扳手的机械要求见表 2－53。

表 2－53 力矩扳手的机械要求

项目	内　容
技术性能	力矩扳手技术性能见表 2－54
检定标准	《扭矩扳子检定规程》(JJG 707—2003)；力矩扳手示值误差及示值重复误差不大于±5%。 力矩扳手应由具有生产计量器具许可证的单位加工制造；工程用的力矩扳手应有检定证书，确保其精度满足±5%；力矩扳手应由扭力仪检定，检定周期为半年
构造	力矩扳手构造如图 2－31 所示。 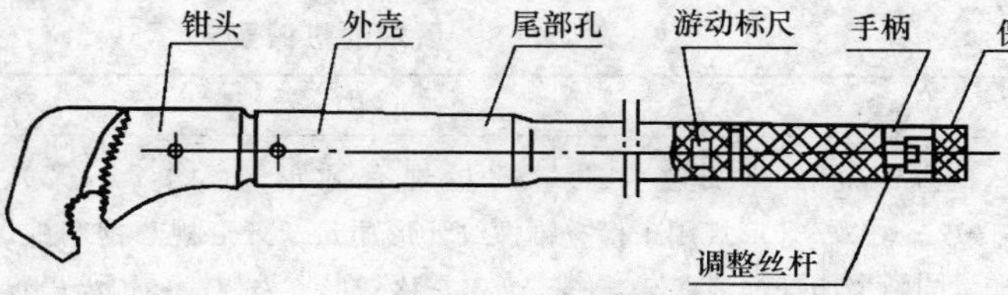 图 2－31 力矩扳手
使用要点	新力矩扳手的游动标尺一般设定在最低位置。使用时，要根据所连钢筋直径，用调整扳手旋转调整丝杆，将游动标尺上的钢筋直径刻度值对正手柄外壳上的刻线，然后将钳头垂直咬住所连钢筋，用手握住力矩扳手手柄，顺时针均匀加力。当力矩扳手发出"咔嗒"声响时，钢筋连接达到规定的力矩值。应停止加力，否则会损坏力矩扳手。力矩扳手反时针旋转只起棘轮作用，施加不上力。力矩扳手无声音信号发出时，应停止使用，进行修理；修理后的力矩扳手要进行标定方可使用

续上表

项目	内容
检修和检定	矩扳手无"咔嗒"声响发出时，说明力矩扳手里边的滑块被卡住，应送到力矩扳手的销售部门进行检修，并用扭矩仪检定
使用注意事项	(1)防止水、泥、砂子等进入手柄内。 (2)力矩扳手要端平，钳头应垂直钢筋均匀加力，不要过猛。 (3)力矩扳手发出"咔嗒"响声时就不得继续加力，以免过载弄弯扳手。 (4)不准用力矩扳手当锤子、撬棍使用，以防弄坏力矩扳手。 (5)长期不使用力矩扳手时，应将力矩扳手游动标尺刻度值调到"0"位，以免手柄理的压簧长期受压，影响力矩扳手精度

力矩扳手技术性能见表2—54。

表2—54 力矩扳手技术性能

型号	钢筋直径(mm)	额定力矩(N·m)	外形尺寸(mm)	质量(kg)
HL—01 SF—2	ϕ16	118	770(长)	3.5
	ϕ18	145		
	ϕ20	177		
	ϕ22	216		
	ϕ25	275		
	ϕ28	275		
	ϕ32	314		
	ϕ36	343		
	ϕ40	343		

3.量规

量规的机械要求见表2—55。

表2—55 量规的机械要求

项目	内容
牙形规	检查钢筋锥螺纹丝头质量的量规有牙形规(图2—32)、卡规(图2—33)或环规(图2—34)。牙形规用于检查锥螺纹牙形质量。牙形规与钢筋锥螺纹牙形吻合的为合格牙形，如有间隙说明牙瘦或断牙、乱牙，为不合格牙形。卡规或环规为检查锥螺纹小端直径大小用的量规，如钢筋锥螺纹小端直径在卡规或环规的允差范围时为合格丝头，否则为不合格丝头 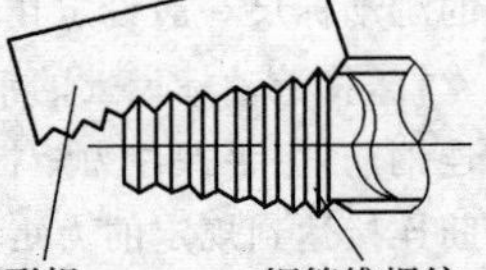 图2—32 牙形规

续上表

项目	内容
牙形规	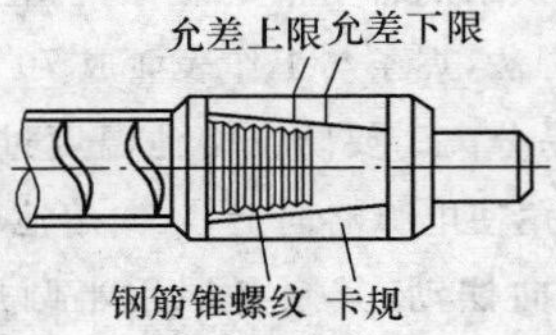 图 2－33 卡规 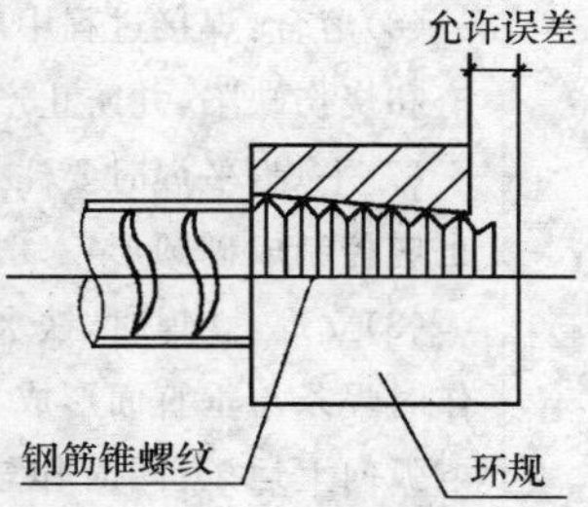 图 2－34 环规
卡规与环规	牙形规、卡规或环规应由钢筋连接技术提供单位成套提供

四、施工工艺解析

1. 钢筋手工电弧焊连接

钢筋手工电弧焊连接见表 2－56。

表 2－56 钢筋手工电弧焊连接

项目	内容
检查设备	检查电源、焊机及工具。焊接地线应与钢筋接触良好，防止因起弧而烧伤钢筋
选择焊接参数	根据钢筋级别、直径、接头形式和焊接位置，选择适宜的焊条直径、焊接层数和焊接电流，保证焊缝与钢筋熔合良好
试焊、做模拟试件（送试/确定焊接参数）	在每批钢筋正式焊接前，应焊接 3 个模拟试件做拉力试验，经试验合格后，方可按确定的焊接参数成批生产
施焊	（1）引弧：带有垫板或帮条的接头，引弧应在钢板或帮条上进行。无钢筋垫板或无帮条的接头，引弧应在形成焊缝的部位，防止烧伤主筋。 （2）定位：焊接时应先焊定位点再施焊。 （3）运条：运条时的直线前进、横向摆动和送进焊条三个动作要协调平稳。 （4）收弧：收弧时，应将熔池填满，拉灭电弧时，应将熔池填满，注意不要在工作表面造成电弧擦伤。 （5）多层焊：如钢筋直径较大，需要进行多层施焊时，应分层间断施焊，每焊一层后，应清渣再焊接下一层。应保证焊缝的高度和长度。

续上表

项目	内　容
施焊	(6)熔合:焊接过程中应有足够的熔深。主焊缝与定位焊缝应结合良好,避免气孔、夹渣和烧伤缺陷,并防止产生裂缝。 (7)平焊:平焊时要注意熔渣和铁水混合不清的现象,防止熔渣流到铁水前面。熔池也应控制成椭圆形,一般采用右焊法,焊条与工作表面成70°。 (8)立焊:立焊时,铁水与熔渣易分离。要防止熔池温度过高,铁水下坠形成焊瘤,操作时焊条与垂直面形成60°～80°角使电弧略向上,吹向熔池中心。焊第一道时,应压住电弧向上运条,同时作较小的横向摆动,其余各层用半圆形横向摆动加挑弧法向上焊接。 (9)横焊:焊条倾斜70°～80°,防止铁水受自重作用坠到下坡口上。运条到上坡口处不作运弧停顿,迅速带到下坡口根部,作微小横拉稳弧动作,依次匀速进行焊接。 (10)仰焊:仰焊时宜用小电流短弧焊接,熔池宜薄,且应确保与母材熔合良好。第一层焊缝用短电弧作前后推拉动作,焊条与焊接方向成80°～90°角。其余各层焊条横摆,并在坡口侧略停顿稳弧,保证两侧熔合。 (11)钢筋帮条焊: 1)钢筋帮条焊适宜于HPB235、HRB335、HRB400、RRB400钢筋。钢筋帮条焊宜采用双面焊[图2－35(a)],不能进行双面焊时,也可采用单面焊[图2－35(b)]。 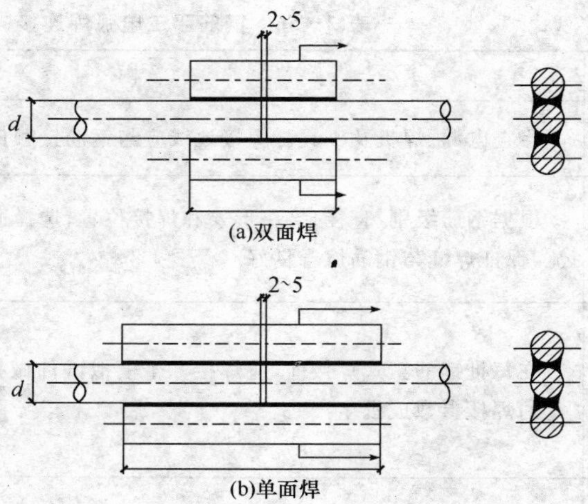 图2－35　钢筋帮条焊接头(单位:mm) 2)帮条宜采用与主筋同牌号、同直径的钢筋制作,其帮条长度 L 见表2－57。如帮条牌号与主筋相同时,帮条的直径可与主筋相同或小一个规格。如帮条直径与主筋不同时,帮条牌号可与主筋相同或低一个牌号。 3)钢筋帮条接头的焊缝厚度 s 应不小于主筋直径的0.3倍;焊缝宽度 b 不小于主筋直径的0.8倍,如图2－36所示。

续上表

项目	内　　容
施焊	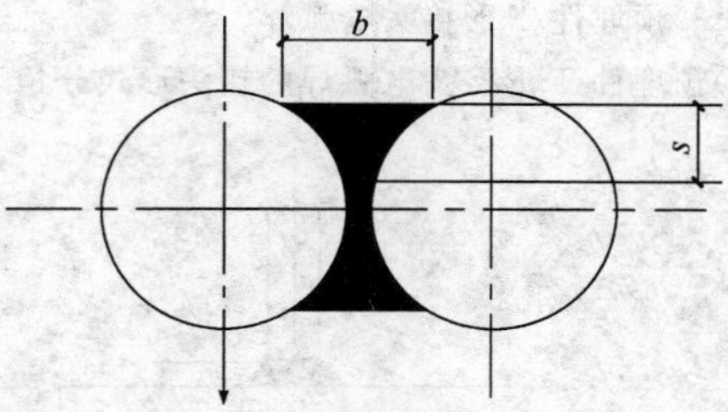 图 2－36　焊缝尺寸示意图 b—焊缝宽度；s—焊缝厚度 4)钢筋帮条焊时，钢筋的装配和焊接应符合下列要求： ①两主筋端头之间，应留 2～5 mm 的间隙。 ②主筋之间用四点定位固定，定位焊缝应离帮条端部 20 mm 以上。 ③焊接时，应在帮条焊或搭接焊形成焊缝中引弧，在端头收弧前应填满弧坑。第一层焊缝应有足够的熔深，主焊缝与定位焊缝，特别是在定位焊缝的始端与终端，应熔合良好。 (12)钢筋搭接焊。 1)钢筋搭接焊适用于 HPB235、HRB335、HRB400、RRB400 钢筋。焊接时，宜采用双面焊[图 2－37(a)]。不能进行双面焊时，也可采用单面焊[图 2－37(b)]。搭接长度 l 应与帮条长度相同见表 2－57。 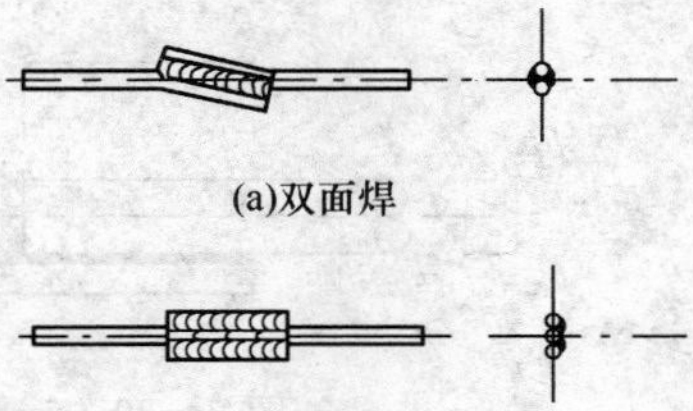 (a)双面焊 (b)单面焊 图 2－37　钢筋搭接焊接头 2)搭接接头的焊缝厚度 s 应不小于 $0.3d$，焊缝宽度 b 不小于 $0.8d$。 3)搭接焊时，钢筋的装配和焊接应符合下列要求： ①搭接焊时，钢筋应预弯，以保证两钢筋同轴。 在现场预制构件安装条件下，节点处钢筋进行搭接焊时，如钢筋预弯确有困难，可适当预弯。 ②搭接焊时，用两点固定，定位焊缝应离搭接端部 20 mm 以上。 ③焊接时，应在帮条焊或搭接焊形成焊缝中引弧，在端头收弧前应填满弧坑。第一层焊缝应有足够的熔深，主焊缝与定位焊缝，特别是在定位焊缝的始端与终端，应熔合良好。

续上表

项目	内　　容
施焊	(13)预埋件 T 形接头电弧焊。 1)预埋件 T 形接头电弧焊的接头形式分角焊和穿孔塞焊两种,如图 2－38 所示。 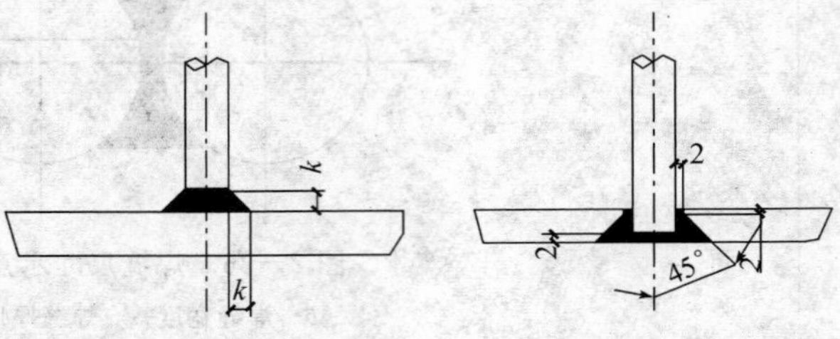 (a)贴角焊　(b)穿孔塞焊 图 2－38　预埋件 T 形接头 2)焊接时,应符合下列要求。 ①钢板厚度 δ 不小于 $0.6d$,并不宜小于 6 mm。 ②当采用 HPB235 钢筋时,角焊缝焊脚 K 不得小于钢筋直径的 0.5 倍;采用 HRB335 和 HRB400 钢筋时,焊脚 K 不得小于钢筋直径的 0.6 倍。 ③施焊中,不得使钢筋咬边和烧伤。 (14)钢筋与钢板搭接焊。 钢筋与钢板搭接焊时,接头形式如图 2－39 所示。HPB235 钢筋的搭接长度 l 不得小于 4 倍钢筋直径。HRB335 和 HRB400 钢筋的搭接长度 l 不得小于 5 倍钢筋直径,焊缝宽度 b 不得小于钢筋直径的 0.6 倍,焊缝厚度 s 不得小于钢筋直径的 0.35 倍。 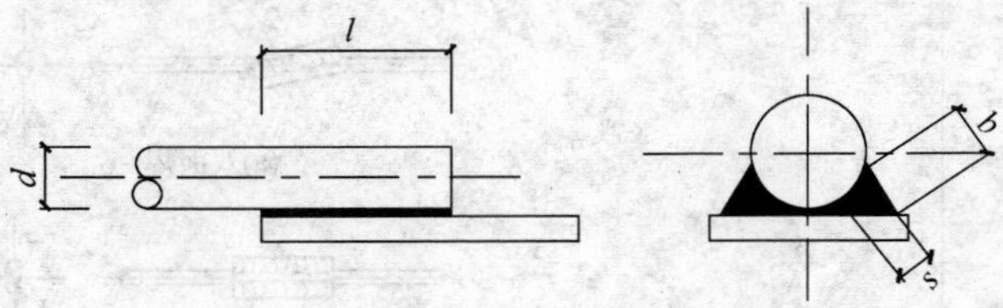 图 2－39　钢筋与钢板搭接接头 d—钢筋直径;l—搭接长度;b—焊缝宽度;s—焊缝厚度 (15)在装配式框架结构的安装中,钢筋焊接应符合下列要求。 两钢筋轴线偏移较大时,宜采用冷弯矫正,但不得用锤敲击。如冷弯矫正有困难,可采用氧气乙炔焰加热后矫正,加热温度不得超过 850℃,避免烧伤钢筋。 焊接时,应选择合理的焊接顺序,对于柱间节点,应对称焊接,以减少结构的变形。 (16)钢筋低温电弧焊时,焊接工艺应符合下列要求。 1)进行帮条平焊或搭接平焊时,第一层焊缝,先从中间引弧,再向两端运弧;立焊时,先从中间向上方运弧,再从下端向中间运弧,以使接头端部的钢筋达到一定的预热效果。在以后各层焊缝的焊接时,采取分层控温施焊。热轧钢筋焊接的层间温度控制在 150℃～350℃之间,余热处理 HRB400 钢筋焊接的层间温度应适当降低,以起到缓冷的作用。

续上表

项目	内　容
施焊	2)HRB335 和 HRB400 钢筋电弧焊接头进行多层施焊时，采用“回火焊道施焊法”，即最后回火焊道的长度比前层焊道在两端各缩短 4～6 mm，如图 2－40 所示，以消除或减少前层焊道及过热区的淬硬组织，改善接头的性能。 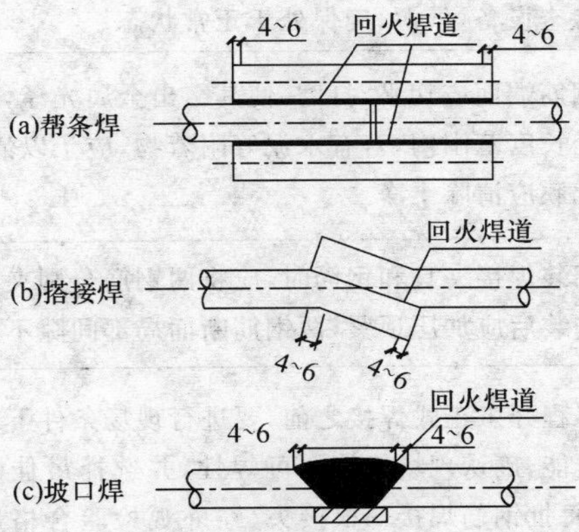 图 2－40　钢筋低温焊接回火焊道示意图 3)焊接电流略微增大，焊接速度适当减慢
成品保护	注意对已绑扎好的钢筋骨架的保护，不乱踩乱拆，不粘油污，在施工中拆乱的骨架要认真修复，保证钢筋骨架中各种钢筋位置正确
应注意的质量问题	(1)检查帮条尺寸、坡口角度、钢筋端头间隙、钢筋轴线偏移，以及钢材表面质量情况，不符合要求时不得焊接。 (2)搭接线应与钢筋接触良好，不得随意乱搭，防止打弧。 (3)带有钢板或帮条的接头，引弧应在钢板或帮条上进行。无钢板或无帮条的接头，引弧应在形成焊缝部位，不得随意引弧，防止烧伤主筋。 (4)根据钢筋级别、直径、接头形式和焊接位置，选择适宜的焊条直径和焊接电流，保证焊缝与钢筋熔合良好。 (5)焊接过程中及时清渣，焊缝表面光滑平整，焊缝美观，加强焊缝应平缓过渡，弧坑应填满

钢筋帮条长度见表 2－57。

表 2－57　钢筋帮条长度

项次	钢筋牌号	焊缝形式	帮条长度 L
1	HPB235	单面焊	$\geqslant 8d$
		双面焊	$\geqslant 4d$
2	HRB335 HRB400 RRB400	单面焊	$\geqslant 10d$
		双面焊	$\geqslant 5d$

注：d 为钢筋直径。

2. 钢筋气压焊连接

(1)固态气压焊

固态气压焊连接见表2－58。

表2－58 固态气压焊连接

项目	内容
检查设备、气源	检查设备、气源，确保处于正常状态
钢筋端头制备	钢筋端面应切平，打磨，使其露出金属光泽，并宜与钢筋轴线相垂直；在钢筋端部两倍直径长度范围内，若有水泥等附着物，应予以清除，钢筋边角毛刺及端面上铁锈、油污和氧化膜应清除干净
安装焊接夹具和钢筋	安装焊接夹具和钢筋时，应将两钢筋分别夹紧，并使两钢筋的轴线在同一直线上。钢筋安装后应加压顶紧，两钢筋断面局部间隙不得大于3 mm
试焊、制作试件	工程开工正式焊接之前，要进行现场条件下的焊接工艺性检验，以确认气压焊工的操作技能，确认现场钢筋的可焊性，并选择最佳的焊接工艺。试验钢筋从进场钢筋中截取，每批钢筋焊接6根接头，经外观检验合格后，其中3根做拉伸试验，3根做弯曲试验，试验合格后，按确定的工艺进行气压焊
施焊	钢筋采用固态气压焊时，应根据钢筋直径和焊接设备等具体条件选用等压法、二次加压法或三次加压法焊接工艺。在两钢筋缝隙密合和镦粗过程中，对钢筋施加的轴向压力，按钢筋横截面积计，应为30～40 MPa。为保证对钢筋施加的轴向压力值，应根据加压器的型号，按钢筋直径大小事先换算成油压表读数，并写好标牌，以便准确控制。 钢筋固态气压焊从开始加热至钢筋端面密合前，应采用炭化焰对准两钢筋接缝处集中加热，并使其内焰包住缝隙，防止钢筋端面产生氧化。 在确认两钢筋缝隙完全密合后，应改用中性焰，以压焊面为中心，在两侧各一倍钢筋直径长度范围内往复宽幅加热。 钢筋端面的合适加热温度应为1 150℃～1 250℃；钢筋镦粗区表面的加热温度应稍高于该温度，并随钢筋直径大小而产生的温度梯差而定。焊接全过程不得使用氧化焰
卸下夹具	气压焊中，通过最终的加热加压，应使接头的镦粗区形成规定的合适形状，然后停止加热，略为延时，卸除压力，拆下焊接夹具
成品保护	(1)接头焊毕，应稍停歇后才能卸下夹具，以免接头弯折。 (2)雨天、雪天不宜施焊，必须施焊时，应采取有效地遮蔽措施。焊后未冷却的接头，不得碰到冰雪
应注意的质量问题	(1)采用固态气压焊时，钢筋端面应切平，且垂直于轴线；打磨见光泽，无氧化现象。 (2)钢筋安装时上下同心，夹具紧固，严防晃动。 (3)加热要适度，加压要适当。若出现异常现象，应参照表2－59查找原因，及时消除

钢筋气压焊接头焊接缺陷及消除措施见表2—59。

表2—59 钢筋气压焊接头焊接缺陷及消除措施

项次	焊接缺陷	产生原因	措施
1	轴线偏移(偏心)	(1)焊接夹具变形,两夹头不同心或夹具刚度不够; (2)钢筋安装不正; (3)钢筋接合端面倾斜; (4)钢筋未夹紧进行焊接	(1)检查夹具,及时修理或更换; (2)重新安装夹紧; (3)切平钢筋断面; (4)夹紧钢筋再焊
2	弯折	(1)焊接夹具变形、两夹头不同心; (2)平焊时钢筋自由端过长; (3)焊接夹具拆卸过早	(1)检查夹具,及时修理或更换; (2)缩短钢筋自由端长度; (3)熄火半分钟后拆夹具
3	镦粗直径不够	(1)焊接夹具动夹头有效行程不够; (2)顶压油缸有效行程不够; (3)加热温度不够; (4)压力不够	(1)检查夹具和顶压油缸,及时更换; (2)采用适宜的加热温度及压力
4	镦粗长度不够	(1)加热幅度不够宽; (2)顶压力过大过急	(1)增大加热幅度范围; (2)加压时应平稳
5	钢筋表面严重烧伤	(1)火焰功率过大; (2)加热时间过长; (3)加热器摆动不匀	调整加热火焰,正确掌握操作方法
6	未焊合	(1)加热温度不够或热量分布不均; (2)顶压力过小; (3)结合端面不洁; (4)端面氧化; (5)中途灭火或火焰不当	合理选择焊接参数,正确掌握操作方法

(2)熔态气压焊

熔态气压焊连接见表2—60。

表2—60 熔态气压焊连接

项目	内　容
检查设备和气源	检查设备、气源,确保处于正常状态
安装焊接夹具和钢筋	安装焊接夹具和钢筋时,应将两钢筋分别夹紧,并使两钢筋的轴线在同一直线上。两钢筋端面之间应预留3～5 mm的间隙

续上表

项目	内　容
试焊、制作试件	工程开工正式焊接之前，要进行现场条件下的焊接工艺性检验，以确认气压焊工的操作技能，确认现场钢筋的可焊性，并选择最佳的焊接工艺。试验的钢筋从进场钢筋中截取，每批钢筋焊接 6 根接头，经外观检验合格后，其中 3 根做拉伸试验，3 根做弯曲试验，试验合格后，按确定的工艺进行气压焊
施焊	当采用一次加压顶锻成型法时，先使用中性火焰以钢筋接口为中心沿钢筋轴向宽幅加热，加热宽幅约为钢筋直径的 1.5 倍加上约 10 mm 的烧化间隙，待加热部位达到塑化状态(1 100℃左右)时，加热器摆幅逐渐减小，然后集中加热焊口处，在清除接头端面上附着物的同时将钢筋端面熔化，此时迅速把加热焰调成碳化焰继续加热焊口处，待钢筋端面形成均匀连续的金属熔化层，端头烧成平滑的弧凸状时，再继续加热，并用还原焰保护下迅速加压顶锻，钢筋截面压力应在 40 MPa 以上，挤出接口处液态金属，使接口密合，并在近缝区产生塑性变形，形成接头镦粗。如在现场作业，焊接钢筋直径应在 25 mm 以下。 当采用两次加压顶锻成型法时，先使用中性火焰对接口处集中加热，直至金属表面开始熔化时，迅速把加热焰调成碳化焰继续加热并保护锻面免受氧化，待钢筋端面形成均匀连续的金属熔化层，并成弧凸状时，迅速加压顶锻，钢筋截面压力约为 40 MPa，挤出接口处液态金属，并在近缝区形成不大的塑性变形，使接口密合，完成第一次顶锻；然后把火焰调成中性焰，在 1.5 倍钢筋直径范围内沿钢筋轴向均匀加热至塑化状态时，再次施加顶锻压力(钢筋截面压力应在 35 MPa 以上)，使其接头镦粗，完成第二次加压。适合焊接直径在25 mm以上的钢筋
质量检查	在焊接生产中焊工应认真自检，若发现偏心、弯折、镦粗直径及长度不够、压焊面偏移、环向裂纹、钢筋表面严重烧伤、接头金属过烧、未焊合等质量缺陷，应切除接头重焊，并查找原因及时消除
成品保护	(1)接头焊毕，应稍停歇后才能卸下夹具，以免接头弯折。 (2)雨天、雪天不宜施焊，必须施焊时，应采取有效地遮蔽措施。焊后未冷却的接头，不得碰到冰雪

3. 钢筋闪光对焊连接

钢筋闪光对焊连接见表 2－61。

表 2－61　钢筋闪光对焊连接

项目	内　容
检查设备	(1)全面彻底的检查设备、电源，确保始终处于正常状态，严禁超负荷工作。 (2)检查电源、对焊机及对焊平台、地下铺放的绝缘、橡胶垫、冷却水、压缩空气等，一切必须处于安全可靠的状态

续上表

<table>
<tr><th>项目</th><th>内　容</th></tr>
<tr><td>选择焊接工艺及参数</td><td>

(1)当钢筋直径较小,钢筋级别较低,可采用连续闪光焊。采用连续闪光焊所能焊接的最大钢筋直径应符合表2－62的规定。当钢筋直径较大,端面较平整,宜采用预热闪光焊,当断面不够平整,则应采用闪光－预热闪光焊。

(2)HRB500钢筋焊接时,无论直径大小,均应采取预热闪光焊或闪光－预热闪光焊工艺。当接头拉伸试验结果发生脆性断裂,或弯曲试验不能达到规定要求时,尚应在焊机上进行焊后热处理。

(3)焊接参数选择:闪光对焊时,应合理选择调伸长度、烧化留量、顶锻留量以及变压器级数等焊接参数。连续闪光焊的留量[图2－41(a)];闪光－预热闪光焊时的留量[图2－41(b)]

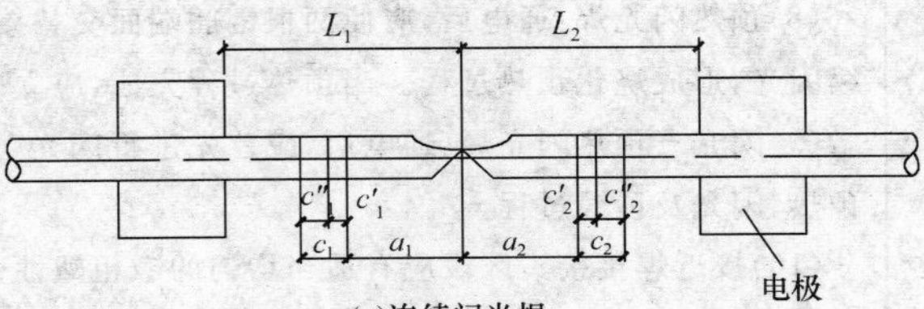

(a)连续闪光焊

L_1、L_2—调伸长度;a_1+a_2—烧化留量;c_1+c_2—顶锻留量;$c'_1+c'_2$—有电顶锻留量;$c''_1+c''_2$—无电顶锻留量

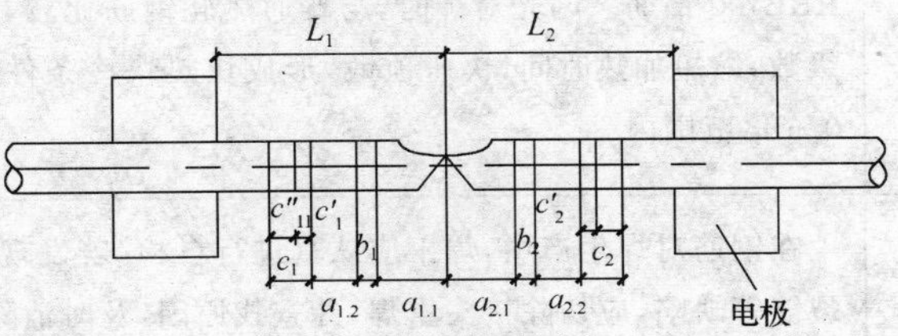

(b)闪光-预热闪光焊

L_1、L_2—调伸长度;$a_{1.1}+a_{2.1}$—一次烧化留量;$a_{1.2}+a_{2.2}$—二次烧化留量;b_1+b_2—预热留量;c_1+c_2—顶锻留量;$c'_1+c'_2$—有电顶锻留量;$c''_1+c''_2$—无电顶锻留量

图2－41　钢筋闪光焊

</td></tr>
<tr><td>试焊、作模拟试件送试、确定焊接参数</td><td>在正式焊接前,参加该项施焊的焊工应进行现场条件下的焊接工艺试验,经试验合格后,方可按确定的焊接参数成批生产。试验结果应符合质量检验与验收时的要求</td></tr>
<tr><td>焊接</td><td>

(1)焊接前和施焊过程中,应检查和调整电极位置,拧紧夹具丝杆。钢筋在电极内必须夹紧、电极钳口变形应立即调换和修理。

(2)钢筋端头如有起弯或成"马蹄"形时不得进行焊接,必须调直或切除。

(3)钢筋端头120 mm范围内的铁锈、油污,必须清除干净。

(4)焊接过程中,黏附在电极上的氧化铁要随时清除干净。

</td></tr>
</table>

续上表

项目	内　容
焊接	(5)封闭环式箍筋采用闪光对焊时,钢筋端料宜采用无齿锯切割,断面应平整。当箍筋直径为12 mm及以上时,宜采用UN1－75型对焊机和连续闪光焊工艺;当箍筋直径为6～10 mm,可使用UN1－40型对焊机,并应选择较大变压器级数。 (6)当螺钉端杆与预应力钢筋对焊时,宜事先对螺钉端杆进行预热,并减小调伸长度;钢筋一侧的电极应垫高,确保两者轴线一致。 (7)连续闪光焊:通电后,应借助操作杆使两钢筋端面轻微接触,使其产生电阻热,并使钢筋端面的凸出部分互相熔化,且将熔化的金属微粒向外喷射形成火光闪光,再徐徐不断地移动钢筋形成连续闪光,待预定的烧化留量消失后,以适当压力迅速进行顶锻,即完成整个连续闪光焊接。 (8)预热闪光焊:通电后,应使两根钢筋端面交替接触和分开,使钢筋端面之间发生断续闪光,形成烧化预热过程。当预热过程完成,应立即转入连续闪光和顶锻。 (9)闪光一预热闪光焊:通电后,应首先进行闪光,当钢筋端面已平整时,应立即进行预热、闪光及顶锻过程。 (10)接近焊接接头区段应有适当均匀的镦粗塑性变形,端面不应氧化。 (11)焊接后须经稍微冷却才能松开电极钳口,取出钢筋时必须平稳,以免接头弯折。 (12)RRB400钢筋焊接时,应采用预热闪光焊或闪光一预热闪光焊工艺,余热处理RRB400钢筋。闪光对焊时,与普通热轧钢筋比较,应减小调伸长度,提高焊接变压器级数,缩短加热时间,快速顶锻,形成快热快冷条件,使热影响区长度控制在钢筋直径0.6倍范围内
质量检查	在钢筋对焊生产中,焊工应认真进行自检,若发现接头处轴线偏移较大、弯折、烧伤、裂缝等缺陷,应切除接头重焊,并查找原因,及时消除
成品保护	焊接后稍冷却才能松开电极钳口,取出钢筋时必须平稳,以免接头弯折
应注意的质量问题	(1)在钢筋对焊生产中,应重视焊接全过程中的任何一个环节,以确保焊接质量,若出现异常现象,应参照表2－63查找原因,及时消除。 (2)需采用冷拉方法调直钢筋的焊接应在冷拉之前进行。冷拉过程中,若在接头部位发生断裂时,可在切除热影响区(离焊缝中心约为0.7倍钢筋直径)后再焊再拉,但不得多于两次。同时,其冷拉率应符合《混凝土结构工程施工质量验收规范》(GB 50204—2002)(2011版)的规定。 (3)闪光对焊可在负温条件下进行,但当环境温度低于－20℃时,不宜进行施焊。 (4)在环境温度低于－5℃时,宜采用预热闪光焊或闪光一预热闪光焊工艺,焊接参数的选择与常温相比,可采取下列措施调整: 1)增加调伸长度。 2)采用降低焊接变压器级数。 3)增加预热次数和间歇时间

连续闪光焊钢筋上限直径见表 2－62。

表 2－62　连续闪光焊钢筋上限直径

焊机容量(kV·A)	钢筋级别(牌号)	钢筋直径(mm)
160 (150)	HPB235 HRB335 HRB400 RRB400	20 22 20 20
100	HPB235 HRB335 HRB400 RRB400	20 18 16 16
80 (75)	HPB235 HRB335 HRB400 RRB400	16 14 12 12

钢筋异常现象、焊接缺陷及防止措施见表 2－63。

表 2－63　钢筋异常现象、焊接缺陷及防止措施

项次	异常现象和缺陷种类	防止措施
1	烧化过分剧烈，并产生强烈的爆炸声	(1)降低变压器级数； (2)减慢烧化速度
2	闪光不稳定	(1)清除电极底部和表面的氧化物； (2)提高变压器级数； (3)加快烧化速度
3	接头中有氧化膜、未焊透或夹渣	(1)增加预热程度； (2)加快临近顶锻时的烧化程度； (3)确保带电顶锻过程； (4)加快顶锻速度； (5)增加顶锻压力
4	接头中有缩孔	(1)降低变压器级数； (2)避免烧化过程过分强烈； (3)适当增大顶锻留量及顶锻压力
5	接头区域裂纹	(1)检验钢筋的碳、硫、磷含量；若不符合规定时，应更换钢筋； (2)采取低频预热方法，增加预热程度

续上表

项次	异常现象和缺陷种类	防止措施
6	钢筋表面微熔及烧伤	(1)清除钢筋被夹紧部位的铁锈和油污； (2)清除电极内表面的氧化物； (3)改进电极槽口形状，增大接触面积； (4)夹紧钢筋
7	接头弯折或轴线偏移	(1)正确调整电极位置； (2)修整电极钳口或更换已变形的电极； (3)切除或矫直钢筋的弯头

4.钢筋电渣压力焊连接

钢筋电渣压力焊连接见表2—64。

表2—64 钢筋电渣压力焊连接

项目	内　容
检查设备、电源	全面彻底地检查设备、电源，确保始终处于正常状态，严禁超负荷工作
钢筋端头制备	钢筋安装之前，应将钢筋焊接部位和电极钳口接触(150 mm区段内)位置的锈斑、油污、杂物等清除干净，钢筋端部若有弯折、扭曲，应予以矫直或切除，但不得用锤击矫直
选择焊接参数	钢筋电渣压力焊的焊接参数主要包括：焊接电流、焊接电压和焊接通电时间。当采用HJ431焊剂时应符合表2—65的要求。不同直径钢筋焊接时，按较小直径钢筋选择参数，焊接通电时间延长约10%
安装焊接夹具和钢筋	(1)夹具的下钳口应夹紧于下钢筋端部的适当位置，一般为1/2焊剂罐高度偏下5～10 mm，以确保焊接处的焊剂有足够的淹埋深度。 (2)上钢筋放入夹具钳口后，调准动夹头的起始点，使上下钢筋的焊接部位位于同轴状态，方可夹紧钢筋。 (3)钢筋一经夹紧，严防晃动，以免上下钢筋错位和夹具变形
试焊、做试件、确定焊接参数	(1)在正式进行钢筋电渣压力焊之前，参与施焊的焊工必须进行现场条件下的焊接工艺试验，以便确定合理的焊接参数。 (2)试验合格后，方可正式生产。 (3)当采用半自动、自动控制焊接设备时，应按照确定的参数设定好设备的各项控制数据，以确保焊接接头质量可靠
施焊	(1)闭合电路、引弧：通过操作杆或操纵盒上的开关，先后接通焊机的焊接电流回路和电源的输入回路，在钢筋端面之间引燃电弧，开始焊接。 (2)电弧过程：引燃电弧后，应控制电压值。借助操纵杆使上下钢筋端面之间保持一定的间距，进行电弧过程的延时，使焊剂不断熔化而形成必要深度的渣池。

续上表

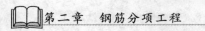

项目	内　容
施焊	(3)电渣过程:随后逐渐下送钢筋,使上钢筋端部插入渣池,电弧熄灭,进入电渣过程的延时,使钢筋全断面加速熔化。 (4)挤压断电:电渣过程结束,迅速下送上钢筋,使其断面与下钢筋端面相互接触,趁热排出熔渣和熔化金属。同时切断焊接电源
回收焊剂及卸下夹具	接头焊毕,应停歇 20～30 s 后(在寒冷地区施焊时,停歇时间应适当延长),才可回收焊剂和卸下焊接夹具
质量检查	在钢筋电渣压力焊的焊接生产中,焊工应认真进行自检,若发现偏心、弯折、烧伤、焊包不饱满等焊接缺陷,应切除接头重焊,并查找原因,及时消除。切除接头时,应切除热影响区的钢筋,即离焊缝中心约为 1.1 倍钢筋直径的长度范围内部分应切除
成品保护	接头焊毕,应停歇 20～30 s 后才能卸下夹具,以免接头弯折或发生冷脆变化
应注意的质量问题	(1)在钢筋电渣压力焊生产中,应重视焊接全过程中的任何一个环节。接头部位应清理干净;钢筋安装应上下同轴;夹具紧固,严防晃动;引弧过程,力求可靠;电弧过程,延时充分;电渣过程,短而稳定;挤压过程,压力适当。若出现异常现象,应参照表 2－66 查找原因,及时清除。 (2)电渣压力焊可在负温条件下进行,但当环境温度低于－20℃时,则不宜施焊。 雨天、雪天不宜进行施焊,必须施焊时,应采取有效的遮蔽措施,焊后未冷却的接头,应避免碰到冰雪

钢筋电渣压力焊焊接参数见表 2－65。

表 2－65　钢筋电渣压力焊焊接参数

钢筋直径(mm)	焊接电流(A)	焊接电压(V)		焊接能电时间(s)	
		电弧过程 $a_{2.1}$	电焊过程 $a_{2.2}$	电弧过程 t_1	电渣过程 t_2
14	200～220	35～45	22～27	12	3
16	200～250			14	4
18	250～300			15	5
20	300～350			17	5
22	350～400			18	6
25	400～450	35～45	22～27	21	6
28	500～550			24	6
32	600～650			27	7
36	700～750			30	8
40	850～900			33	9

钢筋电渣压力焊接头焊接缺陷与防止措施见表2－66。

表2－66 钢筋电渣压力焊接头焊接缺陷与防止措施

项次	焊接缺陷	防止措施
1	轴线偏移	(1)矫直钢筋端部； (2)正确安装夹具和钢筋； (3)避免过大的挤压力； (4)及时修理或更换夹具
2	弯折	(1)矫直钢筋端部； (2)注意安装与扶持上钢筋； (3)避免焊后过快卸夹具； (4)修理或更换夹具
3	焊包薄而大	(1)减低顶压速度； (2)减小焊接电流； (3)减少焊接时间
4	咬边	(1)减小焊接电源； (2)缩短焊接时间； (3)注意上钳口的起、止点，确保上钢筋挤压到位
5	未焊合	(1)增大焊接电流； (2)避免焊接时间过短； (3)检修夹具，确保上钢筋下送自如
6	焊包不均	(1)钢筋端面力求平整； (2)填装焊剂尽量均匀； (3)延长焊接时间，适当增加熔化量
7	气孔	(1)按规定要求烘焙焊剂； (2)清除钢筋焊接部位的铁锈； (3)确保被焊处在焊剂中的埋入深度
8	烧伤	(1)钢筋导电部位除净铁锈； (2)尽量夹紧钢筋
9	焊包下淌	(1)彻底封堵焊剂罐的漏孔； (2)避免焊后过快回收焊剂

5. 钢筋镦粗直螺纹连接

钢筋镦粗直螺纹连接见表2－67。

表 2－67　钢筋镦粗直螺纹连接

项目	内　容
钢筋下料	钢筋下料时，应采用砂轮切割机，切口的端面应与轴线垂直，不得有马蹄形或挠曲
冷镦扩粗	钢筋下料后在钢筋镦粗机上将钢筋镦粗，按不同规格检验冷镦后的尺寸
切削螺纹	钢筋冷镦后，在钢筋套丝机上切削加工螺纹。钢筋端头螺纹规格应与连接套筒的型号匹配
丝头检查带塑料保护帽	钢筋螺纹加工后，随即用配置的量规逐根检测，合格后，再由专职质检员按一个工作班 10％的比例抽样校验。如发现有不合格螺纹，应全部逐个检查，并切除所有不合格的螺纹，重新镦粗和加工螺纹。对检验合格的丝头加塑料帽进行保护
运送至现场	运送过程中注意丝头的保护，虽然已经戴上塑料帽，但由于塑料帽的保护有限，所以仍要注意丝头的保护，不得与其他物体发生撞击，造成丝头的损伤
钢筋接头工艺检验	钢筋连接工程开始前及施工过程中，应对每批进场钢筋进行接头工艺检验，工艺检验应符合下列要求： (1)每种规格钢筋的接头试件不应少于 3 根。 (2)对接头试件的钢筋母材应进行抗拉强度试验。 (3)3 根接头试件的抗拉强度均应满足现行国家标准《钢筋机械连接通用技术规程》(JGJ 107—2010)的规定
连接施工	(1)钢筋连接时连接套规格与钢筋规格必须一致，连接之前应检查钢筋螺纹及连接套螺纹是否完好无损，钢筋螺纹丝头上如发现杂物或锈蚀，可用钢丝刷清除。 (2)对于标准型和异型接头连接：首先用工作扳手将连接套与一端的钢筋拧到位，然后再将另一端的钢筋拧到位，其操作方法如图 2－42(a)所示。 活连接型接头连接：先对两端钢筋向连接套方向加力，使连接套与两端钢筋丝头挂上扣，然后用工作扳手旋转连接套，并拧紧到位，其操作如图 2－42(b)所示。在水平钢筋连接时，一定要将钢筋托平对正后，再用工作扳手拧紧。 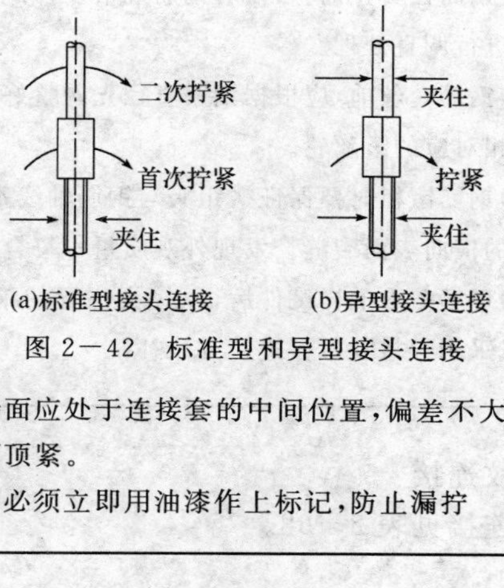 (a)标准型接头连接　(b)异型接头连接 图 2－42　标准型和异型接头连接 (3)被连接的两钢筋端面应处于连接套的中间位置，偏差不大于一个螺距，并用工作扳手拧紧，使两钢筋端面顶紧。 (4)每连接完 1 个接头必须立即用油漆作上标记，防止漏拧

续上表

项目	内　容
质量检查	(1)外观质量检查:在钢筋连接生产中,操作人员应对所有接头逐个进行自检,然后由质量检查员随机抽取同规格接头数的10%进行外观质量检查。应满足钢筋与连接套的规格一致,外露螺纹不得超过1个完整扣,并填写检查记录。如发现外露螺纹超过1个完整扣,应重拧并查找原因及时消除,并用工作扳手抽检接头的拧紧程度。若有不合格品,应全数进行检查。 (2)单向拉伸试验。 接头的现场检验应按批进行。同一施工条件下采用同一批材料的同等级、同形式、同规格接头,以500个为一个验收批进行检验和验收,不足500个也作为一批。 对接头的每一验收批,必须在工程中随机截取3个试件做拉伸试验。 当3个试件单向拉伸试验结果均符合国家现行标准《钢筋机械连接通用技术规程》(JGJ 107—2010)的规定时,该验收批评为合格。 如有1个试件的强度不符合要求,应再取6个试件进行复检。复检中仍有1个试件试验结果不符合要求,则该验收批评为不合格。 在现场连续检验10个验收批,全部单向拉伸试件一次抽样均合格时,验收批接头数量可扩大一倍
成品保护	(1)锁母与套筒在运输和储存时应防止锈蚀和污染,套筒应有保护盖,盖上应标明套筒的规格。现场分批验收,并按不同规格分别堆放。 (2)对加工好的丝头,应用专用的保护帽或连接套筒将钢筋丝头进行保护,防止螺纹被磕碰或被污染。 (3)钢筋应按规格分别堆放,底部用木方垫好,在雨期要采取防锈措施。 (4)施工作业时,要搭设临时架子,不得随意蹬踩接头或连接钢筋
应注意的质量问题	(1)钢筋在套丝前,必须对钢筋规格及外观质量进行检查。如发现钢筋端头弯曲,必须先进行调直处理。 (2)钢筋套丝前,应根据钢筋直径先调整好套丝机定位尺寸的位置,并按照钢筋规格配以相对应的滚丝轮。 (3)钢筋镦粗时要保证镦粗头与钢筋轴线不得大于4°的倾斜,不得出现与钢筋轴线相垂直的横向表面裂缝。发现外观质量不符合要求时,应及时割除,重新镦粗。 (4)现场截取抽样试件后,原接头位置的钢筋允许采用同等规格的钢筋进行搭接连接,或采用焊接及机械连接方法补接

6.钢筋滚扎直螺纹连接

钢筋滚扎直螺纹连接见表2－68。

表 2—68　钢筋滚扎直螺纹连接

项目	内　　容
钢筋下料	钢筋应先调直后下料，应采用切割机下料，不得用气割下料。钢筋下料时，要求钢筋端面与钢筋轴线垂直，端头不得弯曲，不得出现马蹄形
钢筋套丝	(1)套丝机必须用水溶性切削冷却润滑液，不得用机油润滑。 (2)钢筋丝头的牙形、螺距必须与连接套的牙形、螺距规相吻合，有效螺纹内的秃牙部分累计长度小于一扣周长的 1/2。 (3)检查合格的丝头，应立即将其一端拧上塑料保护帽，另一端拧上连接套，并按规格分类堆放整齐待用，如图 2—43 所示。 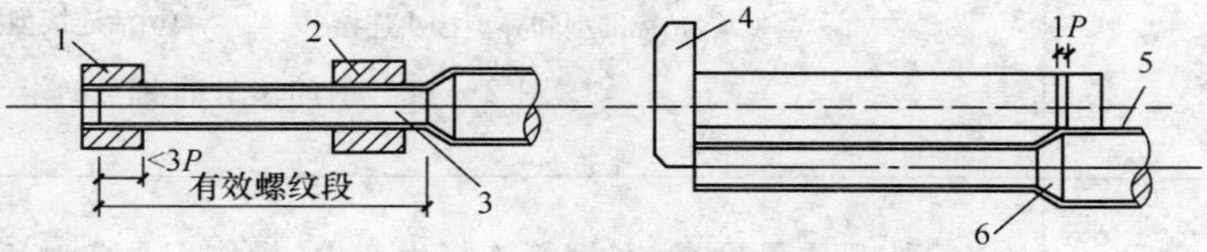 图 2—43　钢筋套丝要求 1—止环规；2—通环规；3—钢筋丝头； 4—丝头卡扳；5—纵肋；6—第一小牙扣底
接头工艺检验	钢筋连接工程开始前及施工过程中，应对每批进场钢筋进行接头工艺检验，工艺检验应符合下列要求： (1)每种规格钢筋的接头试件不应少于 3 根。 (2)对接头试件的钢筋母材应进行抗拉强度试验。 (3)3 根接头试件的抗拉强度均应满足现行国家标准《钢筋机械连接通用技术规程》(JGJ 107—2010)的规定
钢筋连接	(1)钢筋连接时，钢筋规格和套筒的规格必须一致，钢筋和套筒的螺纹应干净、完好无损。连接之前应检查钢筋螺纹及连接套螺纹是否完好无损，钢筋螺纹丝头上如发现杂物或锈蚀，可用钢丝刷清除。 (2)对于标准型和异型接头连接：首先用工作扳手将连接套与一端的钢筋拧到位，然后再将另一端的钢筋拧到位，其操作方法如图 2—44(a)所示。 活连接型接头连接：先对两端钢筋向连接套方向加力，使连接套与两端钢筋丝头挂上扣，然后用工作扳手旋转连接套，并拧紧到位，其操作如图 2—44(b)所示。在水平钢筋连接时，一定要将钢筋托平对正后，再用工作扳手拧紧。 (3)被连接的两钢筋端面应处于连接套的中间位置，偏差不大于一个螺距，并用工作扳手拧紧，使两钢筋端面顶紧。 (4)每连接完 1 个接头必须立即用油漆作上标记，防止漏拧

续上表

项目	内　容
钢筋连接	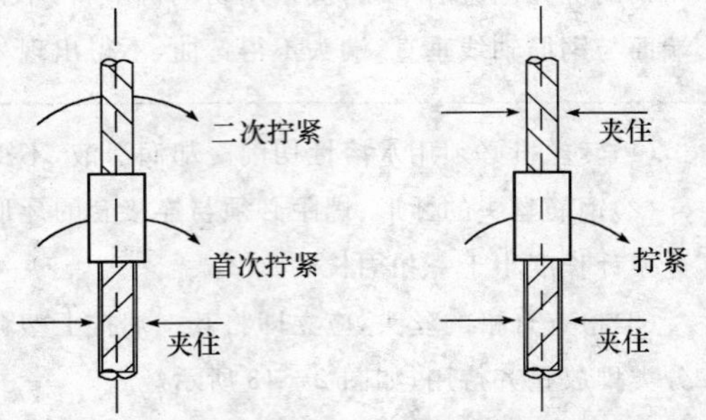 (a)标准型和异型接头连接　(b)活连接型接头连接 图 2－44　钢筋滚轧直螺纹连接
质量检查	(1)外观质量检查:在钢筋连接生产中,操作人员应对所有接头逐个进行自检,然后由质量检查员随机抽取同规格接头数的 10%进行外观质量检查。应满足钢筋与连接套的规格一致,外露螺纹不得超过 1 个完整扣。并填写检查记录。如发现外露螺纹超过 1 个完整扣,应重拧或查找原因及时消除。用工作扳手抽检接头的拧紧程度,并按表2－69中的拧紧力矩值检查,并加以标记。若有不合格品,应全数进行检查。 (2)单向拉伸试验。 1)接头的现场检验应按批进行。同一施工条件下采用同一批材料的同等级、同形式、同规格接头,以 500 个为一个验收批进行检验和验收,不足 500 个也作为一批。 2)对接头的每一验收批,必须在工程中随机截取 3 个试件做拉伸试验。 3)当 3 个试件单向拉伸试验结果均符合国家现行标准《钢筋机械连接通用技术规程》(JGJ 107—2010)的规定时,该验收批评为合格。 4)如有 1 个试件的强度不符合要求,应再取 6 个试件进行复检。复检中仍有 1 个试件试验结果不符合要求,则该验收批评为不合格。 5)在现场连接检验 10 个验收批,全部单向拉伸试件一次抽样均合格时,验收批接头数量可扩大一倍
成品保护	(1)锁母与套筒在运输和储存时应防止锈蚀和污染,套筒应有保护盖,盖上应标明套筒的规格。现场分批验收,并按不同规格分别堆放。 (2)对加工好的丝头,应用专用的保护帽或连接套筒将钢筋丝头进行保护,防止螺纹被磕碰或被污染。 (3)钢筋应按规格分别堆放,底部用木方垫好,在雨季要采取防锈措施。 (4)施工作业时,要搭设临时架子,不得随意蹬踩接头或连接钢筋

续上表

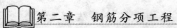

项目	内　容
应注意的质量问题	(1)钢筋在套丝前，必须对钢筋规格及外观质量进行检查。如发现钢筋端头弯曲，必须先进行调直处理。 (2)钢筋套丝前，应根据钢筋直径先调整好套丝机定位尺寸的位置，并按照钢筋规格配以相对应的滚丝轮。 (3)现场截取抽样试件后，原接头位置的钢筋允许采用同等规格的钢筋进行搭接连接，或采用焊接及机械连接方法补接。 (4)冬期施工时，当气温低于零度，冷却液中应掺入15%～20%的亚硝酸钠作为冬季冷却液

滚轧直螺纹钢筋接头拧紧力矩值见表2－69。

表2－69　滚轧直螺纹钢筋接头拧紧力矩值

钢筋直径(mm)	≤16	18～20	22～25	28～32	36～40
拧紧力矩值(N·m)	80	160	230	300	360

注：当不同直径的钢筋连接时，拧紧力矩值按较小直径钢筋的相应值取用。

第四节　钢筋安装

一、验收条文

钢筋安装的验收标准见表2－70。

表2－70　钢筋安装验收标准

项目	内　容
主控项目	钢筋安装时，受力钢筋的品种、级别、规格和数量必须符合设计要求。 检查数量：全数检查。 检验方法：观察，钢尺检查
一般项目	钢筋安装位置的偏差应符合表2－71的规定。 检查数量：在同一检验批内，对梁、柱和独立基础，应抽查构件数量的10%，且不少于3件；对墙和板，应按有代表性的自然间抽查10%，且不少于3间；对大空间结构，墙可按相邻轴线间高度5 m左右划分检查面，板可按纵、横轴线划分检查面，抽查10%，且均不少于3面

表 2—71 钢筋安装位置的允许偏差和检验方法

项目			允许偏差(m)	检验方法
绑扎钢筋网	长、宽		±10	钢尺检查
	网眼尺寸		±20	钢尺量连续三挡，取最大值
绑扎钢筋骨架	长		±10	钢尺检查
	宽、高		±5	钢尺检查
受力钢筋	间距		±10	钢尺量两端、中间各一点，取最大值
	排距		±5	
	保护层厚度	基础	±10	钢尺检查
		柱、梁	±5	钢尺检查
		板、墙、壳	±3	钢尺检查
绑扎箍筋、横向钢筋间距			±20	钢尺量连续三挡，取最大值
钢筋弯起点位置			20	钢尺检查
预埋件	中心线位置		5	钢尺检查
	水平高差		+3,0	钢尺和塞尺检查

注：1. 检查预埋件中心线位置时，应沿纵、横两个方向量测，并取其中的较大值；

2. 表中梁类、板类构件上部纵向受力钢筋保护层厚度的合格点率应达到 90%及以上，且不得有超过表中数值 1.5 倍的尺寸偏差。

二、施工材料要求

参见本章钢筋加工的施工材料要求。

三、施工机械要求

参见本章钢筋加工的施工机械要求。

四、施工工艺解析

1. 砌筑工程构造柱、圆梁

(1)构造柱钢筋绑扎

构造柱钢筋绑扎见表 2—72。

表 2—72　构造柱钢筋绑扎

项目	内　容
绑扎构造柱钢筋骨架	(1)先将两根竖向受力钢筋平放在绑扎架上，并在钢筋上画出箍筋间距，自柱脚起始箍筋位置距竖筋端头为 40 mm。放置竖筋时，柱脚始终朝一个方向，若构造柱竖筋超过 4 根，竖筋应错开布置。 (2)在钢筋上画箍筋间距时，在柱顶、柱脚与圈梁钢筋交接的部位，应按设计和规范要求加密柱的箍筋，加密范围一般在圈梁上、下均不应小于 1/6 层高或 450 mm，箍筋间距不宜大于 100 mm(柱脚加密区箍筋待柱骨架立起搭接后再绑扎)。 有抗震要求的工程，柱顶、柱脚箍筋加密，加密范围 1/6 柱净高，同时不小于 450 mm，箍筋间距应按 $6d$ 或 100 mm 加密进行控制，取较小值。钢筋绑扎接头应避开箍筋加密区，同时接头范围的箍筋加密 $5d$，且≤100 mm。 (3)根据画线位置，将箍筋套在主筋上逐个绑扎，要预留出搭接部位的长度。为防止骨架变形，宜采用反十字扣或套扣绑扎。箍筋应与受力钢筋保持垂直；箍筋弯钩叠合处，应沿受力钢筋方向错开放置。 (4)穿另外两根或更多受力钢筋，并与箍筋绑扎牢固，箍筋端头平直长度不小于 $10d$ (d 为箍筋直径)，弯钩角度不小于 135°
修整底层伸出的构造柱搭接筋	根据已放好的构造柱位置线，检查搭接筋位置及搭接长度是否符合设计和规范的要求。若预留搭接筋位置偏差过大，应按 1∶6 坡度进行矫正。 底层构造柱竖筋应与基础圈梁锚固；无基础圈梁时，埋设在柱根部混凝土座内，如图 2—45所示。当墙体附有管沟时，构造柱埋设深度应大于沟深。构造柱应伸入室外地面标高以下 500 mm 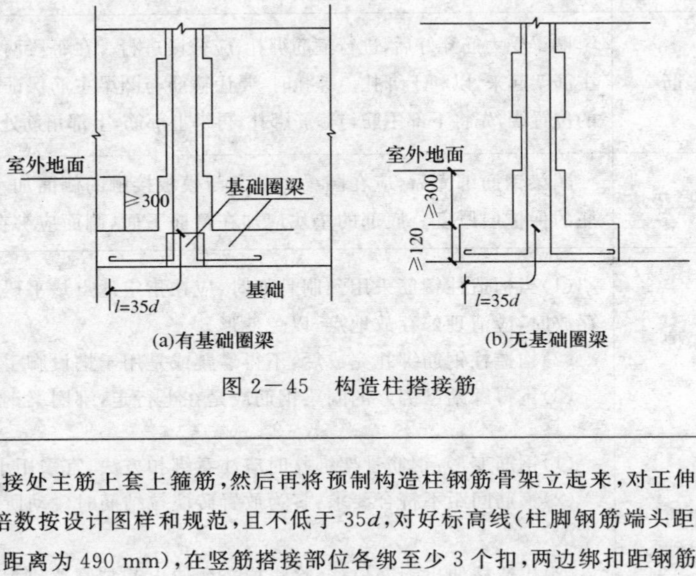 (a)有基础圈梁　(b)无基础圈梁 图 2—45　构造柱搭接筋
安装构造柱钢筋骨架	先在搭接处主筋上套上箍筋，然后再将预制构造柱钢筋骨架立起来，对正伸出的搭接筋，搭接倍数按设计图样和规范，且不低于 $35d$，对好标高线(柱脚钢筋端头距搭接筋上的水平线距离为 490 mm)，在竖筋搭接部位各绑至少 3 个扣，两边绑扣距钢筋端头距离为 50 mm

续上表

项目	内　容
绑扎搭接部位钢筋	骨架调整方正后，可以绑扎根部加密区箍筋。按骨架上的箍筋位置线从上往下依次进行绑扎，并保证箍筋绑扎水平、稳固
绑扎保护层垫块	构造柱绑扎完成后，在与模板接触的侧面及时进行保护层垫块绑扎，采用带绑丝的砂浆垫块，间距不大于 800 mm

(2)圈梁钢筋的绑扎

圈梁钢筋绑扎见表 2－73。

表 2－73　圈梁钢筋绑扎

项目	内　容
划分箍筋位置线	支完圈梁模板并做完预检，即可绑扎圈梁钢筋，采用在模内直接绑扎的方法，按设计图样要求间距，在模板侧帮上画出箍筋位置线。按每两根构造柱之间为一段，分段画线，箍筋起始位置距构造柱 50 mm
放箍筋	箍筋位置线画好后，数出每段箍筋数量，放置箍筋。箍筋弯钩叠合处，应沿圈梁主筋方向互相错开设置
穿圈梁主筋	穿圈梁主筋时，应从角部开始，分段进行。圈梁与构造柱钢筋交叉处，圈梁钢筋宜放在构造柱受力钢筋内侧。圈梁钢筋在构造柱部位搭接时，其搭接倍数或锚入柱内长度要符合设计和规范要求。主筋搭接部位应绑扎 3 个扣。 圈梁钢筋应互相交圈，在内外墙交接处、墙大角转角处的锚固长度，均要符合设计和规范要求
绑扎箍筋	圈梁受力筋穿好后，进行箍筋绑扎，应分段进行。在每段两端及中间部位先临时绑扎，将主筋架起来，以利于绑扎。绑扎时，要让箍筋与圈梁主筋保证垂直，将箍筋对正模板侧帮上的位置线，先将下部主筋与箍筋绑扎，再绑上部筋，上部角筋处宜采用套扣绑扎
设置保护层垫块	圈梁钢筋绑完后，应在圈梁底部和与模板接触的侧面加水泥砂浆垫块，以控制受力钢筋的保护层厚度。底部的垫块应加在箍筋下面，侧面应绑在箍筋外侧
成品保护	(1)当构造柱钢筋采用预制骨架时，应在指定地点垫平码放整齐。往楼层上吊运钢筋存放时，应清理好存放地点，以免变形。 (2)构造柱钢筋绑扎完成后，不得攀爬或是用于搭设脚手架等。 (3)不得踩踏已绑好的圈梁钢筋或是在上行走，绑圈梁钢筋时不得将梁底砖碰松动
应注意的质量问题	(1)钢筋变形：钢筋骨架绑扎时应注意绑扣方法，宜采用十字扣或套扣绑扎。 (2)箍筋间距不符合要求：多为放置砖墙拉结筋时碰动所致。应在砌完后合模前修整一次。 (3)构造柱伸出钢筋位移：除将构造柱伸出筋与圈梁钢筋绑牢外，并在伸出筋处绑一道定位箍筋，浇筑完混凝土后，应立即修整

2.底板

基础底板为双层钢筋的绑扎见表2—74。

表2—74　基础底板为双层钢筋的绑扎

项目	内　容
弹钢筋位置	按图样标明的钢筋间距，算出底板实际需用的钢筋根数，靠近底板模板边的钢筋离模板边为50 mm，满足迎水面钢筋保护层厚度不应小于50 mm的要求。在垫层上弹出钢筋位置线(包括基础梁钢筋位置线)和插筋位置线。插筋位置线包含剪力墙、框架柱和暗柱等竖向筋插筋位置，谨防遗漏。剪力墙竖向起步筋距柱或暗柱为50 mm，中间插筋按设计图样标明的竖向筋间距分挡，如分到边不到一个整间距时，可按根数均分，以达到间距偏差不大于10 mm
运钢筋到使用部位	按照钢筋绑扎使用的先后顺序，分段进行钢筋吊运。吊运前，应根据弹线情况算出实际需要的钢筋根数
绑底板下层及地梁钢筋	(1)先铺底板下层钢筋，根据设计、规范和下料单要求，决定下层钢筋哪个方向钢筋在下面，一般先铺短向钢筋，再铺长向钢筋(如果底板有集水坑、设备基坑，在铺底板下层钢筋前，先铺集水坑、设备基坑的下层钢筋)。 (2)根据已弹好的位置线将横向、纵向的钢筋依次摆放到位，钢筋弯钩应垂直向上。平行地梁方向在地梁下一般不设底板钢筋。钢筋端部距导墙的距离应两端一致并符合相关规定，特别是两端设有地梁时，应保证弯钩和地梁纵筋相互错开。 (3)底板钢筋如有接头时，搭接位置应错开，满足设计要求或在征得设计同意时可不考虑接头位置，按照25%错开接头。当采用焊接或机械连接接头时，应按焊接或机械连接规程规定确定抽取试样的位置。 (4)进行钢筋绑扎时，如单向板靠近外围两行的相交点应逐点绑扎，中间部分相交点可相隔交错绑扎，双向受力的钢筋必须将钢筋交叉点全部绑扎，如采用一面顺扣应交错变换方向，也可采用八字扣，但必须保证钢筋不产生位移。 (5)地梁绑扎:对于短基础梁、门洞口下地梁，可采用事先预制，施工时吊装就位即可，对于较长、较大基础梁采用现场绑扎。 1)绑扎地梁时，应先搭设绑扎基础梁的钢管临时支撑架，临时支架的高度达到能够将主跨基础梁支起离基础底板下层钢筋50 mm即可，如果两个方向的基础梁同时绑扎，后绑的次跨基础梁的临时支架高度要比先绑基础梁的临时支架高50～100 mm左右(保证后绑的次跨基础梁在绑扎钢筋穿筋方便为宜)。 2)基础梁的绑扎先排放主跨基础梁的上层钢筋，根据设计的基础梁箍筋的间距，在基础梁的上层钢筋上用粉笔画出箍筋的间距，按照画出的箍筋间距安装箍筋并绑扎(基础底板门洞口地梁箍筋应满布，洞口处箍筋距离暗柱边50 mm)。如果基础梁上层钢筋有两排钢筋，穿上层钢筋的下排钢筋(先不绑扎，等次跨基础梁上层钢筋绑扎完毕再绑扎)，下排钢筋的临时支架使得下排钢筋距上排钢筋50～100 mm为宜，以便后绑的次跨基础梁穿上层钢筋的下排钢筋。 3)穿主跨基础梁的下层钢筋的下排钢筋并绑扎，穿主跨基础梁的下层钢筋的上排钢筋(先不绑扎，等次跨基础梁下层钢筋下排钢筋绑扎完毕再绑扎)，下层钢筋的上排钢筋的临时支架使得上排钢筋距下排钢筋50～100 mm为宜，以便后绑的次跨基础梁穿下层钢筋的下排钢筋

续上表

项目	内容
绑底板下层及地梁钢筋	4)排放次跨基础梁的上层钢筋的上排筋，根据设计的次跨基础梁箍筋的间距，在次跨基础梁的上层钢筋上用粉笔画出箍筋的间距，按照画出的箍筋间距安装箍筋并绑扎。如果基础梁上层钢筋有两排钢筋，穿上层钢筋的下排钢筋并绑扎。 5)穿次跨基础梁的下层钢筋的下排钢筋并绑扎，穿次跨基础梁的下层钢筋的上排钢筋(先不绑扎，等主跨基础梁的下层钢筋的上排钢筋绑扎完毕后再绑扎)。 6)将主跨基础梁的临时支架拆除，使得主跨基础梁平稳放置在基础底板的下层钢筋上，并进行适当的固定以保证主跨基础梁不变形，再将次跨基础梁的临时支架拆除，使得次跨基础梁平稳放置在主跨基础梁上，并进行适当的固定以保证次跨基础梁不变形，接着按次序分别绑扎次跨基础梁的上层钢筋的下排筋、主跨基础梁的上层钢筋的下排筋、主跨基础梁的下层钢筋的上排筋、次跨基础梁的下层钢筋的上排筋。 7)绑扎基础梁钢筋时，梁纵向钢筋超过两排的，纵向钢筋中间要加短钢筋梁垫，保证纵向钢筋间距大于25 mm(且大于纵向钢筋直径)，基础梁上下纵筋之间要加可靠支撑，保证梁钢筋的截面尺寸；基础梁的箍筋接头位置应按照规范要求相互错开
设置垫块	检查底板下层钢筋施工合格后，放置底板混凝土保护层用垫块，垫块的厚度等于钢筋保护层厚度，按照1 m左右距离梅花形摆放。如基础底板或基础梁用钢量较大，摆放距离可缩小
水电工序插入	在底板和地梁钢筋绑扎完成后，方可进行水电工序插入
设置马凳	基础底板采用双层钢筋时，绑完下层钢筋后，摆放钢筋马凳。马凳的摆放按施工方案的规定确定间距。马凳宜支撑在下层钢筋上，并应垂直于底板上层筋的下筋摆放，摆放要稳固
绑底板上层钢筋	在马凳上摆放纵横两个方向的上层钢筋，上层钢筋的弯钩朝下，进行连接后绑扎。绑扎时上层钢筋和下层钢筋的位置应对正，钢筋的上下次序及绑扣方法同底板下层钢筋
设置定位框	钢筋绑扎完成后，根据在防水保护层(或垫层)上弹好的墙、柱插筋位置线，在底板上网上固定插筋定位框，可以采用线坠垂吊的方法使其同位置线对正
插墙、柱预埋钢筋	将墙、柱预埋筋伸入底板内下层钢筋上，拐尺的方向要正确，将插筋的拐尺与下层筋绑扎牢固，便将其上部与底板上层筋或地梁绑扎牢固，必要时可附加钢筋电焊焊牢，并在主筋上绑一道定位筋。插筋上部与定位框固定牢靠。 墙插筋两边距暗柱50 mm，插入基础深度应符合设计和规范锚固长度要求，甩出的长度和甩头错开百分比及错开长度应符合本工程设计和规范的要求。其上端应采取措施保证甩筋垂直，不歪斜、倾倒、变位。同时要考虑搭接长度、相邻钢筋错开距离
基础底板钢筋验收	为便于及时修正和减少返工量，验收宜分为两个阶段，即：地梁及下网铁完成和上网铁及插筋完成两个阶段。分阶段绑扎完成后，对绑扎不到位的地方进行局部调整，然后对现场进行清理，分别报工长进行交接检和质检员专项验收。全部完成后，填写钢筋工程隐蔽验收单

续上表

项目	内　　容
成品保护	(1)成型钢筋应按照指定地点堆放,用垫木垫放整齐,防止钢筋变形、锈蚀、油污。 (2)妥善保护基础四周外露的防水层,以免被钢筋碰破。 (3)底板上、下层钢筋绑扎时,支撑马凳要绑牢固,防止操作时踩变形。 (4)基础底板在浇筑混凝土前,基础底板的墙、柱插筋套好塑料管保护或用彩色布条、塑料条包裹严密,防止在浇筑混凝土时污染墙、柱插筋。 (5)严禁随意割断钢筋,在钢筋上进行电弧点焊。如设备管线安装施工对结构钢筋有影响时,必须征求设计的意见,有正确的处理措施
应注意的质量问题	(1)墙、柱预埋钢筋位移:墙、柱主筋的插筋与底板上、下筋要加固定框进行固定,绑扎牢固,确保位置准确。必要时可附加钢筋电焊焊牢。混凝土浇筑时应有专人检查修整。 插筋施工不得在夜间进行,且所有插筋在浇筑混凝土之前必须对数量、位置由专人进行核对。 (2)搭接长度不够:绑扎时对每个接头进行尺量,检查搭接长度是否符合本工程的设计要求;浇筑混凝土前应仔细检查绑扣是否牢固,防止混凝土振捣造成钢筋下沉使上层甩筋长度不够。 (3)绑扎对焊接头未错开:经闪光对焊加工的钢筋,在现场进行绑扎时,对焊接头要按50%和≥35d错开接头位置。 (4)所有埋件不得和受力钢筋直接进行电弧点焊

3.剪力墙结构墙体

剪力墙钢筋现场绑扎(有暗柱)见表2—75。

表2—75　剪力墙钢筋现场绑扎(有暗柱)

项目	内　　容
在顶板上弹墙体外皮线盒模板控制线	将墙根浮浆清理干净到露出石子,用墨斗在钢筋两侧弹出墙体外皮线和模板控制线
调整竖向钢筋位置	根据墙体外皮线和墙体保护层厚度检查预埋筋的位置是否正确,竖筋间距是否符合要求,如有位移时,应按1∶6的比例将其调整到位。如有位移偏大时,应按技术洽商要求认真处理
接长竖向钢筋	预埋筋调整合适后,开始接长竖向钢筋。按照既定的连接方法连接竖向筋,当采用绑扎搭接时,搭接段绑扣不小于3个;采用焊接或机械连接时,连接方法详见相关施工工艺标准
绑竖向梯子筋	根据预留钢筋上的水平控制线安装预制的竖向梯子筋,应保证方正、水平。一道墙设置2至3个竖向梯子筋为宜。 梯子筋如代替墙体竖向钢筋,应大于墙体竖向钢筋一个规格,梯子筋中控制墙厚度的横档钢筋的长度比墙厚小2 mm,端头用无齿锯锯平后刷防锈漆,根据不同墙厚画出梯子筋一览表。梯子筋做法如图2—46所示

续上表

项目	内　　容
绑扎暗柱及门窗过梁钢筋	(1)暗柱钢筋绑扎:绑扎暗柱钢筋时先在暗柱竖筋上根据箍筋间距划出箍筋位置线,起步筋距地 30 mm(在每一根墙体水平筋下面)。将箍筋从上面套入暗柱,并按位置线顺序进行绑扎,箍筋的弯钩叠合处应相互错开。暗柱钢筋绑扎应方正,箍筋应水平,弯钩平直段应相互平行。 (2)门窗过梁钢筋绑扎:为保证门窗洞口标高位置正确,在洞口竖筋上划出标高线。门窗洞口要按设计和规范要求绑扎过梁钢筋,锚入墙内长度要符合设计和规范要求,过梁箍筋两端各进入暗柱一个,第一个过梁箍筋距暗柱边 50 mm,顶层过梁入支座全部锚固长度范围内均要加设箍筋,间距为 150 mm
绑墙体水平钢筋	(1)暗柱和过梁钢筋绑扎完成后,可以进行墙体水平筋绑扎。水平筋应绑在墙体竖向筋外侧,按竖向梯子筋的间距从下到上顺序进行绑扎,水平筋第一根起步筋距地应为 50 mm。 (2)绑扎时将水平筋调整水平后,先与竖向梯子筋绑扎牢固,再与竖向立筋绑扎,注意将竖筋调整竖直。墙筋为双向受力钢筋,所有钢筋交叉点应逐点绑扎,绑扣采用顺扣时应交错进行,确保钢筋网绑扎稳固,不发生位移。 (3)绑扎时水平筋的搭接长度及错开距离要符合设计图样及施工规范的要求。 (4)墙筋在端部、角部的锚固长度、锚固方向应符合以下要求。 1)剪力墙的水平钢筋在端部锚固应按设计和规范要求施工。做成暗柱或加 U 形钢筋(图 2－47)。 2)剪力墙的水平钢筋在"丁"字节点及转角节点的绑扎锚固(图 2－48)。 3)剪力墙的连梁上下水平钢筋伸入墙内长度 e',不能小于设计和规范要求(图 2－49)。 4)剪力墙的连梁沿梁全长的箍筋构造要符合设计和规范要求,在建筑物的顶层连梁伸入墙体的钢筋长度范围内,应设置间距≤150 mm 的构造箍筋(图 2－50)。 5)剪力墙洞口周围应绑扎补强钢筋,其锚固长度应符合设计和规范要求。 6)剪力墙钢筋与外砖墙连接:先绑外墙,绑内墙钢筋时,先将外墙预留的 ϕ6 拉结筋理顺,然后再与内墙钢筋搭接绑牢,内墙水平筋间距及锚固按专项工程图样施工(图 2－51)
设置拉钩和垫块	(1)拉钩设置:双排钢筋在水平筋绑扎完成后,应按设计要求间距设置拉钩,以固定双排钢筋的骨架间距。拉钩应呈梅花形设置,且应卡在钢筋的十字交叉点上。注意用扳手将拉钩弯钩角度调整到 135°,并应注意拉钩设置后不应改变钢筋排距。 (2)设置垫块:在墙体水平筋外侧应绑上带有钢丝的砂浆垫块或塑料卡,以保证保护层的厚度,垫块间距 1 m 左右,梅花形布置。注意钢筋保护层垫块不要绑在钢筋十字交叉点上。 (3)双 F 卡:可采用双 F 卡代替拉钩和保护层垫块,还能起到支撑的作用。支撑可用 ϕ10～14 钢筋制作,支撑如顶模板,要按墙厚度减 2 mm,用无齿锯锯平并刷防锈漆,间距1 m左右,梅花形布置如图 2－52 所示
设置墙体钢筋上口水平梯子筋	对绑扎完成的钢筋板墙进行调整,并在上口距混凝土面 150 mm 处设置水平梯子筋,以控制竖向筋的位置和固定伸出筋的间距,水平梯子筋应与竖筋固定牢靠。同时在模板上口加扁铁与水平梯子筋一起控制墙体竖向钢筋的位置

续上表

项目	内 容
墙体钢筋验收	对墙体钢筋进行自检。对不到位处进行修整，并将墙脚内杂物清理干净，报请工长和质检员验收
成品保护	(1)绑扎钢筋时严禁碰撞预埋件，如碰动应按设计位置重新固定牢靠。 (2)应保证预埋电线管的位置准确，如发生冲突时，可将竖向钢筋沿平面左右弯曲，横向钢筋上下弯曲，绕开预埋管。但一定要保证保护层的厚度，严禁任意切割钢筋。 (3)大模板板面刷隔离剂时，严禁污染钢筋。 (4)各工种操作人员不准任意蹬踩钢筋，改动及切割钢筋。 (5)为防止浇筑混凝土时顶部主筋钢筋位移，在墙模板顶端部位设置水平定位筋，并在其上再绑扎不少于两道水平筋
应注意的质量问题	(1)水平筋位置、间距不符合要求：墙体绑扎钢筋时应搭设工具式高凳或简易脚手架，以免水平筋发生位移。 (2)下层伸出的墙体钢筋和竖直钢筋绑扎不符合要求：绑扎时应先将下层墙体伸出的钢筋调直理顺，然后再绑扎或焊接。如果下层伸出的钢筋位移大时，应征得设计同意按1∶6进行调整。 (3)门窗洞口加强筋位置尺寸不符合要求：认真学习图样，在拐角、十字节点、墙端、连梁等部位钢筋的锚固应符合设计和规范要求。 (4)箍筋的抗震加密、接头加密

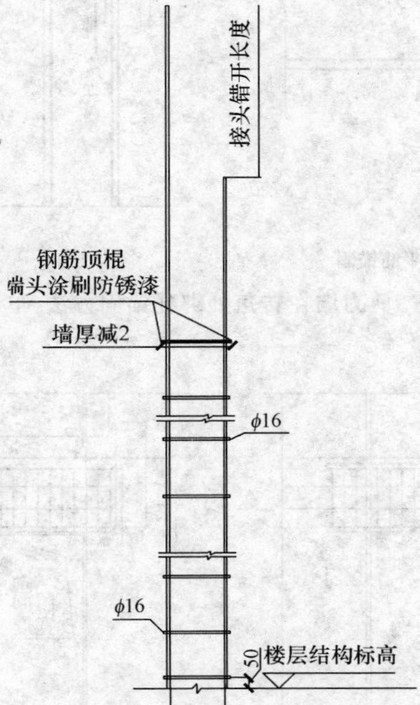

图2－46 竖向梯子筋做法

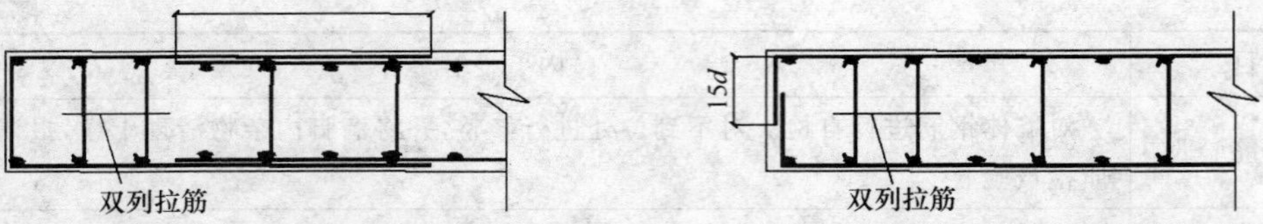

(a)无暗柱时剪力墙水平钢筋锚固(当墙厚较小时)　(b)无暗柱时剪力墙水平钢筋锚固(当墙厚较大时)

图 2－47　剪力墙的水平钢筋在端部锚固

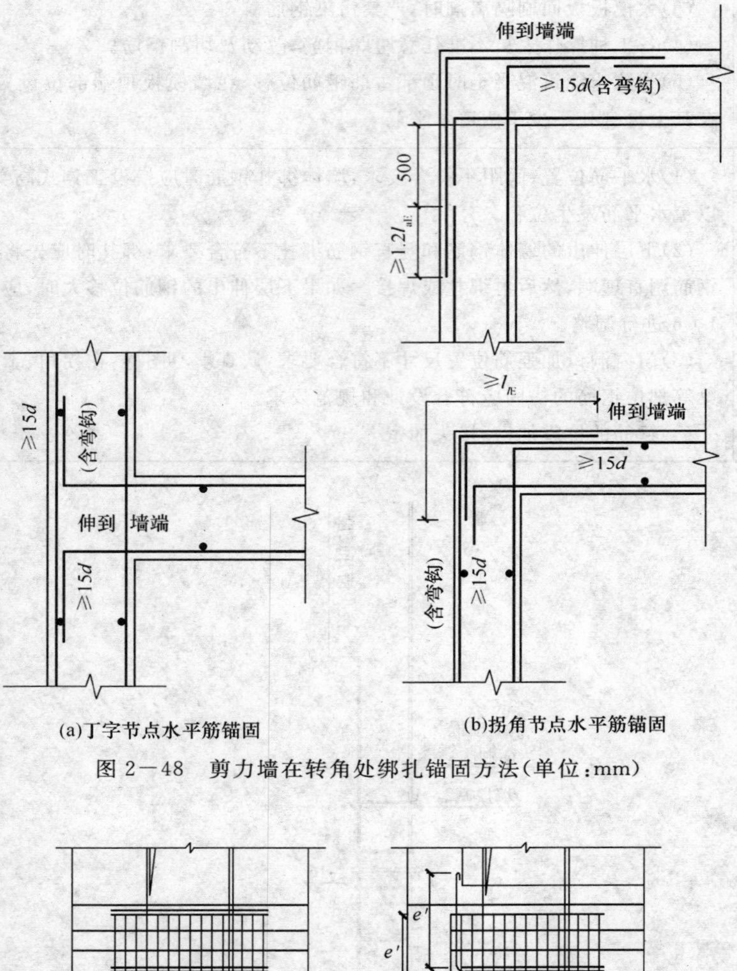

(a)丁字节点水平筋锚固　(b)拐角节点水平筋锚固

图 2－48　剪力墙在转角处绑扎锚固方法(单位：mm)

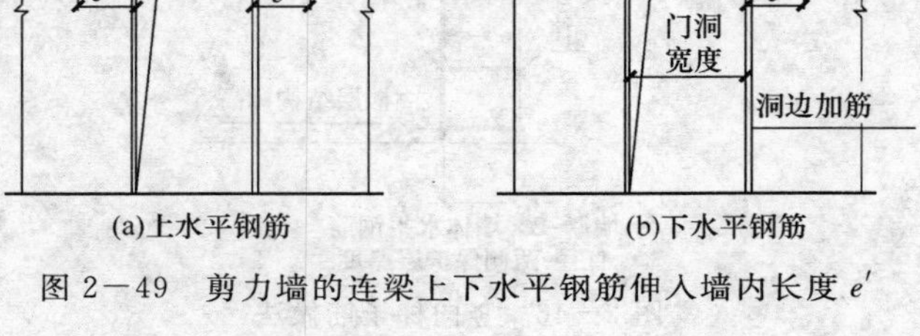

(a)上水平钢筋　(b)下水平钢筋

图 2－49　剪力墙的连梁上下水平钢筋伸入墙内长度 e'

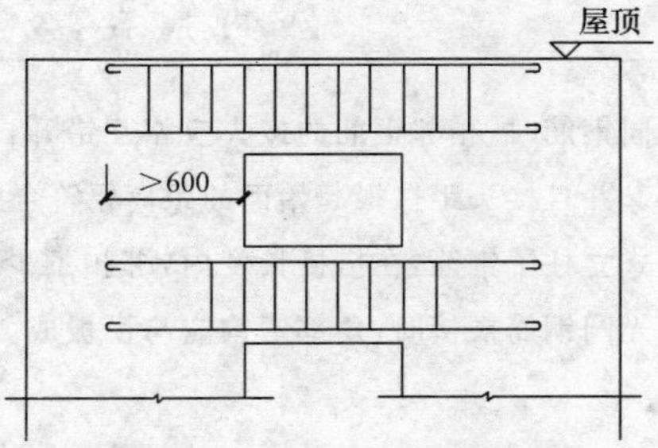

图 2－50　剪力墙的连梁沿梁全长的箍筋构造(单位:mm)

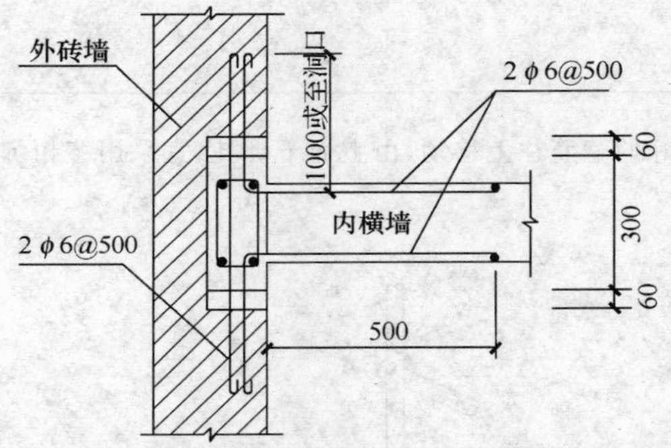

图 2－51　剪力墙钢筋与外砖墙连接(单位:mm)

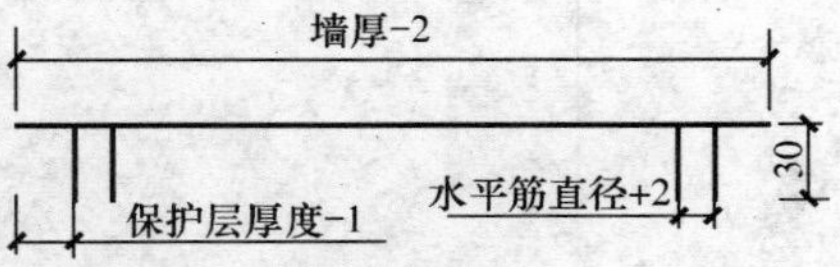

图 2－52　保护层用双 F 卡(单位:mm)

4. 现浇框架结构

(1)框架柱钢筋绑扎见表 2－76。

表 2－76　框架柱钢筋绑扎

项目	内　　容
清理柱筋污渍、柱根浮浆	用钢丝刷将柱预留筋上的污渍清刷干净。 根据柱皮位置线向柱内偏移 5 mm 弹出控制线，将控制线内的柱根混凝土浮浆用剁斧清理到全部露出石子，用水冲洗干净，但不得留有明水
修整底层伸出的柱预留钢筋	根据柱外皮位置线和柱竖筋保护层厚度大小，检查柱预留钢筋位置是否符合设计要求及施工规范的规定，如柱筋位移过大，应按 1∶6 的比例将其调整到位
在预留钢筋上套柱子箍筋	按图样要求间距及柱箍筋加密区情况，计算好每跟柱箍筋数量，先将箍筋套在下层伸出的搭接筋上

续上表

项目	内　容
绑扎(焊接或机械连接)柱子竖向钢筋	连接柱子竖向钢筋时，相邻钢筋的接头应相互错开，错开距离符合有关施工规范、图集及图样要求。并且接头距柱根起始面的距离要符合施工方案的要求。 采用绑扎形式立柱子钢筋，在搭接长度内，绑扣不少于 3 个，绑扣要向柱中心。如果柱子主筋采用光圆钢筋搭接时，角部弯钩应与模板成 45°角，中间钢筋的弯钩应与模板成 90°角
标识箍筋间距	在立好的柱子竖向钢筋上，按图样要求用粉笔画出箍筋间距线(或使用皮数杆控制箍筋间距)。柱上下两端及柱筋搭接区箍筋应加密，加密区长度及加密区内箍筋间距应符合设计图样和规范要求
柱子箍筋绑扎	按已画好的箍筋位置线，将已套好的箍筋往上移动，由上而下绑扎，宜采用缠扣绑扎，如图 2－53 所示。 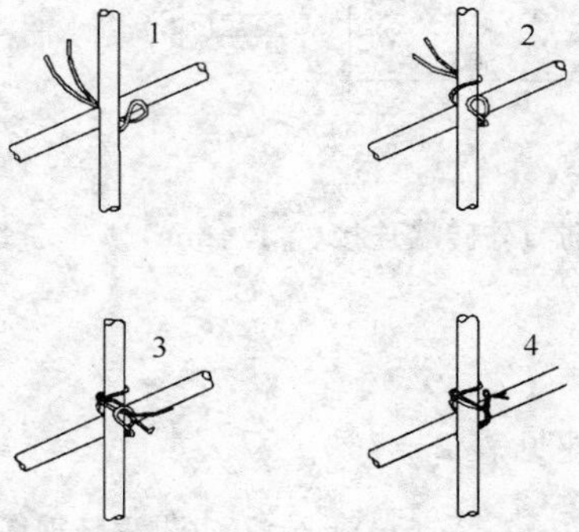 图 2－53　箍筋缠扣绑扎 箍筋与主筋要垂直和紧密贴实，箍筋转角处与主筋交点均要绑扎，主筋与箍筋非转角部分的相交点成梅花形交错绑扎。 箍筋的弯钩叠合处应沿柱子竖筋交错布置，并绑扎牢固，如图 2－54 所示。 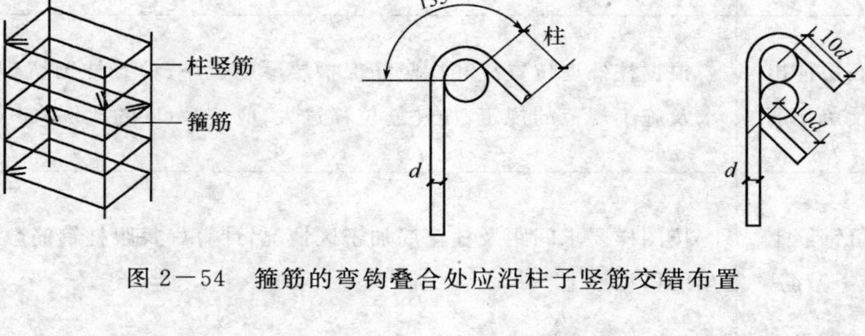 图 2－54　箍筋的弯钩叠合处应沿柱子竖筋交错布置

续上表

项目	内　　容
柱子箍筋绑扎	有抗震要求的地区，柱箍筋端头应弯成135°。平直部分长度不小于10d（d为箍筋直径）。如箍筋采用90°搭接，搭接处应焊接，焊缝长度单面焊缝不小于10d。 如设计要求柱设有拉筋时，拉筋应钩住箍筋，如图2－55所示。 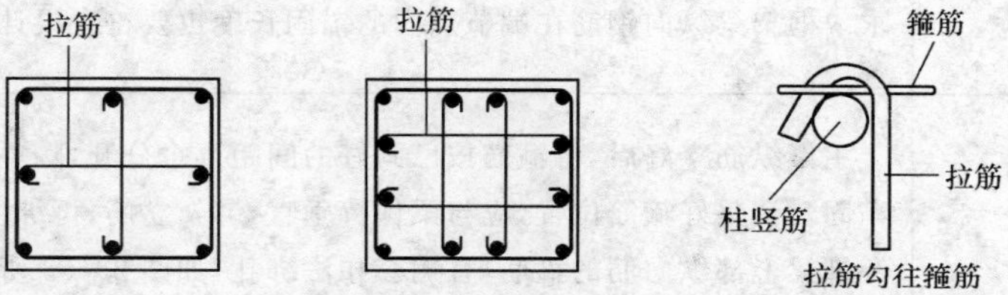 图2－55　拉筋钩住箍筋连接
在柱顶绑定距框	为控制柱子竖向主筋的位置，一般在柱子预留筋的上口设置一个定距框，定距框距混凝土面上150 mm设置，定距框用ϕ14以上的钢筋焊制，可做成“井”字形，卡口的尺寸大于柱子竖向主筋直径2 mm即可
安装保护层垫块	钢筋保护层厚度应符合设计要求，垫块应绑扎在柱筋外皮上，间距一般为1 000 mm（或用塑料卡卡在外竖筋上），以保证主筋保护层厚度准确

（2）框架梁钢筋绑扎见表2－77。

表2－77　框架梁钢筋绑扎

项目	内　　容
画主次梁箍筋间距	框架梁底模支设完成后，在梁底模板上按箍筋间距画出位置线，箍筋起始筋距柱边为50 mm，梁两端应按设计、规范的要求进行加密
放主次梁箍筋	根据箍筋位置线，算出每道梁箍筋数量，将箍筋放在底模上
穿主梁底层纵筋及弯起筋	先穿主梁的下部纵向受力钢筋及弯起钢筋，梁筋应放在柱竖筋内侧，底层纵筋弯钩应朝上，端头距柱边的距离应符合设计及有关图集、规范的要求。 梁下部纵向钢筋伸入中间节点锚固长度及伸过中心线的长度要符合设计、规范及施工方案要求。框架梁纵向钢筋在端节点内的锚固长度也要符合设计、规范及施工方案要求
穿次梁底层纵筋	按相同的方法穿次梁底层纵筋。 在主、次梁所有接头末端与钢筋弯折处的距离，不得小于钢筋直径的10倍。接头不宜位于构件最大弯矩处。受拉区域内HPB235钢筋绑扎接头的末端应做弯钩；HRB335钢筋可不做弯钩。搭接处应在中心和两端扎牢。接头位置应相互错开，当采用绑扎搭接接头时，同一连接区段内，纵向钢筋搭接接头面积百分率不大于25％

续上表

项目	内　容
穿主梁上层纵筋及架立筋	底层纵筋放置完成后，按顺序穿上层纵筋和架立筋，上层纵筋弯钩应朝下，一般应在下层筋弯钩的外侧，端头距柱边的距离应符合设计图样的要求。 框架梁上部纵向钢筋应贯穿中间节点，支座负筋的根数及长度应符合设计、规范的要求。框架梁纵向钢筋在端节点内的锚固长度也要符合设计、规范及施工方案要求
绑主梁箍筋	主梁纵筋穿好后，将箍筋按已画好的间距逐个分开，隔一定间距将架立筋与箍筋绑扎牢固。调整好箍筋位置，应与梁保持垂直，绑架立筋，再绑主筋。 绑梁上部纵向筋的箍筋，宜用套扣法绑扎，如图 2－56 所示。 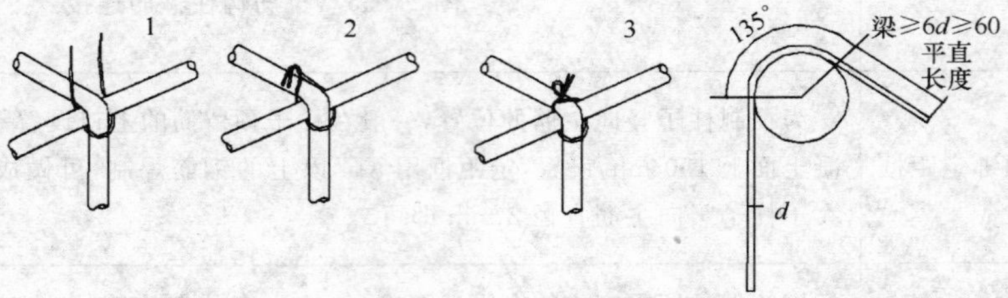 图 2－56　套扣绑扎 箍筋在叠合处的弯钩，在梁中应交错绑扎，箍筋弯钩为 135°，平直部分长度为 10d，如做成封闭箍时，单面焊缝长度为 10d
穿次梁上层纵向钢筋	按相同的方法穿次梁上层纵向钢筋，次梁的上层纵筋一般在主梁上层纵筋上面。当次梁钢筋锚固在主梁内时，应注意主筋的锚固位置和长度符合要求
绑次梁箍筋	按相同的方法绑次梁箍筋
拉筋设置	当设计要求梁设有拉筋时，拉筋应钩住箍筋与腰筋的交叉点
保护层垫块设置	框架梁绑扎完成后，在梁底放置砂浆垫块（也可采用塑料卡），垫块应设在箍筋下面，间距一般 1 m 左右。 在梁两侧用塑料卡卡在外箍筋上，以保证主筋保护层厚度准确

(3)板钢筋绑扎见表 2－78。

表 2－78　板钢筋绑扎

项目	内　容
模板上弹线	清理模板上面的杂物，按板筋的间距用墨线在模板上弹出下层筋的位置线。板筋起始筋距梁边为 50 mm

续上表

项目	内　容
绑板下层钢筋	按弹好的钢筋位置线，按顺序摆放纵横向钢筋。板下层钢筋的弯钩应竖直向上，下层筋应伸入到梁内，其长度应符合设计的要求。 在现浇板中有板带梁时，应先绑板带梁钢筋，再摆放板钢筋。 绑扎板筋时一般用顺扣(图 2－57)或八字扣，除外围两根筋的相交点应全部绑扎外，其余各点可交错绑扎，双向板相交点需全部绑扎 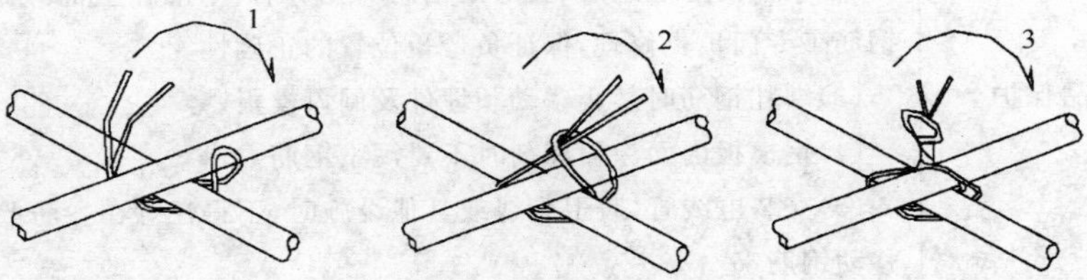 图 2－57　绑扎板筋
水电工序插入	预埋件、电气管线、水暖设备预留孔洞等及时配合安装
绑板上层钢筋	按上层筋的间距摆放好钢筋，上层筋通常为支座负弯矩钢筋，应横跨梁上部，并与梁筋绑扎牢固。 当上层筋有搭接时，搭接位置和搭接长度应符合设计及施工规范的要求。 上层筋的直钩应垂直朝下，不能直接落在模板上。 上层筋为负弯矩钢筋，每个相交点均要绑扎，绑扎方法同下层筋
设置马凳及保护层垫块	如板为双层钢筋，两层筋之间必须加钢筋马凳，以确保上部钢筋的位置。钢筋马凳应设在下层筋上，并与上层筋绑扎牢靠，间距 800 mm 左右，呈梅花形布置。 在钢筋的下面垫好砂浆垫块(或塑料卡)，间距 1 000 mm，梅花形布置。垫块厚度等于保护层厚度，应满足设计要求

(4)楼梯钢筋绑扎见表 2－79。

表 2－79　楼梯钢筋绑扎

项目	内　容
绑扎楼梯梁	对于梁式楼梯，先绑扎楼梯梁，再绑扎楼梯踏步板钢筋，最后绑扎楼梯平台板钢筋，钢筋绑扎要注意楼梯踏步板和楼梯平台板负弯矩筋的位置。 楼梯梁的绑扎同框架梁的绑扎方法
画钢筋位置线	根据下层筋间距，在楼梯底板上画出主筋和分布筋的位置线
绑下层筋	板筋要锚固到梁内。板筋每个交点均应绑扎。绑扎方法同板钢筋绑扎
绑上层筋	绑扎方法同板钢筋绑扎

续上表

项目	内容
设置马凳及保护层垫块	上下层钢筋之间要设置马凳以保证上层钢筋的位置。板底应设置保护层垫块保证下层钢筋的位置
成品保护	(1)柱子钢筋绑扎后，不准踩踏。 (2)楼板的弯起钢筋、负弯矩钢筋绑扎好后，不准在上面踩踏行走。浇筑混凝土时派钢筋工专门负责修理，保证负弯矩位置的正确性。 (3)绑扎钢筋时禁止碰动预埋件及洞口模板。 (4)钢模板内面涂隔离剂时不要污染钢筋。 (5)安装电线管、暖卫管线或其他设施时，不得任意在主筋上引弧或焊接，不得切断和移动钢筋
应注意的质量问题	(1)浇筑混凝土前检查钢筋位置是否正确，振捣混凝土时防止碰动钢筋，浇完混凝土后立即修整甩筋的位置，防止柱筋、墙筋位移。 (2)梁钢筋骨架尺寸小于设计尺寸：配制箍筋时应按内皮尺寸计算。 (3)梁柱端、柱核心区箍筋应加密，熟悉图样按要求施工。 (4)箍筋末端应弯成135°，平直部分长度为10d。 (5)梁柱主筋进支座长度要符合设计和规范要求，弯起钢筋位置应准确。 (6)板的弯起钢筋和负弯矩钢筋位置应准确，施工时不应踩到下面。 (7)绑板的钢筋时用尺杆画线，绑扎时随时找正调直，防止板筋不顺直。 (8)绑纵向受力筋时要吊正，搭接部位绑3个扣，绑扣不能用同一方向的顺扣。层高超过4 m时，搭专用架子进行绑扎，并采取措施固定钢筋，防止柱、墙钢筋骨架不垂直。 (9)在钢筋配料加工时要注意，端头有对焊接头时，要避开搭接范围，防止绑扎接头内混入对焊接头

5.冷轧带肋

(1)剪力墙冷轧带肋钢筋焊接网绑扎见表2－80。

表2－80 剪力墙冷轧带肋钢筋焊接网绑扎

项目	内容
修理预留搭接筋	按一楼层为一个竖向单元，将墙身处预留钢筋调直理顺，并将表面杂物清理干净
临时固定钢筋焊接网	按图样要求将网片就位，网片立起后用木方或钢管临时固定支牢

续上表

项目	内　容
绑扎根部钢筋	临时固定完钢筋网片后逐根绑扎根部搭接钢筋，竖向搭接可设置在楼面之上，搭接长度应符合《钢筋焊接网混凝土结构技术规程》(JGJ 114—2003)的规定且不应小于400 mm或40*d*(*d*为竖向分布钢筋直径)。钢筋在搭接区域的中心和两端绑3个扣。 在搭接范围内，搭接时应将下层网的竖向钢筋与上层网的钢筋绑扎牢固，如图2—58所示。 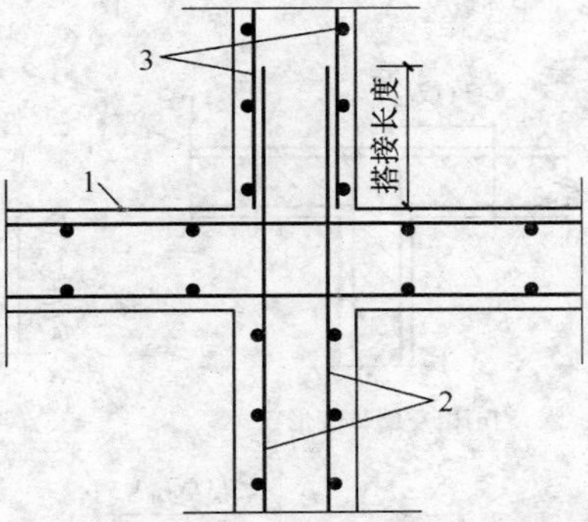 图2—58　墙体钢筋焊接网的竖向搭接 1—楼板；2—下层焊接网；3—上层焊接网
水平方向网片连接	墙体中钢筋焊接网在水平方向的搭接采用平搭法或扣搭法时，其搭接长度应符合设计图样及《钢筋混凝土用钢　第3部分：钢筋焊接网》(GB/T 1499.3—2010)、《钢筋焊接网混凝土结构技术规程》(JGJ 114—2003)的相关要求
绑扎墙体端部钢筋	(1)当墙体端部无暗柱或端柱时，可用现场绑扎的U形附加钢筋连接。附加钢筋的间距宜与钢筋焊接网水平钢筋的间距相同，其直径可按等强度设计原则确定[图2—59(a)]，附加钢筋的锚固长度不应小于最小锚固长度。焊接网水平分布钢筋末端宜有垂直于墙面的90°直钩，直钩长度为5～10*d*，且不小于50 mm。 (2)当墙体端部设有暗柱时，焊接网的水平钢筋可伸入暗柱内锚固，该伸入部分可不焊接竖向钢筋，或将焊接网设在暗柱外侧，并将水平分布钢筋弯成直钩(直钩长度为5～10*d*，且不小于50 mm)锚入暗柱内[图2—59(b)]；对于相交墙体[图2—59(c)、图2—59(d)]及设有端柱[图2—59(e)]的情况，可将焊接网的水平钢筋直接伸入墙体相交处的暗柱或端柱中。 钢筋焊接网在暗柱或端柱中的锚固长度，应符合《钢筋焊接网混凝土结构技术规程》(JGJ 114—2003)的规定
绑门窗洞口加筋	绑扎门、窗、洞口处加固筋，要求位置准确。如门窗洞口处预留筋有位移时，应做成缓弯(1∶6)理顺，使门窗洞口处的附加筋位置符合设计图样要求
绑拉筋或支撑筋	墙体内双排钢筋焊接网之间设置拉筋连接，其直径不小于6 mm，间距不大于700 mm；对于重要部位的剪力墙应适当增加拉筋的数量
设置保护层垫块	在墙体两侧水平筋外绑扎塑料卡子(或保护层垫块)，梅花形布置，间距≤1 000 mm

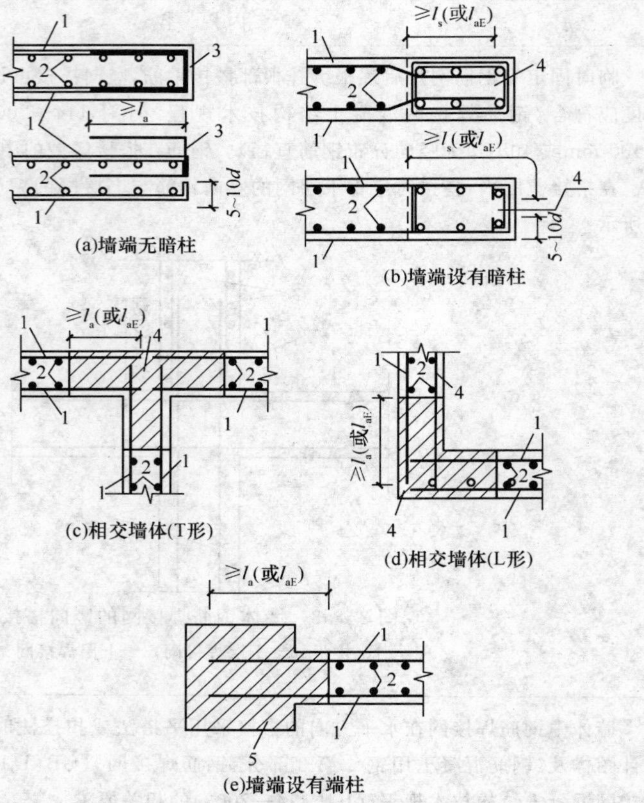

图 2－59 钢筋焊接网在墙体端部的构造

1－焊接网水平钢筋；2－焊接网竖向钢筋；

3－附加连接钢筋；4－暗柱(墙)；5－端柱

(2)顶板冷轧带肋钢筋焊接网施工工艺流程见表 2－81。

表 2－81 顶板冷轧带肋钢筋焊接网施工工艺流程

项目	内　容
吊运网片	钢筋焊接网运至现场，用塔式起重机吊运至各层分区集中堆放，注意吊装时应尽量避免一点吊装，防止受力不均导致焊点开焊
在模板上弹钢筋位置线	在顶板模板上按图样要求间距弹出位置线
铺下铁(下层网片)	(1)应严格按布置图的网片编号进行安装，否则由于安装位置不对，导致返工时很难拆除。 (2)钢筋焊接网在非受力方向的搭接有叠搭法[图 2－60(a)]、扣搭法[图 2－60(b)]、平搭法[图 2－60(c)]。 (3)底网的布置方式。

续上表

项目	内容
铺下铁 (下层网片)	1)单向板。 一般采用叠搭法。即一张网片叠在另一张网片上的搭接方法。受力主筋深入支座不设置搭接,深入长度不小于 10d(d 为受力钢筋直径),且不小于 100 mm。分布筋方向支座处加垫网,底网和垫网如需设置搭接接头,每个网片在搭接范围内至少应有一根受力主筋,搭接长度不应小于 20d(d 为分布筋直径),且不应小于 150 mm。 2)双向板。 ①现浇双向板短跨方向的下部钢筋焊接网不设置搭接接头;长跨方向的底部钢筋焊接网可按《钢筋焊接网混凝土结构技术规程》(JGJ 114—2003)的规定设置搭接接头,并将钢筋焊接网伸入支座,必要时可用附加网片搭接(图 2－61);或用绑扎钢筋伸入支座,搭接长度及构造要求应符合《钢筋焊接网混凝土结构技术规程》(JGJ 114—2003)的规定。 ②现浇双向板带肋钢筋焊接网的底网亦可采用下列布网方式。 将双向板的纵向钢筋和横向钢筋分别与非受力筋焊成纵向网和横向网,安装时分别插入相应的梁中[图 2－62(a)]。 将纵向钢筋和横向钢筋分别采用 2 倍原配筋间距焊成纵向底网和横向底网,安装时(宜用扣搭法)分别插入相应的梁中[图 2－62(b)]。受力筋伸入支座不小于 10d(d 为纵向受力钢筋直径),且不小于 100 mm。网片最外侧钢筋距梁边的距离不应大于该方向钢筋间距的 1/2,且不宜大于 100 mm。 (4)铺设底网时应先铺短跨方向网片,再铺长跨方向网片。 铺设网片时,应先铺与标高低的梁垂直方向的网片,再铺与标高高的梁垂直方向的网片。 (5)柱角处底网的安装。 楼板底网与柱连接时,板伸入支座的下部纵向受力钢筋,其间距不应大于 400 mm,伸入支座的锚固长度不小于 10d(d 为纵向受力钢筋直径),且不小于 100 mm。网片最外侧钢筋距梁边的距离不应大于该方向钢筋间距的 1/2,且不宜大于 100 mm。当网片分布筋与柱子预留筋发生冲突时,可将分布筋剪断且不必补筋。 (6)两网片搭接时,在搭接区中心和两端应采用钢丝绑扎牢固,钢筋网片的搭接采用叠搭法或扣搭法或平搭法应符合要求
土建及水电预留、预埋	安装完下铁钢筋网片后进行土建及水电预留、预埋
马凳及保护层垫块设置	为保证混凝土保护层厚度,底网应设置与保护层厚度相当的水泥砂浆垫块或塑料卡,同时沿长向钢筋的方向设置适量的马凳
铺上铁 (上层网片)	(1)面网布置按位置分为以下两种。 1)跨中:支座面网沿梁长方向铺设,分布筋搭接长度为 250 mm,受力钢筋不需搭接;对于通长布置的面网,分纵横双向铺设网片,分布筋方向上不存在搭接。为了保证钢筋的有效长度和保护层,铺设面网时,网片的横向分布筋在受力筋的下方。 2)边跨:边梁处负弯矩面网安装时,其钢筋伸入梁内的长度应符合以下要求。 ①对钢筋混凝土框架梁,边跨面网入梁锚固不足 30d,应将入梁端钢筋弯折,弯钩安装在梁外侧第一根钢筋之内。

续上表

项目	内　容
铺上铁（上层网片）	②对钢结构和剪力墙，边跨面网入梁锚固应符合《钢筋焊接网混凝土结构技术规程》(JGJ 114—2003)要求。 ③对嵌固在承重砌体墙内的结构，面网的钢筋伸入支座的长度不小于 110 mm，应在网端应有一根横向钢筋[图 2－63(a)]或将上部受力钢筋弯折[图 2－63(b)]。 (2)遇洞口处理：遇到楼板开洞时，可将通过洞口的钢筋剪断。设计图样有节点做法时，按原图进行加筋，加筋应设置在上下网片之间；没有特殊要求时，对洞口尺寸小于 1 000 mm时，增设附加绑扎短钢筋加强，加强筋强度不小于被切断的钢筋，且不少于 2 根，加强筋与网片的搭接长度满足要求；对洞口尺寸大于 1 000 mm 时，增设附加绑扎长钢筋加强(长钢筋即钢筋两端均入梁锚固，锚固长度满足要求)。 (3)柱角处面网的安装：考虑到安装的方便，面网已预先进行抽筋处理，但要注意安装完毕后应补齐相应抽筋。楼板面网与柱的连接可采用整张网片套在柱上[图 2－64(a)]，然后与其他网片搭接；也可将面网在两个方向铺至柱边，其余部分按等强度设计原则用附加钢筋补足[图 2－64(b)]。楼板面网与钢柱的连接可采用附加钢筋连接方式，钢筋的锚固长度应符合规定。 (4)对两端须插入梁内锚固的焊接网，当网片纵向钢筋较细时，可利用网片的弯曲变形性能，先将焊接网中部向上弯曲，使两端能先后插入梁内，然后铺平网片；当钢筋较粗焊接网不能弯曲时，可将焊接网的一端少焊 1～2 根横向钢筋，先插入该端，然后退插另一端，必要时可采用绑扎方法补回所减少的横向钢筋。 (5)面网跨梁布置时，先铺主受力筋标高较低的梁上的网片，后铺主受力筋标高较高的梁上的网片；钢网满铺布置时(即纵横向远长网片)，两个方向上的搭接宜用平接法。 (6)当梁两侧楼板存在高差时且高差大于 30 mm，两侧的网片应分别布置，在高标高处梁上的网片端部钢筋须作 90°弯钩，并满足锚固长度，低标高处网片直接插入梁中(图 2－65)。 (7)当梁突出于板的上表面(反梁)时，梁两侧的带肋钢筋焊接网的面网和底网均应分别布置(图 2－66)。面网伸入梁中的长度应符合锚固长度的规定。 (8)设计要求设置加强网时，应在混凝土浇筑之前铺设加强网。后浇带处加强网片主筋方向应与后浇带长度方向垂直。当面网主筋与后浇带长度方向垂直时，加强网片放在面网上面，当面网主筋与后浇带长度方向平行时，加强网片应放在面网下面
验收	冷轧带肋钢筋焊接网施工完毕后，应对其整体进行修整，并在网片上应设置马道用于浇筑混凝土，同时进行钢筋隐蔽工程验收
成品保护	(1)钢筋网片及成型钢筋应按指定地点堆放，用木方垫整齐，再覆盖塑料布，防止钢筋变形、粘油污或淋雨锈蚀。 (2)浇筑混凝土时设专业人员随时校正钢筋网片的位置。 (3)水电预埋管盒要方正准确，且不得破坏已绑扎成型的钢筋。

续上表

项目	内　　容
成品保护	(4)楼板混凝土浇筑前应搭设马道,防止踩踏钢筋。 (5)钢筋网片须采用4点吊运,以防止变形或开焊
应注意的质量问题	(1)钢筋接头位置错误:应严格按布置图的网片编号进行安装,否则由于安装位置不对,导致返工时很难拆除。 (2)楼板网片钢筋焊点处开焊:顶板浇筑混凝土时应搭设马道,防止踩踏钢筋造成焊点处开焊。 (3)楼板网片钢筋伸入支座处的锚固长度及两块钢筋网片的搭接长度必须符合设计要求及施工规范的规定。 (4)浇筑混凝土前检查钢筋位置是否正确,浇筑完混凝土后立即修整甩筋的位置,防止钢筋位移。 (5)墙体绑扎钢筋时应搭设高凳或简易脚手架,禁止人直接踩在骨架上施工,避免骨架焊点开焊。 (6)搭接长度不够:绑扎时应对接头进行尺量,检查搭接长度是否符合设计要求及施工规范的规定。 (7)所有埋件不得和钢筋网片上的钢筋直接进行焊接

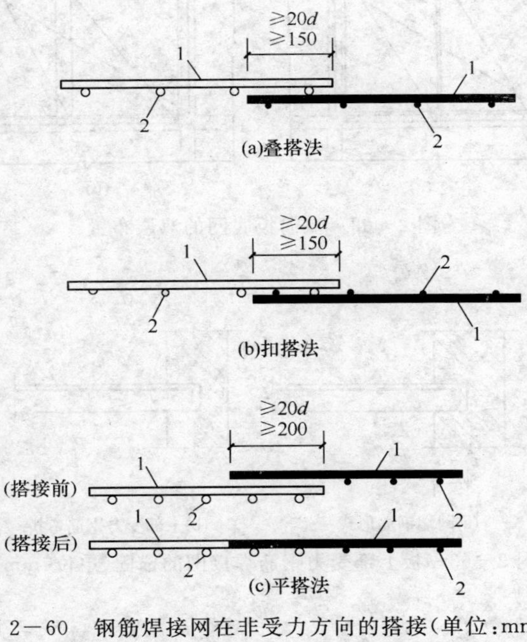

图2—60　钢筋焊接网在非受力方向的搭接(单位:mm)

1—分布钢筋;2—受力钢筋

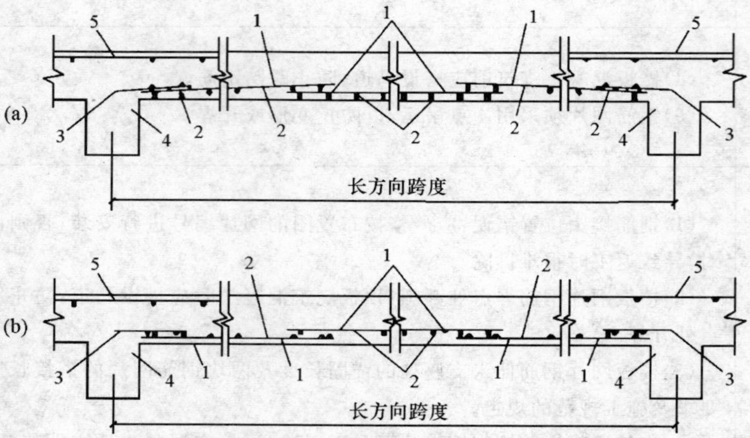

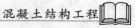

图 2－61　钢筋焊接网在双向板长跨方向的搭接

(a)叠搭法搭接；(b)扣搭法搭接

1－长跨方向钢筋；2－短跨方向钢筋；3－伸入支座的附加网片；

4－支承梁；5－支座上部钢筋

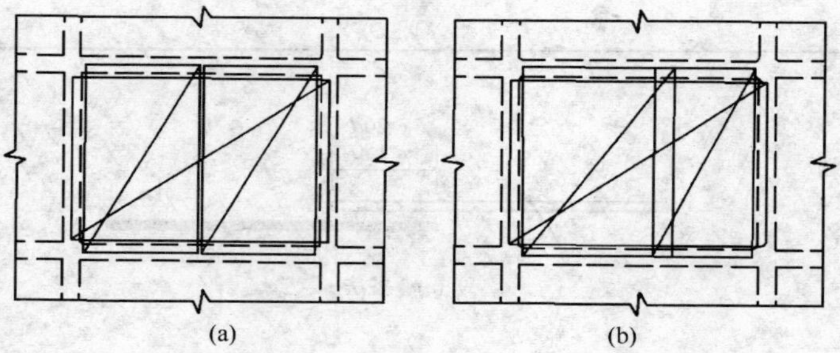

图 2－62　双向板底网的双层布置

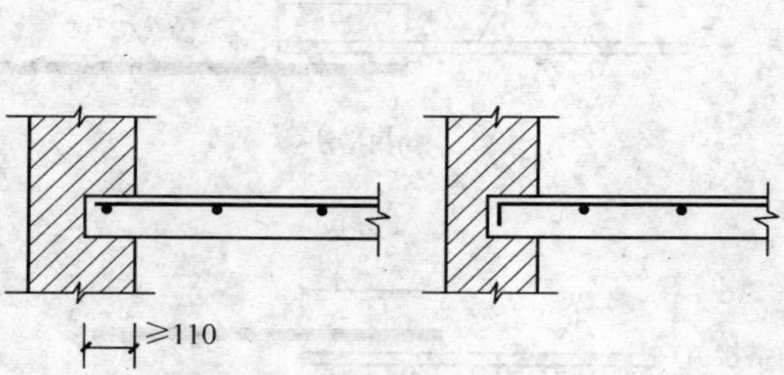

图 2－63　板上部受力钢筋焊接网的锚固(单位:mm)

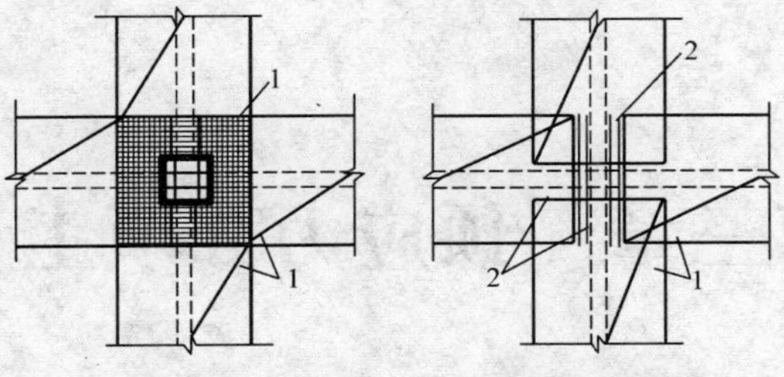

图 2－64　楼板焊接网与柱的连接

1－焊接网的面网;2－附加锚固筋

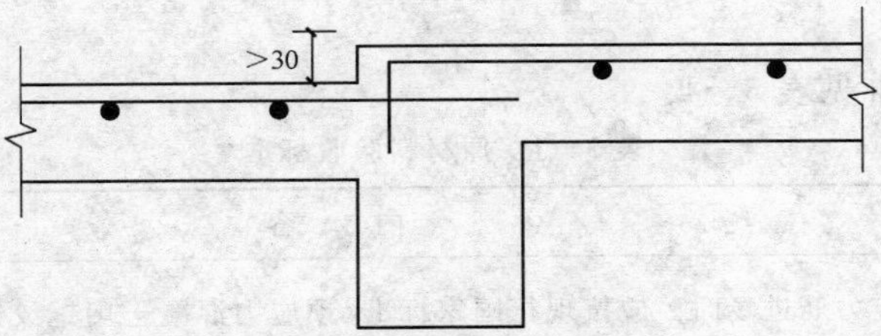

图 2－65　高差板的面网布置(单位:mm)

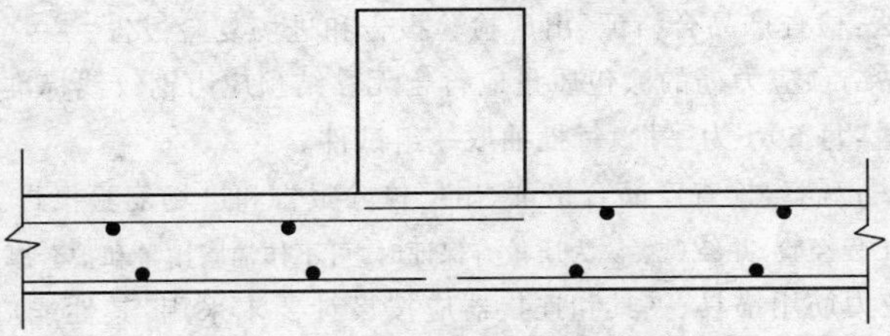

图 2－66　钢筋焊接网在反梁的布置

第三章 预应力分项工程

第一节 后张有黏预应力

一、验收条文

1. 原材料

原材料的验收标准见表3—1。

表3—1 原材料验收标准

项目	内 容
主控项目	(1)预应力筋进场时。应按现行国家标准《预应力混凝土用钢绞线》(GB/T 5224—2003)等的规定抽取试件作力学性能检验,其质量必须符合有关标准的规定。 检查数量:按进场的批次和产品的抽样检验方案确定。 检验方法:检查产品合格证、出厂检验报告和进场复验报告。 (2)无黏结预应力筋的涂包质量应符合无黏结预应力钢绞线标准的规定。 检查数量:每60 t为一批,每批抽取一组试件。 检验方法:观察,检查产品合格证、出厂检验报告和进场复验报告。 注:当有工程经验,并经观察认为质量有保证时,可不作油脂用量和护套厚度的进场复验。 (3)预应力筋用锚具、夹具和连接器应按设计要求采用,其性能应符合现行国家标准《预应力筋用锚具、夹具和连接器》(GB/T 14370—2007)等的规定。 检查数量:按进场批次和产品的抽样检验方案确定。 检验方法:检查产品合格证、出厂检验报告和进场复验报告。 注:对锚具用量较少的一般工程,如供货方提供有效的试验报告,可不作静载锚固性能试验。 (4)孔道灌浆用水泥应采用普通硅酸盐水泥,其质量应符合第(1)条的规定。孔道灌浆用外加剂的质量应符合第(2)条的规定。 检查数量:按进场批次和产品的抽样检验方案确定。 检验方法:检查产品合格证、出厂检验报告和进场复验报告。 注:对孔道灌浆用水泥和外加剂用量较少的一般工程,当有可靠依据时,可不作材料性能的进场复验
一般项目	(1)预应力筋使用前应进行外观检查,其质量应符合下列要求。 1)有黏结预应力筋展开后应平顺,不得有弯折,表面不应有裂纹、小刺、机械损伤、氧化铁皮和油污等; 2)无黏结预应力筋护套应光滑、无裂缝,无明显褶皱。 检查数量:全数检查。 检验方法:观察。

续上表

项目	内　　容
一般项目	注：无黏结预应力筋护套轻微破损者应外包防水塑料胶带修补，严重破损者不得使用。 (2)预应力筋用锚具、夹具和连接器使用前应进行外观检查，其表面应无污物、锈蚀、机械损伤和裂纹。 检查数量：全数检查。 检验方法：观察。 (3)预应力混凝土用金属波纹管的尺寸和性能应符合国家现行标准《预应力混凝土用金属波纹管》(JG 225—2007)的规定。 检查数量：按进场批次和产品的抽样检验方案确定。 检验方法：检查产品合格证、出厂检验报告和进场复验报告。 注：对金属波纹管用量较少的一般工程，当有可靠依据时，可不作径向刚度、抗渗漏性能的进场复验。 (4)预应力混凝土用金属波纹管在使用前应进行外观检查，其内外表面应清洁，无锈蚀，不应有油污、孔洞和不规则的褶皱，咬口不应有开裂或脱扣。 检查数量：全数检查。 检验方法：观察

2. 制作与安装

制作与安装的验收标准见表3－2。

表3－2　制作与安装验收标准

项目	内　　容
主控项目	(1)预应力筋安装时，其品种、级别、规格、数量必须符合设计要求。 检查数量：全数检查。 检验方法：观察，钢尺检查。 (2)先张法预应力施工时应选用非油质类模板隔离剂，并应避免沾污预应力筋。 检查数量：全数检查。 检验方法：观察。 (3)施工过程中应避免电火花损伤预应力筋；受损伤的预应力筋应予以更换。 检查数量：全数检查。 检验方法：观察
一般项目	(1)预应力筋下料应符合下列要求。 1)预应力筋应采用砂轮锯或切断机切断，不得采用电弧切割。 2)当钢丝束两端采用镦头锚具时，同一束中各根钢丝长度的极差不应大于钢丝长度的1/5 000，且不应大于5 mm。当成组张拉长度不大于10 m的钢丝时，同组钢丝长度的极差不得大于2 mm。 检查数量：每工作班抽查预应力筋总数的3%，且不少于3束。 检验方法：观察，钢尺检查。 (2)预应力筋端部锚具的制作质量应符合下列要求。 1)挤压锚具制作时压力表油压应符合操作说明书的规定，挤压后预应力筋外端应露出挤压套筒1～5 mm。

续上表

项目	内　容
一般项目	2)钢绞线压花锚成形时,表面应清洁、无油污,梨形头尺寸和直线段长度应符合设计要求。 3)钢丝镦头的强度不得低于钢丝强度标准值的98%。 检查数量:对挤压锚,每工作班抽查5%,且不应少于5件;对压花锚,每工作班抽查3件;对钢丝镦头强度,每批钢丝检查6个镦头试件。 检验方法:观察,钢尺检查,检查镦头强度试验报告。 (3)后张法有黏结预应力筋预留孔道的规格、数量、位置和形状除应符合设计要求外,尚应符合下列规定。 1)预留孔道的定位应牢固,浇筑混凝土时不应出现移位和变形。 2)孔道应平顺,端部的预埋锚垫板应垂直于孔道中心线。 3)成孔用管道应密封良好,接头应严密且不得漏浆。 4)灌浆孔的间距:对预埋金属波纹管不宜大于30 m;对抽芯成形孔道不宜大于12 mm。 5)在曲线孔道的曲线波峰部位应设置排气兼泌水管,必要时可在最低点设置排水孔。 6)灌浆孔及泌水管的孔径应能保证浆液畅通。 检查数量:全数检查。 检验方法:观察,钢尺检查。 (4)预应力筋束形控制点的竖向位置偏差应符合表3-3的规定。 检查数量:在同一检验批内,抽查各类型构件中预应力筋总数的5%,且对各类型构件均不少于5束,每束不应少于5处。 检验方法:钢尺检查。 注:束形控制点的竖向位置偏差合格点率应达到90%及以上,且不得有超过表中数值1.5倍的尺寸偏差。 (5)无黏结预应力筋的铺设除应符合第(4)条的规定外,尚应符合下列要求。 1)无黏结预应力筋的定位应牢固,浇筑混凝土时不应出现移位和变形。 2)端部的预埋锚垫板应垂直于预应力筋。 3)内埋式固定端垫板不应重叠,锚具与垫板应贴紧。 4)无黏结预应力筋成束布置时应能保证混凝土密实并能裹住预应力筋。 5)无黏结预应力筋的护套应完整,局部破损处应采用防水胶带缠绕紧密。 检查数量:全数检查。 检验方法:观察。 (6)浇筑混凝土前穿入孔道的后张法有黏结预应力筋,宜采取防止锈蚀的措施。 检查数量:全数检查。 检验方法:观察

束形控制点的竖向位置允许偏差见表3-3。

表3-3　束形控制点的竖向位置允许偏差

截面高(厚)度(mm)	$H \leqslant 300$	$300 < h \leqslant 1\,500$	$h > 1\,500$
允许偏差(mm)	±5	±10	±15

3. 张拉和放张

张拉和放张的验收标准见表3-4。

表 3—4　张拉和放张验收标准

项目	内　容
主控项目	(1)预应力筋张拉或放张时，混凝土强度应符合设计要求；当设计无具体要求时，不应低于设计的混凝土立方体抗压强度标准值的75%。 检查数量：全数检查。 检验方法：检查同条件养护试件试验报告。 (2)预应力筋的张拉力、张拉或放张顺序及张拉工艺应符合设计及施工技术方案的要求，并应符合下列规定。 1)当施工需要超张拉时，最大张拉应力不应大于国家现行标准《混凝土结构设计规范》(GB 50010—2010)的规定。 2)张拉工艺应能保证同一束中各根预应力筋的应力均匀一致。 3)后张法施工中，当预应力筋是逐根或逐束张拉时，应保证各阶段不出现对结构不利的应力状态；同时宜考虑后批张拉预应力筋所产生的结构构件的弹性压缩对先批张拉预应力筋的影响，确定张拉力。 4)先张法预应力筋放张时，宜缓慢放松锚固装置，使各根预应力筋同时缓慢放松。 5)当采用应力控制方法张拉时，应校核预应力筋的伸长值。实际伸长值与设计计算理论伸长值的相对允许偏差为±6%。 检查数量：全数检查。 检验方法：检查张拉记录。 (3)预应力筋张拉锚固后实际建立的预应力值与工程设计规定检验值的相对允许偏差为±5%。 检查数量：对先张法施工，每工作班抽查预应力筋总数的1%，且不少于3根；对后张法施工，在同一检验批内，抽查预应力筋总数的3%，且不少于5束。 检验方法：对先张法施工，检查预应力筋应力检测记录；对后张法施工，检查见证张拉记录。 (4)张拉过程中应避免预应力筋断裂或滑脱；当发生断裂或滑脱时。必须符合下列规定。 1)对后张法预应力结构构件。断裂或滑脱的数量严禁超过同一截面预应力筋总根数的3%。且每束钢丝不得超过一根：对多跨双向连续板，其同一截面应按每跨计算； 2)对先张法预应力构件。在浇筑混凝土前发生断裂或滑脱的预应力筋必须予以更换。 检查数量：全数检查。 检验方法：观察，检查张拉记录
一般项目	(1)锚固阶段张拉端预应力筋的内缩量应符合设计要求；当设计无具体要求时，应符合表3—5的规定。 检查数量：每工作班抽查预应力筋总数的3%，且不少于3束。 检验方法：钢尺检查。 (2)先张法预应力筋张拉后与设计位置的偏差不得大于5 mm，且不得大于构件截面短边边长的4%。 检查数量：每工作班抽查预应力筋总数的3%，且不少于3束。 检验方法：钢尺检查

张拉端预应力筋的内缩量限值见表3－5。

表3－5 张拉端预应力筋的内缩量限值

锚具类别		内缩量限值(mm)
支承式锚具 (镦头锚具等)	螺母缝隙	1
	每块后加垫板的缝隙	1
锥塞式锚具		5
夹片式锚具	有顶压	5
	无顶压	6～8

4．灌浆及封锚

灌浆及封锚的验收标准见表3－6。

表3－6 灌浆及封锚验收标准

项目	内 容
主控项目	(1)后张法有黏结预应力筋张拉后应尽早进行孔道灌浆，孔道内水泥浆应饱满、密实。 检查数量：全数检查。 检验方法：观察，检查灌浆记录。 (2)锚具的封闭保护应符合设计要求；当设计无具体要求时，应符合下列规定。 1)应采取防止锚具腐蚀和遭受机械损伤的有效措施。 2)凸出式锚固端锚具的保护层厚度不应小于50 mm。 3)外露预应力筋的保护层厚度：处于正常环境时，不应小于20 mm；处于易受腐蚀的环境时，不应小于50 mm。 检查数量：在同一检验批内，抽查预应力筋总数的5%，且不少于5处。 检验方法：观察，钢尺检查
一般项目	(1)后张法预应力筋锚固后的外露部分宜采用机械方法切割，其外露长度不宜小于预应力筋直径的1.5倍，且不宜小于30 mm。 检查数量：在同一检验批内，抽查预应力筋总数的3%，且不少于5束。 检验方法：观察，钢尺检查。 (2)灌浆用水泥浆的水灰比不应大于0.45，搅拌后3 h泌水率不宜大于2%，且不应大于3%。泌水应能在24 h内全部重新被水泥浆吸收。 检查数量：同一配合比检查一次。 检验方法：检查水泥浆性能试验报告。 (3)灌浆用水泥浆的抗压强度不应小于30 N/mm^2。 检查数量：每工作班留置一组边长为70.7 mm的立方体试件。 检验方法：检查水泥浆试件强度试验报告。 注：1. 一组试件由6个试件组成，试件应标准养护28 d。 2. 抗压强度为一组试件的平均值，当一组试件中抗压强度最大值或最小值与平均值相差超过20%时，应取中间4个试件强度的平均值

二、施工材料要法度

1. 预应力筋

预应力筋的材料要求见表 3－7。

表 3－7　预应力筋

项目	内　　容
预应力的品种和规格	(1)预应力钢丝。 预应力钢丝是用优质高碳钢盘条经索氏体化处理、酸洗、镀铜或磷化后冷拔而成的钢丝总称。预应力钢丝用高碳钢盘条采用 80 号钢，其含碳量为 0.7%～0.9%。为了使高碳钢盘条能顺利拉拔，并使成品钢丝具有较高的强度和良好的韧性，盘条的金相组织应从珠光体变为索氏体。由于轧钢技术的进步，可采用轧后控制冷却的方法，直接得到索氏体化盘条。 预应力钢丝根据深加工要求不同，可分为冷拉钢丝和消除应力钢丝两类。消除应力钢丝按应力松弛性能不同，又可分为普通松弛钢丝和低松弛钢丝。 预应力钢丝按表面形状不同，可分为光圆钢丝、刻痕钢丝和螺旋肋钢丝。 1)冷拉钢丝。 冷拉钢丝是经冷拔后直接用于预应力混凝土的钢丝。其盘径基本等于拔丝机卷筒的直径，开盘后钢丝呈螺旋状，没有良好的伸长值。这种钢丝存在残余应力，屈强比低，伸长率小，仅用于铁路轨枕、压力水管、电杆等。 2)消除应力钢丝(普通松弛型)。 消除应力钢丝(普通松弛型)是冷拔后经高速旋转的矫直辊筒矫直，并经回火(350℃～400℃)处理的钢丝，其盘径不小于 1.5 m。钢丝经矫直回火后，可消除钢丝冷拔中产生的残余应力，提高钢丝的比例极限、屈强比和弹性模量，并改善塑性；同时获得良好的伸直性，施工方便。这种钢丝以往广泛应用，由于技术进步，已逐步向低松弛方向发展。 3)消除应力钢丝(低松弛型)。 消除应力钢丝(低松弛型)是冷拔后在张力状态下经回火处理的钢丝。钢丝的张力为抗拉强度的 30%～50%，张力装置有以下两种：一是利用二组张力轮的速度差使钢丝得到张力[图3－1(a)]；二是利用拉拔力作为钢丝的张力，即放线架上的半成品钢丝的直径要比成品钢丝的直径大(留有 10%～15%的压缩变形量)，该钢丝通过机组中的拉丝模拉成最终产品[图 3－1(b)]。钢丝在热张力的状态下产生微小应变(0.9%～1.3%)，从而使钢丝在恒应力下抵抗位错转移的能力大为提高，达到稳定化目的。 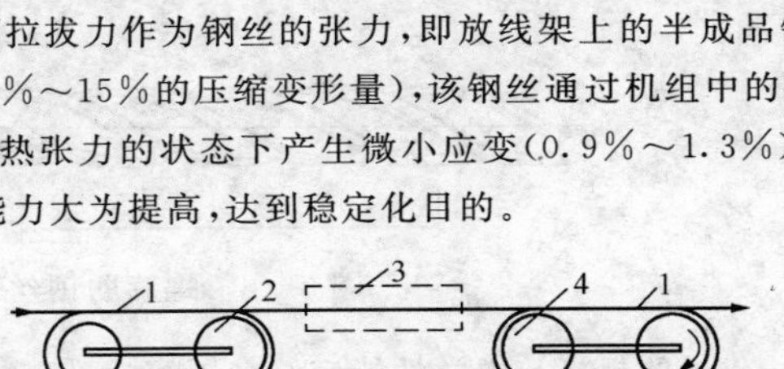 (a)张力轮法 (b)拉拔力法 图 3－1　钢丝的稳定化处理 1－钢丝；2－第一组张力轮；3－中频回火； 4－第二组张力轮；5－放线架；6－拔丝模；7－拉拔卷筒

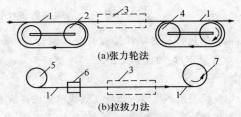

续上表

项目	内容
预应力的品种和规格	经稳定化处理的钢丝，弹性极限和屈服强度提高，应力松弛率大大降低，但单价稍贵；考虑到构件的抗裂性能提高、钢材用量减少等因素，综合经济效益较好。这种钢丝已逐步在房屋、桥梁、市政、水利等大型工程中推广应用，具有较强的生命力。 4）刻痕钢丝。 刻痕钢丝是用冷轧或冷拔方法使钢丝表面产生周期变化的凹痕或凸纹的钢丝。钢丝表面凹痕或凸纹可增加与混凝土的握裹力。这种钢丝可用于先张法预应力混凝土构件。 图 3－2 所示为刻痕钢丝外形，其中一条凹痕倾斜方向与其他两条相反。刻痕深度 a＝0.12～0.15 mm，长度 b＝3.5～5.0 mm，节距 L＝5.5～8.0 mm；公称直径大于 5.0 mm 时，上述数据取大值，刻痕钢丝的公称直径、横截面积、每米参考质量与光圆钢丝相同。 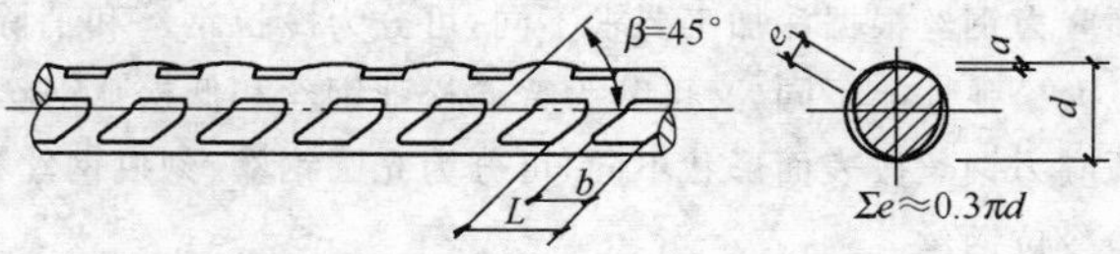 图 3－2　三面刻痕钢丝外形 5）螺旋肋钢丝。 螺旋肋钢丝是通过专用拔丝模冷拔方法使钢丝表面沿长度方向上产生规则间隔的肋条的钢丝，钢丝表面螺旋肋可增加与混凝土的握裹力。这种钢丝可用于先张法预应力混凝土构件。 图 3－3 所示为螺旋肋钢丝外形，每个螺旋肋导程 c 有 4 条螺旋肋。单肋宽度 a：对公称直径 d_n＝5 mm 的，a 为 1.30～1.70 mm，对 d_n＝7 mm 为 1.80～2.20；单肋高度 $\frac{D-D_1}{2}$：对 d_n＝5 mm为 0.25 mm，对 d_n＝7 mm 时为 0.36 mm。螺旋肋钢丝的公称直径、横截面积、每米参考质量与光圆钢丝相同。 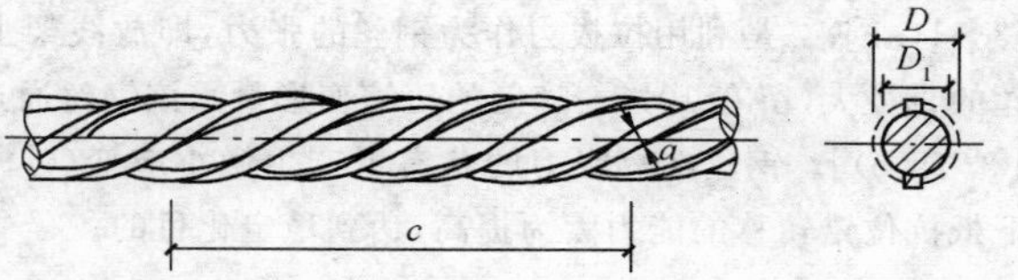 图 3－3　螺旋肋钢丝外形 预应力钢丝的规格与力学性能应符合国家标准《预应力混凝土用钢丝》(GB/T 5223－2002)(2008 年复审过)的规定见表 2－20、表 2－23、表 2－27、表 2－28。 (2)预应力钢绞线。 预应力钢绞线是由多根冷拉钢丝在绞线机上成螺旋形绞合，并经消除应力回火处理而成的总称。钢绞线的整根破断力大，柔性好，施工方便，具有广阔的发展前景。 预应力钢绞线按捻制结构不同可分为：1×2 钢绞线、1×3 钢绞线和 1×7 钢绞线等(图 3－4)。1×7 钢绞线是由 6 根外层钢丝围绕着一根中心钢丝(直径加大 2.5%)绞成，用途广泛。1×2 钢绞线和 1×3 钢绞线仅用于先张法预应力混凝土构件。

续上表

项目	内　容
预应力的品种和规格	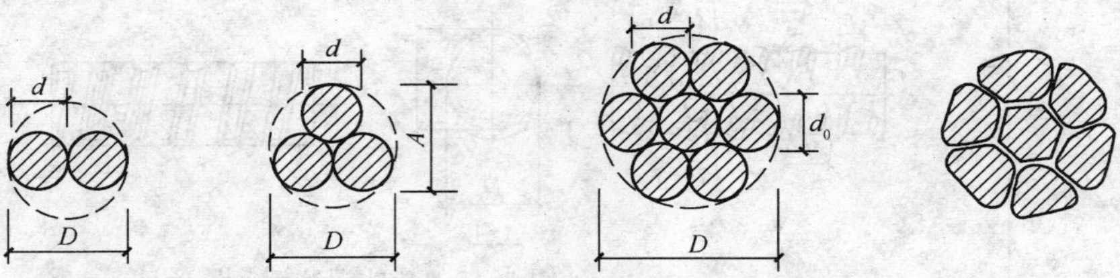 (a)1×2钢绞线　(b)1×3钢绞线　(c)1×7钢绞线　(d)模拔钢绞线 图 3－4　预应力钢绞线 D－钢绞线公称直径；A－1×3 钢绞线测量尺寸；d－钢丝套径；d_0－中心钢丝套径 钢绞线根据深加工要求不同又可分为：标准型钢绞线、刻痕钢绞线和模拔钢绞线。 1)标准型钢绞线。 标准型钢绞线即消除应力钢绞线。在预应力钢绞线新标准中，只规定了低松弛钢绞线的要求，取消了普通松弛钢绞线。低松弛钢绞线的消除应力回火处理是采用张力轮法进行的，与低松弛钢丝张力轮法相同[图 3－4(a)]。 低松弛钢绞线的力学性能优异、质量稳定、价格适中，是我国土木建筑工程中用途最广、用量最大的一种预应力筋。 2)刻痕钢绞线。 刻痕钢绞线是由刻痕钢丝捻制成的钢绞线，可增加钢绞线与混凝土的握裹力，其力学性能与低松弛钢绞线相同。 3)模拔钢绞线。 模拔钢绞线是在捻制成型后，再经模拔处理制成[图 3－4(d)]。这种钢绞线内的钢丝在模拔时被压扁，各根钢丝成为面接触，使钢绞线的密度提高约 18%。在相同截面面积时，该钢绞线的外径较小，可减少孔道直径；在相同直径的孔道内，可使钢绞线的数量增加，而且它与锚具的接触面较大，易于锚固。 预应力钢绞线的捻距为钢绞线公称直径的 12～16 倍，模拔钢绞线的捻距应为钢绞线公称直径的 14～18 倍。钢绞线的捻向，如无特殊规定，则为左(S)捻，需加右(Z)捻应在合同中注明。在拉拔前，个别钢丝允许焊接，但在拉拔中或拉拔后不应进行焊接。成品钢绞线切断后应是不松散的或可以不困难地捻正到原来的位置。 钢绞线的规格和力学性能应符合国家标准《预应力混凝土用钢绞线》(GB/T 5224－2003)(2008 年复审过)的规定见表 3－8、表 3－9、表 2－29、表 2－30、表 2－31。 (3)精轧螺纹钢筋。 精轧螺纹钢筋是一种用热轧方法在整根钢筋表面上轧出不带纵肋而横肋为不连续的梯形螺纹的直条钢筋，如图 3－5 所示。该钢筋在任意截面处都能拧上带内螺纹的连接器进行接长，或拧上特制的螺母进行锚固，无需冷拉与焊接，施工方便，主要用于房屋、桥梁与构筑物等直线筋。

续上表

项目	内　　容
预应力的品种和规格	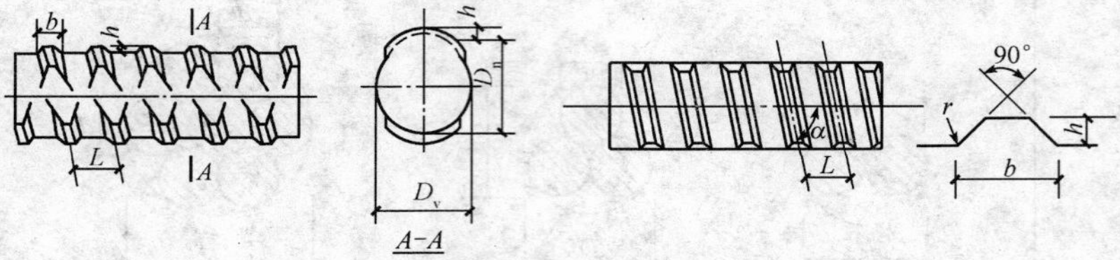 图 3－5　精轧螺纹钢筋外形 精轧螺纹钢筋的外形尺寸与力学性能应符合标准规定见表 3－10 和表 3－11。当钢筋进行冷弯时，受弯曲部位外表面不得产生裂纹。 (4)镀锌钢丝和钢绞线。 镀锌钢丝是用热镀方法在钢丝表面镀锌制成。镀锌钢绞线的钢丝应在捻制钢绞线之前进行热镀锌。镀锌钢丝和钢绞线的抗腐蚀能力强，主要用于缆索、体外索及环境条件恶劣的工程结构等。镀锌钢丝应符合国家标准《桥梁缆索用热镀锌钢丝》(GB/T 17101－2008)的规定，镀锌钢绞线应符合行业标准《高强度低松弛预应力热镀锌钢绞线》(YB/T 152－1999)的规定。 1)镀锌层。 ①单位面积的镀锌层质量应为 190～350 g，相当于锌层的平均厚度为 27～50 μm。 ②锌层附着力是根据镀锌钢丝或成品镀锌钢绞线中心钢丝的缠绕试验来检验。缠绕用芯杆的直径为钢丝直径的 5 倍，紧密缠绕 8 圈后，螺旋圈的锌层外面应没有剥落。 ③锌层均匀性是将镀锌钢丝试件二次浸入(每次时间为 60 s)硫酸铜溶液，没有出现光亮沉积层和橙红色铜的黏附。 ④锌层表面质量应具有连续的锌层，光滑均匀，不得有局部脱锌、露铁等缺陷，但允许有不影响锌层质量的局部轻微刻痕。 2)力学性能。 ①镀锌钢丝和镀锌钢绞线的力学性能，分别列于表 3－12 和表 3－13。钢丝和钢绞线经热镀锌后，其屈服强度稍为降低。 ②镀锌钢丝和镀锌钢绞线的公称直径和截面积应包括锌层厚度在内。 (5)无黏结预应力钢绞线。 无黏结钢绞线是用防腐润滑油脂涂敷在钢绞线表面上，并外包塑料护套制成，如图 3－6 所示。它主要用于后张预应力混凝土结构中的无黏结预应力筋，也可用于暴露或腐蚀环境中的体外索、拉索等。无黏结钢绞线应符合行业标准《无黏结预应力钢绞线》(JG 161－2004)的规定。 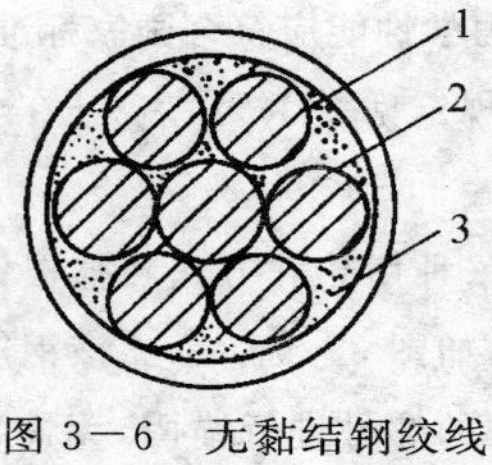 图 3－6　无黏结钢绞线 1－钢绞线；2－油脂；3－塑料护套

续上表

项目	内　容
预应力的品种和规格	1)材料要求。 ①钢绞线规格，选用1×7结构，直径有9.5 mm、12.7 mm、15.2 mm及15.7 mm等。其质量应符合国家标准《预应力混凝土用钢绞线》(GB/T 5224－2003)的要求。 ②防腐润滑油脂：应具有良好的化学稳定性，对周围材料无侵蚀作用；不透水、不吸湿；抗腐蚀性能强；润滑性能好，摩擦阻力小；在规定温度范围内高温不流淌低温不变脆，并有一定韧性。其质量应符合行业标准《无黏结预应力筋专用防腐润滑脂》(JG 3007—1993)的要求。 ③护套材料应采用高密度聚乙烯树脂，其质量应符合国家标准《聚乙烯(PE)树脂》(GB/T 11115—2009)的规定。 护套颜色宜采用黑色，也可采用其他颜色，但此时添加的色母材料不能损伤护套的性能。 2)生产工艺。 钢绞线油脂层的涂敷及护套的制作，应采用挤塑涂层工艺一次完成。其工艺设备主要由放线盘、给油装置、塑料挤出机、水冷装置、牵引机、收线机等组成，见图3－7。钢绞线经给油装置涂油后，通过塑料挤出机的机头出口处，塑料熔融被挤成管状包覆在钢绞线上，经冷却水槽使塑料护套硬化，即形成无黏结钢绞线。 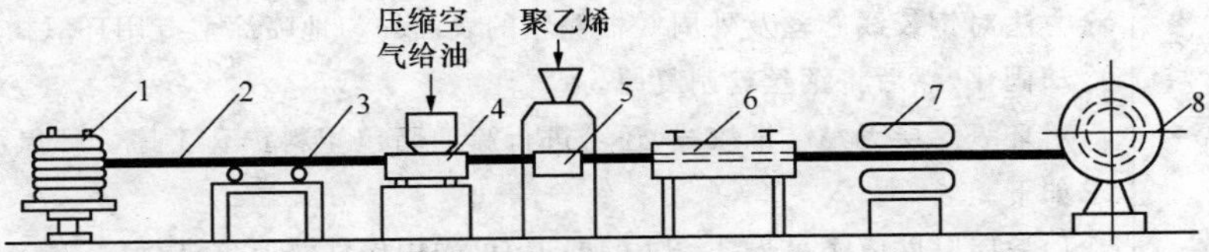 图3－7　挤塑涂层工艺生产线 1－放线盘；2－钢绞线；3－滚动支架；4－给油装置； 5－塑料挤出机；6－水冷装置；7－牵引机；8－收线装置 塑料挤出机的机头是该工艺的关键部件。塑料熔融物与钢绞线在机头中各走各的通道，塑料护套只在机头出口处直接在钢绞线上成型。由于塑料软化点与油脂滴点温度非常接近，所以在成型过程中必须保证熔融物经过机头时油脂不流淌；同时，还应保证成型塑料护套与涂油钢绞线离开一定间隙，以便涂油钢绞线能在塑料护套内任意抽动，减少张拉时摩擦损失。挤出机的塑料挤出速度与制品成型速度必须协调一致，以免影响塑料护套厚度。 3)质量要求。 预应力钢绞线的力学性能，经检验合格后，方可制作无黏结预应力筋。 产品外观：油脂应饱满，护套应光滑、无裂缝，无明显褶皱。 油脂用量：对ϕ^s9.5、ϕ^s12.7、ϕ^s15.2、ϕ^s15.7钢绞线相应不小于32、43、50、53 g/m。 护套厚度：在正常环境下不小于0.8 mm，在腐蚀环境下不小于1.2 mm。 油脂用量与护套厚度测量方法：取1 m长无黏结钢绞线，用精度不低于1.0 g的天平称量质量(W_2)，然后除净护套及钢绞线止的油脂，并称量其质量(W_1)，每米钢绞线油脂质量$W_3=W_1-W_2$；护套厚度用游标卡尺在其每端口截面不同方向上各进行4次测量，取平均值。 无黏结钢绞线护套轻微破损者应外包防水塑料胶带修补，严重破损者不得使用。 (6)环氧涂层钢绞线。 环氧涂层钢绞线是通过静电喷涂使每根钢丝周围形成一层环氧保护膜制成。该保护膜对各种腐蚀环境具有优良的耐蚀性，同时该新型防腐钢绞线具有与母材相同的强度特性及相

续上表

项目	内　　容
预应力的品种和规格	同的混凝土黏结强度，且其柔软性与喷涂前相同，它还具有与普通钢绞线共用锚具和张拉设备的优点，适用于腐蚀环境下的先张法或后张法构件、港湾构造物、海洋构造物、斜拉索、吊索等。 环氧涂层钢绞线，主要有两种类型：环氧涂层有黏结钢绞线、环氧涂层无黏结钢绞线，如图 3－8所示。其喷涂后的参数，列于表 3－20。 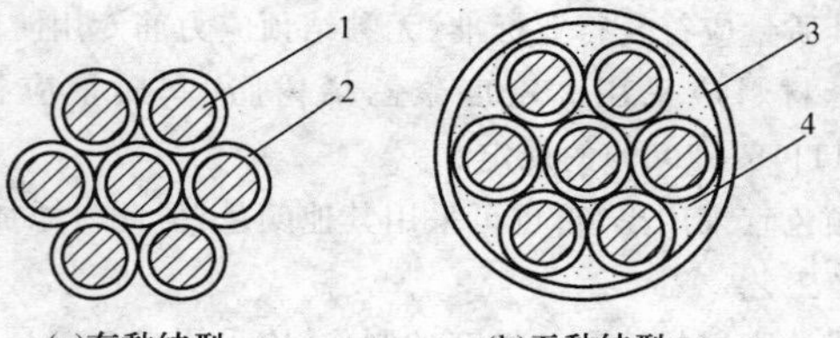 (a)有黏结型　(b)无黏结型 图 3－8　环氧涂层钢绞线 1－钢绞线；2－环氧树脂涂层；3－聚乙烯护套；4－油脂 环氧涂层钢绞线的制作，采用环氧喷涂设备。首先将除锈后的钢绞线完全松开，用静电喷涂方法对钢绞线芯丝及外周 6 根侧丝的表面均匀地喷涂上专用环氧树脂粉末并加热熔融及冷却固化，然后将钢丝捻制复原。 对环氧涂层无黏结钢绞线，还需进行涂油脂包塑料护套工序。环氧涂层钢绞线的质量要求如下。 1)涂层厚度应满足表 3－14 的要求，可采用磁性测厚仪进行检测。 2)涂层表面应光滑完整，没有肉眼可见的小孔、针眼、空隙、裂纹和损伤等。允许有不影响涂层防腐质量的局部气泡。如出现轻微针眼、局部损伤等缺陷，应采用生产厂家提供的专用修补料进行修补。 3)涂层附着力应在成品中取样进行 16d 直径的弯曲试验或在拉伸至钢绞线标准强度的 90％时，涂层应无裂纹、脱落现象
预应力筋检验	(1)预应力钢丝检验。 1)外观检查。 预应力钢丝的外观质量，应逐盘检查。钢丝表面不得有油污、氧化铁皮、裂纹或机械损伤，但表面上允许有浮锈和回火色。镀锌钢丝的锌层应光滑均匀，无裂纹。钢丝直径检查，按 10％盘选取，但不得少于 6 盘。 2)力学性能试验。 钢丝的力学性能，应抽样试验。每验收批应由同一牌号、同一规格、同一生产工艺制度的钢丝组成，质量不大于 60 t。 钢丝外观检查合格后，从同一批中任意选取 10％盘(不少于 6 盘)钢丝，每盘在任意位置截取二根试件，一根用做拉伸试验(抗拉强度与伸长率)，一根用做反复弯曲试验。如有某一项试验结果不符合《预应力混凝土用钢丝》(GB/T 5223－2002)标准的要求见表 3－8，则该盘钢丝为不合格品；并从同一批未经试验的钢丝盘中再取双倍数量的试件进行复验，如仍有一项试验结果不合格，则该批钢丝判为不合格品，或逐盘检验取用合格品。 对设计文件有指定要求的疲劳性能、可镦性等，应再进行抽样试验。

续上表

项目	内 容
预应力筋检验	(2)预应力钢绞线检验。 1)外观检查。 钢绞线的外观质量,应逐盘检查。钢绞线的捻距应均匀,切断后不松散,其表面不得带有油污、锈斑或机械损伤,但允许有浮锈和回火色。镀锌或涂环氧钢绞线、无黏结钢绞线等涂层表面应均匀、光滑、无裂纹、无明显折皱。 无黏结预应力筋的油脂质量与护套厚度,应按 60 t 为一批,抽取 3 个试件进行检验。其测试结果应满足无黏结预应力筋的质量要求。 2)力学性能试验。 钢绞线的力学性能,应抽样检验。每验收批应由同一牌号、同一规格、同一生产工艺制度的钢绞线组成,质量不大于 60 t。 钢绞线外观检查合格后,从同一批中任意选取 3 盘钢绞线,每盘在任意位置截取一根试件进行拉伸试验。如有某一项试验结果不符合《预应力混凝土用钢绞线》(GB/T 5224－2003)标准的要求见表 3－16 与表 3－17,则不合格盘报废。再从未试验过的钢绞线中取双倍数量的试件进行复验。如仍有一项不合格,则该批钢绞线判为不合格品。 对设计文件有指定要求的疲劳性能、偏斜拉伸性能等,应再进行抽样试验。 (3)精轧螺纹钢筋检验。 1)外观检查。 精轧螺纹钢筋的外观质量,应逐根检查。钢筋表面不得有锈蚀、油污、横向裂纹、结疤。 允许有不影响钢筋力学性能、工艺性能以及连接的其他缺陷。 2)力学性能试验。 精轧螺纹钢筋的力学性能,应抽样试验。每验收批质量不大于 60 t。从中任取两根,每根取两个试件分别进行拉伸和冷弯试验。当有一项试验结果不符合标准规定时,应取双倍数量试件重做试验。复验结果仍有一项不合格时,该批高强精轧螺纹钢筋判为不合格品
预应力筋存放	预应力筋由于其强度高与塑性差,在无应力状态下对腐蚀作用比普通钢筋敏感。预应力筋在运输与存放过程中如遭受雨淋、湿气或腐蚀介质的侵蚀,易发生锈蚀,不仅降低质量,而且将出现腐蚀坑,有时甚至会造成钢材脆断。 成盘的预应力筋在存放过程中的外部纤维就有拉应力存在。其外部纤维应力,可按 $\frac{dE_s}{D}$ 公式估算(d—预应力筋直径;D—卷盘直径)。例如 $\phi^P{}_s$ 钢丝的卷盘直径为 1.7 m,则其外纤维应力约为 600 N/mm^2(0.38σ_b),当有腐蚀介质作用时,就有可能产生应力腐蚀使钢材自然断裂。 预应力筋运输与储存时,应满足下列要求。 (1)成盘卷的预应力筋,宜在出厂前加防潮纸、麻布等材料包装。 (2)装卸无轴包装的钢绞线、钢丝时,宜采用 C 形钩或三根吊索,也可采用叉车。每次吊运一件,避免碰撞而损害钢绞线。 (3)在室外存放时,不得直接堆放在地面上,必须采取垫枕木并用苫布覆盖等有效措施。防止雨露和各种腐蚀性气体、介质的影响。 (4)长期存放应设置仓库,仓库应干燥、防潮、通风良好、无腐蚀气体和介质。 (5)如储存时间过长,宜用乳化防锈剂喷涂预应力筋表面

1×3 结构钢绞线尺寸及允许偏差、参考质量见表 3－8。

表 3－8　1×3 结构钢绞线尺寸及允许偏差、参考质量

钢绞线结构	公称直径		钢绞线测量尺寸 A(mm)	测量尺寸 A 允许偏差(mm)	钢绞线参考截面积 S_n (mm^2)	钢绞线参考质量(g/m)
	钢绞线直径 D(mm)	钢丝直径 d(mm)				
1×3	6.2	2.90	5.41	+0.20 −0.10	19.8	155
	6.50	3.00	5.60		21.2	166
	8.60	4.00	7.46	+0.20 −0.10	37.7	296
	8.74	4.05	7.56		38.6	303
	10.80	5.00	9.33		58.6	462
	12.90	6.00	11.2		84.8	666
1×3 I	8.74	4.05	7.55		38.6	303

1×7 结构钢绞线尺寸及允许偏差、参考质量见表 3－9。

表 3－9　1×7 结构钢绞线尺寸及允许偏差、参考质量

钢绞线结构	公称直径 D(mm)	直径允许偏差(mm)	钢绞线参考截面积 S_n (mm^2)	钢绞线参考质量(g/m)	中心钢丝直径 d_0 加大范围(%)不小于
1×7	9.50	+0.30 −0.15	54.8	430	2.5
	11.10		74.2	582	
	12.70	+0.40 −0.20	98.7	775	
	15.20		140	1 101	
	15.70		150	1 178	
	17.80		191	1 500	
(1×7)C	12.70	+0.40 −0.20	112	890	
	15.20		165	1 295	
	18.00		223	1 750	

精轧螺纹钢筋外形尺寸、质量及允许偏差见表 3－10。

表 3－10　精轧螺纹钢筋外形尺寸、质量及允许偏差

公径直径(mm)		18	25	28	32
基圆直径	D_h	18±0.3	25±0.4	28±0.5	32±0.5
	D_v	$18^{+0.2}_{-0.6}$	$25^{+0.4}_{-0.8}$	$28^{+0.4}_{-0.8}$	$32^{+0.4}_{-0.8}$
牙高 h		1.2±0.2	1.6±0.3	1.8±0.4	2.0±0.4
牙底宽 b		4±0.3	6.0±0.5	6±0.5	7±0.5
螺距 t		9±0.2	12±0.3	14±0.3	16±0.3
牙根弧 r		1.0	1.6	1.8	2.0
导角 α		81°31′			
基圆截面积(mm^2)		254.5	490.9	615.8	804.2
理论质量(kg/m)		2.11	4.05	5.12	6.66

注：1. 理论质量考虑牙高的质量；

2. 质量允许偏差为±4%。

精轧螺纹钢筋的力学性能见表 3－11。

表 3－11　精轧螺纹钢筋的力学性能

级别	屈服点(MPa)	抗拉强度(MPa)	伸长率(%)	冷弯 90°	松弛值 10 h
	不小于				不大于
JL785	785	980	7	$D=7d$	$80\%\sigma_{0.1}$，1.5%
JL835	835	1 035	7	$D=7d$	
RL540	540	835	10	$D=5d$	

注：1. D—弯心直径；d—钢筋公称直径；

2. RL540 级钢筋，d=32 mm 时，冷弯 $D=6d$；

3. 钢筋弹性模量为 1.95×10^5～2.05×10^5 MPa。

镀锌钢丝的力学性能见表 3－12。

表 3－12　镀锌钢丝的力学性能

公称直径	抗拉强度	规定非比例伸长应力			伸长率	弯曲次数		松弛性能		
mm	MPa	无松弛要求（MPa）	Ⅰ级松弛要求（MPa）	Ⅱ级松弛要求（MPa）	L_0＝250 mm（%）	次数/180°	弯曲半径（mm）	初始应力相当于公称抗拉强度的百分数（%）	1 000 h 应力不大于（%）	
									Ⅰ级松弛	Ⅱ级松弛
	不小于									
5.00	1 570	1 180	1 250	1 330	4.0	4	15	70	8	2.5
	1 670	1 250	1 330	1 410						
	1 770	1 330	1 410	1 500						
7.00	1 570	—	—	1 330	4.0	5	20			
	1 670	—	—	1 410						

注：弹性模量为 $(2.0\pm0.1)\times10^5$ MPa。

镀锌钢绞线的规格和力学性能见表3－13。

表3－13　镀锌钢绞线的规格和力学性能

公称直径(mm)	公称截面积(mm^2)	理论质量(kg/m)	强度级别(MPa)	最大负荷F_b(kN)	屈服负荷$F_{p0.2}$(kN)	伸长率δ(%)	松弛	
							初载为公称负荷的百分比(%)	1 000 h应力松弛损失$R_{1\,000}$(%)
12.5	93	0.73	1 770 1 860	164 173	146 154	≥3.5	70%	≤2.5
12.9	100	0.785	1 770 1 860	177 186	158 166			
15.2	139	1.091	1 770 1 860	246 259	220 230			
15.7	150	1.178	1 770 1 860	265 279	236 248			

注：弹性模量为$(1.95\pm0.17)\times10^5$ MPa。

环氧涂层钢绞线喷涂后的参数见表3－14。

表3－14　环氧涂层钢绞线喷涂后的参数

类型		涂层厚度(mm)	外径(mm)	涂层重(g/m)	无黏结涂包重(g/m)	合计重(g/m)
有黏结	ϕ^s12.7	0.12～0.18	13.5	14.9	—	789
	ϕ^s15.2	0.12～0.18	16.0	17.7	—	1 119
无黏结	ϕ^s12.7	0.12～0.18	15.8	14.9	98	887
	ϕ^s15.2	0.12～0.18	18.3	17.7	116	1 235

注：ϕ^s12.7钢绞线单位重774 g/m，ϕ^s15.2为1 101 g/m。

2. 锚具和连接器

锚具和连接器的材料要求见表3－15。

表3－15　锚具和连接器

项目	内　容
常用锚具	(1) 多孔夹片锚固体系。 多孔夹片锚具是在一块多孔的锚板上，利用每个锥形孔装一副夹片夹持一根钢绞线的一种楔紧式锚具(图3－9)。这种锚具的优点是任何一根钢绞线锚固失效，都不会引起整束锚固失效，但构件端部需要扩孔。每束钢绞线的根数不受限制。对锚板与夹片的要求与单孔夹片锚具相同。

续上表

<table>
<tr><th>项目</th><th>内　　容</th></tr>
<tr><td>常用锚具</td><td>
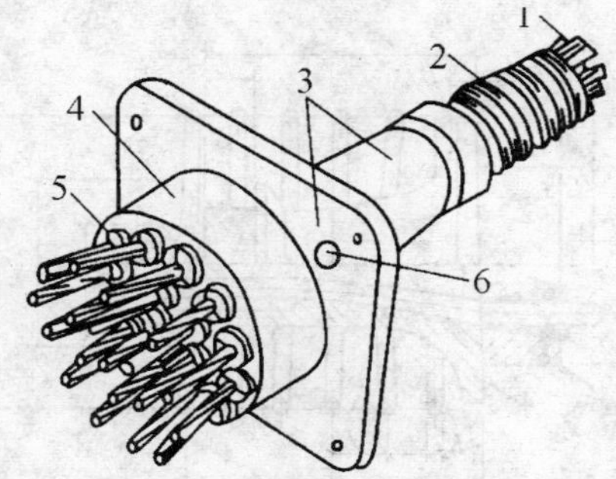

图 3－9　多孔夹片锚固体系
1－钢绞线；2－金属螺旋管；3－带预埋板的喇叭管；
4－锚板；5－夹片；6－灌浆孔

这种锚具在现代预应力混凝土工程中广泛应用，主要的产品有：XM 型、QM 型、OVM 型、BS 型等。

1)XM 型锚具。XM 型锚具适用于锚固 3～37 根 ϕ^j15 钢绞线束或 3～12 根 7ϕ^s5 钢丝束。

XM 型锚具是由锚板与夹片组成，如图 3－10 所示。锚板的锥形孔沿圆周排列，对 ϕ^j15 钢绞线，间距不小于 36 mm。锥形孔中心线的倾角 1∶20。锚板顶面应垂直于锥形孔中心线，以利夹片均匀塞入。夹片采用三片斜开缝形式。

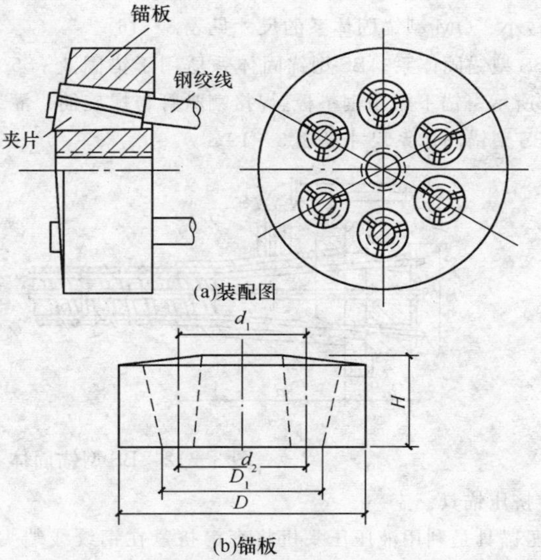

(a)装配图　(b)锚板
图 3－10　XM 型锚具

XM 型锚具下设钢垫板、喇叭管与螺旋筋等。

2)QM 型锚固体系。QM 型锚具适用于锚固 4～31ϕ^j12.7 钢绞线和 3～19ϕ^j15 钢绞线。

QM 型锚具是由锚板与夹片组成，如图 3－11 所示。锚板顶面为平面，锥形孔为直孔；夹片为三片式直开缝。由于钢绞线在锚板处有二折角，增大了锚口预应力损失。
</td></tr>
</table>

续上表

项目	内　　容
常用锚具	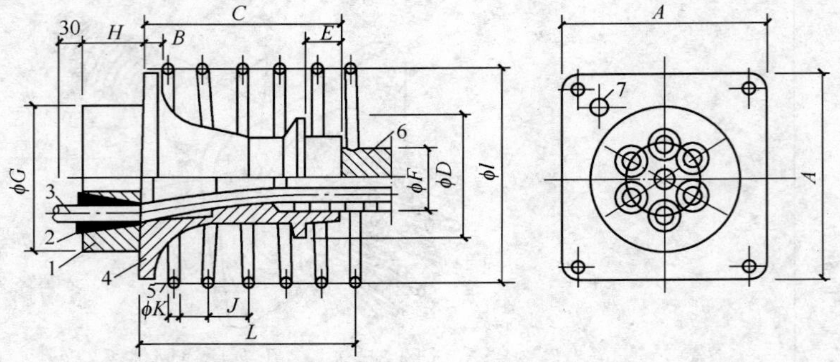 图 3－11　QM 型锚具及配件(单位:mm) 1－锚板;2－夹片;3－钢绞线;4－喇叭形铸铁垫板;5－弹簧圈; 6－预留孔道用的螺旋管;7－灌浆孔 QM 型锚固体系配有专门的工具锚,以保证每次张拉后退楔方便,并减少安装工具锚所花费的时间。 锚下构造措施(图 3－11):采用铸铁喇叭管与螺旋筋。铸铁喇叭管是将承压垫板与喇叭管铸成整体,可解决混凝土承受大吨位局部压力及承压钢板垂直于预应力筋孔道的问题。垫板上还设有灌浆孔。其各部分尺寸是按照钢绞线抗拉强度 1 860 MPa、张拉时锚固区混凝土强度不小于 35 MPa 设计的。当实际使用的钢绞线强度低于上述值时,垫板的平面尺寸可减小。QM 型锚固体系的尺寸见表 3－16。 3)BS 型锚固体系。BS 型锚固体系适用于锚固 3～55 根 $\phi^j 15$ 钢绞线。该体系组成如图 3－12所示。锚下采用钢垫板、焊接喇叭管与螺旋筋。灌浆孔设置在喇叭管上,由塑料管引出。BS 型锚固体系尺寸见表 3－19。 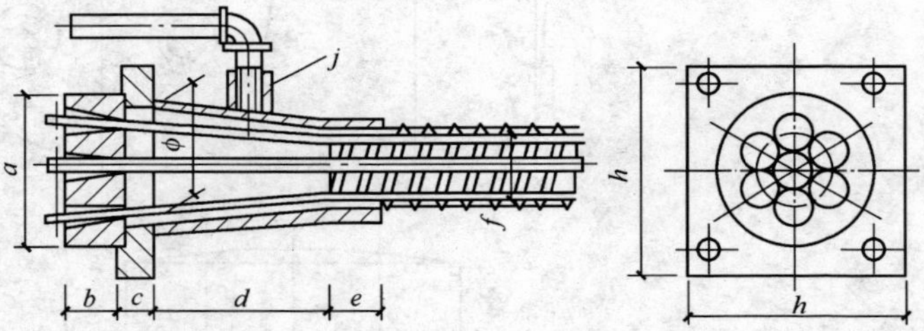 图 3－12　BS 型锚固体系 (2)挤压锚具。 挤压锚具是利用液压压头机将套筒挤紧在钢绞线端头上的一种握裹式锚具。套筒采用 45 号钢,不调质,其尺寸:对 $\phi^j 15$ 钢绞线为 $\phi 35$ mm×58 mm,对 $\phi^j 13$ 钢绞线为 $\phi 35$ mm×50 mm。套筒内衬有硬钢丝螺旋圈。锚具下设有钢垫板与螺旋筋如图 3－13 所示。 从挤压头切开检查后看出:硬钢丝已全部脆断,一半嵌入外钢套,一半压入钢绞线,从而增加钢套筒与钢绞线之间的摩阻力;外钢套与钢绞线之间没有任何空隙,紧紧夹住。 这种锚具适用于固定端单根无黏结钢绞线与多根有黏结钢绞线。

续上表

<table>
<tr><th>项目</th><th>内 容</th></tr>
<tr><td>常用锚具</td><td>

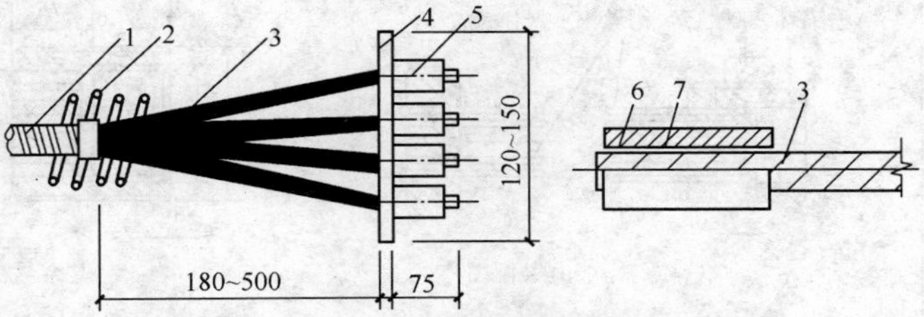

图 3－13 挤压锚具、钢垫板与螺旋筋(单位:mm)

1－螺旋管;2－螺旋筋;3－钢绞线;4－钢垫板;5－挤压锚具;

6－套筒;7－硬钢丝螺旋圈

(3)压花锚具。

压花锚具是利用液压压花机将钢绞线端头压成梨形散花头的一种握裹式锚具,如图 3－14 所示。

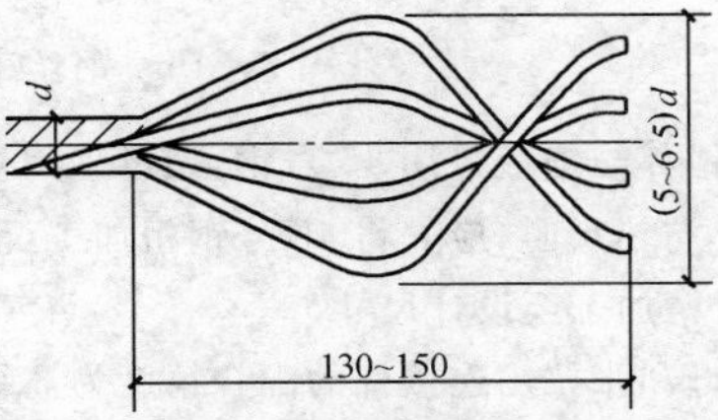

图 3－14 压花锚具(单位:mm)

梨形头的尺寸:对 $\phi^{j}15$ 钢绞线不小于 ϕ95 mm×150 mm。多根钢绞线的梨形头应分排埋置在混凝土内,如图 3－15 所示。为提高压花锚四周混凝土及散花头根部混凝土抗裂强度,在散花头头部配置构造筋,在散花头根部配置螺旋筋。混凝土强度不低于 C30,压花锚距构件截面边缘不小于 30 mm,第一排压花锚的锚固长度,对 $\phi^{j}15$ 钢绞线不小于 900 mm,每排相隔至少为 300 mm。

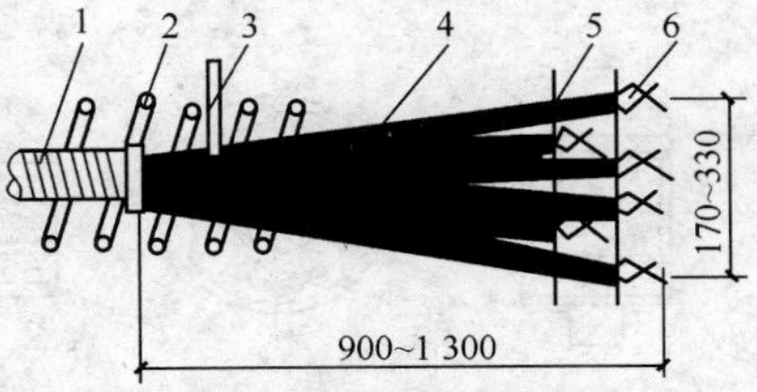

图 3－15 多根钢绞线压花锚具(单位:mm)

1－波纹管;2－螺旋筋;3－灌浆管;4－钢绞线;5－构造筋;6－压花锚具

这种锚具适用于固定端空间较大的有黏结钢绞线。

(4)镦头锚具。

镦头锚具适用于锚固任意根数 ϕ^{P} 与 $\phi^{P}7$ 钢丝束。镦头锚具的形式与规格,可根据需要自行设计。常用的镦头锚具分为 A 型与 B 型。A 型由锚杯与螺母组成,用于张拉端。B 型为锚板,用于固定端,如图 3－16 所示。

</td></tr>
</table>

续上表

项目	内　容
常用锚具	（见下）

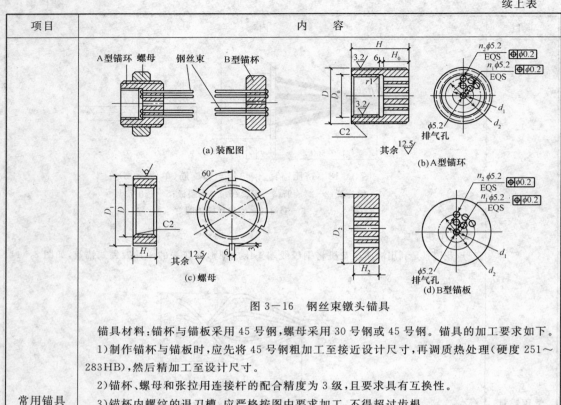

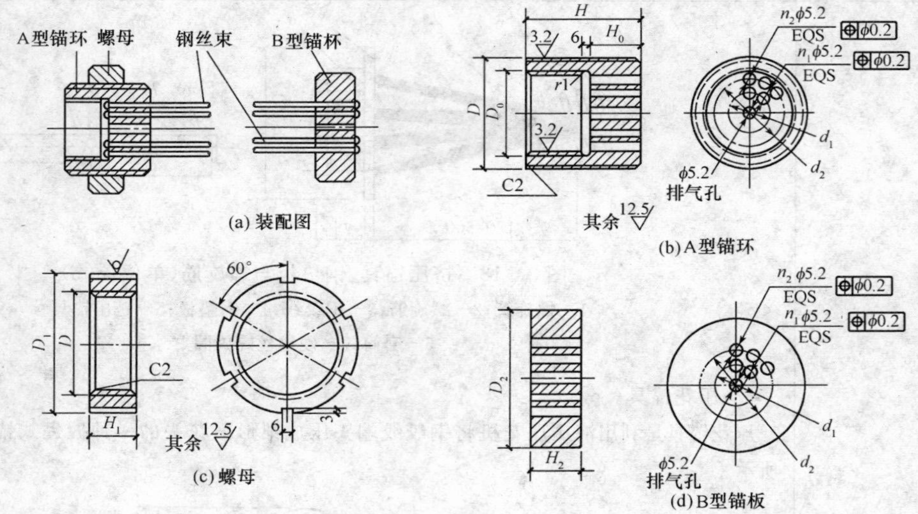

图 3－16　钢丝束镦头锚具

锚具材料：锚杯与锚板采用 45 号钢，螺母采用 30 号钢或 45 号钢。锚具的加工要求如下。

1）制作锚杯与锚板时，应先将 45 号钢粗加工至接近设计尺寸，再调质热处理（硬度 251～283HB），然后精加工至设计尺寸。

2）锚杯、螺母和张拉用连接杆的配合精度为 3 级，且要求具有互换性。

3）锚杯内螺纹的退刀槽，应严格按图中要求加工，不得超过齿根。

4）锚杯与锚板中的孔洞间距应力求准确，尤其要保证锚杯内螺纹一面的孔距准确。

此外，镦头锚具还可设计成图 3－17 形式。锚环型锚具[图 3－17(a)]由锚环与螺母组成；锚孔布置在锚环上，且内螺纹穿通，以便孔道灌浆。锚杆型锚具[图 3－17(b)]由锚杆、螺母和半环形垫片组成，锚杆直径小，构件端部无需扩孔。锚板型锚具[图 3－17(c)]由带外螺纹的锚板与垫片组成，但另端锚板应由锚板芯与锚板环用螺纹连接，以便锚芯穿过孔道。后两种锚具宜用于短束，以免垫片过多。[图 3－17(d)]为固定端锚板，属于半粘式锚具。

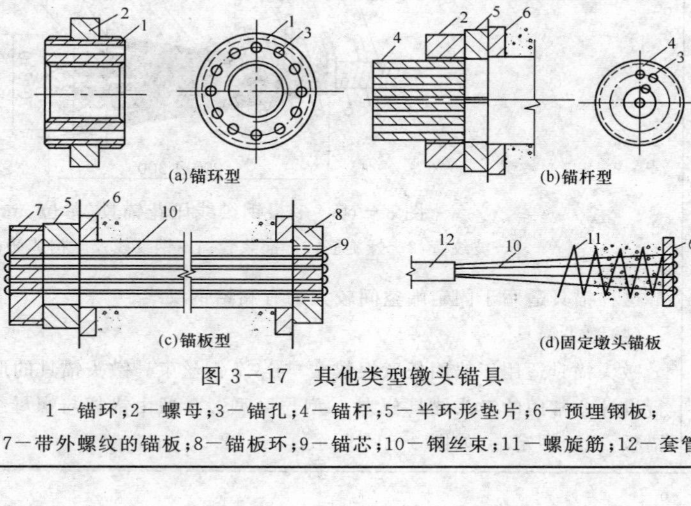

图 3－17　其他类型镦头锚具

1－锚环；2－螺母；3－锚孔；4－锚杆；5－半环形垫片；6－预埋钢板；
7－带外螺纹的锚板；8－锚板环；9－锚芯；10－钢丝束；11－螺旋筋；12－套管

续上表

<table>
<tr><th>项目</th><th>内　容</th></tr>
<tr><td>常用锚具</td><td>(5)精轧螺纹钢筋锚具。
精轧螺纹钢筋锚具是利用与该钢筋螺纹匹配的特制螺母锚固的一种支承式锚具。精轧螺纹钢筋锚具包括螺母与垫板，如图 3－18 所示。
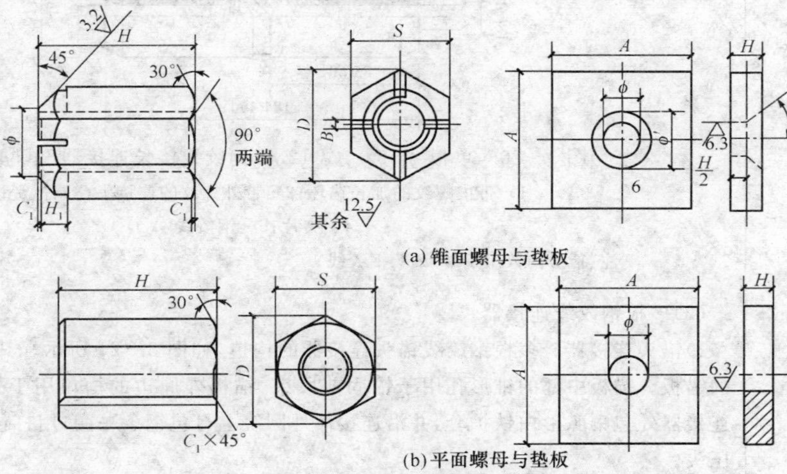

(a) 锥面螺母与垫板
(b) 平面螺母与垫板
图 3－18　精轧螺纹钢筋锚具
螺母分为平面螺母和锥面螺母两种。锥面螺母可通过锥体与锥孔的配合，保证预应力筋的正确对中；开缝的作用是增强螺母对预应力筋的夹持能力。螺母材料采用 45 号钢，调质热处理硬度(215±15)HB，其抗拉强度为 750～860 MPa。螺母的内螺纹是按钢筋尺寸公差和螺母尺寸之和设计。凡是钢筋尺寸在允许范围内，都能实现较好的连接。
垫板相应地分为平面垫板与锥面垫板两种。由于螺母传给垫板的压力沿 45°方向向四周传递，垫板的边长等于螺母最大外径加两倍垫板厚度</td></tr>
<tr><td>常用连接器</td><td>(1)单根钢绞线连接器。
1)锚头连接器。锚头连接器设置在构件端部，用于锚固前段束，并连接后段束。后段束张拉时，连接器无位移，可减少连接器下局部应力和变形。
单根钢绞线锚头连接器是由带外螺纹的夹片锚具、挤压锚具与带内螺纹的套筒组成，如图 3－19所示。前段筋采用带外螺纹的夹片锚具锚固，后段筋的挤压锚具穿在带内螺纹的套筒内，利用该套筒的内螺纹拧在夹片锚具的外螺纹上，达到连接作用。
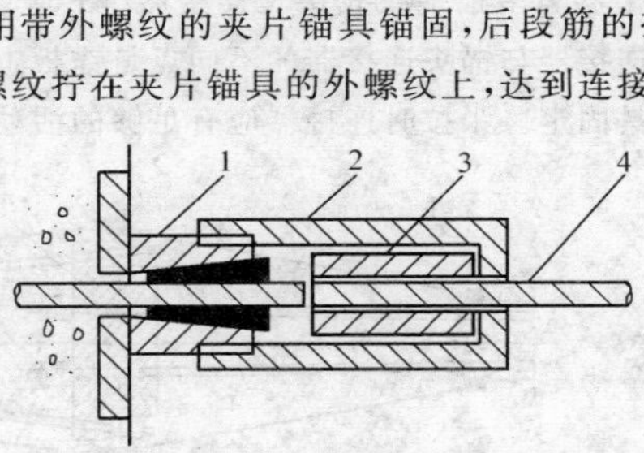

图 3－19　单根钢绞线锚头连接器
1－带外螺纹的锚环；2－带内螺纹的套筒；3－挤压锚具；4－钢绞线
2)接长连接器。单根钢绞线接长连接器是由两个带内螺纹的夹片锚具和一个带外螺纹的连接头组成，如图 3－20 所示。为了防止夹片松脱，在连接头与夹片之间装有弹簧</td></tr>
</table>

续上表

<table>
<tr><th>项目</th><th>内　　容</th></tr>
<tr><td>常用连接器</td><td>

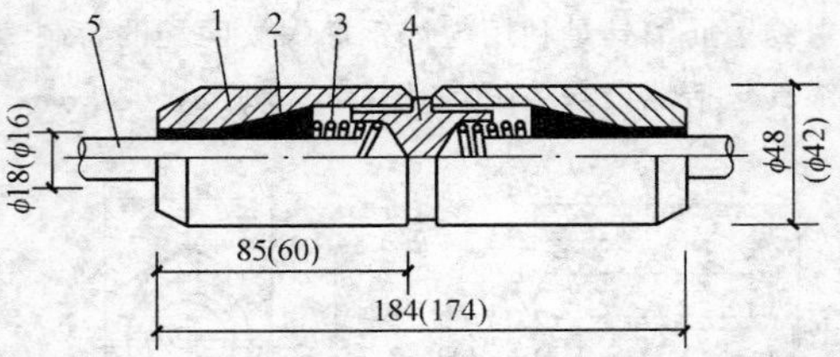

图 3－20　单根 $\phi^{s}15.2$（$\phi^{s}12.7$）钢绞线接长连接器（单位：mm）

1－带内螺纹的加长锚环；2－带外螺纹的连接头；3－弹簧；

4－夹片；5－钢绞线

注：括号内数用于 $\phi^{s}12.7$ 钢绞线。

(2)多根钢绞线连接器。

1)锚头连接器。多根钢绞线锚头连接器的构造，如图 3－21 所示。其连接体是一块增大的锚板。锚板中部的锥形孔用于锚固前段束，锚板外周边的槽口用于挂后段束的挤压头。连接器外包喇叭形白铁护套，并沿连接体外圆绕上打包钢条一圈，用打包机打紧钢条固定挤压头。

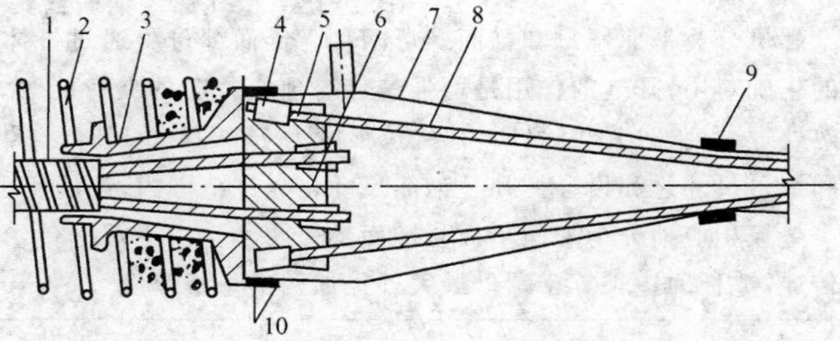

图 3－21　锚头连接器的构造

1－螺旋管；2－螺旋筋；3－铸铁喇叭管；4－挤压锚具；5－连接体；6－夹片；

7－白铁护套；8－钢绞线；9－钢环；10－打包钢条

2)接长连接器。多根钢绞线接长连接器(图 3－22)设置在孔道的直线区段，用于接长钢绞线。接长连接器与锚头连接器的不同点是锚板上的锥形孔改为直孔，两端钢绞线的端部均用挤压锚具固定。张拉时连接器应有足够的活动空间。

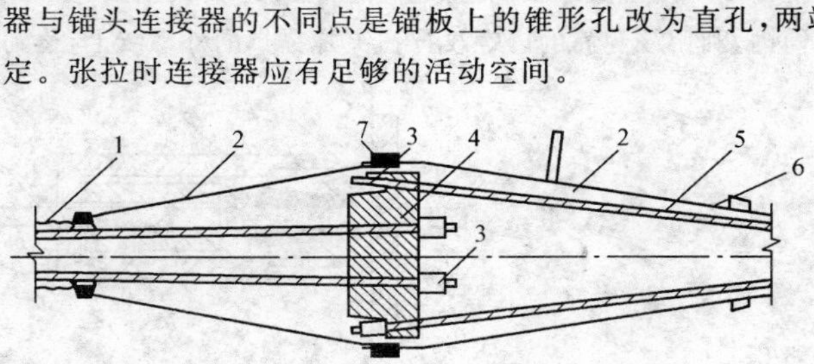

图 3－22　接长连接器的构造

1－螺旋管；2－白铁护套；3－挤压锚具；4－锚板；

5－钢绞线；6－钢环；7－打包钢条

</td></tr>
</table>

续上表

<table>
<tr><th>项目</th><th>内　容</th></tr>
<tr><td>常用连接器</td><td>(3)精轧螺纹钢筋连接器。
精轧螺纹钢筋连接器的形状与尺寸如图 3－23 所示。连接器材料、螺纹与加工工艺与精轧螺纹钢筋螺母相同
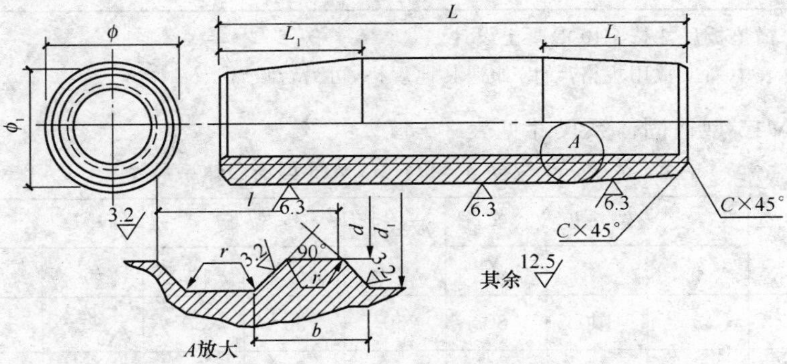

图 3－23　精轧螺纹钢筋连接器</td></tr>
</table>

QMV15 型锚固体系尺寸见表 3－16。

表 3－16　QMV15 型锚固体系尺寸

型号	锚垫板		波纹管	锚板		螺旋筋			
	A	B	ϕD	ϕE	F	ϕG	ϕH	I	圈数
QMV15－3	130	100	45	85	50	160	10	40	4
QMV15－4	155	110	50	95	50	190	10	45	4.5
QMV15－5	170	135	55	105	50	210	12	45	4.5
QMV15－6、7	200	155	65	125	55	220	14	50	5
QMV15－8	210	160	70	135	60	260	14	50	5.5
QMV15－9	220	180	75	145	60	260	14	50	5.5
QMV15－12	260	200	85	165	65	310	16	50	6.5
QMV15－14	280	220	90	185	70	350	16	55	7
QMV15－19	320	280	95	205	75	400	16	55	8
QMV15－22	350	310	110	225	80	430	18	60	8
QMV15－27	380	340	115	245	85	460	20	60	9
QMV15－31	410	380	130	260	90	510	20	60	9
QMV15－37	450	400	140	290	105	550	20	60	10

续上表

型号	锚垫板		波纹管	锚板		螺旋筋			
	A	B	ϕD	ϕE	F	ϕG	ϕH	I	圈数
QMV15－42	480	480	155	320	115	590	22	60	10
QMV15－55	550	520	170	345	140	660	25	70	10
QMV15－61	590	550	185	365	160	710	25	70	10

注：1. 锚垫板尺寸按 C40 混凝土设计。

2. 表中列出常用规格尺寸，如遇其他规格，可另行设计。

HVM15 型锚固体系尺寸见表 3－17。

表 3－17 HVM15 型锚固体系尺寸

型号	锚垫板			波纹管	锚板		螺旋筋			
	A	B	ϕC	ϕD	ϕE	F	ϕG	ϕH	I	圈数
HVM15－3	135	100	80	50	90	50	130	10	40	4
HVM15－4	150	100	85	55	105	52	150	14	50	4
HVM15－5	170	100	93	60	117	52	170	14	50	4
HVM15－6、7	210	120	108	70	135	60	200	14	50	4
HVM15－8	230	140	120	80	150	60	230	16	60	5
HVM15－9	240	160	125	80	157	60	240	16	60	5
HVM15－12	270	210	138	90	175	70	270	20	60	6
HVM15－14	285	220	148	100	185	70	285	20	60	6
HVM15－17	300	240	160	100	210	85	300	20	60	6
HVM15－19	310	250	164	100	217	90	310	20	60	7
HVM15－22	340	260	180	120	235	100	340	20	60	7
HVM15－27	365	290	195	130	260	110	365	22	60	7
HVM15－31	400	330	205	130	275	120	400	22	60	8
HVM15－37	465	390	225	140	310	140	465	22	60	9
HVM15－44	500	450	248	160	340	150	500	22	60	9
HVM15－49	540	510	260	160	360	160	540	25	70	9
HVM15－55	540	510	260	160	360	170	540	25	70	9

3. 有黏结预应力成孔材料

有黏结预应力成孔的材料要求见表 3－18。

表 3－18　有黏结预应力成孔材料

项目	内　容
金属螺旋管	金属螺旋管又称波纹管，是用冷轧钢带或镀锌钢带在卷管机上压波后螺旋咬合而成。按照相邻咬口之间的凸出部(即波纹)的数量分为单波纹和双波纹(见图 3－24)；按照截面形状分为圆形和扁形；按照径向刚度分为标准型和增强型；按照钢带表面状况分为镀锌螺旋管和不镀锌螺旋管。 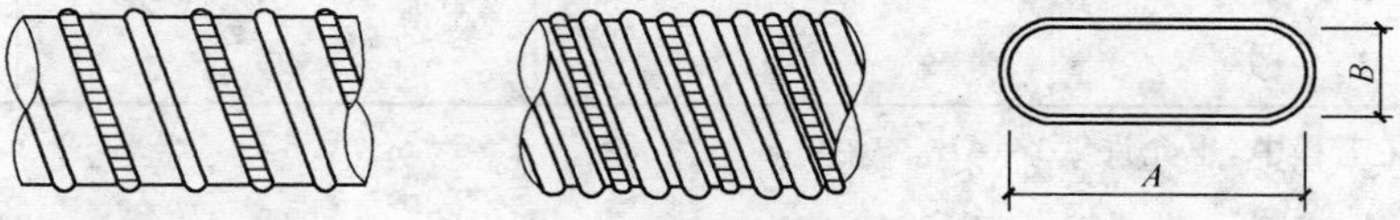 (a)圆形单波纹　(b)圆形双波纹　(c)扁形 图 3－24　金属螺旋管 圆形螺旋管和扁形螺旋管(见图 3－24)的规格，分别见表 3－19 和表 3－20。波纹高度：单波为 2.5 mm，双波为 3.5 mm。 金属螺旋管的长度，由于运输关系，每根取 4～6 m。该管用量大时，生产厂也可带卷管机到施工现场加工。这时，螺旋管的长度可根据实际工程需要确定。 标准型圆形螺旋管用途最广。扁形螺旋管仅用于板类构件。增强型螺旋管可代替钢管用于竖向预应力筋孔道或核电站安全壳等特殊工程。镀锌螺旋管可用于有腐蚀性介质的环境或使用期较长的情况
塑料波纹管	SBG 型塑料波纹管规格见表 3－21 和表 3－22。 SBG 塑料波纹管用于预应力筋孔道，具有以下优点： (1)提高预应力筋的防腐保护，可防止氯离子侵入而产生的电腐蚀。 (2)不导电，可防止杂散电流腐蚀。 (3)密封性好，预应力筋不生锈。 (4)强度高，刚度大，不怕踩压，不易被振动棒凿破。 (5)减小张拉过程中的孔道摩擦损失。 (6)提高了预应力筋的耐疲劳能力

BM 型扁锚尺寸见表 3－19。

表 3－19　BM 型扁锚尺寸　(单位：mm)

锚具型号	扁形锚垫板			扁形锚板			扁形波纹管内径	
	A	*B*	*C*	*D*	*E*	*F*	*G*	*H*
BM15(13)－2	150	160	80	80	48	50	50	19
BM15(13)－3	190	200	90	115	48	50	60	19
BM15(13)－4	235	240	90	150	48	50	70	19
BM15(13)－5	270	270	90	180	48	50	90	19

U 型锚具有关尺寸见表 3－20。

表 3－20 U 型锚具有关尺寸 （单位：mm）

钢绞线束型号	ϕA 内径	ϕH 内径	R 最小
15－3	42	36	600
15－4	65	55	600
15－7	75	60	700
15－12	90	80	1 000
15－19	110	95	1 300

注：在工程中，也允许 $\phi A=\phi B$。

OVM15 多根钢铰线连接器主要尺寸见表 3－21。

表 3－21 OVM15 多根钢铰线连接器主要尺寸

型号	预应力筋根数	A	B	C	ϕD	ϕE
OVM15L－3	3	209	678	25	169	59
OVM15L－4	4	209	678	25	169	59
OVM15L－5	5	221	730	25	181	59
OVM15L－6	6	239	748	25	199	73
OVM15L－7	7	239	748	25	199	73
OVM15L－9	9	261	801	25	221	83
OVM15L－12	12	281	845	25	241	93
OVM15L－19	19	323	985	25	283	103

OVMZ 型游动锚具有关尺寸见表 3－22。

表 3－22 OVMZ 型游动锚具有关尺寸

型号	A	B	C	D	F	H
OVMHM15－2	160	65	50	50	150	200
OVMHM15－4	160	80	90	65	800	200
OVMHM15－6	160	100	130	80	800	200
OVMHM15－8	210	120	160	100	800	250
OVMHM15－12	290	120	180	110	800	320
OVMHM15－14	320	125	180	110	1 000	340

注：参数 E、G 应根据工程结构确定，ΔL 为环形锚索张拉伸长值。

三、施工机械要求

1. 液压千斤顶

液压千斤顶的机械要求见表 3－23。

表 3－23　液压千斤顶

<table>
<tr><th>项目</th><th>内　　容</th></tr>
<tr><td>穿心式
千斤顶</td><td>穿心式千斤顶是一种利用双液压缸张拉预应力筋和顶压锚具的双作用千斤顶。系列产品有 YC20D、YC60 和 YCl20 型，其技术性能见表 3－24</td></tr>
<tr><td>大孔径穿心式
千斤顶</td><td>(1)YCD 型千斤顶。
YCD 型千斤顶的构造如图 3－25 所示。这类千斤顶具有大口径穿心孔，其前端安装顶压器，后端安装工具锚。张拉时活塞杆带动工具锚与钢绞线向左移。锚固时，采用液压顶压器或弹性顶压器。YCD 型千斤顶的技术性能见表 3－25。
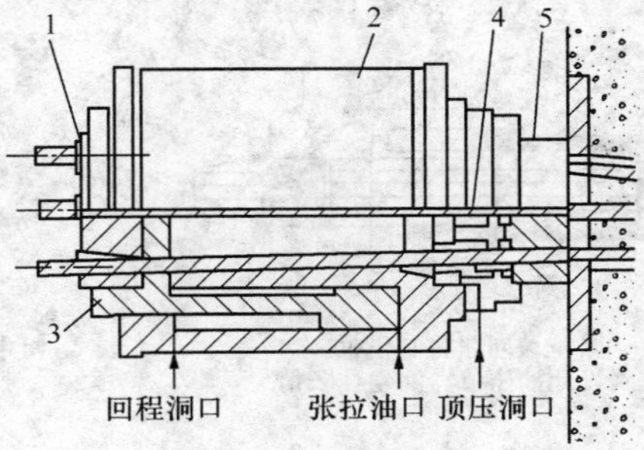

图 3－25　YCD 型千斤顶
1－工具锚；2－千斤顶缸体；
3－千斤顶活塞；4－顶压器；5－工作锚
(2)YCQ 型千斤顶。
YCQ 型千斤顶的构造如图 3－26 所示。这类千斤顶的特点是不顶锚，用限位板代替顶压器。限位板的作用是在钢绞线束张拉过程中限制工作锚固片的外伸长率，以保证在锚固时夹片有均匀一致和所期望的内缩值。这类千斤顶的构造简单、造价低、无须预锚、操作方便，但要求锚具的自锚性能可靠，在每次张拉到控制油压值或需要将钢绞线锚住时，只要打开截止阀，钢绞线即随之被锚固。另外，这类千斤顶配有专门的工具锚，以保证张拉锚固后退楔方便。
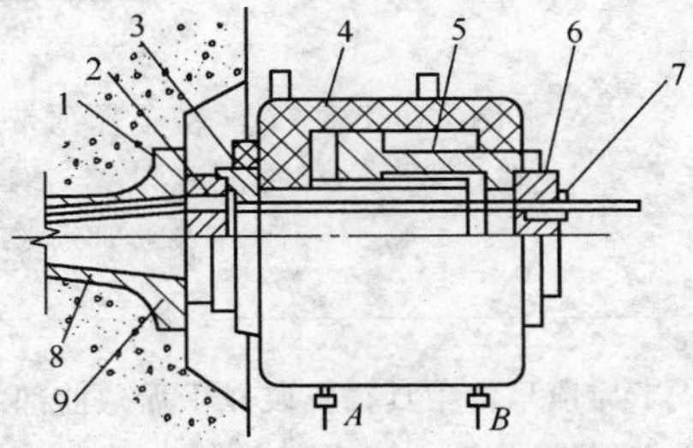

图 3－26　YCQ 型千斤顶
1－工作锚板；2－夹片；3－限位板；
4－缸体；5－活塞；6－工具锚板；
7－工具夹片；8－钢绞线；9－喇叭形铸铁垫板
A－张拉时进油嘴；B－回缩时进油嘴</td></tr>
</table>

续上表

项目	内　　容
大孔径穿心式千斤顶	YCQ 型千斤顶的操作顺序如图 3－27 所示。 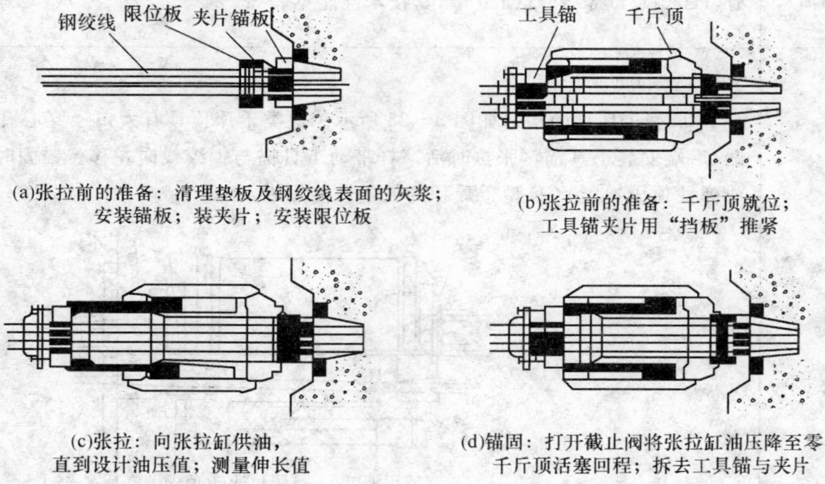 (a)张拉前的准备：清理垫板及钢绞线表面的灰浆；安装锚板；装夹片；安装限位板 (b)张拉前的准备：千斤顶就位；工具锚夹片用“挡板”推紧 (c)张拉：向张拉缸供油，直到设计油压值；测量伸长值 (d)锚固：打开截止阀将张拉缸油压降至零；千斤顶活塞回程；拆去工具锚与夹片 图 3－27　YCQ 型千斤顶的操作顺序 YCQ 型千斤顶的技术性能见表 3－26。 (3)YCW 型千斤顶。 YCW 型千斤顶是在 YCQ 型千斤顶的基础上发展起来的，通用性强。该系列产品的技术性能见表 3－27。 YCW 型千斤顶加撑杆与拉杆后，可用于镦头锚具和冷铸镦头锚具，如图 3－28 所示 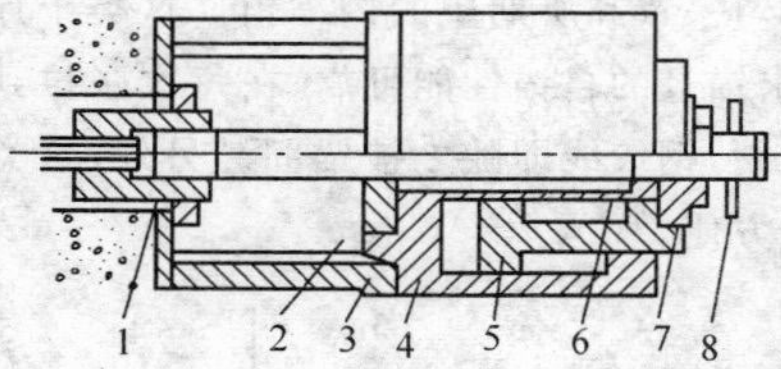 图 3－28　YCW 型千斤顶带撑脚的工作情况 1－锚具；2－支承环；3－撑脚；4－油缸；5－活塞；6－张拉杆；7－张拉杆螺母；8－张拉杆手柄
前置内卡式千斤顶	前置内卡式千斤顶是将工具锚安装在千斤顶前部的一种穿心式千斤顶。这种千斤顶的优点是节约预应力钢材，使用方便，效率高；广泛用于张拉单根钢绞线或 $7\phi^{s}5$ 钢丝束。 前置内卡式千斤顶由外缸、活塞、内缸、工具锚、顶压器等组成，如图 3－29 所示。在高压油作用下，顶压器与活塞杆不动，油缸后退，工具锚夹片即夹紧钢绞线。随着高压油不断作用，油缸继续后退，夹持钢绞线后退完成张拉工作。千斤顶张拉后，回油到底时工具锚夹片被顶开；千斤顶与工具锚一次退出。该千斤顶的技术性能见表 3－28

续上表

<table>
<tr><th>项目</th><th>内　　容</th></tr>
<tr><td>前置内卡式千斤顶</td><td>
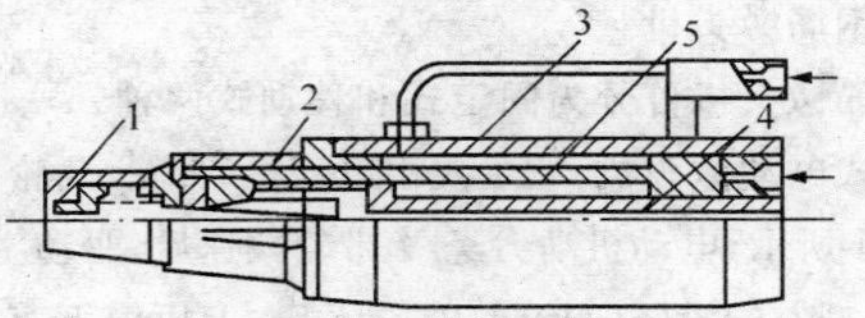

图 3－29　前置内卡式千斤顶

1－顶压器；2－工具锚；3－外缸；4－活塞；5－内缸
</td></tr>
<tr><td>开口式双缸千斤顶</td><td>

开口式双缸千斤顶是利用一对倒置的单活塞杆缸体将预应力筋卡在其间开口处的一种千斤顶。这种千斤顶主要用于单根超长钢绞线分段张拉。

开口式双缸千斤顶由活塞支架、油缸支架、活塞体、缸体、缸盖、夹片等组成，如图 3－30 所示。当油缸支架 A 油嘴进油、活塞支架 B 油嘴回油时，液压油分流到两侧缸体内，由于活塞支架不动，缸体支架后退带动预应力筋张拉。反之，B 油嘴进油，A 油嘴回油时，缸体支架复位。

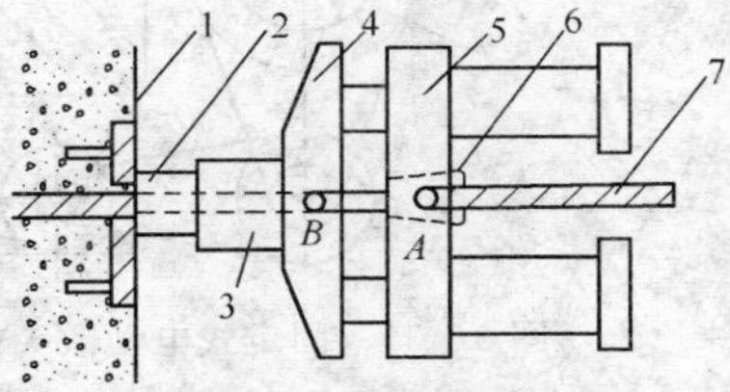

图 3－30　开口式双缸千斤顶

1－埋件；2－工作锚；3－顶压器；4－活塞支架；5－油缸支架；

6－夹片；7－预应力筋；A、B－油嘴

开口式双缸千斤顶的公称张拉力为 180 kN，张拉行程为 150 mm，额定压力为 40 MPa，自重为 47 kg
</td></tr>
<tr><td>钢筋镦头机</td><td>

(1)钢筋镦头机的类型。

1)分类。

钢筋镦头机有冷镦和热镦两类：冷镦机按其动力的不同，可分为手动、电动和液压三种形式。液压式又可分为钢丝冷镦和钢筋冷镦两种。在热镦中有电热镦头机，也可利用对焊机进行热镦。按镦头机固定状态可分为移动式和固定式两种。现有镦头机的镦头力有 100 kN、120 kN、160 kN、200 kN、450 kN 等多种。

2)技术性能。

常用镦头机技术性能见表 3－29。

(2)钢筋镦头机的构造及工作原理。

1)手动镦头机。

手动镦头机适用于镦冷拔低碳钢丝，它利用手动压臂转动偏心轮，推动镦头模挤压钢丝头，使钢丝头成为铆钉状的圆头。当手动压臂返回时，弹簧张力将镦头模顶回原位。手动镦头的夹具由两夹块组成，两夹块之间装有撑开弹簧片。当扳动夹具手柄时，夹具沿锥形套后移，并依靠撑开弹簧片的张力而分开，此时可将钢丝送进夹口顶到镦头模；当放松夹具手柄时，由于弹簧的作用将钢丝夹紧，然后便可进行冷镦。冷镦后，再扳动夹具手柄，取出钢丝。
</td></tr>
</table>

续上表

项目	内　容
钢筋镦头机	2)电动钢筋镦头机。 电动钢筋镦头机可分为固定式和移动式两种。 ①固定式电动镦头机:它主要由电动机、带轮、凸轮、滑块、压臂和机架等构成。其工作原理如图 3－31 所示,电动机动力经 V 带轮减速后,驱动主轴带动压紧凸轮,当凸缘部分和滚轮相接触,压杠杆左端沿竖向抬起,右端下压,上压模下落压住钢丝。与此同时,顶镦凸轮的凸缘和顶镦推杆左端的滚轮接触,使顶镦推杆沿水平方向向右推动,顶镦推杆右端附有一个短圆镦模,当顶镦推杆向右运动时,镦模挤压已被压模卡住的钢丝头,从而完成镦头工作。当压模、镦模由于凸轮作用向前动作一次后,因复位弹簧的作用将压模、镦模送回原处,周而复始。 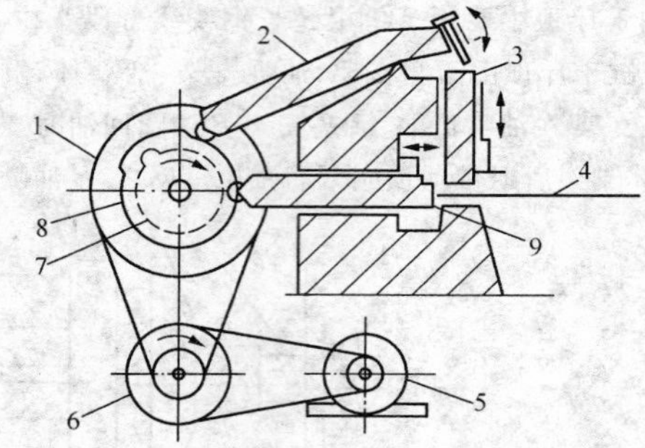 图 3－31　固定式电动镦头机工作原理示意图 1、6－胶带轮;2－压臂;3－压模;4－钢筋;5－电动机; 7－顶镦凸轮;8－加压凸轮;9－顶镦滑块 ②移动式电动镦头机:它是由电动机、镦头凸轮、镦头活塞、镦头模、夹具、切刀、涡轮减速器、弹簧、带轮等组成,如图 3－32 所示。使用时,开动电动机,冷镦机即进入不停的工作状态。待夹具张开时,将钢丝插入,冷镦机即自动地完成夹紧、镦头作用。夹具张开时取出已镦头的钢丝。当冷镦不同直径的钢丝时,应调整镦头模和夹具间的距离,使之有一定的镦锻预留长度。 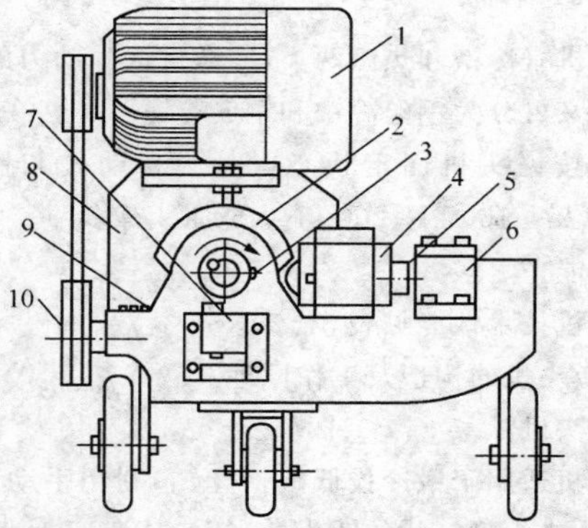 图 3－32　移动式电动镦头机构造 1－电动机;2－镦头凸轮;3－切断凸轮;4－镦头活塞;5－镦头模; 6－夹具;7－切刀;8－涡轮减速器;9－弹簧;10－带轮

续上表

项目	内　　容
钢筋镦头机	3)液压钢筋镦头机。 液压钢筋镦头机本身没有动力,需要和液压泵配套使用。它主要由液压缸、夹紧活塞、镦头活塞、顺序阀、回油阀、镦头模、夹片及锚环等部件组成,其构造如图 3-33 所示。 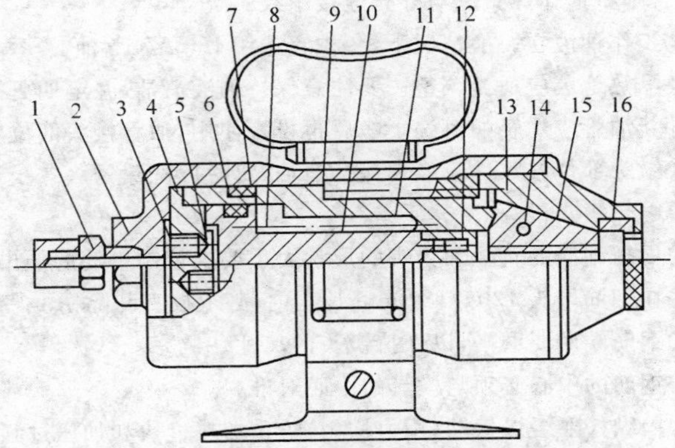 图 3-33　液压钢筋镦头机构造 1—油嘴;2—缸体;3—顺序阀;4—O 形密封圈;5—回油阀;6、7—Yx 形密封圈; 8—镦头活塞回程弹簧;9—夹紧活塞回程弹簧;10—镦头活塞; 11—夹紧活塞;12—镦头模;13—锚环;14—夹片张开弹簧; 15—夹片;16—夹片回程弹簧 工作时,压力油经过油嘴进入液压缸,推动夹紧活塞向左运动,夹紧活塞推动三片夹具向左运动,将钢筋镦粗。回程时,夹紧活塞及镦头活塞在夹紧弹簧及镦头弹簧的作用下向右运动,夹具松开,即可取出已镦好的钢筋。 4)电热钢筋镦头机。 电热钢筋镦头机主要由变压器、固定电极、移动电极、夹紧偏心轮、挤压偏心轮和带开关操作手柄等组成。工作时,先按钢筋的直径选择合适的夹钳槽口,将钢筋放入夹钳中,伸出 15 mm左右,扳动手柄使夹紧偏心轮夹紧。再转动挤压操作手柄,使挤压镦模头和钢筋头紧密接触,按动手柄上的开关使电极通电,这时钢筋的伸出部分立即被电热烧红,然后继续转动挤压手柄,并通过挤压偏心轮加压,挤压镦头模顶锻软化的钢筋端头,使之挤压成一个灯笼形圆头,完成镦头工艺。 (3)钢筋镦头机的操作要点。 1)电动钢筋镦头机。 ①凸轮和拖轮工作属强力摩擦,故必须保持表面润滑。 ②压紧螺杆要随时注意调整,防止上下夹块滑动移动。 ③工作前期注意电动机转动方向,行轮应顺指针方向转动。 ④夹块的压紧槽要根据加工料的直径而定,压紧杆的调整要适当。 ⑤调整时凸块与夹块的工作距离不得大于 1.5 mm,安装位置调整按镦帽直径大小而定。 2)液压镦头机。 ①应配用额定压力在 40 MPa 以上的液压泵。

续上表

项目	内　容
钢筋镦头机	②使用前必须将液压泵安全阀从零调定到保证镦头尺寸所需的压力，以免突然升压过高损坏机件。 ③镦头部件（锚环）与外壳的螺纹连接，必须拧紧。应注意在锚环未装上时，不得承受高压，否则将损坏弹簧座与外壳连接螺纹。 ④工作油液在一般情况下，冬季宜选用 L－AN15 油，夏季则选用 L－AN32 油，在特殊严寒及酷热地区应适当调整。要注意保持油液清洁，并定期更换。 ⑤新油管应用轻油清洗干净后再投入使用，油管接头部位应保持清洁。 ⑥镦头部位各零件应经常保持清洁，定时拆洗除锈。 3）电热镦头机。 ①根据钢筋的直径和粗头的形状大小要求控制钢筋的伸出留量。 ②在钢筋端头 120～130 mm 长度内，必须校直和除锈。 ③钢筋端面要磨平，以保持镦头的尺寸。 ④钢筋的中心必须与模具的中心对准。 ⑤操纵杆要缓慢扳动，用力均匀，防止加热过快和加压过猛。 ⑥钢筋要夹紧，以免因接触不良而烧伤钢筋。 ⑦钢筋头镦粗后，要经过拉力试验

YCWB 型系列千斤顶技术性能见表 3－24。

表 3－24　YCWB 型系列千斤顶技术性能表

项目	单位	YCW100B	YCW150B	YCW250B	YCW400B
公称张拉力	kN	973	1 492	2 480	3 956
公称油压力	MPa	51	50	54	52
张拉活塞面积	cm^2	191	298	459	761
回程活塞面积	cm^2	78	138	280	459
回程油压力	MPa	＜25	＜25	＜25	＜25
穿心孔径	mm	78	120	140	175
张拉行程	mm	200	200	200	200
主机重量	kg	65	108	164	270
外形尺寸 $\phi D \times L$	mm	ϕ214×370	ϕ285×370	ϕ344×380	ϕ432×400

注：摘自柳州市建筑机械总厂产品资料。

YCD 型千斤顶技术性能见表 3－25。

表 3－25　YCD 型千斤顶技术性能表

项目	单位	YCD120	YCD200	YCD350
额定油压	MPa	50	50	50

续上表

项目	单位	YCD120	YCD200	YCD350
张拉缸液压面积	cm^2	290	490	766
公称张拉力	kN	1450	2450	3830
张拉行程	mm	180	180	250
同心孔径	mm	128	160	205
回程缸液压面积	cm^2	177	263	—
回程油压	MPa	20	20	20
n 个液压千斤顶涂压缸面积	cm^2	$n\times5.2$	$n\times5.2$	$n\times5.2$
n 个千斤顶液压缸顶压力	kN	$n\times26$	$n\times26$	$n\times26$
外形尺寸	mm×mm	$\phi315\times550$	$\phi370\times550$	$\phi480\times671$
自重	kg	200	250	—
配套油泵		ZB_4-500	ZB_4-500	ZB_4-500
适用 $\phi15$ 钢绞线	根	4～7	8～12	19

YCQ 型千斤顶技术性能见表 3－26。

表 3－26　YCQ 型千斤顶技术性能表

项目	单位	YCQ100	YCQ200	YCQ350	YCQ500
额定油压	MPa	63	63	63	63
张拉缸活塞面积	cm^2	219	330	550	788
理论张拉力	kN	138	208	346	496
张拉行程	mm	150	150	150	200
回程缸活塞面积	cm^2	113	185	273	427
回程油压	MPa	<30	<30	<30	<30
穿心孔直径	mm	90	130	140	185
外形尺寸	mm×mm	$\phi258\times440$	$\phi340\times458$	$\phi420\times446$	$\phi510\times530$
自重	kg	110	190	320	580

锥锚式千斤顶技术性能见表 3－27。

表 3－27　锥锚式千斤顶技术性能表

项目	单位	YZ85－300	YZ85－500	YZ150－300
额定油压	MPa	46	46	50
公称强拉力	kN	850	850	1 500
张拉行程	mm	300	500	300
顶压力	kN	390	390	769

续上表

项目	单位	YZ85－300	YZ85－500	YZ150－300
顶压行程	mm	65	65	65
外形尺寸	mm	ϕ326×890	ϕ326×1 100	ϕ360×1 005
重量	kg	180	205	198

注：摘自柳州市建筑机械总厂资料。

台座式千斤顶技术性能见表 3－28。

表 3－28 台座式千斤顶技术性能表

项目	单位	YDT120	YDT300	YDT350
额定油压	MPa	50	50	50
公称张拉力	kN	1 200	3 000	3 500
张拉行程	mm	300	500	700
外形尺寸	mm	ϕ250×595	400×400×1 025	—
重量	kg	150	—	—

扁千斤顶技术参数见表 3－29。

表 3－29 扁千斤顶技术参数

外径 D(mm)	最大荷载(kN)	最大行程 E(mm)	安装间隙(mm)
120	85	25	38
150	155	25	38
220	190	25	38
250	525	25	38
270	605	25	38
300	780	25	38
350	1 080	25	38
420	1 605	25	38
480	2 170	25	38
600	3 470	25	38
750	5 400	25	45
870	7 385	25	45
920	8 975	25	45
1 150	13 635	25	50

注：扁千斤顶厚度 T 均为 25 mm；最大荷载时的液压力 13.5 MPa。

2. 预应力用高压油泵

预应力用高压油泵的机械要求见表 3－30。

表 3—30　预应力用高压油泵

项目	内　容
ZB4/500 型电动油泵	ZB4/500 型电动油泵(见图 3—34),主要与额定压力不大于 50 MPa 的中等吨位的预应力千斤顶配套使用,其技术性能见表 3—31 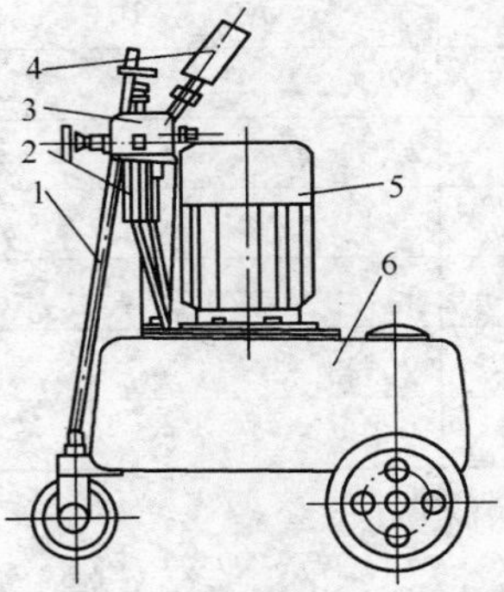 图 3—34　ZB4/50 型电动油泵外形图 1—拉手;2—电源开关;3—控制阀;4—压力表; 5—电动机及油泵;6—油箱小车
ZB10/320.4/800	ZB10/320.4/800 型电动油泵是一种大流量、超高压的变量油泵,主要与张拉力在 1 000 kN以上或工作压力在 50 MPa 以上的预应力液压千斤顶配套使用,其技术性能见表 3—32
ZB0.8.500 与 ZB0.6.630 型电动小油泵	ZB0.8.500 与 ZB0.6.630 型电动小油泵主要用于小吨位预应力千斤顶。如对张拉速度无特殊要求,也可用于中等吨位预应力千斤顶。该产品对现场预应力施工尤为适用,其技术性能见表 3—33
手提式超高压油泵	手提式超高压油泵主要供小吨位预应力液压千斤顶在高空张拉单根钢绞线使其技术性能见表 3—34

ZB4/500 型电动油泵技术性能见表 3—31。

表 3—31　ZB4/500 型电动油泵技术性能表

额定排量		2×21 L/min	电动机	型号	JO—32—4T
额定油压		50 MPa	电动机	电压	三相 380
理论排量		2×1.6 mL/s	电动机	转速	1 430 r/min
斜盘倾角		6°30′	电动机	功率	3.0 kW
柱塞	直径	10 mm		油箱容量	(42～50)kg
柱塞	行程	6.8 mm		出油嘴	两个 M16×1.5
柱塞	数量	2×3		自重	120 kg
柱塞	分布圆直径	60 mm		长×宽×高	680 mm×490 mm×800 mm

注:各厂生产的产品因油箱及车轮不同,容量和长×宽×高略有差异,本表所列为其中一种情况。

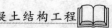

ZB10/320－4/800 高压油泵技术性能见表 3－32。

表 3－32 ZB10/320－4/800 高压油泵技术性能表

项目	一级	二级
额定压力(MPa)	32	80
额定流量(L/min)	10	4
油箱容积(L)	120	
出油嘴形式①	M16×1.5	
电动机功率(kW)	7.5	
油路特征	双油路	
外形尺寸(mm×mm×mm)	1 100×750×1 230	
质量(kg)	270	

①用户可根据需要自行更换油嘴。

电动小油泵技术性能见表 3－33。

表 3－33 电动小油泵技术性能表

项目	ZB0－8－500 型	ZB0－6－630 型
额定油压(MPa)	50	63
公称流量(L/min)	0.8	0.6
油箱容积(L)	12	
油嘴种类	M16×1.5 螺纹油嘴	
电动机功率(kW)	0.75	
外形尺寸(带压力表)(mm×mm×mm)	402×230×500	
质量(kg)	35	

手提式超高电动油泵技术性能见表 3－34。

表 3－34 手提式超高电动油泵技术性能表

项目	STDB0－25×62	STDB0－63×63
额定压力(MPa)	62	63
额定流量(L/min)	0.25	0.63
供油形式	单作用	双作用
储油量(L)	2.5	4.0
电动机功率(kW)	0.37	0.75
外形尺寸(mm×mm×mm)	210×200×350	—
质量(kg)	13	20

3. 灌浆设备

(1)灌浆用的设备包括：灰浆搅拌机、灌浆泵、储浆桶、过滤器、橡胶管和喷浆嘴。灌浆嘴(见图3－35)必须接上阀门，以保安全和节省灰浆。橡胶管宜用带 5～7 层帆布夹层的厚胶管。

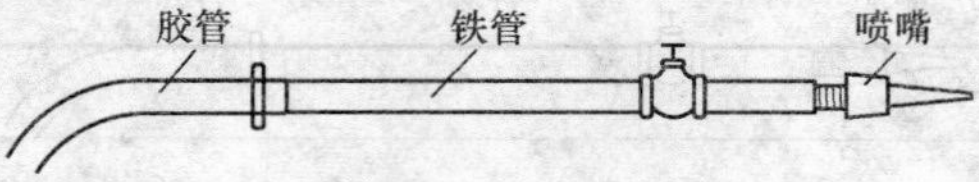

图 3－35　灌浆嘴

(2)电动灌浆泵的技术性能见表 3－35。

表 3－35　电动灌浆泵技术性能

项　目	UBL－2－6 型	UB－3 型	UBJ－2 型
输送量(m^3/h)	2.6	3	2
垂直输送距离(m)	90	40	45
水平输送距离(m)	300	150	120
最大工作压力(MPa)	2.4	1.5	2.0
电动机功率(kW)	3.0	4	2.2
输浆管内径(mm)	40	51	38
外形尺寸(长×宽×高)(mm×mm×mm)	1 300×240×353	1 033×474×940	1 200×780×800
整机质量(kg)	210	250	270

4. 张拉设备标定

张拉设备标定的机械要求见表 3－36。

表 3－36　张拉设备标定

项目	内　容
张拉设备标定要求	(1)施加预应力用的机具设备及仪表，应由专人使用和管理，并应定期维护和标定(校验)。 (2)张拉设备应配套标定，以确定张拉力与压力表读数的关系曲线。标定张拉设备用的试验机或测力计精度，不得低于±2%。压力表的精度不宜低于 1.5 级，最大量程不宜小于设备额定张拉力的 1.3 倍。标定时，千斤顶活塞的运行方向，应与实际张拉工作状态一致。 (3)张拉设备的标定期限，不宜超过半年。当发生下列情况之一时，应对张拉设备重新标定。 1)千斤顶经过拆卸修理。 2)千斤顶久置后重新使用。 3)压力表受过碰撞或出现失灵现象。 4)更换压力表。 5)张拉中预应力筋发生多根破断事故或张拉伸长值误差较大
液压千斤顶标定	(1)用标准测力计标定。 用测力计标定千斤顶是一种简单可靠的方法，准确程度较高。常用的测力计有水银压力计、压力传感器或弹簧测力环等，标定装置如图 3－36 与图 3－37 所示。

续上表

<table>
<tr><th>项目</th><th>内　容</th></tr>
<tr><td>液压千斤顶标定</td><td>

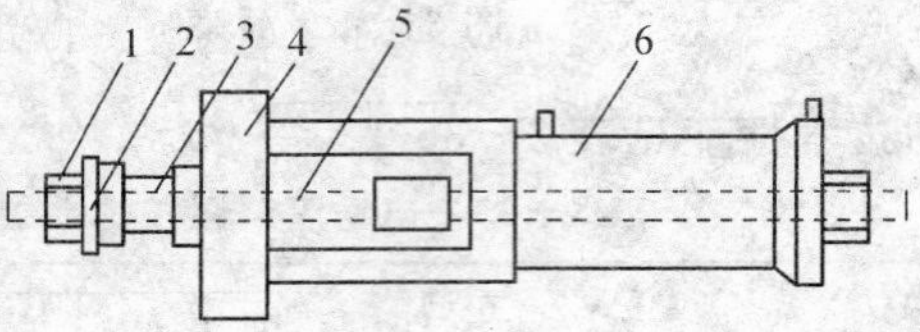

图 3－36　用穿心式压力传感器标定千斤顶

1－螺母；2－垫板；3－穿心式压力传感器；4－横梁；5－拉杆；6－穿心式千斤顶

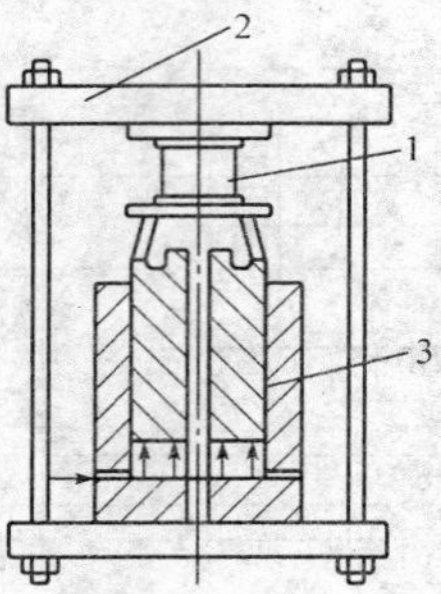

图 3－37　用压力传感器(或水银压力计)标定千斤顶

1－压力传感器(或水银压力计)；2－框架；3－千斤顶

标定时，千斤顶进油，当测力计达到一定分级荷载读数 N_1 时，读出千斤顶压力表上相应的读数 p_1；同样可得对应读数 N_2、p_2；N_3、p_3……。此时，N_1、N_2、N_3……即为对应于压力表读数 p_1、p_2、p_3……时的实际作用力。重复三次，取其平均值。将测得的各值绘成标定曲线。实际使用时，可由此标定曲线找出与要求的 N 值相对应的 p 值。

此外，也可采用两台千斤顶卧放对顶并在其连接处装标准测力计进行标定，如图 3－38 所示。千斤顶 A 进油，B 关闭时，读出两组数据：①$N-p_a$ 主动关系，供张拉预应力筋时确定张拉端拉力用；②$N-p_b$ 被动关系，供测试孔道摩擦损失时确定固定端拉力用。反之，可得 $N-p_b$ 主动关系，$N-p_a$ 被动关系。

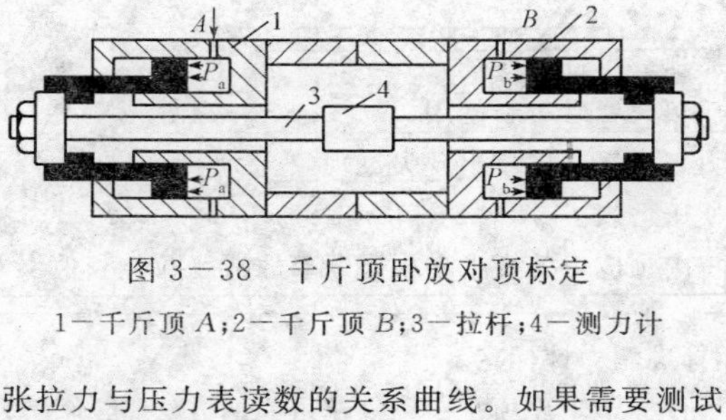

图 3－38　千斤顶卧放对顶标定

1－千斤顶 A；2－千斤顶 B；3－拉杆；4－测力计

图 3－39 为千斤顶张拉力与压力表读数的关系曲线。如果需要测试孔道反摩擦损失，则还应求出千斤顶主动工作后回油时的标定曲线。

</td></tr>
</table>

续上表

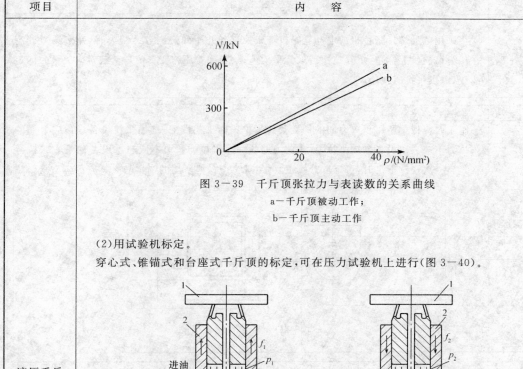

项目	内　　容
液压千斤顶标定	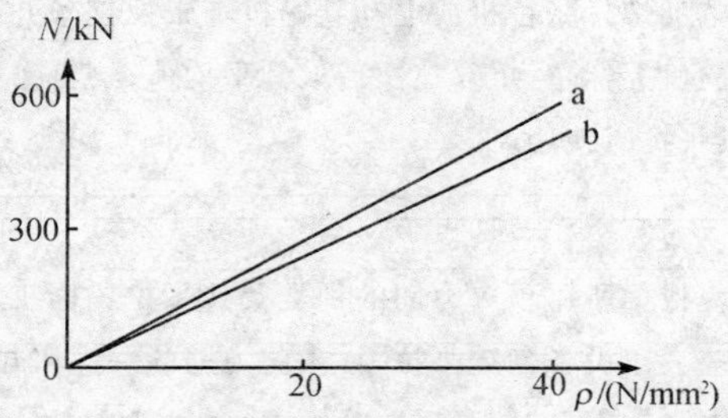 图 3－39　千斤顶张拉力与表读数的关系曲线 a－千斤顶被动工作； b－千斤顶主动工作 (2)用试验机标定。 穿心式、锥锚式和台座式千斤顶的标定，可在压力试验机上进行(图 3－40)。 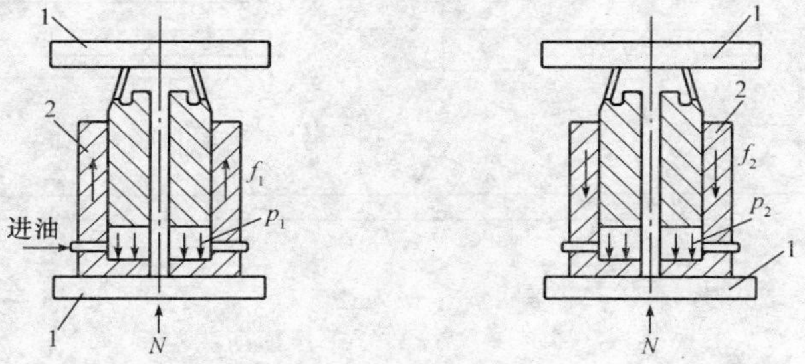 (a)千斤顶试验机　(b)试验机压千斤顶 图 3－40　在压力试验机上标定穿心式千斤顶 1－压力机的上、下压板；2－穿心式千斤顶 标定时，将千斤顶放在试验机上并对准中心。开动油泵向千斤顶供油，使活塞运行至全部行程的 1/3 左右，开动试验机，使压板与千斤顶接触。当试验机处于工作状态时，再开动油泵，使千斤顶张拉或顶压试验机。此时，如同用测力计标定一样，分级记录试验机吨位数和对应的压力表读数，重复三次，取其平均值，即可绘出油压与吨位的标定曲线，供张拉时使用。如果需要测试孔道摩擦损失，则标定时将千斤顶进油嘴关闭，用试验机压千斤顶，得出千斤顶被动工作时油压与吨位的标定曲线。 根据液压千斤顶标定方法的试验研究得出： 1)用油膜密封的试验机，其主动与被动工作时的吨位读数基本一致；因此，用千斤顶试验机时，试验机的吨位读数不必修正。 2)用密封圈密封的千斤顶，其正向与反向运行时内摩擦力不相等，并随着密封圈的做法、缸壁与活塞的表面状态、液压油的黏度等变化。 3)千斤顶立放与卧放运行时的内摩擦力差异小。因此，千斤顶立放标定时的表读数用于卧放张拉时不必修正

续上表

项目	内　　容
弹簧测力计标定	当采用电动螺杆张拉机或电动卷扬机等张拉钢丝并用弹簧测力计测力时，弹簧测力计应在压力试验机上标定，重复三次后取其平均值，绘出弹簧压缩变形值与荷载对应关系的标定曲线，以供张拉时使用
张拉设备选用与张拉空间	施工时应根据所用预应力筋的种类及其张拉锚固工艺情况，选用张拉设备。预应力筋的张拉力不应大于设备额定张拉力，预应力筋的一次张拉伸长值不应超过设备的最大张拉行程。当一次张拉不足时，可采取分级重复张拉的方法，但所用的锚具与夹具应适应重复张拉的要求。千斤顶张拉所需空间见表3－37。（图3－41） 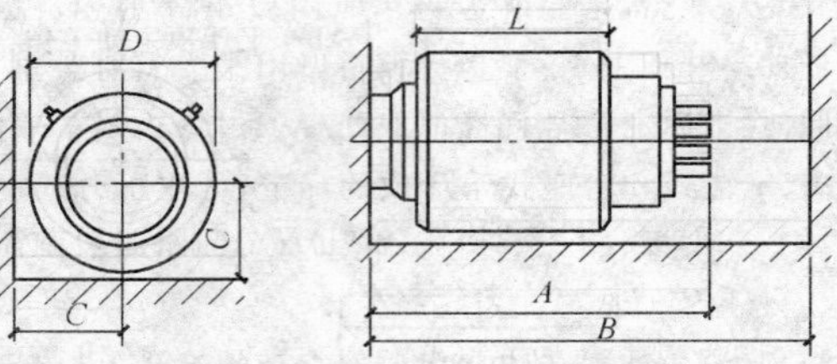 图3－41　千斤顶张拉空间

千斤顶所需空间见表3－37。

表3－37　千斤顶所需空间

千斤顶型号	千斤顶外径 D(mm)	千斤顶长度 L(mm)	活塞行程 (mm)	最小工作空间		钢绞线预留长度 A(mm)
				B(mm)	C(mm)	
YDC240Q	108	580	200	1 000	70	200
YCW100B	214	370	200	1 200	150	570
YCW150B	285	370	200	1 250	190	570
YCW250B	344	380	200	1 270	220	590
YCW350B	410	400	200	1 320	255	620
YCW400B	432	400	200	1 320	265	620

四、施工工艺解析

后张有黏预应力施工工艺见表3－38。

表 3－38　后张有黏预应力施工工艺

项目	内　容
预应力筋制作	(1)预应力筋制作或组装时，不得采用加热、焊接或电弧切割。在预应力筋近旁对其他部件进行气割或焊接时，应防止预应力筋受焊接火花或接地电流的影响。 (2)预应力筋应在平坦、洁净的场地上采用砂轮锯或切割机下料，其下料长度宜采用钢尺丈量。 (3)钢丝束预应力筋的编束、镦头锚板安装及钢丝镦头宜同时进行。钢丝的一端先穿入镦头锚板，另一端按相同的顺序分别编扎内外圈钢丝，以保证同一束内钢丝平行排列且无扭绞情况。 (4)钢绞线挤压锚具挤压时，在挤压模内腔或挤压套外表面应涂专用润滑油，压力表读数应符合操作使用说明书的规定。挤压锚具组装后，采用紧楔机将其压入承压板锚座内固定
预应力孔道成型	(1)预应力孔道曲线坐标位置应符合设计要求，波纹管束形的最高点、最低点、反弯点等为控制点，预应力孔道曲线应平滑过渡。 (2)曲线预应力束的曲率半径不宜小于 4 m。锚固区域承压板与曲线预应力束的连接应有不小于 300 mm 的直线过渡段，直线过渡段与承压板相垂直。 (3)预埋金属波纹管安装前，应按设计要求确定预应力筋曲线坐标位置，点焊 ϕ8～10 mm钢筋支托，支托间距为 1.0～1.2 m。波纹管安装后，应与钢筋支托可靠固定。 (4)金属波纹管的连接接长，可采用大一号同型号波纹管作为接头管。接头管的长度宜取管径的 3～4 倍。接头管的两端应采用热塑管或粘胶带密封。 (5)灌浆管、排气管或泌水管与波纹管的连接时，先在波纹管上开适当大小孔洞，覆盖海绵垫和塑料弧形压板并与波纹管扎牢，再采用增强塑料管与弧形压板的接口绑扎连接，增强塑料管伸出构件表面外 400～500 mm。图 3－42 为灌浆管、排气管节点图。 (6)竖向预应力结构采用钢管成孔时应采用定位支架固定，每段钢管的长度应根据施工分层浇筑高度确定。钢管接头处宜高于混凝土浇筑面 500～800 mm，并用堵头临时封口。 (7)混凝土浇筑使用振捣棒时，不得对波纹管和张拉与固定端组件直接冲击和持续接触振捣
预应力孔道穿束	(1)预应力筋可在浇筑混凝土前(先穿束法)或浇筑混凝土后(后穿束法)穿入孔道，根据结构特点和施工条件等要求确定。固定端埋入混凝土中的预应力束采用先穿束法安装，波纹管端头设灌浆管或排气管，使用封堵材料可靠密封(图 3－43)。 (2)混凝土浇筑后，对后穿束预应力孔道，应及时采用通孔器通孔或其他措施清理成孔管道。 (3)预应力筋穿束可采用人工、卷扬机或穿束机等动力牵引或推送穿束；依据具体情况可逐根穿入或编束后整束穿入。 (4)竖向孔道的穿束，宜采用整束由下向上牵引工艺，也可单根由上向下逐根穿入孔道。 (5)浇筑混凝土前先穿入孔道的预应力筋，应采用端部临时封堵与包裹外露预应力筋等防止腐蚀的措施

续上表

项目	内　　容
预应力筋张拉	(1)预应力筋的张拉顺序，应根据结构体系与受力特点、施工方便、操作安全等综合因素确定。在现浇预应力混凝土楼盖结构中，宜先张拉楼板、次梁，后张拉主梁。预应力构件中预应力筋的张拉顺序，应遵循对称与分级循环张拉原则。 (2)预应力筋的张拉方法，应根据设计和施工计算要求采取一端张拉或两端张拉。采用两端张拉时，宜两端同时张拉，也可一端先张拉，另一端补张拉。 (3)对同一束预应力筋，应采用相应吨位的千斤顶整束张拉。对直线束或平行排放的单波曲线束，如不具备整束张拉的条件，也可采用小型千斤顶逐根张拉。 (4)预应力筋张拉计算伸长值 Δl_p，可按下式计算： $\Delta l_p=\dfrac{F_{pm}l_p}{A_pE_p}$ (5)预应力筋的张拉步骤与实际张拉伸长值记录，应从零应力加载至初拉力开始，测量伸长值初读数，再以均匀速度分级加载分级测量伸长值至终拉力。达到终拉力后，对多根钢绞线束宜持荷 2 min，对单根钢绞线可适当持荷后锚固。 (6)对特殊预应力构件或预应力筋，应根据设计和施工要求采取专门的张拉工艺，如采用分阶段张拉、分批张拉、分级张拉、分段张拉、变角张拉等。 (7)对多波曲线预应力筋，可采取超张拉回松技术来提高内支座处的张拉应力并减少锚具下口的张拉应力。 (8)预应力筋张拉过程中实际伸长值与计算伸长值的允许偏差为±6%，如超过允许偏差，应查明原因采取措施后方可继续张拉。 (9)预应力筋张拉时，应按要求对张拉力、压力表读数、张拉伸长值、异常现象等进行详细记录
孔道灌浆及锚具防护	(1)灌浆前应全面检查预应力筋孔道、灌浆管、排气管与泌水管等是否畅通，必要时可采用压缩空气清孔。 (2)灌浆设备的配备必须保证连续工作和施工条件的要求。灌浆泵应配备计量校验合格的压力表。灌浆前应检查配套设备、灌浆管和阀门的可靠性。注入泵体的水泥浆应经过筛滤，滤网孔径不宜大于 2 mm。与输浆管连接的出浆孔孔径不宜小于 10 mm。 (3)掺入高性能外加剂拌制的水泥浆，其水灰比宜为 0.35～0.38 mm，外加剂掺量严格按试验配比执行。严禁掺入各种含氯盐或对预应力筋有腐蚀作用的外加剂。 (4)水泥浆的可灌性用流动度控制：采用流淌法测定时宜为 130～180 mm，采用流锥法测定时宜为 12～18 s。 (5)水泥浆宜采用机械拌制，应确保灌浆材料的拌和均匀。运输和间歇过长产生沉淀离折时，应进行二次搅拌。 (6)灌浆顺序宜先灌下层孔道，后灌上层孔道。灌浆工作应匀速连续进行，直至排气管排出浓浆为止。在灌满孔道封闭排气管后，应再继续加压至 0.5～0.7 MPa，稳压1～2 min，之后封闭灌浆孔。 当发生孔道阻塞、串孔或中断灌浆时，应及时冲洗孔道或采取其他措施重新灌浆。

续上表

项目	内　容
孔道灌浆及锚具防护	(7)当孔道直径较大，或采用不掺微膨胀剂和减水剂的水泥净浆灌浆时，可采用下列措施： 1)二次压浆法：二次压浆之间的时间间隔为 30～45 min。 2)重力补浆：在孔道最高点处至少 400 mm 以上连续不断地补浆，直至浆体不下沉为止。 (8)竖向孔道灌浆应自下而上进行，并应设置阀门，阻止水泥浆回流。为确保其灌浆密实性，除掺微膨胀剂和减水剂外，并应采用重力补浆。 (9)采用真空辅助孔道灌浆时，在灌浆端先将灌浆阀、排气阀全部关闭、在排浆端启动真空泵，使孔道真空度达到－0.08～－0.1 MPa 并保持稳定；然后启动灌浆泵开始灌浆。在灌浆过程中，真空泵保持连续工作，待抽真空端有浆体经过时关闭通向真空泵的阀门，同时打开位于排浆端上方的排浆阀门，流出少量浆体后关闭。灌浆工作继续按常规方法完成。 (10)当室外温度低于＋5℃时，孔道灌浆应采取抗冻等级保温措施。当室外温度高于 35℃时，宜在夜间进行灌浆。水泥浆灌入前的温度不应超过 35℃。 (11)预应力筋的外露部分宜采用机械方法切割。预应力筋的外露长度，不宜小于其直径的 1.5 倍，且不宜小于 30 mm。 (12)锚具封闭前应将周围混凝土凿毛并清理干净，对凸出式锚具应配置保护钢筋网片。 (13)锚具封闭防护宜采用与构件同强度等级的细石混凝土，也可采用膨胀混凝土、低收缩砂浆等材料。如图 3－44 为锚具封闭构造平面图（*H* 为锚板厚度）
成品保护	(1)预应力材料必须保持清洁，在装运和存放过程中应避免机械损伤和锈蚀。进场后需长期存放时，应定期进行外观检查。 (2)预应力筋应分类、分规格进行装运和堆放。在室外存放时，不得直接堆放在地面上，应垫枕木并用防水布覆盖。长期存放时应设置仓库，仓库应干燥、防潮、通风良好、无腐蚀气体和和介质。在潮湿环境中存放，宜采用防锈包装产品、防潮纸内包装、涂敷水溶性防锈材料等。 (3)金属波纹管应分类、分规格堆放。搬运时应轻拿轻放，不得抛摔或拖拉。吊装时不得采用单点提腰起吊。室外存放时，应垫枕木并用防水布覆盖。 (4)锚具、夹具和连接器在装运、存放及使用期间均应妥善保护，避免锈蚀、沾污、遭受机械损伤，混淆或散失。 (5)预应力孔道管及锚固节点铺设与安装定位与固定后，应防止其他工序作业改变其位置或对其产生损伤。 (6)混凝土浇筑时，应防止振捣器直接冲击预应力孔道波纹管而导致可能的漏浆堵孔。 (7)预应力筋张拉作业完成之后，锚具封闭之前，应对锚具与外露预应力筋进行严格保护，防止机械或电弧对其产生损伤

续上表

项目	内　容
应注意的质量问题	(1)预应力筋制作或组装时,不得采用加热、焊接或电弧切割。应防止预应力筋受焊接火花或接地电流的影响。 (2)预埋金属波纹管安装前,按设计要求确定预应力筋曲线坐标位置;波纹管安装后,应与钢筋支托可靠固定。 (3)预应力筋张拉之前,不得拆除梁板结构的底模与支撑。如楼板采用早拆模板体系,应按施工方案要求保留支撑。 (4)预应力筋的张拉控制应力应符合设计要求,且不宜超过 $0.75f_{ptk}$。如施工工艺需提高张拉控制应力值时,不得大于 $0.8f_{ptk}$。 (5)张拉过程中,当发生断裂或滑脱时,断裂或滑脱的数量严禁超过同一截面预应力筋总根数的2%,且每束钢丝不得超过1根;对多跨双向连续板和密肋梁,其同一截面应按开间计算。 (6)预应力筋张拉顺序应符合设计要求,或根据结构特点和工艺要求提出张拉方案。 (7)预应力筋张拉锚固后,锚具夹片顶面宜平齐,夹片之间最大错位不应大于4 mm。 (8)预应力筋张拉完毕并检验合格后,应尽早进行孔道灌浆。 (9)水泥浆宜采用机械拌制,应确保灌浆材料的拌和均匀。运输和间歇过长产生沉淀离折时,应进行二次搅拌。竖向孔道灌浆应自下而上进行

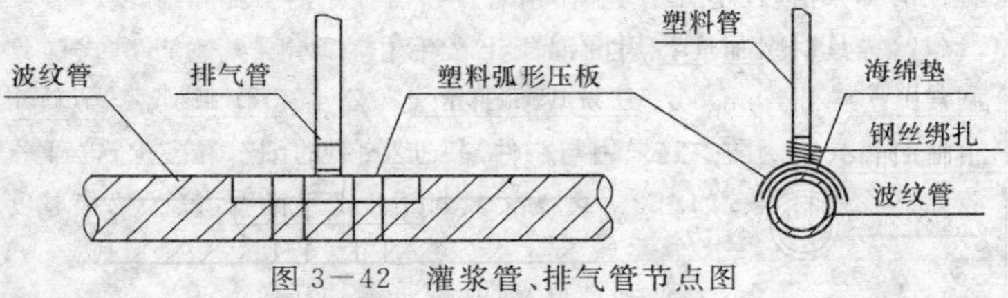

图 3－42　灌浆管、排气管节点图

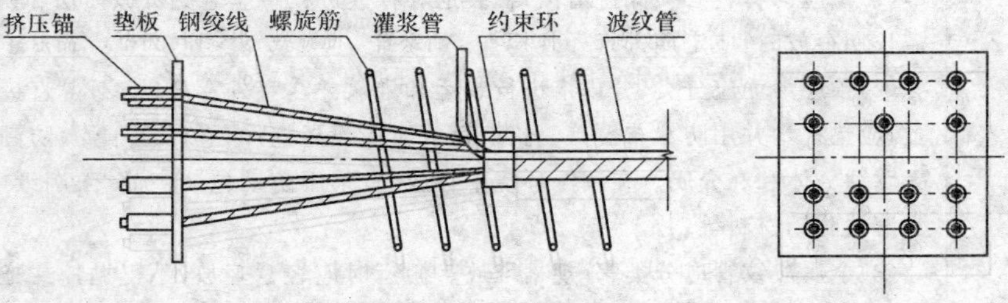

图 3－43　埋入混凝土中固定端构造

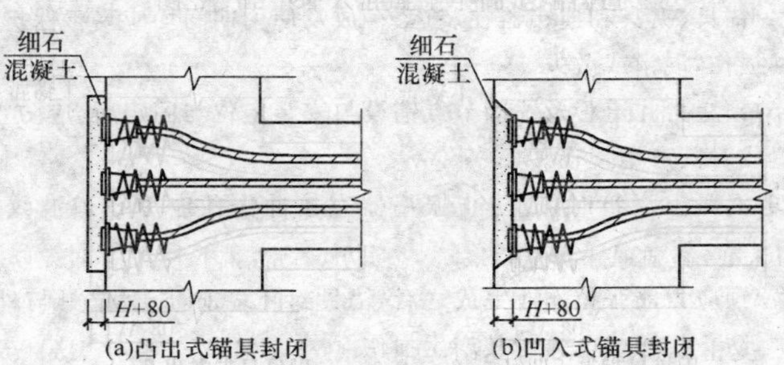

图 3－44　锚具封堵构造平面图

第二节　无黏结预应力

一、验收条文

参见本章后张有黏预应力的验收条文。

二、施工材料要求

参见本章后张有黏预应力的施工材料要求。

三、施工机械要求

参见本章后张有黏预应力的施工机械要求。

四、施工工艺解析

无黏结预应力施工工艺见表3－39。

表3－39　无黏结预应力施工工艺

项目	内　　容
无黏结筋制作	(1)无黏结预应力筋的制作采用挤塑成型工艺，由专业化工厂生产，涂料层的涂敷和护套的制作应连续一次完成，涂料层防腐油脂应完全填充预应力筋与护套之间的空间，外包层应松紧适度。 (2)无黏结预应力筋在工厂加工完成后，可按使用要求整盘包装并符合运输要求
无黏结筋下料组装	(1)挤塑成型后的无黏结预应力筋应按工程所需的长度和锚固形式进行下料和组装；并应采取局部清除油脂或加防护帽等措施防止防腐油脂从筋的端头溢出，沾污非预应力钢筋等。 (2)无黏结预应力筋下料长度，应综合考虑其曲率、锚固端保护层厚度、张拉伸长值及混凝土压缩变形等因素，并应根据不同的张拉工艺和锚固形式预留张拉长度。 (3)钢绞线挤压锚具挤压时，在挤压模内腔或挤压套外表面应涂专用润滑油，压力表读数应符合操作使用说明书的规定。挤压锚具组装后，采用紧楔机将其压入承压板锚座内固定。 (4)下料组装完成的无黏结预应力筋应编号、加设标记或标牌、分类存放以备使用
无黏结筋铺放	(1)无黏结预应力筋铺放之前，应及时检查其规格尺寸和数量，逐根检查并确认其端部组装配件可靠无误后，方可在工程中使用。对护套轻微破损处，可采用外包防水聚乙烯胶带进行修补，每圈胶带搭接宽度不应小于胶带宽度的1/2，缠绕层数不少于2层，缠绕长度应超过破损长度30 mm，严重破损的应予以报废。 (2)张拉端端部模板预留孔应按施工图中规定的无黏结预应力筋的位置编号和钻孔。 (3)张拉端的承压板应采用与端模板可靠的措施固定定位，且应保持张拉作用线与承压面相垂直。 (4)无黏结预应力筋应按设计图样的规定进行铺放。铺放时应符合下列要求。

续上表

项目	内　　容
无黏结筋铺放	1)无黏结预应力筋采用与普通钢筋相同的绑扎方法，铺放前应通过计算确定无黏结预应力筋的位置，其垂直高度宜采用支撑钢筋控制，或与其他主筋绑扎定位，无黏结预应力筋束形控制点的设计位置偏差，应符合表3－3的规定；无黏结预应力筋的位置宜保持顺直。 2)平板中无黏结预应力筋的曲线坐标宜采用马凳或支撑件控制，支撑间距不宜大于2.0 m。无黏结预应力筋铺放后应与马凳或支撑件可靠固定。 3)铺放双向配置的无黏结预应力筋时，应对每个纵横交叉点相应的两个标高进行比较，对各交叉点标点较低的无黏结预应力筋应先进行铺放，标高较高的次之，应避免两个方向的无黏结预应力筋相互穿插铺放。 4)敷设的各种管线不应将无黏结预应力筋的设计位置改变。 5)当采用多根无黏结预应力筋平行带状布束时，宜采用马凳或支撑件支撑固定，保证同束中各根无黏结预应力筋具有相同的矢高；带状束在锚固端应平顺地张开。 6)当采用集团束配置多根无黏结预应力筋时，应采用钢筋支架控制其位置，支架间距宜为1.0～1.5 m。同一束的各根筋应保持平行走向，防止相互扭绞。 7)无黏结预应力筋采取竖向、环向或螺旋形铺放时，应有定位支架或其他构造措施控制设计位置。 (5)在板内无黏结预应力筋绕过开洞处分两侧铺设，其离洞口的距离不宜小于150 mm，水平偏移的曲率半径不宜小于6.5 m，洞口四周边应配置构造钢筋加强。当洞口较大时，应沿洞口周边设置边梁或加强带，以补足被孔洞削弱的板或肋的承载力和截面刚度。 (6)夹片锚具系统张拉端和固定端的安装，应符合下列规定： 1)张拉端锚具系统的安装，无黏结预应力筋两端的切线应与承压板相垂直，曲线的起始点至张拉锚固点应有不小于300 mm的直线段；单根无黏结预应力筋要求的最小弯曲半径对ϕ^s12.7 mm和ϕ^s 15.2 mm钢绞线分别不宜小于1.5 m和2.0 m。在安装带有穴模或其他预先埋入混凝土中的张拉端锚具时，各部件之间应连接紧密。 2)固定端锚具系统的安装，将组装好的固定端锚具按设计要求的位置绑扎牢固，内埋式固定端垫板不得重叠，锚具与垫板应连接紧密。 3)张拉端和固定端均应按设计要求配置螺旋筋或钢筋网片，螺旋筋和钢筋网片均应紧靠承压板或连体锚板
浇筑混凝土	(1)浇筑混凝土时，除按有关规范的规定执行外，尚应遵守下列规定： 1)无黏结预应力筋铺放、安装完毕后，应进行隐蔽工程验收，当确认合格后方可浇筑混凝土。 2)混凝土浇筑时，严禁踏压撞碰无黏结预应力筋、支撑架以及端部预埋部件。 3)张拉端、固定端混凝土必须振捣密实。 (2)浇筑混凝土使用振捣棒时，不得对无黏结预应力筋、张拉与固定端组件直接冲击和持续接触振捣。 (3)为确定无黏结预应力筋张拉时混凝土的强度，可增加两组同条件养护试块

续上表

项目	内　　容
无黏结筋张拉	(1)安装锚具前，应清理穴模与承压板端面的混凝土或杂物，清理外露预应力筋表面。检查锚固区域混凝土的密实性。 (2)锚具安装时，锚板应调整对中，夹片安装缝隙均匀并用套管打紧。 (3)预应力筋张拉时，对直线的无黏结预应力筋，应保证千斤顶的作用线与无黏结预应力筋中心线重合；对曲线的无黏结预应力筋，应保证千斤顶的作用线与无黏结预应力筋中心线末端的切线重合。 (4)无黏结预应力筋的张拉控制应力不宜超过 $0.7f_{ptk}$，并应符合设计要求。如需提高张拉控制应力值时，不得大于 $0.8f_{ptk}$。 (5)当采用超张拉方法减少无黏结预应力筋的松弛损失时，无黏结预应力筋的张拉程序宜为：从零开始张拉至 1.03 倍预应力筋的张拉控制应力 σ_{con} 锚固。 (6)无黏结预应力筋计算伸长值 Δl_p，参见“后张有黏结预应力”的内容。 (7)预应力筋的张拉步骤与实际张拉伸长值记录，应从零应力加载至初拉力开始，测量伸长值初读数，再以均匀速度分级加载、分级测量伸长值至终拉力。 (8)当采用应力控制方法张拉时，应校核无黏结预应力筋的伸长值，当实际伸长值与设计计算伸长值相对偏差超过±6%时，应暂停张拉，查明原因并采取措施予以调整后，方可继续张拉。 (9)当无黏结预应力筋采取逐根或逐束张拉时，应保证各阶段不出现对结构不利的应力状态；同时宜考虑后批张拉的无黏结预应力筋产生的结构构件的弹性压缩对先批张拉预应力筋的影响，确定张拉力。 (10)无黏结预应力筋的张拉顺序应符合设计要求，如设计无要求时，可采用分批、分阶段对称或依次张拉。 (11)当无黏结预应力筋长度超过 30 m 时，宜采取两端张拉；当筋长超过 60 m 时，宜采取分段张拉和锚固。当有设计与施工实测依据时，无黏结预应力筋的长度可不受此限制。 (12)无黏结预应力筋张拉时，应按要求逐根对张拉力、张拉伸长值、异常现象等进行详细记录。 (13)夹片锚具张拉时，应符合下列要求。 1)锚固采用液压顶压器顶压时，千斤顶应在保持张拉力的情况下进行顶压，顶压压力应符合设计规定值。 2)锚固阶段张拉端无黏结预应力筋的内缩量应符合设计要求；当设计无具体要求时，其内缩量应符合表 3－5 的规定。为减少锚具变形的预应力筋内缩造成的预应力损失，可进行二次补拉并加垫片，二次补拉的张拉力为控制张拉力。 (14)当无黏结预应力筋设计为纵向受力钢筋时，侧模可在张拉前拆除，但下部支撑体系应在张拉工作完成之后拆除，提前拆除部分支撑应根据计算确定。 (15)张拉后应采用砂轮锯或其他机械方法切割夹片外露部分的无黏结预应力筋，其切断后露出锚具夹片外的长度不得小于 30 mm
锚具系统封闭	(1)无黏结预应力筋张拉完毕后，应及时对锚固区进行保护。当锚具采用凹进混凝土表面布置时，宜先切除外露无黏结预应力筋多余长度，在夹片及无黏结预应力筋端头外露部分应涂专用防腐油脂或环氧树脂，并罩帽盖进行封闭，该防护帽与锚具应可靠连接；然后应采用微膨胀混凝土或专用密封砂浆进行封闭。

续上表

项目	内　　容
锚具系统封闭	(2)锚固区也可用后浇的外包钢筋混凝土圈梁进行封闭,但外包圈梁不宜突出在外墙面以外。当锚具凸出混凝土表面布置时,锚具的混凝土保护层厚度不应小于 50 mm。外露预应力筋的混凝土保护层厚度要求:处于一类室内正常环境时,不应小于 30 mm;处于二类、三类易受腐蚀环境时,不应小于 50 mm
成品保护	(1)在不同规格、品种的无黏结预应力筋上,均应有易于区别的标记或标牌。 (2)无黏结预应力筋在工厂加工成型后,可整盘包装运输或按设计下料组装后成盘运输,整盘运输应采用可靠保护措施,避免包装破损及散包;工厂下料组装后,宜单根或多根合并成盘后运输,长途运输时,必须采取有效的包装措施。 (3)装卸吊装及搬运时,不得摔砸踩踏,严禁钢丝绳或其他坚硬吊具与无黏结预应力筋的外包层直接接触。 (4)无黏结预应力筋应按规格、品种成盘或顺直地分开堆放在通风干燥处,露天堆放时,不得直接与地面接触,并应采取覆盖措施。 (5)锚具、夹具和连接器在装运、存放及使用期间均应妥善保护,避免锈蚀、沾污、遭受机械损伤、混淆或散失。 (6)无黏结预应力筋及锚固节点铺设与安装定位后,应防止其他工序作业改变其位置或对其产生损伤。 (7)混凝土浇筑时,应防止振捣器冲击无黏结预应力筋而导致外包塑料套管破损。 (8)无黏结预应力筋张拉作业完成之后,锚具封闭之前,应对锚具与外露预应力筋进行严格保护,防止机械或电弧对其产生损伤
应注意的质量问题	(1)无黏结预应力筋用的钢绞线不应有死弯,展开后应平顺且伸直性好,表面不得有油污、氧化铁皮、裂纹、小刺或机械损伤。 (2)无黏结预应力筋铺放之前,对护套破损处应进行修补,直至符合标准要求;严重破损的应予以报废。 (3)预应力筋张拉之前,不得拆除梁板结构的底模与支撑。如楼板采用早拆模板体系,应按施工方案要求保留支撑。 (4)无黏结预应力筋的张拉控制应力不宜超过 $0.75f_{ptk}$,并应符合设计要求。如施工工艺需提高张拉控制应力值时,不得大于 $0.8f_{ptk}$。 (5)无黏结预应力筋张拉顺序应符合设计要求,或根据结构特点和工艺要求提出张拉方案。 (6)无黏结预应力筋张拉过程中,当发生断裂和滑脱时,其数量不应超过结构同一截面无黏结预应力筋总根数的 2%,且每束钢丝不得超过 1 根;对多跨双向连续板和密肋梁,其同一截面应按开间计算。 (7)无黏结预应力筋锚固后,锚具夹片顶面宜平齐,夹片之间最大错位不应大于 4 mm。 (8)无黏结预应力筋端头和锚具夹片应达到密封要求,对处于二类、三类环境条件下的无黏结预应力筋及其锚具系统应符合全封闭保护要求

第四章　混凝土分项工程

第一节　原材料及配合比设计

一、验收条文

1. 原材料

原材料的验收标准见表 4－1。

表 4－1　原材料验收标准

项目	内　容
主控项目	(1)水泥进场时应对其品种、级别、包装或散装仓号、出厂日期等进行检查，并应对其强度、安定性及其他必要的性能指标进行复验。其质量必须符合现行国家标准《通用硅酸盐水泥》(GB 175—2007)等的规定。 当在使用中对水泥质量有怀疑或水泥出厂超过三个月(快硬硅酸盐水泥超过一个月)时，应进行复验。并按复验结果使用。 钢筋混凝土结构、预应力混凝土结构中，严禁使用含氯化物的水泥。 检查数量：按同一生产厂家、同一等级、同一品种、同一批号且连续进场的水泥，袋装不超过 200 t 为一批。散装不超过 500 t 为一批，每批抽样不少于一次。 检验方法：检查产品合格证、出厂检验报告和进场复验报告。 (2)混凝土中掺用外加剂的质量及应用技术应符合现行国家标准《混凝土外加剂》(GB 8076—2008)、《混凝土外加剂应用技术规范》(GB 50119—2003)等和有关环境保护的规定。 预应力混凝土结构中。严禁使用含氯化物的外加剂。钢筋混凝土结构中，当使用含氯化物的外加剂时，混凝土中氯化物的总含量应符合现行国家标准《混凝土质量控制标准》(GB 50164—2011)的规定。 检查数量：按进场的批次和产品的抽样检验方案确定。 检验方法：检查产品合格证、出厂检验报告和进场复验报告。 (3)混凝土中氯化物和碱的总含量应符合现行国家标准《混凝土结构设计规范》(GB 50010—2010)和设计的要求。 检验方法：检查原材料试验报告和氯化物、碱的总含量计算书
一般项目	(1)混凝土中掺用矿物掺和料的质量应符合现行国家标准《用于水泥和混凝土中的粉煤灰》(GB/T 1596—2005)等的规定。矿物掺和料的掺量应通过试验确定。 检查数量：按进场的批次和产品的抽样检验方案确定。 检验方法：检查出厂合格证和进场复验报告

续上表

项目	内　容
一般项目	(2)普通混凝土所用的粗、细集料的质量应符合国家现行标准《普通混凝土用砂、石质量及检验方法》(JGJ 52—2006)的规定。 检查数量：按进场的批次和产品的抽样检验方案确定。 检验方法：检查进场复验报告。 注：1)混凝土用的粗集料，其最大颗粒粒径不得超过构件截面最小尺寸的 1/4，且不得超过钢筋最小净阐距的 3/4。 2)对混凝土实心板，集料的最大粒径不宜超过板厚的 1/3，且不得超过 40 mm。 (3)拌制混凝土宜采用饮用水；当采用其他水源时，水质应符合国家现行标准《混凝土拌和用水标准》(JGJ 63—2006)的规定。 检查数量：同一水源检查不应少于一次。 检验方法：检查水质试验报告

2. 配合比设计

配合比设计的验收标准见表 4—2。

表 4—2　配合比设计验收标准

项目	内　容
主控项目	混凝土应按国家现行标准《普通混凝土配合比设计规程》(JGJ 55—2011)的有关规定，根据混凝土强度等级、耐久性和工作性等要求进行配合比设计。 对有特殊要求的混凝土，其配合比设计尚应符合国家现行有关标准的专门规定。 检验方法：检查配合比设计资料
一般项目	(1)首次使用的混凝土配合比应进行开盘鉴定，其工作性应满足设计配合比的要求。开始生产时应至少留置一组标准养护试件，作为验证配合比的依据。 检验方法：检查开盘鉴定资料和试件强度试验报告。 (2)混凝土拌制前，应测定砂、石含水率并根据测试结果调整材料用量，提出施工配合比。 检查数量：每工作班检查一次。 检验方法：检查含水率测试结果和施工配合比通知单

二、施工材料要求

(一)混凝土

1. 混凝土的分类

混凝土的分类见表 4—3。

表 4—3　混凝土的分类

项目		内　容
按表观密度分类	重混凝土	表观密度大于 2 600 kg/m³ 的混凝土，是用特别密实和特别重的集料制成的，例如重晶石混凝土、钢屑混凝土等。它们具有防辐射的性能，主要用作原子能工程的屏蔽材料

续上表

项目		内　　容
按表观密度分类	普通混凝土	表观密度为 1 950～2 600 kg/m³，是用天然的砂、石作集料配制成的。这类混凝土在土木工程中最常用，如房屋及桥梁等承重结构、道路建筑中的路面等
	轻混凝土	表观密度小于 1 950 kg/m³。它又可以分为三类： (1)轻集料混凝土，其表观密度范围是 800～1 950 kg/m³，是用轻集料如浮石、火山渣、陶粒、膨胀珍珠岩、膨胀矿渣、煤渣等配制而成。 (2)多孔混凝土(泡沫混凝土、加气混凝土)，其表观密度范围是 300～1 000 kg/m³，泡沫混凝土是由水泥浆或水泥砂浆与稳定的泡沫制成的，加气混凝土是由水泥、水与发气剂配制成的。 (3)大孔混凝土(普通大孔混凝土、轻集料大孔混凝土)，其组成中无细集料，普通大孔混凝土的表观密度范围为 1 500～1 900 kg/m³，是用碎石、卵石、重矿渣作集料配制成的。轻集料大孔混凝土的表观密度范围为 500～1 500 kg/m³，是用陶粒、浮石、碎砖、煤渣等作集料配制成的
按结构分类	普通结构混凝土	由碎石或卵石、砂、水泥和水制成的混凝土为普通混凝土
	细粒混凝土	由细集料和胶结材料制成，主要用于制造薄壁构件
	大孔混凝土	由粗集料和胶结材料制成。集料外包胶结材料，集料彼此以点接触，集料之间有较大的空隙。主要用于墙体内隔层等填充部位
	多孔混凝土	这种混凝土无粗细集料，全由磨细的胶结材料和其他粉料加水拌成料浆，用机械方法或化学方法使之形成许多微小的气泡后再经硬化制成
按用途和施工方法分类		主要有结构混凝土、防水混凝土、隔热混凝土、耐酸混凝土、装饰混凝土、纤维混凝土、防辐射混凝土、沥青混凝土、泵送混凝土、喷射混凝土、高强混凝土、高性能混凝土等
按胶结材料分类	无机胶结材料混凝土	包括水泥混凝土、硅酸盐混凝土、石膏混凝土、水玻璃氟硅酸钠混凝土等
	有机胶结材料混凝土	包括沥青混凝土、硫磺混凝土、聚合物混凝土等
	有机无机复合胶结材料混凝土	包括聚合物水泥混凝土、聚合物浸渍混凝土等

2.常用混凝土外加剂的种类、品种与作用

(1)减水剂的技术要求见表 4－4、表 4－5。

表 4—4　普通减水剂的技术要求

项目	内　容
特点	(1)木质素磺酸盐能增大新拌混凝土的坍落度 6～8 cm,能减少用水量,减水率小于 10%。 (2)使混凝土含气量增大。 (3)减少泌水和离析。 (4)降低水泥水化放热速率和放热高峰。 (5)使混凝土初凝时间延迟,且随温度降低而加剧
适用范围	适用于各种现浇及预制(不经蒸养工艺)混凝土、钢筋混凝土及预应力混凝土;中低强度混凝土。适用于大模板施工、滑模施工及日最低气温±5℃以上混凝土施工。多用于大体积混凝土、热天施工混凝土、泵送混凝土、有轻度缓凝要求的混凝土。以小剂量与高效减水剂复合来增加后者的坍落度和扩展度,降低成本,提高效率
技术要点	(1)普通减水剂适宜掺量 0.2%～0.3%,随气温升高可适当增加,但不超过 0.5%,计量误差不大于±5%。 (2)宜以溶液形式掺入,可与拌和水同时加入搅拌机内。 (3)混凝土从搅拌出机至浇筑入模的间隔时间宜为:气温 20℃～30℃,间隔不超过1 h;气温 10℃～19℃,间隔不超过 1.5 h;气温 5℃～9℃,间隔不超过 2.0 h。 (4)普通减水剂适用于日最低气温 5℃以上的混凝土施工,低于 5℃时应与早强剂复合使用。 (5)需经蒸汽养护的预制构件使用木质素减水剂时。掺量不宜大于 0.05%,并且不宜采用腐殖酸减水剂

表 4—5　高效减水剂的技术要求

项目	内　容
特点	高效减水剂对水泥有强烈分散作用,能大大提高水泥拌和物流动性和混凝土坍落度,同时大幅度降低用水量,显著改善混凝土工作性能;大幅度降低用水量因而显著提高混凝土各龄期强度。 高效减水剂基本不改变混凝土凝结时间,掺量大时(超剂量掺入)稍有缓凝作用,但并不延缓硬化混凝土早期强度的增长。在保持强度恒定值时,则能节约水泥10%或更多。不含氯离子,对钢筋不产生锈蚀作用。提高混凝土的抗渗、抗冻及耐腐蚀性,增强耐久性。掺量过大则产生泌水。 常用的高效减水剂主要有萘系(萘磺酸盐甲醛缩合物)、三聚氰胺系(三聚氰胺磺酸盐甲醛缩合物)、多竣酸系(烯烃马来酸共聚物、多竣酸酯)、胺基磺酸系(芳香族胺基磺酸聚合物)。它们都具有较高的减水能力,三聚氰胺系高效减水剂减水率更大,但减水率越高,流动性经时损失越大。胺基磺酸盐系,由单一组分合成时,坍落度经时变化小

续上表

项目	内　容
适用范围	适用于各类工业与民用建筑、水利、交通、港口、市政等工程建设中的预制和现浇钢筋混凝土、预应力钢筋混凝土工程。适用于高强、超高强、中等强度混凝土，早强、浅度抗冻、大流动混凝土。适宜作为各类复合型外加剂的减水组分
技术要点	(1)高效减水剂的适宜掺量是：引气型如甲基萘系、稠环芳香族的蒽系等掺量为0.5%～1.0%水泥用量；非引气型如蜜胺树脂系、萘系减水剂掺量可在0.3%～5%之间选择，最佳掺量为0.7%～1.0%，在需经蒸养工艺的预制构件中应用，掺量应适当减少。 (2)高效减水剂以溶液方式掺入为宜。但溶液中的水分应从总用水量中扣除。 (3)最常用的推荐使用的方法是与拌和水一起加入(稍后于最初一部分拌和用水的加入)。 (4)复合型高效减水剂成分不同，品牌极多，是否适用必须先经试配考察。高效减水剂亦因水泥品种、细度、矿物组分差异而存在对水泥适应性问题，宜先试验后采用。 (5)高效减水剂除氨基磺酸类、接枝共聚物类以外，混凝土的坍落度损失都很大，30 min可以损失30%～50%，使用中须加以注意

(2)引气剂与引气减水剂的技术要求见表4－6。

表4－6　引气剂与引气减水剂的技术要求

项目	内　容
特点	(1)引气剂主要品种有松香树脂类：如松香热聚物、松香皂等；烷基苯磺酸盐类：如烷基苯磺酸盐、烷基苯酚聚氧乙烯醚等；脂肪醇磺酸盐类：如脂肪醇聚氧乙烯醚、脂肪酸聚氧乙烯磺酸钠等；其他：如蛋白质盐、石油磺酸盐。 (2)引气减水剂主要品种有：改性木质素磺酸盐类；烷基芳香基磺酸盐类(如萘磺酸盐甲醛缩合物)由各类引气剂与减水剂组成的复合剂。 引气剂是在混凝土搅拌过程中，能引入大量分布均匀的微小气泡，以减少混凝土拌和物泌水离析，改善和易性，并能显著提高硬化混凝土抗冻融耐久性的外加剂。兼有引气和减水作用的外加剂称为引气减水剂
适用范围	引气剂及引气减水剂，可用于抗冻混凝土、防渗混凝土、抗硫酸盐混凝土、泌水严重的混凝土、贫混凝土、轻集料混凝土以及对饰面有要求的混凝土。 引气剂不宜用于蒸养混凝土及预应力混凝土
技术要点	(1)抗冻性要求高的混凝土，必须掺用引气剂或引气减水剂，其掺量应根据混凝土的含气量要求，通过试验加以确定。加引气剂及引气减水剂混凝土的含气量，不宜超过表4－7的规定

续上表

项目	内　容
技术要点	(2)引气剂及引气减水剂配制溶液时，必须充分溶解，若产生絮凝或沉淀现象，应加热使其溶化后方可使用。 (3)引气剂可与减水剂、早强剂、缓凝剂、防冻剂一起复合使用，配制溶液时如产生絮凝或沉淀现象，应分别配制溶液并分别加入搅拌机内。 (4)检验引气剂和引气减水剂混凝土中的含气量，应在搅拌机出料口进行取样，并应考虑混凝土在运输和振捣过程中含气量的损失

引气剂或引气减水剂混凝土的含气量见表4—7。

表4—7　引气剂或引气减水剂混凝土的含气量

粗集料最大粒径(mm)	混凝土的含气量(%)	粗集料最大粒径(mm)	混凝土的含气量(%)
10	7.0	40	4.5
15	6.0	50	4.0
20	5.5	80	3.5
25	5.0	100	3.0

(3)缓凝剂与缓凝减水剂的技术要求见表4—8。

表4—8　缓凝剂与缓凝减水剂的技术要求

项目	内　容
特点	缓凝剂与缓凝减水剂在净浆及混凝土中均有不同的缓凝效果。缓凝效果随掺量增加而增加，超掺会引起水泥水化完全停止。随着气温升高，轻基竣酸及其盐类的缓凝效果明显降低，而在气温降低时、缓凝时间会延长，早期强度降低也更加明显。轻基竣酸盐缓凝剂会增大混凝土的泌水，尤其会使大水灰比、低水泥用量的贫混凝土产生离析
品种及性能	(1)糖类及碳水化合物：葡萄糖、糖蜜、蔗糖、乙糖酸钙等。 (2)多元醇及其衍生物：多元醇、胺类衍生物、纤维素、纤维素醚。 (3)经基竣酸类：酒石酸、乳酸、柠檬酸、酒石酸钾钠、水杨酸、醋酸等。 (4)木质素磺酸盐类：有较强减水增强作用，而缓凝性能较温和，故一般列入普通减水剂。 (5)无机盐类：硼酸盐、磷酸盐、氟硅酸钠、亚硫酸钠、硫酸亚铁、锌盐等。 (6)减水剂主要有糖蜜减水剂、低聚糖减水剂等

续上表

项目	内　　容
技术要点	(1)一是缓凝剂用于控制混凝土坍落度经时损失，使其在较长时间范围内保持良好的和易性，应首先选择能显著延长初凝时间、但初凝时间间隔短的一类缓凝剂；二是用于降低大块混凝土的水化热，并推迟放热高峰的出现，应首选显著影响终凝时间或初、终凝间隔较长但不影响后期水化和强度增长的缓凝剂；三是用于提高混凝土的密实性，改善耐久性，则应选择同前一种的缓凝剂。 (2)缓凝剂及缓凝减水剂可用于大体积混凝土、炎热气候条件下施工的混凝土，以及需较长时间停放或长距离运输的混凝土。 (3)缓凝剂及缓凝减水剂不宜用于日最低气温5℃以下施工的混凝土，也不宜单独用于有早强要求的混凝土及蒸养混凝土。 (4)柠檬酸、酒石酸钾钠等缓凝剂，不宜单独使用于水泥用量较低、水灰比比较大的贫混凝土。 (5)在用硬石膏或工业废料石膏作调凝剂的水泥中掺用糖类缓凝剂时，应先做水泥适应性试验，合格后方可使用

(4)早强剂与早强减水剂的技术要求见表4—9。

表4—9　早强剂与早强减水剂的技术要求

项目	内　　容
特点	早强剂主要品种有强电解质无机盐类早强剂：如硫酸盐、硫酸复盐、硝酸盐、亚硝酸盐、氯盐等；水溶性有机化合物：如三乙醇胺、甲酸盐、乙酸盐、丙酸盐等。由早强剂与减水剂组成的为早强型减水剂
适用范围	(1)早强剂及早强减水剂适用于蒸养混凝土及常温、低温和最低温度不低于－5℃环境中施工的有早强或防冻要求的混凝土工程。 (2)掺入混凝土后对人体产生危害或对环境产生污染的化学物质不得用作早强剂。含有六价铬盐、亚硝酸盐等有害成分的早强剂，严禁用于饮水工程及与食品相接触的工程。硝类不得用于办公、居住等建筑工程。 (3)下列结构中不得采用含有氯盐配制的早强剂及早强减水剂。 1)预应力混凝土结构。 2)在相对湿度大于80％环境中使用的结构、处于水位变化部位的结构、露天结构及经常受水淋、受水流冲刷的结构，如：给水排水构筑物、暴露在海水中的结构、露天结构等。 3)大体积混凝土。 4)直接接触酸、碱或其他侵蚀性介质的结构。 5)经常处于温度为60℃以上的结构，需经蒸养的钢筋混凝土预制构件。 6)有装饰要求的混凝土，特别是要求色彩一致的或是表面有金属装饰的混凝土。 7)薄壁混凝土结构，中级和重级工作制吊车梁、屋架、落锤及锻锤混凝土基础结构。 8)集料具有碱活性的混凝土结构

续上表

项目	内　容
技术要点	(1)早强剂、早强减水剂进入工地(或混凝土搅拌站)的检验项目应包括密度(或细度),1 d,3 d,7 d抗压强度及对钢筋的锈蚀作用,早强减水剂应增测减水率,混凝土有饰面要求的还应观测硬化后混凝土表面是否析盐。符合要求后,方可入库使用。 (2)常用早强剂掺量应符合表4－10的规定。 (3)粉剂早强剂和早强减水剂直接掺入混凝土干料中应延长搅拌时间30 s。 (4)常温及低温下使用早强剂或早强减水剂的混凝土采用自然养护时,宜使用塑料薄膜覆盖或喷洒养护液。终凝后应立即浇水潮湿养护。最低气温低于0℃时,除塑料薄膜外还应加盖保温材料。最低气温低于5℃时应使用防冻剂。 (5)掺早强剂或早强减水剂的混凝土采用蒸汽养护时,其蒸养制度宜通过试验确定。尤其含三乙醇胺类早强剂、早强减水剂的混凝土蒸养制度更应经试验确定。 (6)常用复合早强剂、早强减水剂的组分和剂量,可根据表4－11选用。

早强剂渗量见表4－10。

表4－10　早强剂渗量

混凝土种类及使用条件		早强剂品种	掺量(水泥质量的百分比)(%)
预应力混凝土		硫酸钠	1
		三乙醇胺	0.05
钢筋混凝土	干燥环境	氯盐	1
		硫酸钠	2
		硫酸钠与缓凝减水剂复合使用	3
		三乙醇胺	0.05
	潮湿环境	硫酸钠	1.5
		三乙醇胺	0.05
有饰面要求的混凝土		硫酸钠	1
无筋混凝土		氯盐	2

注:1. 在预应力混凝土中,由其他原材料带入的氯盐总量,不应大于水泥质量的0.1%;在潮湿环境下的钢筋混凝土中,不应大于水泥质量的0.25%。

2. 表中氯盐含量,以无水氯化钙计。

表 4－11　常用复合早强剂、早强减水剂的组成和剂量

类　型	外加剂组分	常用剂量 (以下水泥质量的百分比)(%)
复合早强剂	三乙醇胺＋氯化钠	(0.03～0.05)＋0.5
	三乙醇胺＋氯化钠＋亚硝酸钠	0.05＋(0.3～0.5)＋(1～2)
	硫酸钠＋亚硝酸钠＋氯化钠＋氯化钙	(1～1.5)＋(1～3)＋(0.3～0.5)＋(0.3～0.5)
	硫酸钠＋氯化钠	(0.5～1.5)＋(0.3～0.5)
	硫酸钠＋亚硝酸钠	(0.5～1.5)＋1.0
	硫酸钠＋三乙醇胺	(0.5～1.5)＋0.05
	硫酸钠＋二水石膏＋三乙醇度	(1～1.5)＋2＋0.05
	亚硝酸钠＋二水石膏＋三乙醇胺	1.0＋2＋0.05
早强减水剂	硫酸钠＋萘系减水剂	(1～3)＋(0.5～1.0)
	硫酸钠＋木质素减水剂	(1～3)＋(0.15～0.25)
	硫酸钠＋糖钙减水剂	(1～3)＋(0.05～0.12)

(5)防冻剂的技术要求见表 4－12。

表 4－12　防冻剂的技术要求

项目	内　容
特点	(1)无机盐类防冻剂见表 4－13。 氯盐类：以氯盐(如氯化钙、氯化钠等)为防冻组分的外加剂。 氯盐阻锈类：以氯盐与阻锈组分为防冻组分的外加剂。 无氯盐类：以亚硝酸盐、硝酸盐等无机盐为防冻组分的外加剂。 (2)有机化合物类：如以某些酸类为防冻组分的外加剂。 (3)有机化合物与无机盐复合类。 (4)复合型防冻剂：以防冻组分复合早强、引气、减水等组分的外加剂
适用范围	(1)氯盐类防冻剂可用于混凝土工程、钢筋混凝土工程，严禁用于预应力混凝土工程，并应符合《混凝土外加剂应用技术规范》(GB 50119－2003)的规定。氯盐阻锈类防冻剂可用于混凝土、钢筋混凝土工程中，严禁用于预应力混凝土工程，并应符合《混凝土外加剂应用技术规范》(GB 50119－2003)的规定。亚硝酸盐、硝酸盐等无机盐防冻剂严禁用于预应力混凝土及与镀锌钢材相接触的混凝土结构。

续上表

项目	内　　容
适用范围	(2)有机化合物类防冻剂可用于混凝土工程、钢筋混凝土工程及预应力混凝土工程。 (3)有机化合物、无机盐复合防冻剂及复合型防冻剂可用于混凝土工程、钢筋混凝土工程及预应力混凝土工程。 (4)含有六价铬盐、亚硝酸盐等有害成分的防冻剂，严禁用于饮水工程及与食品相接触的部位，严禁食用。 (5)含有硝按、尿素等产生刺激性气味的防冻剂，不得用于办公、居住等建筑工程。 (6)对水工、桥梁及有特殊抗冻融性要求的混凝土工程，应通过试验确定防冻剂品种及掺量
技术要点	(1)防冻剂的选用应符合下列规定。在日最低气温为0℃～5℃，混凝土采用塑料薄膜和保温材料覆盖养护时，采用早强剂或早强减水剂；在日最低气温为－10℃～－5℃、－15℃～－10℃、－20℃～15℃，采用上述保温措施时，宜分别采用规定温度为－5℃、－10℃和－15℃的防冻剂。防冻剂的规定温度为按《混凝土防冻剂》(JC 475－2004)规定的试验条件成形的试件，在恒负温条件下养护的温度。施工使用的最低气温可比规定温度低5℃。 (2)防冻剂运到工地(或混凝土搅拌站)，首先应检查是否有沉淀、结晶或结块，检验项目应包括密度(或细度)R_{-7}.R_{+28}抗压强度比，钢筋锈蚀试验，合格后方可使用。 (3)掺防冻剂混凝土所用原材料，应符合下列要求。 宜选用硅酸盐水泥、普通硅酸盐水泥。水泥存放期超过3个月时，使用前必须进行强度检验，合格后方可使用；粗、细集料必须清洁，不得含有冰、雪等冻结物及易冻裂的物质。 (4)掺防冻剂混凝土的质量控制。 1)混凝土浇筑后，在结构最薄弱和易冻的部位，应加强保温防冻措施，并应在有代表性的部位或易冷却的部位布置测温点。 2)掺防冻剂混凝土的质量，应满足设计要求，并应在浇筑地点制作一定数量的混凝土试件进行强度试验。其中一组试件应在标准条件下养护，其余放置在工程条件下养护

防冻组分掺量见表4－13。

表4－13　防冻组分掺量

防水剂类别	防冻组分掺量
氯盐类	氯盐掺量不得大于拌和水质量的7%
氯盐阻锈类	总量不得大于拌和水质量的15%。 当氯盐掺量为水泥质量的0.5%～1.5%时，亚硝酸钠与氯盐之比应大于1。 当氯盐掺量为水泥质量的1.5%～3%时，亚硝酸钠与氯盐之比应大于1.3

续上表

防水剂类别	防冻组分掺量
无氯盐类	总量不得大于拌和水质量的20%，其中亚硝酸钠、亚硝酸钙、硝酸钠、硝酸钙均不得大于水泥质量的8%，尿素不得大于水泥质量的4%，碳酸钾不得大于水泥质量的10%

(6)泵送剂的技术要求见表4－14。

表4－14 泵送剂的技术要求

项目	内　容
特点	泵送剂是流化剂中的一种，它除了能大大提高拌和物流动性以外，还能使新拌混凝土在60～180 min时间内保持其流动性，剩余坍落度应不低于原始值的55%。此外，它不是缓凝剂。缓凝时间不宜超过120 min(有特殊要求除外)
适用范围	(1)适用于各种需要采用泵送工艺的混凝土。超缓凝泵送剂用于大体积混凝土，含防冻组分的泵送剂适用于冬期施工混凝土。 (2)泵送混凝土是在泵压作用下，经管道实行垂直及水平输送的混凝土。与普通混凝土相同的是要求具有一定的强度和耐久性指标。不同的是必须有相应的流动性和稳定性。 (3)可泵性与流动性是两个不同的概念，泵送剂的组分较流化剂要复杂得多。泵送混凝土是流化混凝土的一种，不是所有的流态混凝土都适合泵送
技术要点	(1)泵送剂的掺量随品牌而异，相差很大，使用前应仔细了解说明书的要求，超掺泵送剂也可能造成堵泵现象。 (2)掺泵送剂的混凝土性能试验与其他外加剂有所不同，泵送混凝土性能试验应用Ⅱ区中砂，水泥用量：采用卵石时为(33±5) kg/m^3，采用碎石时为(340±5) kg/m^3，砂率为42%。用水量分别以达到空白混凝土坍落度(8±1) cm>被检混凝土(18±1) cm为准。 (3)掺泵送剂的混凝土勃聚性、流动性要好，泌水率要低。坍落度试验时，坍落度扩展后的混凝土试样中心部分不能有粗集料堆积，边缘部分不能有明显的浆体和游离水分离出来。将坍落度筒倒置并装满混凝土试样，提起30 cm后计算样品从筒中流空时间，短者为流动性好。 (4)应用泵送剂的混凝土温度不宜高于35℃。 (5)混凝土温度越高，运输或泵管输送距离越长，对泵送剂质量的要求就越高

(7)膨胀剂的技术要求见表4－15。

表4－15 膨胀剂的技术要求

项目	内　容
适用范围	膨胀剂的适用范围见表4－16

续上表

项目	内　　容
技术要点	(1)掺膨胀剂混凝土对原材料的要求。 1)膨胀剂:应符合《混凝土膨胀剂》(GB 23439—2009)标准的规定;膨胀剂运到工地(或混凝土搅拌站)应进行限制膨胀率检测,合格后方可入库、使用。 2)水泥:应符合现行通用水泥国家标准,不得使用硫铝酸盐水泥、铁铝酸盐水泥和高铝水泥。 (2)掺膨胀剂的混凝土的配合比设计,水胶比不宜大于0.5。 (3)用于抗渗的膨胀混凝土的水泥用量应不小于320 kg/m^3,当掺入掺和料时,其水泥用量不应小于280 kg/m^3。 (4)补偿收缩混凝土的膨胀剂掺量不宜大于12%,不宜小于7%。填充用膨胀混凝土的膨胀剂掺量不宜大于15%,不宜小于10%。 以水泥和膨胀剂为胶凝材料的混凝土,设基准混凝土配合比中水泥用量为 C_0、膨胀剂取代水泥率为 K,膨胀剂用量 $E=C_0 \cdot K$、水泥用量 $C=C_0-E_0$。 以水泥、掺和料和膨胀剂为胶凝材料的混凝土,膨胀剂取代胶凝材料率为 K,设基准混凝土配合比中水泥用量为 C',掺和料用量为 F'。 (5)其他外加剂用量的确定方法。膨胀剂可与其他混凝土外加剂氯盐类外加剂复合使用,应有好的适应性;外加剂品种和掺量应通过试验确定

膨胀剂的适用范围见表4—16。

表4—16　膨胀剂的适用范围

用　　途	适用范围
补偿收缩混凝土	地下、水中、海水中、隧道等构筑物、大体积混凝土(除大坝外)。配筋路面和板、屋面与厕浴间防水、构件补强、渗漏修补、预应力钢筋混凝土、回填槽等
填充用膨胀混凝土	结构后浇缝、隧洞堵头、钢筋与隧道之间的填充等
填充用膨胀砂浆	机械设备的底座灌浆、地脚螺栓的固定、梁柱接头、构件补强、加固
自应力混凝土	仅用于常温下使用的自应力钢筋混凝土压力管

3.轻集料的种类及技术要求

(1)轻集料混凝土的种类见表4—17。

表4—17　轻集料混凝土的种类

类别名称	混凝土强度等级的合理范围	混凝土密度等级的合理范围	用　　途
保温轻集料混凝土	LC5.0	≤800	主要用于保温的围护结构或热工构筑物
结构保温轻集料混凝土	LC5.0、LC7.5、LC10、LC15	800～1 400	主要用于既承重又保温的围护结构

续上表

类别名称	混凝土强度等级的合理范围	混凝土密度等级的合理范围	用　　途
结构轻集料混凝土	LC15、LC20、LC25、LC30、LC35、LC40、LC45、LC50、LC55、LC60	1 400～1 900	主要用于承重构件或构筑物

(2)轻集料混凝土的颗粒级配见表4－18～表4－24。

表4－18　轻集料混凝土颗粒级配

轻集料	级配类别	公称粒级(mm)	各号筛的累计筛余(按质量计)(%)											
			方孔筛孔径(mm)									方孔筛孔径(μm)		
			37.5	31.5	26.5	19.0	16.0	9.50	4.75	2.36	1.18	600	300	150
细集料	—	0～5	—	—	—	—	—	0	0～10	0～35	20～60	30～80	65～90	75～100
粗集料	连续粒级	5～40	0～10	—	—	40～60	—	50～85	90～100	95～100	—	—	—	—
		5～31.5	0～5	0～10	—	—	40～75	—	90～100	95～100	—	—	—	—
		5～25	0	0～5	0～10	—	30～70	—	90～100	95～100	—	—	—	—
		5～20	0	0～5	—	0～10	—	40～80	90～100	95～100	—	—	—	—
		5～16	—	—	0	0～5	0～10	20～60	85～100	95～100	—	—	—	—
		5～10	—	—	—	—	0	0～15	80～100	95～100	—	—	—	—
	单粒级	10～16	—	—	—	0	0～15	85～100	90～100	—	—	—	—	—

轻集料的密度等级见表4－19。

表4－19　轻集料的密度等级

密度等级		堆积密度范围(kg/m³)
轻粗集料	轻细集料	
300	—	210～300
400	—	310～400
500	500	410～500
600	600	510～600
700	700	610～700
800	800	710～800
900	900	810～900
1 000	1 000	910～1 000
—	1 100	1 010～1 100
—	1 200	1 110～1 200

轻粗集料的筒压强度见表4－20。

表 4—20　轻粗集料的筒压强度

轻粗集料种类	密度等级	筒压强度(MPa)
人造轻集料	200	0.2
	300	0.5
	400	1.0
	500	1.5
	600	2.0
	700	3.0
	800	4.0
	900	5.0
天然轻集料 工业废渣轻集料	600	0.8
	700	1.0
	800	1.2
	900	1.5
	1 000	1.5
工业废渣轻集料中的 自燃煤矸石	900	3.0
	1 000	3.5
	1 100～1 200	4.0

轻粗集料的检型系数见表 4—21。

表 4—21　轻粗集料的检型系数　　(单位:MPa)

轻粗集料种类	平均粒型系数
人造轻集料	≤2.0
天然轻集料 工业废渣轻集料	不作规定

高强度粗集料的筒压强度及强度等级见表 4—22。

表 4—22　高强度粗集料的筒压强度及强度等级　　(单位:MPa)

密度等级	筒压强度	强度等级
600	4.0	25
700	5.0	30
800	6.0	35
900	6.5	40

轻粗集料的吸水率见表4－23。

表4－23　轻粗集料的吸水率

轻粗集料种类	密度等级	1 h 吸水率/%
人造轻集料 工业废渣轻集料	200	30
	300	25
	400	20
	500	15
	600～1 200	10
人造轻集料中的粉煤灰陶粒*	600～900	20
天然轻集料	600～1 200	—

* 系指采用烧结工艺生产的粉煤灰陶粒。

轻粗集料的有害物质规定见表4－24。

表4－24　有害物质规定

项目名称	技术指标
含泥量(%)	≤3.0
	结构混凝土用轻集料≤2.0
泥块含量(%)	≤1.0
	结构混凝土用轻集料≤0.5

4. 防水混凝土的配制方法

防水混凝土的配制方法见表4－25。

表4－25　防水混凝土的配制方法

种　　类	配制方法
减水剂 防水混凝土	(1)应根据工程要求、施工工艺和温度及混凝土原材料组成、特性等，正确选用减水剂品种。对所选用的减水剂，必须经过试验，求得减水剂适宜掺量。其适宜掺量参见表4－26。 (2)根据工程需要调节水灰比。当工程需要混凝土坍落度为80～100 mm时，可不减少或稍减少拌和用水量。当要求坍落度为30～50 mm时，可大大减少拌和用水量。 (3)由于减水剂能增大混凝土的流动性，故掺有减水剂的防水混凝土，其最大施工坍落度可不受50 mm的限制，但也不宜过大，以50～100 mm为宜。 (4)混凝土拌和物泌水率的大小对硬化后混凝土抗渗性有很大影响。由于加入不同品种减水剂后，均能获得降低泌水率的良好效果，一般有引气作用的减水剂(如MF，木钙)效果更为显著。故可采用矿渣水泥配制防水混凝土

续上表

种类	配制方法
氯化铁防水混凝土	先将1份(质量比)的氧化铁皮投入耐酸容器(常用陶瓷缸)中,然后注入2份(质量比)的盐酸,用压缩空气或机械等方法不断搅拌,使其充分反应,反应进行2 h左右,向溶液中加入0.2份(质量比)的氧化铁皮,继续反应4～5 h后,逐渐变成深棕色浓稠的酱油状氯化铁溶液。静置3～4 h后,吸出上部清液,再向清液中加入相当清液重量5%的硫酸铝,经搅拌至完全溶解,并使相对密度达到1.4以上,即成为氯化铁防水剂
加气剂防水混凝土	(1)加气剂掺量。加气剂防水混凝土的质量与含气量有密切相关。从改善混凝土内部结构、提高抗渗性及保持应有的混凝土强度出发,加气剂防水混凝土含气量以3%～6%为宜。此时,松香酸钠掺量约为0.1%～0.3%,松香热聚物掺量约为0.1%。 (2)水灰比。水灰比在某一适宜范围内,混凝土可获得适宜的含气量和较高的抗渗性。根据大量工程统计,水灰比最大不得超过0.65,以0.15～0.6为宜。加气剂防水混凝土水灰比与抗渗性的关系见表4－27。 (3)砂子细度。砂子细度对气泡的生成亦有不同程度的影响。采用细砂可获得细小均匀的气泡,对混凝土抗渗较为有利;采用中砂,混凝土物理力学性能较好;采用粗砂生成的气泡大,混凝土结构不均匀,抗渗性较差。因此,宜采用中砂或细砂,特别是采用细度模数在2.6左右的砂子为最好。 (4)加气剂防水混凝土的配制要求,参见表4－28
三乙醇胺防水混凝土	(1)当设计抗渗压力为0.8～1.2 N/mm^2 时,水泥用量以300 kg/m^3 为宜。 (2)砂率必须随水泥用量降低而相应提高,使混凝土有足够的砂浆量,以确保其抗渗性。当水泥用量为280～300 kg/m^3 时,砂率以40%左右为宜。掺三乙醇胺早强防水剂后,灰砂比可以小于普通防水混凝土1∶2.5的限值。 (3)对石子级配无特殊要求,只要在一定水泥用量范围内并保证有足够的砂率,无论采用哪一种级配的石子,都可以使混凝土有良好的密实度和抗渗性。 (4)三乙醇胺早强防水剂对不同品种水泥的适应性较强,特别是能改善矿渣水泥的泌水性和戮滞性,明显地提高其抗渗性。因此,对要求低水化热的防水工程,以使用矿渣水泥为好。 (5)三乙醇胺防水剂溶液随拌和水一起加入,约50 kg水泥加2 kg溶液。 (6)防水剂应和拌和用水掺和均匀后再投入搅拌机,拌制混凝土
补偿收缩防水混凝土	(1)水泥及外掺剂。主要品种有明矾石膨胀水泥、石膏矾土水泥及UEA微膨胀剂等。 (2)集料。补偿收缩混凝土用的砂、石材质要求见表4－29。粗集料最大粒径不大于40 mm;采用中砂或细砂,为自然级配。 (3)水。采用无侵蚀性的洁净水。 配合比。补偿收缩混凝土配合比的原则要求见表4－30。实例参考配合比见表4－31

掺引气剂及引气减水剂混凝土的含气量见表4－26。

表4－26　掺引气剂及引气减水剂混凝土的含气量

粗骨料最大粒径(mm)	20(19)	25(22.4)	40(37.5)	50(45)	80(75)
混凝土含气量(%)	5.5	5.0	4.5	4.0	3.5

注：括号内数值为《建筑用卵石，碎石》(GB/T 14685)中标准筛的尺寸。

常用早强剂掺量限值见表4－27。

表4－27　常用早强剂掺量限值

混凝土种类	使用环境	早强剂名称	掺量限值(水泥重量的百分比,%)，不大于
预应力混凝土	干燥环境	三乙醇胺 硫酸钠	0.05 1.0
钢筋混凝土	干燥环境	氯离子[Cl^-] 硫酸钠	0.6 2.0
钢筋混凝土	干燥环境	与缓凝减水剂复合的硫酸钠 三乙醇胺	3.0 0.05
	潮湿环境	硫酸钠 三乙醇胺	1.5 0.05
有饰面要求的混凝土		硫酸钠	0.8
素混凝土		氯离子[Cl^-]	1.8

注：预应力混凝土及潮湿环境中使用的钢筋混凝土中不得掺氯盐早强剂。

加气防水混凝土配制要求见表4－28。

表4－28　加气防水混凝土配制要求

项目	要　求
加气剂掺量	以使混凝土获得3%～6%的含气量为宜，松香酸钠掺量为0.1～0.3%，松香热聚物掺量约为0.1%
含气量	以3%～6%为宜，此时拌和物密度降低不得超过6%，混凝土强度降低值不得超过25%
坍落度(mm)	30～50
水泥用量(kg/m^3)	用量不小于250，一般为280～300，当耐久性要求较高时，可适当增加用量
水灰比	不大于0.65，以0.5～0.6为宜，当抗冻性、耐久性要求高时，可适当降低水灰比
砂率	28%～35%
灰砂比	(1：2)～(1：2.5)
砂石级配	(10～20)：(20～40)～(30：70)～(70：30)或自然组配

补偿收缩混凝土的性能见表4—29。

表4—29 补偿收缩混凝土的性能

项目	限制膨胀率($\times10^{-4}$)	限制干缩率($\times10^{-4}$)	抗压强度(MPa)
龄期	水中14 d	水中14 d,空气中28 d	28 d
性能指标	≥1.5	≤3.0	≥25

填充用膨胀混凝土的性能见表4—30。

表4—30 填充用膨胀混凝土的性能

项目	限制膨胀率($\times10^{-4}$)	限制干缩率($\times10^{-4}$)	抗压强度(MPa)
龄期	水中14 d	水中14 d,空气中28 d	28 d
性能指标	≥2.5	≤3.0	≥30.0

膨胀剂的适用范围见表4—31。

表4—31 膨胀剂的适用范围

用途	适用范围
补偿收缩混凝土	地下、水中、海水中、隧道等构筑物、大体积混凝土(除大坝外),配筋路面和板、屋面与厕浴间防水、构件补强、渗漏修补、预应力混凝土、回填槽等
填充用膨胀混凝土	结构后浇带、隧洞堵头、钢筋与隧道之间的填充等
灌浆用膨胀砂浆	机械设备的底座灌浆、地脚螺栓的固定、梁柱接头、构件补强、加固等
自应力混凝土	仅用于常温下使用的自应力钢筋混凝土压力管

5.泵送混凝土对原材料的要求

泵送混凝土对原材料的要求见表4—32。

表4—32 泵送混凝土对原材料的要求

项目	内　容
水泥	应符合国家现行标准《通用硅酸盐水泥》(GB 175—2007)的规定,防水混凝土使用的水泥的强度等级不应低于32.5 MPa
水	应符合国家现行标准《混凝土用水标准》(JGJ 63—2006)的规定
砂	宜用中砂级配Ⅱ区,应符合国家现行标准《普通混凝土用砂、石质量及检验方法标准》(JGJ 52—2006)的规定,通过0.315 mm筛孔的砂,不应少于15%。砂率38%～45%,含泥量不大于3%,含泥块不大于1%,地下工程碱活性试验合格
石子	宜用碎石或卵石,应符合国家现行标准《普通混凝土用砂、石质量及检验方法标准》(JGJ 52—2006)的规定,应连续级配,针片状颗粒含量不宜大于10%,粗集料最大粒径与输送管直径之比:泵送高度在50m以下时,对碎石不宜大于1∶3,对卵石不宜大于1∶2.5,泵送高度在50～100 m时宜在1∶3～1∶4,骨粒最大粒径不大于1/4混凝土最小断面,不大于3/4受力筋最小净距。泵送高度在100 mm以上时,宜在1∶4～1∶5,吸水率不应大于1.5%(地下工程碱活性试验合格,含泥量不大于1%,含泥块不大于0.5%)

续上表

项目	内 容
掺和料	泵送混凝土宜掺适量粉煤灰，并符合国家现行标准《用于水泥和混凝土中的粉煤灰》(GB/T 1596—2005)的有关规定，粉煤灰的级别不应低于二级，掺量不宜大于20%水泥用量
外加剂	应符合国家现行标准《混凝土外加剂定义、分类、命名与术语》(GB/T 8075—2005)、《混凝土外加剂应用设计规范》(GB 50119—2003)、《混凝土泵送剂》(JC 473—2001)、《预拌混凝土》(GB/T 14902—2003)的规定，掺用引气型外加剂的泵送混凝土的含气量不宜大于4%。要有外加剂效果试验，有外加剂掺入程序要求，有厂家资质证明，性能说明，指标达标试验，进场复试

6.混凝土原材料及质量要求

(1)砂。

1)砂的质量要求见表4—33。

表4—33 砂的质量要求

项目	内 容
细度模数	砂的粗细程度按细度模数(μ_f)分为粗、中、细三级，其范围应符合粗砂(μ_f为3.7～3.1)；中砂(μ_f为3.0～2.3)；细砂(μ_f为2.2～1.6)的规定
颗粒级配	砂的实际颗粒级配与表4—34中所列的累计筛余百分率相比，除4.75 mm和0.6 mm外，允许稍有超出分界线，但其总量百分率不应大于5%。 配制混凝土时宜优先选用Ⅱ区中砂，当采用Ⅰ区砂时，应提高砂率，并保持足够的水泥用量，以保证混凝土的和易性；当采用Ⅲ区砂时，宜适当降低砂率，以保证混凝土强度。 当沙颗粒级配不符合表4—34要求时，应采取相应措施并经试验证明能确保工程质量，方可允许使用
砂中有害杂质的含量	对于重要工程的混凝土所使用的砂，应进行集料的碱活性检验。对于素混凝土，海砂中氯离子含量不应大于0.06%(以干砂质量的质量分数计)。对于预应力混凝土不宜用海砂。若必须使用海砂时，则应经淡水冲洗。其氯离子含量不得大于0.02%。砂中有害杂质的含量要求见表4—39
坚固性	砂的坚固性用硫酸钠溶液检验，试样经5次循环后其质量损失应符合表4—40的规定

2)砂颗粒级配区见表4—34。

表4—34 砂颗粒级配区

级配区 / 累计筛余(%) / 筛孔尺寸	Ⅰ	Ⅱ	Ⅲ
4.75 mm	10～0	10～0	10～0

续上表

累计筛余(%) 级配区 / 筛孔尺寸	Ⅰ	Ⅱ	Ⅲ
2.36 mm	35～5	25～0	15～0
1.18 mm	65～35	50～10	25～0
600 μm	85～71	70～41	40～16
300 μm	95～80	92～70	85～55
150 μm	100～90	100～90	100～90

3)砂中有害杂质的含量见表 4－35。

表 4－35 砂中有害杂质的含量

项　目	指　标		
	Ⅰ类	Ⅱ类	Ⅲ类
云母含量(按质量分数计)	≤1.0%	≤2.0%	≤2.0%
轻物质(表观密度小于 2.0 kg/m^3)含量(按质量分数计)	≤1.0%	≤1.0%	≤1.0%
硫化物和硫酸盐含量(按 SO_3 质量分数计)	≤0.5%	≤0.5%	≤0.5%
有机物含量(用比色法试验)	合格	合格	合格
氯化物(以氯离子质量分数计)	≤0.01%	≤0.02%	≤0.06%
贝壳(按质量分数计)①	≤3.0	≤5.0	≤8.0

①该指标仅适用于海砂,其他砂种不作要求。

砂的坚固性见表 4－36。

表 4－36 砂的坚固性

混凝土所处的环境条件	循环后的质量损失(%)
在严寒及寒冷地区室外使用并经常处于潮湿或干湿交替状态下的混凝土	≤8
其他条件下使用的混凝土	≤10

(2)石子。

1)颗粒级配。碎石或卵石的颗粒级配见表 4－37。

表 4－37　碎石和卵石的颗粒级配

公称粒级 mm		累计筛余(%) 方孔筛(mm)											
		2.36	4.75	9.50	16.0	19.0	26.5	31.5	37.5	53.0	63.0	75.0	90
连续粒级	5～16	95～100	85～100	30～60	0～10	0							
	5～20	95～100	90～100	40～80	—	0～10	0						
	5～25	95～100	90～100	—	30～70	—	0～5	0					
	5～31.5	95～100	90～100	70～90	—	15～45	—	0～5	0				
	5～40	—	95～100	70～90	—	30～65	—	—	0～5	0			
单粒粒级	5～10	95～100	80～100	0～15	0								
	10～16		95～100	80～100	0～15								
	10～20		95～100	85～100		0～15	0						
	16～25			95～100	55～70	25～40	0～10						
	16～31.5		95～100		85～100			0～10	0				
	20～40			95～100		80～100			0～10	0			
	40～80					95～100			70～100		30～60	0～10	0

2)针片状颗粒的含量。

卵石和碎石中针片状颗粒含量见表 4－38。

表 4－38　石子中针片状颗粒含量

项　目	指　标		
	Ⅰ类	Ⅱ类	Ⅲ类
针片状颗粒(质量分数)(%),≤	5	10	15

3)泥和泥块的含量。

石子中泥含量和泥块含量应符合表 4－39 的规定。

表 4－39　石子中泥含量和泥块含量

项　目	指　标		
	Ⅰ类	Ⅱ类	Ⅲ类
含泥量(按质量分数计)(%)	≤0.5	≤1.0	≤1.5
泥块含量(按质量分数计)(%)	0	≤0.2	≤0.5

4)碎石或卵石中的有害物质。

碎石或卵石中的有害物质含量应符合表4—40的规定。

表4—40 碎石或卵石的有害物质含量

项目	指标		
	Ⅰ类	Ⅱ类	Ⅲ类
有机物	合格	合格	合格
硫化物及硫酸盐(按 SO_3 质量分数计)(%)	≤0.5	≤1.0	≤1.0

5)坚固性。

碎石或卵石的坚固性指标见表4—41。

表4—41 碎石或卵石的坚固性指标

项目	指标		
	Ⅰ类	Ⅱ类	Ⅲ类
质量损失(质量分数)(%)	≤5	≤8	≤12

6)压碎指标。

碎(卵)石的压碎指标应符合表4—42的规定。

表4—42 卵石和碎石压碎指标

项目	指标		
	Ⅰ类	Ⅱ类	Ⅲ类
卵石压碎指标(质量分数)(%)	≤12	≤14	≤16
碎石压碎指标(质量分数)(%)	≤10	≤20	≤30

(3)水。

水的pH值、不溶物、可溶物、氯化物、硫酸盐、硫化物的含量应符合表4—43的要求。

表4—43 混凝土拌和物用水中物质含量限值

项目	预应力混凝土	钢筋混凝土	素混凝土
pH值,≥	5.0	4.5	4.5
不溶物(mg/L),≤	2 000	2 000	5 000
可溶物(mg/L),≤	2 000	5 000	10 000
氯化物(以 Cl^- 计)(mg/L),≤	500①	1 000	3 500

续上表

项　　目	预应力混凝土	钢筋混凝土	素混凝土
硫酸盐(以 SO_4^{2-} 计)(mg/L),≤	600	2 000	2 700
碱含量(mg/L),≤	1 500	1 500	1 500

①使用钢丝或经热处理钢筋的预应力混凝土氯化物含量不得超过 350 mg/L。

7.混凝土的主要技术性质及其影响因素

(1)和易性。

混凝土的和易性见表 4－44。

表 4－44　混凝土的和易性

项目	内　　容
概念	和易性指混凝土拌和物在拌和、运输、浇筑、振捣等过程中,不发生分层、离析、泌水等现象,并获得质量均匀、密实的混凝土的性能。和易性反映混凝土拌和物拌和均匀后,在各施工环节中各组成材料能较好地一起流动的特性,是一项综合技术性能,包括流动性,黏聚性和保水性
测定和选择	混凝土拌和物的流动性可采取坍落度法和维勃稠度法测定。对于流动性大的塑性混凝土用坍落度法测定,坍落值小于 10 mm 的干硬性混凝土拌和物采用维勃稠度法测定。然后再根据流动性经验观察、评定黏聚性和保水性,来最终确定和易性好坏
影响和易性的主要因素	(1)水泥浆数量和水灰比的影响。混凝土拌和物要产生流动必须克服其内部的阻力,拌和物内的阻力主要来自两个方面,一是集料间的摩擦阻力,二是水泥浆的黏聚力。 集料间摩擦阻力的大小主要取决于集料颗粒表面水泥浆的厚度,即水泥浆数量的多少。在水灰比(水与胶凝材料重量之比)不变的情况下,单位体积拌和物内,水泥浆数量愈多,拌和物的流动性愈大。但若水泥浆过多,将会出现流浆现象;若水泥浆过少,则集料之间缺少黏结物质,易使拌和物发生离析和崩坍。 水泥浆黏聚力大小主要取决于水灰比。在水泥用量、集料用量均不变的情况下,水灰比增大即增大水的用量,拌和物流动性增大;反之则减小。但水灰比过大,会造成拌和物黏聚性和保水性不良;水灰比过小,会使拌和物流动性过低。 总之,无论是水泥浆数量的影响还是水灰比的影响,实际上都是用水量的影响。因此,影响混凝土和易性的决定性因素是混凝土单位体积用水量的多少。实践证明,在配制混凝土时,当所用粗、细集料的种类及比例一定时,如果单位用水量一定,即使水泥用量有所变动(1 m^3 混凝土水泥用量增减 50～100 kg)时,混凝土的流动性大体保持不变,这一规律称为恒定需水量法则。这一法则意味着如果其他条件不变,即使水泥用量有某种程度的变化,对混凝土的流动性影响不大,运用于配合比设计,就是通过固定单位用水量,变化水灰比,得到既满足拌和物和易性要求,又满足混凝土强度要求的混凝土。 (2)砂率的影响。砂率是指混凝土中砂的重量占砂、石重量的百分比,即: $砂率=\frac{砂重}{砂重+石重}\times 100\%$

(2)强度。

混凝土的强度见表 4—45。

表 4—45 混凝土的强度

项目	内 容
混凝土立方体抗压强度	根据国家标准《混凝土结构设计规范》(GB 50010—2010)规定,制作边长为 150 mm 的立方体试件为标准试件,按标准的方法成型,在标准条件下(温度 20℃ ±3℃,相对湿度大于 90%),养护到 28 d 龄期,用标准的试验方法测得的极限抗压强度,称为混凝土标准立方体抗压强度。在立方体极限抗压强度总体分布中,具有 95%保证率的抗压强度,称为立方体抗压强度标准值,用 $f_{cu,k}$ 表示。 为了能测定混凝土实际达到的强度,常将混凝土试件放在与工程相同的条件下进行养护,然后再按所需要的龄期进行试验,测得立方体试件抗压强度值,作为工程混凝土质量控制和质量评定的主要依据。 混凝土的强度等级按立方体抗压强度标准值确定,采用 C 与立方体抗压强度标准值(单位为 MPa)表示,共分 14 个强度等级,它们是 C10、C15、C20、C25、C30、C35、C40、C45、C50、C55、C60、C65、C70、C75、C80、C85、C90、C95 和 C100
混凝土轴心抗压强度	混凝土强度等级是根据立方体试件确定的,但在钢筋混凝土结构设计计算中,考虑到混凝土构件的实际受力状态,计算轴心受压构件时,常以轴心抗压强度作为依据。将混凝土制成 150 mm×150 mm×300 mm 的标准试件,在标准温度、标准湿度养护 28 d 的条件下,测试件的抗压强度值,即为混凝土的轴心抗压强度。 混凝土轴心抗压强度与立方体抗压强度之比为 0.7～0.8
混凝土抗拉强度	混凝土抗拉强度对混凝土的开裂控制起着重要作用,在结构设计中,抗拉强度是确定混凝土抗裂度的重要指标。 抗拉强度一般以劈拉试验法间接取得。 混凝土劈裂抗拉强度应按下式计算: $f_{ts}=2P/(\pi A)=0.637P/A$ 式中 f_{ts}——混凝土劈裂抗拉强度(MPa); P——破坏荷载(N); A——试件劈裂面积(mm^2)
混凝土抗弯强度	在道路等设计和施工中,抗弯强度是一项很重要的技术指标。混凝土的抗弯强度试验是以标准方法制备成 150 mm×150 mm×550 mm 的梁形试件,在标准条件下养护 28 d后,按三分点加荷,测定其抗弯强度 f_{cf},按下式计算: $f_{cf}=PL(bh^2)$ 式中 f_{cf}——混凝土抗弯强度(MPa); P——破坏荷载(N); L——支座间距(mm); b——试件截面宽度(mm); h——试件截面高度(mm)

续上表

项目	内容
影响强度的因素	(1)水泥强度和水灰比。混凝土的强度主要取决于水泥石的强度及其与集料间的黏结力,两者都随水泥强度和水灰比而变。水灰比是混凝土中用水量与用灰(水泥)量的重量比,其倒数称为灰水比,是配制混凝土的重要参数。水灰比较小,混凝土中所加水分除去与水泥化合之后剩余的游离水较少,组成的水泥石中水泡及气泡较少,混凝土内部结构密实,孔隙率小,强度较高;反之,水灰比较大时,在水泥石中存在较多较大的水孔或气孔,在集料表面(特别是底面)常有水囊或水槽孔道,不仅减小受力截面,而且在孔的附近以及集料与水泥石的界面上产生应力集中或局部减弱,使混凝土的强度明显下降。 (2)集料质量的影响。集料本身强度一般都比水泥石的强度高(轻集料除外),所以不直接影响混凝土的强度;但若使用低强度或风化岩石、含薄片石较多的劣质集料时,会使混凝土的强度降低。表面粗糙并富有棱角的碎石,因与水泥的黏结力较强,所配制的混凝土强度较高。 (3)养护条件(温度和湿度)的影响。当周围环境的温度较高,新拌或早期混凝土中的水泥水化作用加速,混凝土强度发展较快,反之温度较低,强度发展就慢。当温度降至零摄氏度以下,混凝土强度中止发展,甚至因受冻而破坏

(3)耐久性

混凝土的耐久性见表 4—46。

表 4—46 混凝土的耐久性

项目	内容
抗渗性	抗渗性是指混凝土抵抗水、油等流体在压力作用下抵抗渗透的性能。抗掺性是混凝土一项重要性质,它直接影响混凝土的抗侵蚀性和抗冻性。 我国采用抗渗等级表示混凝土的抗渗性。抗渗等级按标准试验方法进行试验,用每组 6 个试件中 4 个件未出现渗水时的最大水压力来表示。分为 P4、P6、P8、P10、P12、>P12六个等级。相应表示混凝土能抵抗 0.4 MPa、0.6 MPa、0.8 MPa、1.0 MPa、1.2 MPa、>12 MPa的水压而不渗透
抗冻性	抗冻性是指混凝土在水饱和状态下能经受多次冻融循环而不破坏,且也不严重降低强度的性能。 混凝土抗冻性一般以抗冻等级表示。抗冻等级是采用龄期 28 d 的试块在吸水饱和后,承受反复冻融,以抗压强度下降不超过 25%,而且质量损失不超过 5%时所能承受的最大冻融循环次数来确定的。 《混凝土质量控制标准》(GB 50164—2011)将混凝土划分为以下抗冻等级:F10、F15、F25、F50、F100、F150、F200、F250、F300,分别表示混凝土能承受反复冻融循环次数为 10、15、25、50、100、150、200、250 和 300 次
抗腐蚀性	抗腐蚀性是指混凝土在含有侵蚀性介质环境中遭受到化学侵蚀、物理作用不破坏的能力。混凝土的抗侵蚀性主要取决于水泥的抗侵蚀性

续上表

项目	内　容
抗碳化性	抗碳化性是指混凝土能够抵抗空气中的二氧化碳与水泥石中氢氧化钙作用，生成碳酸钙和水的能力。碳化又叫中性化。碳化使混凝土的碱度降低，导致钢筋锈蚀。碳化还将显著地增加混凝土的收缩，使混凝土的抗压和抗拉强度降低。影响混凝土抗碳化性的因素有环境条件包括二氧化碳的浓度和相对湿度。二氧化碳浓度高，碳化速度高。相对湿度在50%时碳化最快。其他因素还有水泥品种、水灰比、外加剂及施工、养护等
混凝土的碱-集料反应	混凝土碱—集料反应是指混凝土内水泥中的碱($Na_2O+0.658\ K_2O$)与集料中的活性SiO_2反应，生成碱—硅酸凝胶(Na_2SiO_3)，并从周围介质中吸收水分而膨胀，导致混凝土开裂破坏的现象
干缩	混凝土因毛细孔和凝胶体中水分蒸发与散失而引起的体积缩小称为干缩，当干缩受到限制时，混凝土会出现干缩裂缝而影响耐久性。在一般工程设计中，采用的混凝土线收缩量为0.000 15～0.000 2。混凝土收缩过大，会引起变形开裂，缩短使用寿命，因而在可能条件下，应尽量降低水灰比，减少水泥用量，正确选用水泥品种，采用洁净的砂石集料，并加强早期养护
耐磨性	混凝土抵抗机械磨损的能力称为耐磨性，它与混凝土强度有密切的关系。提高水泥熟料中硅酸三钙和铁铝酸四钙的含量，提高石子的硬度，有利于混凝土的耐磨性。对一般有耐磨性要求的混凝土，其强度等级应在C20级以上，而耐磨性要求较高时应采用不低于C30的混凝土，并把表面做得平整光滑；对于磨损比较严重的部位，则应采用环氧砂浆、环氧混凝土、钢纤维混凝土、钢屑混凝土或聚合物浸渍混凝土等做成耐冲磨的面层；对煤仓或矿石料斗等则需用铸石镶砌

8. 混凝土配合比设计方法与设计步骤

混凝土配合比设计方法与设计步骤见表4—47。

表4—47　混凝土配合比设计方法与设计步骤

项目	内　容
配制强度	(1)混凝土配制强度应按下列规定确定。 1)当混凝土的设计强度等级小于C60时，配制强度应按下式计算： $$f_{cu,0}\geqslant f_{cu,k}+1.645\sigma$$ 2)当设计强度等级不小于C60时，配制强度应按下式计算： $$f_{cu,0}\geqslant 1.15f_{cu,k}$$ (2)混凝土强度标准差应按照下列规定确定： 1)当具有近1个月～3个月的同一品种、同一强度等级混凝土的强度资料时，其混凝土强度标准差σ应按下式计算：

续上表

项目	内　容
配制强度	$$\sigma=\sqrt{\frac{\sum_{i=1}^{n}f_{cu,i}^{2}-nm_{f_{cu}}^{2}}{n-1}}$$ n——试件组数，n 值应大于或者等于 30。 2）当没有近期的同一品种、同一强度等级混凝土强度资料时，其强度标准差 σ 可按表 4－48取值。 (3)遇有下列情况时应提高混凝土配制强度： 1)现场条件与试验室条件有显著差异时； 2)C30 等级及其以上强度等级的混凝土，采用非统计方法评定时
水胶比	混凝土强度等级小于 C60 等级时，混凝土水胶比宜按下式计算： $$W/B=\frac{\alpha_a f_b}{f_{cu,0}+\alpha_a\alpha_b f_b}$$ f_b——胶凝材料(水泥与矿物掺和料按使用比例混合)28d 胶砂抗压强度(MPa)。 (1)当胶凝材料 28 d 胶砂抗压强度无实测值时，可按下式计算： $$f_b=\gamma_f\gamma_s f_{ce}$$ 式中　γ_f、γ_s——粉煤灰影响系数和粒化高炉矿渣粉影响系数， f_{ce}——水泥 28 d 胶砂抗压强度(MPa)。 (2)当水泥 28 d 胶砂抗压强度无实测值时，下式中的 f_{ce} 值可按下式计算： $$f_{ce}=\gamma_c f_{ce,g}$$ 式中　γ_c——水泥强度等级值的富余系数，可按实际统计资料确定；当缺乏实际统计资料时，也可按《普通混凝土配合比设计规程》(JGJ 55—2011)中表 5.1.4 选用； $f_{ce,g}$——水泥强度等级值(MPa)
用水量和外加剂用量	(1)每立方米干硬性或塑性混凝土的用水量(m_{w0})应符合下列规定： 1)混凝土水胶比在 0.40～0.80 范围时，可按表 4－49 和表 4－50 选取； 2)混凝土水胶比小于 0.40 时，可通过试验确定。 (2)每立方米流动性或大流动性混凝土(掺外加剂)的用水量(m_{w0})可按下式计算： $$m_{w0}=m'_{w0}(1-\beta)$$ 式中　m_{w0}——计算配合比每立方米混凝土的用水量(kg)； $m_{w0'}$——未掺外加剂时推定的满足实际坍落度要求的每立方米混凝土用水量(kg)，以表 4－49 中 90 mm 坍落度的用水量为基础，按每增大 20 mm 坍落度相应增加 5 kg/m^3 用水量来计算；当坍落度增大到 180 mm 以上时，随坍落度相应增加的用水量可减少； β——外加剂的减水率(%)，应经混凝土试验确定。 (3)每立方米混凝土中外加剂用量(m_{a0})应按下式计算： $$m_{a0}=m_{b0}\beta_a$$

续上表

项目	内　容
用水量和外加剂用量	式中　m_{a0}——计算配合比每立方米混凝土中外加剂用量(kg)； m_{b0}——计算配合比每立方米混凝土中胶凝材料用量(kg)，计算应符合《普通混凝土配合比设计规程》(JGJ 55—2011)的相关规定； β_a——外加剂掺量(%)，应经混凝土试验确定
胶凝材料、矿物掺和料和水泥用量	(1)每立方米混凝土的胶凝材料用量(m_{b0})应按下式计算，并应进行试拌调整，在拌和物性能满足的情况下，取经济合理的胶凝材料用量。 $$m_{b0}=\frac{m_{w0}}{W/B}$$ (2)每立方米混凝土的矿物掺和料用量(m_{f0})应按下式计算： $$m_{f0}=m_{b0}\beta_f$$ β_f——矿物掺和料掺量(%)，可结合《普通混凝土配合比设计规程》(JGJ 55—2011)的相关规定确定。 (3)每立方米混凝土的水泥用量(m_{c0})应按下式计算： $$m_{c0}=m_{b0}-m_{f0}$$
砂率	(1)砂率应根据集料的技术指标、混凝土拌和物性能和施工要求，参考既有历史资料确定。 (2)当缺乏砂率的历史资料可参考时，混凝土砂率的确定应符合下列规定： 1)坍落度小于 10 mm 的混凝土，其砂率应经试验确定。(干硬性混凝土) 2)坍落度为 10 mm～60 mm 的混凝土，其砂率可根据粗集料品种、最大公称粒径及水胶比按表 4－55 选取。 3)坍落度大于 60 mm 的混凝土，其砂率可经试验确定，也可在《普通混凝土配合比设计规程》(JGJ 55—2011)中表 4－55 的基础上，按坍落度每增大 20 mm、砂率增大 1%的幅度予以调整
粗、细集料用量	(1)采用质量法计算混凝土配合比时，粗、细集料用量应按下列公式计算： $$m_{f0}+m_{c0}+m_{g0}+m_{s0}+m_{w0}=m_{cp}$$ $$\beta_s=\frac{m_{s0}}{m_{g0}+m_{s0}}\times100\%$$ 式中　m_{g0}——计算配合比每立方米混凝土的粗集料用量(kg)； m_{s0}——计算配合比每立方米混凝土的细集料用量(kg)； β_s——砂率(%)； m_{cp}——每立方米混凝土拌和物的假定质量(kg)，可取 2 350～2 450 kg。 (2)采用体积法计算混凝土配合比时，砂率应按下列公式计算： $$\frac{m_{c0}}{\rho_c}+\frac{m_{f0}}{\rho_f}+\frac{m_{g0}}{\rho_g}+\frac{m_{s0}}{\rho_s}+\frac{m_{w0}}{\rho_w}+0.01\alpha=1$$

续上表

项目	内容
试配	(1)搅拌方法包括搅拌方式、投料方式和搅拌时间等。 (2)试验室成型条件。 (3)每盘混凝土试配的最小搅拌量应符合表 4－51 的规定，并不应小于搅拌机额定搅拌量的 1/4。 (4)首先试拌。宜保持计算水胶比不变，以节约胶凝材料为原则，调整胶凝材料用量、用水量、外加剂用量和砂率等，直到混凝土拌和物性能符合设计和施工要求，然后修正计算配合比，提出试拌配合比。 (5)应在试拌配合比的基础上，进行混凝土强度试验，并应符合下列规定： 1)应至少采用三个不同的配合比，其中一个应为试拌配合比，另外两个配合比的水胶比宜较试拌配合比分别增加和减少 0.05，用水量应与试拌配合比相同，砂率可分别增加和减少 1%。外加剂掺量也做减少和增加的微调。 2)进行混凝土强度试验时，标准养护到 28 d 或设计规定龄期时试压；也可同时多制作几组试件，按《早期推定混凝土强度试验方法标准》早期推定混凝土强度，用于配合比调整，但最终应满足标准养护 28 d 或设计规定龄期的强度要求
配合比的调整与确定	(1)通过绘制强度和胶水比关系图，按线性比例关系，采用略大于配制强度的强度对应的胶水比做进一步配合比调整偏于安全。也可以直接采用前述至少 3 个水胶比混凝土强度试验中一个满足配制强度的胶水比做进一步配合比调整，虽然相对比较简明，但有时可能强度富余较多，经济代价略高。 (2)配合比应按以下规定进行校正。 校正系数 δ： $$\delta=\frac{\rho_{c,t}}{\rho_{c,c}}$$ (3)配合比调整后，应测定拌和物水溶性氯离子含量，试验结果应符合《普通混凝土配合比设计规程》(JGJ 55—2011)中表 3.0.6 的规定。 (4)配合比调整后，应对设计要求的混凝土耐久性能进行试验，符合设计规定的耐久性能要求的配合比方可确定为设计配合比。 (5)生产单位可根据常用材料设计出常用的混凝土配合比备用，并应在启用过程中予以验证或调整。遇有下列情况之一时，应重新进行配合比设计： 1)对混凝土性能有特殊要求时； 2)水泥、外加剂或矿物掺和料等原材料品种、质量有显著变化时

表 4－48 混凝土强度标准差

混凝土强度等级	≤C20	C25～C45	C50～C55
σ(MPa)	4.0	5.0	6.0

塑性混凝土用水量见表4—49。

表4—49 塑性混凝土用水量

拌和物稠度		卵石最大粒径(mm)				碎石最大粒径(mm)			
项目	指标	10	20	31.5	40	16	20	31.5	40
坍落度(mm)	10～30	190	170	160	150	200	185	175	165
	35～50	200	180	170	160	210	195	185	175
	55～70	210	190	180	170	220	205	195	185
	75～90	215	195	185	175	230	215	205	195

注：1. 本表用水量系采用中砂时的平均值。采用细砂时，每立方米混凝土用水量可增加5～10 kg；采用粗砂时，则可减少5～10 kg。

2. 本表适用于水灰比在0.40～0.80范围内的普通混凝土。水灰比小于0.40的混凝土以及采用特殊成形工艺的混凝土用水量应通过试验确定。

3. 掺用各种外加剂或掺和料时，用水量应相应调整。

干性混凝土的用水量见表4—50。

表4—50 干性混凝土的用水量

拌和物稠度		卵石最大粒径(mm)			碎石最大粒径(mm)		
项目	指标	10	20	40	16	20	40
维勃稠度(s)	16～20	175	160	145	180	170	155
	11～15	180	165	150	185	175	160
	5～10	185	170	155	190	180	165

混凝土试配的最小搅拌量见表4—51。

表4—51 混凝土试配的最小搅拌量

集料最大粒径(mm)	31.5及以下	40
拌和物数量(L)	20	25

9. 特殊混凝土配合比设计要求

(1)抗冻混凝土的配合比见表4—52。

表4—52 抗冻混凝土的配合比

项目	内容
抗冻混凝土的原材料	(1)应采用硅酸盐水泥或普通硅酸盐水泥。 (2)宜选用连续级配的粗骨料，其含泥量不得大于1.0%，泥块含量不得大于0.5%。

续上表

项目	内　　容
抗冻混凝土的原材料	(3)细骨料含泥量不得大于3.0%，泥块含量不得大于1.0%。 (4)粗、细骨料均应进行坚固性试验，并应符合现行行业标准《普通混凝土用砂、石质量及检验方法标准》(JGJ 52—2006)的规定。 (5)抗冻等级不小于F100的抗冻混凝土宜掺用引气剂。 (6)在钢筋混凝土和预应力混凝土中不得掺用含有氯盐的防冻剂；在预应力混凝土中不得掺用含有亚硝酸盐或碳酸盐的防冻剂
抗冻混凝土的配合比	(1)最大水胶比和最小胶凝材料用量应符合表4－53的规定。 (2)复合矿物掺和料掺量宜符合表4－54的规定。 (3)掺用引气剂的混凝土最小含气量应符合《普通混凝土配合比设计规程》(JGJ 55—2011)的规定

表4－53　最大水胶比和最小胶凝材料用量

设计抗冻等级	最大水胶比		最小胶凝材料用量(kg/m^3)
	无引气剂时	掺引气剂时	
F50	0.55	0.60	300
F100	0.50	0.55	320
不低于F150	—	0.50	350

表4－54　复合矿物掺和料最大掺量

水胶比	最大掺量(%)	
	采用硅酸盐水泥时	采用普通硅酸盐水泥时
≤0.40	60	50
＞0.40	50	40

注：采用其他通用硅酸盐水泥时，可将水泥混合材掺量之20%以上的混合材计入矿物掺和料。

(2)抗渗混凝土的配合比见表4－55。

表4－55　抗渗混凝土的配合比

项目	内　　容
抗渗混凝土的原材料	(1)水泥宜采用普通硅酸盐水泥。 (2)粗骨料宜采用连续级配，其最大公称粒径不宜大于40.0 mm，含泥量不得大于1.0%，泥块含量不得大于0.5%。 (3)细骨料宜采用中砂，含泥量不得大于3.0%，泥块含量不得大于1.0%。 (4)抗渗混凝土宜掺用外加剂和矿物掺和料；粉煤灰应采用F类，并不应低于Ⅱ级

续上表

项目	内　　容
抗渗混凝土的配合比	(1)最大水胶比应符合表 4－56 的规定。 (2)每立方米混凝土中的胶凝材料用量不宜小于 320 kg。 (3)砂率宜为 35%～45%

表 4－56　抗渗混凝土最大水胶比

设计抗渗等级	最大水胶比	
	C20～C30	C30 以上混凝土
P6	0.60	0.55
P8～P12	0.55	0.50
＞P12	0.50	0.45

(3)高强混凝土的配合比见表 4－57。

表 4－57　高强混凝土的配合比

项目	内　　容
高强混凝土的原材料	(1)应选用硅酸盐水泥或普通硅酸盐水泥。 (2)粗骨料宜采用连续级配，其最大公称粒径不宜大于 25.0 mm，针片状颗粒含量不宜大于 5.0%；含泥量不应大于 0.5%，泥块含量不应大于 0.2%。 (3)细骨料的细度模数宜为 2.6～3.0，含泥量不应大于 2.0%，泥块含量不应大于 0.5%。 (4)宜采用减水率不小于 25%的高性能减水剂。 (5)宜复合掺用粒化高炉矿渣粉、粉煤灰和硅灰等矿物掺和料；粉煤灰等级不应低于Ⅱ级；对强度等级不低于 C80 的高强混凝土宜掺用硅灰
高强混凝土的配合比	(1)水胶比、胶凝材料用量和砂率可按表 4－58 选取，并应经试配确定。 (2)外加剂和矿物掺和料的品种、掺量，应通过试配确定；矿物掺和料掺量宜为 25%～40%；硅灰掺量不宜大于 10%。 (3)水泥用量不宜大于 500 kg/m³

表 4－58　高强混凝土水胶比、胶凝材料用量和砂率

强度等级	水胶比	胶凝材料用量(kg/m³)	砂率(%)
＞C60，＜C80	0.28～0.33	480～560	35～42
≥C80，＜C100	0.26～0.28	520～580	
C100	0.24～0.26	550～600	

(4)泵送混凝土的配合比见表 4－59。

表 4－59 泵送混凝土的配合比

项目	内 容
泵送混凝土的原材料	(1)泵送混凝土宜选用硅酸盐水泥、普通硅酸盐水泥、矿渣硅酸盐水泥和粉煤灰硅酸盐水泥。 (2)粗骨料宜采用连续级配，其针片状颗粒含量不宜大于 10%；粗骨料的最大公称粒径与输送管径之比宜符合表 4－60 的规定。 (3)细骨料宜采用中砂，其通过公称直径 315 μm 筛孔的颗粒含量不宜少于 15%。 (4)泵送混凝土应掺用泵送剂或减水剂，并宜掺用矿物掺和料
泵送混凝土的配合比	(1)泵送混凝土的胶凝材料用量不宜小于 300 kg/m³。 (2)泵送混凝土的砂率宜为 35%～45%

表 4－60 粗骨料的最大公称粒径与输送管径之比

粗骨料品种	泵送高度(m)	粗骨料最大公称粒径与输送管径之比
碎石	＜50	≤1∶3.0
	50～100	≤1∶4.0
	＞100	≤1∶5.0
卵石	＜50	≤1∶2.5
	50～100	≤1∶3.0
	＞100	≤1∶4.0

(5)大体积混凝土的配合比见表 4－61。

表 4－61 大体积混凝土的配合比

项目	内 容
大体积混凝土的原材料	(1)水泥宜采用中、低热硅酸盐水泥或低热矿渣硅酸盐水泥，水泥的 3 d 和 7 d 水化热应符合符合现行国家标准《中热硅酸盐水泥、低热硅酸盐水泥 低热矿渣硅酸盐水呢》(GB 200—2003) 规定。当采用硅酸盐水泥或普通硅酸盐水泥时，应掺加矿物掺和料，胶凝材料的 3 d 和 7 d 水化热分别不宜大于 240 kJ/kg 和 270 kJ/kg。水化热试验方法应按现行国家标准《水泥水化热测定方法》(GB/T 12959—2008)执行。 (2)粗骨料宜为连续级配，最大公称粒径不宜小于 31.5 mm，含泥量不应大于 1.0%。 (3)细骨料宜采用中砂，含泥量不应大于 3.0%。 (4)宜掺用矿物掺和料和缓凝型减水剂
大体积混凝土的配合比	(1)水胶比不宜大于 0.55，用水量不宜大于 175 kg/m³。 (2)在保证混凝土性能要求的前提下，宜提高每立方米混凝土中的粗骨料用量；砂率宜为 38%～42%。 (3)在保证混凝土性能要求的前提下，应减少胶凝材料中的水泥用量，提高矿物掺和料掺量，混凝土中矿物掺和料掺量应符合《普通混凝土配合比设计规程》(JGJ 55—2011)的规定

(二)建筑砂浆

1. 砌筑砂浆原材料的组成及质量要求

砌筑砂浆原材料的组成及质量要求见表4－62。

表4－62　砌筑砂浆原材料的组成及质量要求

项目	内　容
胶结料	胶结料宜用普通硅酸盐水泥,也可用矿渣硅酸盐水泥。水泥强度等级应根据砂浆强度等级进行选择。水泥砂浆采用的水泥强度等级,不宜大于32.5级;水泥混合砂浆采用的水泥强度等级,不宜大于42.5级。严禁使用废品水泥
细集料	细集料宜用中砂,毛石砌宜用粗砂。砂的含泥量不应超过5%。强度等级为M2.5的水泥混合砂浆,砂的含泥量不应超过10%。人工砂、山砂及特细砂,经试配能满足砌筑砂浆技术条件时,含泥量可适当放宽。 砂应过筛,不得含有草根等杂物
掺和料	(1)石灰膏。块状生石灰熟化成石灰膏时,应用孔洞不大于3 mm×3 mm的网过滤,熟化时间不得少于7 d;对于磨细生石灰粉,其熟化时间不得少于2 d。沉淀池中储存的石灰膏,应采取防止干燥、冻结和污染的措施。严禁使用脱水的硬化石灰膏。 (2)黏土膏。采用黏土或粉质黏土制备黏土膏时,宜用搅拌机加水搅拌,通过孔洞不大于3 mm×3 mm的网过筛。黏土中的有机物含量用比色法鉴定应浅于标准色。 (3)磨细生石灰粉。其细度用0.080 mm筛的筛余量不应大于15%。 (4)电石膏。制作电石膏的电石渣应经20 min加热至70℃,无乙炔气味时方可使用。 (5)粉煤灰。可采用Ⅲ级粉煤灰。 (6)有机塑化剂。砌筑砂浆中所掺入的微沫剂等有机塑化剂,应经砂浆性能试验合格后,方可使用
水	拌制砂浆应采用不含有害物质的洁净水或饮用水。 每立方米水泥砂浆材料用量见表4－63。 每立方米混合砂浆材料用量见表4－64

每立方米水泥砂浆材料用量见表4－63。

表4－63　每立方米水泥砂浆材料用量

强度等级	每立方米砂浆水泥用量(kg)	每立方米砂浆砂子用量(kg)	每立方米砂浆用水量(kg)
M2.5～M5	200～230	砂子的堆积密度值	270～330
M7.5～M10	220～280		
M15	280～340		
M20	340～400		

每立方米混合砂浆材料用量见表4－64。

表 4－64　每立方米混合砂浆材料用量

强度等级	每立方米砂浆水泥用量(kg)	每立方米砂浆砂子用量(kg)	每立方米砂浆石灰膏用量(kg)	每立方米砂浆用水量(kg)
M2.5	120～130	1 430～1 480	110～130	240～310
M5	170～190	1 430～1 480	100～110	
M7.5	210～230	1 430～1 480	70～100	
M10	260～280	1 430～1 480	40～70	

2.预拌砂浆原材料的组成及质量要求

预拌砂浆原材料的组成及质量要求见表 4－65。

表 4－65　预拌砂浆原材料的组成及质量要求

项目	内　容
水泥	(1)宜采用通用硅酸盐水泥，且应符合相应标准的规定。采用其他水泥时应符合相应标准的规定。 (2)水泥进厂时应具有质量证明文件。对进厂水泥应按国家现行标准的规定按批进行复验，复验合格后方可使用
集料	(1)细集料应符合《普通混凝土用砂、石质量及检验方法标准》(JGJ 52－2006)及其他国家现行标准的规定，且不应含有公称粒径大于5 mm的颗粒。 (2)细集料进厂时应具有质量证明文件。对进厂细集料应按《普通混凝土用砂、石质量及检验方法标准》(JGJ 52－2006)等国有现行标准的规定按批进行复验，复验合格后方可使用。 (3)轻集料应符合相关标准的要求或有充足的技术依据，并应在使用前进行试验验证
矿物掺和料	(1)粉煤灰、粒化高炉矿渣粉、天然沸石粉、硅灰应分别符合《用于水泥和混凝土中的粉煤灰》(GB/T 1596—2005)，《用于水泥和混凝土中的粒化高炉矿渣粉》(GB/T 18046—2008)，《混凝土和砂浆用天然沸石粉》(JG/T 3048—1998)，《高强高性能混凝土用矿物外加剂》(GB/T 18736—2002)的规定。当采用其他品种矿物掺和料时，应有充足的技术依据，并应在使用前进行试验验证。 (2)矿物掺和料进厂时应具有质量证明文件，并按有关规定进行复验，其掺量应符合有关规定并通过试验确定
外加剂	(1)外加剂应符合《混凝土外加剂》(GB 8076—2008)，《砂浆、混凝土防水剂》(JC 474—2008)，《混凝土膨胀剂》(GB 23439—2009)等国家现行标准的规定。 (2)外加剂进厂时应具有质量证明文件。对进厂外加剂应按批进行复验，复验项目应符合相应标准的规定，复验合格后方可使用
保水增调材料	采用保水增稠材料时，必须有充足的技术依据，并应在使用前进行试验验证。用于砌筑砂浆的应符合《砌筑砂浆增塑剂》(JG/T 164—2004)的规定
添加剂	可再分散胶粉、颜料、纤维等应符合相关标准的要求或有充足的技术依据，并应在使用前进行试验验证

续上表

项目	内　容
填料	重质碳酸钙、轻质碳酸钙、石英粉、滑石粉等应符合相关标准的要求或有充足的技术依据,并应在使用前进行试验验证
拌和用水	拌制砂浆用水应符合《混凝土用水标准》(JGJ 63—2006)的规定

3.砌筑砂浆的技术性质

(1)砌筑砂浆的稠度应按表4—66的规定选用。

表4—66　砌筑砂浆的稠度

砌体种类	砂浆稠度(mm)	砌体种类	砂浆稠度(mm)
烧结普通砖砌体	70～90	石砌体	30～50
轻集料混凝土小型空心砌块砌体 烧结多孔砖、空心砖砌体	60～80	烧结普通砖平拱式过梁; 空斗墙、筒拱; 普通混凝土小型空心砌块砌体; 加气混凝土砌块砌体	50～70

(2)现场施工时当石灰膏稠度与试配时不一致时,可按表4—67换算。

表4—67　石灰膏不同稠度时的换算系数

石灰膏稠度(mm)	120	110	100	90	80	70	60	50	40	30
换算系数	1.00	0.99	0.97	0.95	0.93	0.92	0.90	0.88	0.87	0.86

4.预拌砂浆的技术性质

(1)湿拌砂浆

1)湿拌砂浆性能应符合表4—68的要求。

表4—68　湿拌砂浆性能

<table>
<tr><th>项　目</th><th>湿拌砌筑砂浆</th><th colspan="2">湿拌抹灰砂浆</th><th>湿拌地面砂浆</th><th>湿拌防水砂浆</th></tr>
<tr><td>强度等级</td><td>M5、M7.5、M10、M15、M20、M25、M30</td><td>M5</td><td>M10、M15、M20</td><td>M15、M20、M25</td><td>M10、M15、M20</td></tr>
<tr><td>稠度(mm)</td><td>50、70、90</td><td colspan="2">70、90、110</td><td>50</td><td>50、70、90</td></tr>
<tr><td>凝结时间(h)</td><td>≥8、≥12、≥24</td><td colspan="2">≥8、≥12、≥24</td><td>≥4、≥8</td><td>≥8、≥12、≥24</td></tr>
<tr><td>保水性(%)</td><td>≥88</td><td colspan="2">≥88</td><td>≥88</td><td>≥88</td></tr>
</table>

续上表

项　目	湿拌砌筑砂浆	湿拌抹灰砂浆		湿拌地面砂浆	湿拌防水砂浆
14 d拉伸黏结强度(MPa)	—	≥0.15	≥0.20	—	≥0.20
抗渗等级	—	—		—	P6、P8、P10

2)湿拌砂浆稠度实测值与合同规定的稠度值之差应符合表4—69的规定。

表4—69　湿拌砂浆稠度允许偏差

规定稠度(mm)	允许偏差(mm)
50、70、90	±10
110	−10～+5

(2)干混砂浆

1)普通干混砂浆。

普通干混砂浆性能应符合表4—70的要求。

表4—70　普通干混砂浆性能指标

项　目	干混砌筑砂浆	干混抹灰砂浆		干混地面砂浆	干混普通防水砂浆
强度等级	M5、M7.5、M10、M15、M20、M25、M30	M5	M10、M15、M20	M15、M20、M25	M10、M15、M20
凝结时间(h)	3～8	3～8		3～8	3～8
保水性(%)	≥88	≥88		≥88	≥88
14 d拉伸黏结强度(MPa)	—	≥0.15	≥0.20	—	≥0.20
抗渗等级	—	—		—	P6、P8、P10

2)特种干混砂浆。

①干混瓷砖黏结砂浆的性能应符合表4—71的要求。

表4—71　干混瓷砖黏结砂浆性能指标

项　目				性能指标
基本性能	普通型	拉伸黏结强度(MPa)	未处理	≥0.5
			浸水处理	
			热处理	
			冻融循环处理	
			晾置20 min	
	快硬型	拉伸黏结强度(MPa)	24 h	≥0.5
			晾置10 min	
		其他要求同普通型		

续上表

项目			性能指标
可选性能	滑移(mm)		≤0.5
	拉伸黏结强度(MPa)	未处理	≥1.0
		浸水处理	
		热处理	
		冻融循环处理	
		晾置 30 min	≥0.5

②干混耐磨地坪砂浆的性能应符合表 4－72 的要求。

表 4－72　干混耐磨地坪砂浆性能指标

项目	性能指标	
	Ⅰ型	Ⅱ型
集料含量偏差	生产商控制指标的±5%	
28 d 抗压强度(MPa)	≥80.0	≥90.0
28 d 抗折强度(MPa)	≥10.5	≥13.5
耐磨度比(%)	≥300	≥350
表面强度(压痕直径)(mm)	≤3.30	≤3.10
颜色(与标准样比)	近似～微	

注：1.“近似”表示用肉眼基本看不出色差，“微”表示用肉眼看似乎有点色差。

2. Ⅰ型为非金属氧化物集料干湿耐磨地坪砂浆；Ⅱ型为金属氧化物集料或金属集料干。

③干混界面处理砂浆的性能应符合表 4－73 的要求。

表 4－73　干混界面处理砂浆性能指标

项目			性能指标	
			Ⅰ型	Ⅱ型
剪切黏结强度(MPa)	7 d		≥1.0	≥0.7
	14 d		≥1.5	≥1.0
拉伸黏结强度(MPa)	未处理	7 d	≥0.4	≥0.3
		14 d	≥0.6	≥0.5
	浸水处理		≥0.5	≥0.3
	热处理			
	冻融循环处理			
	碱处理			
晾置时间(min)			—	≥10

注：Ⅰ型适用于水泥混凝土的界面处理；Ⅱ型适用于加气混凝土的界面处理。

④干混特种防水砂浆的性能应符合表 4—74 的要求。

表 4—74　干混特种防水砂浆性能指标

<table>
<tr><th colspan="2" rowspan="2">项　目</th><th colspan="2">性能指标</th></tr>
<tr><th>Ⅰ型(干粉类)</th><th>Ⅱ型(乳液类)</th></tr>
<tr><td rowspan="2">凝结时间</td><td>初凝时间(min)</td><td>≥45</td><td>≥45</td></tr>
<tr><td>终凝时间(h)</td><td>≤12</td><td>≤24</td></tr>
<tr><td rowspan="2">抗渗压力(MPa)</td><td>7 d</td><td colspan="2">≥1.0</td></tr>
<tr><td>28 d</td><td colspan="2">≥1.5</td></tr>
<tr><td colspan="2">28 d 抗压强度(MPa)</td><td colspan="2">≥24.0</td></tr>
<tr><td colspan="2">28 d 抗折强度(MPa)</td><td colspan="2">≥8.0</td></tr>
<tr><td colspan="2">压折比</td><td colspan="2">≤3.0</td></tr>
<tr><td rowspan="2">拉伸黏结强度(MPa)</td><td>7 d</td><td colspan="2">≥1.0</td></tr>
<tr><td>28 d</td><td colspan="2">≥1.2</td></tr>
<tr><td colspan="2">耐碱性:饱和 $Ca(OH)_2$ 溶液,168 h</td><td colspan="2">无开裂、剥落</td></tr>
<tr><td colspan="2">耐热性:100℃水,5 h</td><td colspan="2">无开裂、剥落</td></tr>
<tr><td colspan="2">抗冻性:−15℃～+20℃,25 次</td><td colspan="2">无开裂、剥落</td></tr>
<tr><td colspan="2">28 d 收缩率(%)</td><td colspan="2">≤0.15</td></tr>
</table>

⑤干混自流平砂浆的性能应符合表 4—75 的要求。

表 4—75　干混自流平砂浆性能指标

<table>
<tr><th colspan="2">项　目</th><th colspan="6">性能指标</th></tr>
<tr><td rowspan="2">流动度(mm)</td><td>初始流动度</td><td colspan="6">≥130</td></tr>
<tr><td>20 min 流动度</td><td colspan="6">≥130</td></tr>
<tr><td colspan="2">拉伸黏结强度(MPa)</td><td colspan="6">≥1.0</td></tr>
<tr><td colspan="2">耐磨性(g)</td><td colspan="6">≤0.50</td></tr>
<tr><td colspan="2">尺寸变化率(%)</td><td colspan="6">−0.15～+0.15</td></tr>
<tr><td colspan="2">24 h 抗压强度(MPa)</td><td colspan="6">≥6.0</td></tr>
<tr><td colspan="2">24 h 抗折强度(MPa)</td><td colspan="6">≥2.0</td></tr>
<tr><td colspan="8">抗压强度等级</td></tr>
<tr><td colspan="2">强度等级</td><td>C16</td><td>C20</td><td>C25</td><td>C30</td><td>C35</td><td>C40</td></tr>
<tr><td colspan="2">28 d 抗压强度(MPa)</td><td>≥16</td><td>≥20</td><td>≥25</td><td>≥30</td><td>≥35</td><td>≥40</td></tr>
<tr><td colspan="8">抗折强度等级</td></tr>
<tr><td colspan="2">强度等级</td><td>F4</td><td>F6</td><td>F7</td><td colspan="3">F10</td></tr>
<tr><td colspan="2">28 d 抗折强度(MPa)</td><td>≥4</td><td>≥6</td><td>≥7</td><td colspan="3">≥10</td></tr>
</table>

⑥干混灌浆砂浆的性能应符合表4－76的要求。

表4－76 干混灌浆砂浆性能指标

项　目		性能指标
粒径	4.75 mm方孔筛筛余(%)	≤2.0
凝结时间	初凝(min)	≥120
泌水率(%)		≤1.0
流动度(mm)	初始流动度	≥260
	30 min流动度保留值	≥230
抗压强度(MPa)	1 d	≥22.0
	3 d	≥40.0
	28 d	≥70.0
竖向膨胀率(%)	1 d	≥0.020
钢筋握裹强度(圆钢)(MPa)	28 d	≥4.0
对钢筋锈蚀作用		应说明对钢筋无锈蚀作用

⑦干混外保温黏结砂浆的性能应符合表4－77的要求。

表4－77 干混外保温黏结砂浆性能指标

项　目		性能指标
拉伸黏结强度(MPa)(与水泥砂浆)	未处理	≥0.60
	浸水处理	≥0.40
拉伸黏结强度(MPa)(与膨胀聚苯板)	未处理	≥0.10,破坏界面在膨胀聚苯板上
	浸水处理	≥0.10,破坏界面在膨胀聚苯板上
可操作时间(h)		1.5～4.0

⑧干混外保温抹面砂浆的性能应符合表4－78的要求。

表4－78 干混外保温抹面砂浆性能指标

项　目		性能指标
拉伸黏结强度(MPa)(与膨胀聚苯板)	未处理	≥0.10,破坏界面在膨胀聚苯板上
	浸水处理	≥0.10,破坏界面在膨胀聚苯板上
	冻融循环处理	≥0.10,破坏界面在膨胀聚苯板上
抗压强度/抗折强度		≤3.0
可操作时间(h)		1.5～4.0

⑨干混聚苯颗粒保温砂浆的性能应符合表4－79的要求。

表 4－79 干混聚苯颗粒保温砂浆性能指标

项　目	性能指标
湿表观密度(kg/m^3)	≤420
干表观密度(kg/m^3)	180～250
导热系数[W/(m·k)]	≤0.060
蓄热系数[$W/(m^2·k)$]	≥0.95
抗压强度(kPa)	≥200
压剪黏结强度(kPa)	≥50
线性收缩率(%)	≤0.3
软化系数	≥0.5
难燃性	B_1 级

⑩干混无机集料保温砂浆的性能应符合表 4－80 的要求。

表 4－80 干混无机集料保温砂浆性能指标

项　目	性能指标	
	Ⅰ型	Ⅱ型
分层度(mm)	≤20	≤20
堆积密度(kg/m^3)	≤250	≤350
干密度(kg/m^3)	240～300	301～400
抗压强度(MPa)	≥0.20	≥0.40
导热系数(平均温度 25℃)[W/(m·K)]	≤0.070	≤0.085
线收缩率(%)	≤0.30	
压剪黏结强度(MPa)	≥50	
燃烧性能级别	应符合 GB 8624 规定的 A 级要求	

注：Ⅰ型和Ⅱ型根据干密度划分。

（三）水泥

1. 通用型水泥的主要性能

通用型水泥的主要性能见表 4－81。

表 4－81 通用型水泥的主要性能

项目	内 容
凝结时间	水泥的凝结时间分初凝时间和终凝时间。自加水起至水泥浆开始失去塑性、流动性减小所需的时间，称为初凝时间；自加水起至水泥浆完全失去塑性、开始有一定结构强度所需的时间，称为终凝时间。 水泥凝结时间与水泥的单位加水量有关，单位加水量越大，凝结时间越长，反之越短。国家标准规定，凝结时间的测定是以标准稠度的水泥净浆，在规定温度和湿度下，用凝结时间测定仪来测定。所谓标准稠度，是指水泥净浆达到规定稠度时所需的拌和水量，以占水泥质量的百分比表示。通用水泥的标准稠度一般在23％～28％之间，水泥磨得越细，标准稠度越大，标准稠度与水泥品种也有较大关系
强度等级	国家标准规定，采用水泥胶砂法测定水泥强度。该法是将水泥和标准砂按质量1∶3混合，水灰比为 0.5，按规定方法制成 40 mm×40 mm×160 mm 的试件，带模进行标准养护[(20±1)℃，相对湿度大于 90％]24 h，再脱模放在标准温度[(20±2)℃]的水中养护，分别测定其 3 d 和 28 d 的抗压强度和抗折强度。根据测定结果，可确定该水泥的强度等级，其中有代号 R 者为早强型水泥
体积安定性	水泥体积安定性是指水泥在凝结硬化过程中体积变化的均匀性。如果水泥硬化后产生不均匀的体积变化，会使水泥制品、混凝土构件产生膨胀性裂缝，降低工程质量，甚至引起严重事故，即体积安定性不良。 引起水泥体积安定性不良的原因是由于其熟料矿物组成中含有过多的游离氧化钙（*f*-CaO）和游离氧化镁（*f*-MgO），以及粉磨水泥时掺入的石膏超量所致。熟料中所含的游离氧化钙（*f*-CaO）和游离氧化镁（*f*-MgO）处于过烧状态，水化很慢，它在水泥凝结硬化后才慢慢开始水化，水化时体积膨胀，引起水泥石不均匀体积变化而开裂；石膏过量时，多余的石膏与固态水化铝酸钙反应生成钙矾石，体积膨胀 1.5 倍，从而造成硬化水泥石开裂破坏。 由游离氧化钙（*f*-CaO）引起的水泥安定性不良用沸煮法检验，沸煮的目的是为了加速游离氧化钙（*f*-CaO）的水化。沸煮法包括试饼法和雷氏法。试饼法是将标准稠度水泥净浆做成试饼，连同玻璃在标准条件下[(20±2)℃]，相对湿度大于 90％，养护 24 h 后，取下试饼放入沸煮箱蒸煮 3 h之后，用肉眼观察未发现裂纹、崩溃，用直尺检查没有弯曲现象，则为安定性合格，反之，为不合格。雷氏法是测定水泥浆在雷氏夹中硬化沸煮后的膨胀值，当两个试件沸煮后的膨胀值的平均值不大于 5.0 mm 时，即判为该水泥安定性合格，反之为不合格。当试饼法和雷氏法两者结论相矛盾时，以雷氏法为准。 由游离氧化镁（*f*-MgO）和三氧化硫（SO_3）引起的体积安定性不良不便快速检验，游离氧化镁（*f*-MgO）的危害必须用压蒸法才能检验，三氧化硫（SO_3）的危害需经长期在常温水中才能发现。这两种成分的危害，常用在水泥生产时严格限制含量的方法来消除

续上表

项目	内容
密度	密度是指水泥在自然状态下单位体积的质量。分松散状态下的密度和紧密状态下的密度两种。松散条件下的密度为 900～1 300 kg/m^3，紧密状态下的密度为 1 400～1 700 kg/m^3，通常取 1 300 kg/m^3。影响密度的主要因素为熟料矿物组成和煅烧程度、水泥的储存时间和条件，以及混合材料的品种和掺入量等
细度	细度是指水泥颗粒的粗细程度，它对水泥的凝结时间、强度、需水量和安定性有较大影响，是鉴定水泥品质的主要项目之一。 水泥颗粒越细，总表面积越大，与水的接触面积也大，因此水化迅速、凝结硬化也相应增快，早期强度也高。但水泥颗粒过细，会增加磨细的能耗和提高成本，且不宜久存，过细水泥硬化时还会产生较大收缩。一般认为，水泥颗粒小于 40 μm 时就具有较高的活性，大于100 μm时活性较小。通常，水泥颗粒的粒径在 7～200 μm 范围内

2. 铝酸盐水泥(高铝水泥)的技术要求

(1)铝酸盐水泥的化学成分见表 4－82。

表 4－82　铝酸盐水泥的化学成分

类型	Al_2O_3	SiO_2	Fe_2O_3	R_2O (Na_2O＋0.658K_2O)	S^D 全硫	Cl^D
CA－50	≥50，<60	≤8.0	≤2.5	≤0.40	≤0.1	≤0.1
CA－60	≥60，<68	≤5.0	≤2.0			
CA－70	≥68，<77	≤1.0	≤0.7			
CA－80	≥77	≤0.5	≤0.5			

注：当用户需要时，生产厂应提供结果和测定方法。

(2)铝酸盐水泥的物理性能见表 4－83、表 4－84。

表 4－83　凝结时间

水泥类型	初凝时间不得早于(min)	终凝时间不得迟于(h)
CA－50，CA－70，CA－80	30	6
CA－60	60	18

表 4－84　水泥胶砂强度

水泥类型	抗压强度(MPa)				抗折强度(MPa)			
	6 h	1 d	3 d	28 d	6 h	1 d	3 d	28 d
CA－50	20①	40	50	—	3.0①	5.5	6.5	—
CA－60	—	20	45	85	—	2.5	5.0	10.0
CA－70	—	30	40	—	—	5.0	6.0	—
CA－80	—	25	30	—	—	4.0	5.0	—

①当用户需要时，生产厂应提供结果。

3. 白色硅酸盐水泥的技术要求

白色硅酸盐水泥各龄期强度应不低于表 4－85 的数值。

表 4－85　白色硅酸盐水泥各龄期强度

强度等级	抗压强度(MPa)		抗折强度(MPa)	
	3 d	28 d	3 d	28 d
32.5	12.0	32.5	3.0	6.0
42.5	17.0	42.5	3.5	6.5
52.5	22.0	52.5	4.0	7.0

4. 通用型水泥的主要技术性质

(1)通用硅酸盐水泥的化学指标见表 4－86。

表 4－86　通用硅酸盐水泥的化学指标

品　种	代号	不溶物(质量分数)	烧失量(质量分数)	三氧化硫(质量分数)	氧化镁(质量分数)	氯离子(质量分数)
硅酸盐水泥	P·I	≤0.75	≤3.0	≤3.5	≤5.0①	≤0.06③
	P·Ⅱ	≤1.5	≤3.5			
普通硅酸盐水泥	P·O	—	≤5.0			
矿渣硅酸盐水泥	P·S·A	—	—	≤4.0	≤6.0②	
	P·S·B	—	—		—	
火山灰质硅酸盐水泥	P·P	—	—	≤3.5	≤6.0②	
粉煤灰硅酸盐水泥	P·F	—	—			
复合硅酸盐水泥	P·C	—	—			

①如果水泥压蒸试验合格，则水泥中氧化镁的含量(质量分数)允许放宽至 6.0%。

②如果水泥中氧化镁的含量(质量分数)大于 6.0%时，需进行水泥压蒸安定性试验并合格。

③当有更低要求时，该指标由买卖双方协商确定。

(2)通用硅酸盐水泥的规定龄期的强度要求见表 4－87。

表 4－87　通用硅酸盐水泥的规定龄期的强度要求　　(单位：MPa)

品　种	强度等级	抗压强度		抗折强度	
		3 d	28 d	3 d	28 d
硅酸盐水泥	42.5	≥17.0	≥42.5	≥3.5	≥6.5
	42.5R	≥22.0		≥4.0	

续上表

品　　种	强度等级	抗压强度		抗折强度	
		3 d	28 d	3 d	28 d
硅酸盐水泥	52.5	≥23.0	≥52.5	≥4.0	≥7.0
	52.5R	≥27.0		≥5.0	
	62.5	≥28.0	≥62.5	≥5.0	≥8.0
	62.5R	≥32.0		≥5.5	
普通硅酸盐水泥	42.5	≥17.0	≥42.5	≥3.5	≥6.5
	42.5R	≥22.0		≥4.0	
	52.5	≥23.0	≥52.5	≥4.0	≥7.0
	52.5R	≥27.0		≥5.0	
矿渣硅酸盐水泥 火山灰硅酸盐水泥 粉煤灰硅酸盐水泥 复合硅酸盐水泥	32.5	≥10.0	≥32.5	≥2.5	≥5.5
	32.5R	≥12.0		≥3.5	
	42.5	≥15.0	≥42.5	≥3.5	≥6.5
	42.5R	≥19.0		≥4.0	
	52.5	≥21.0	≥52.5	≥4.0	≥7.0
	52.5R	≥23.0		≥4.5	

(3)通用硅酸盐水泥的特征见表4－88。

表4－88　通用硅酸盐水泥的特征

品种	性　　能	
	优点	缺点
硅酸盐水泥	(1)早期强度高； (2)凝结硬化快； (3)抗冻性好	(1)水化热较高； (2)耐热性较差； (3)耐酸碱和硫酸盐类的化学侵蚀性差
普通硅酸盐水泥	(1)早期强度高； (2)凝结硬化快； (3)抗冻性好	(1)水化热较高； (2)耐热性较高； (3)抗水性差； (4)耐酸碱和硫酸盐类化学侵蚀性差
矿渣硅酸盐水泥	(1)对硫酸盐类侵蚀性的抵抗能力及抗水性好； (2)耐热性好； (3)水化热低； (4)在蒸汽养护中强度发展较快； (5)在潮湿环境中后期强度增长率大	(1)早期强度较低，凝结较慢，在低温环境中尤甚； (2)抗冻性较差； (3)干缩性大，有泌水现象

续上表

品种	性能	
	优点	缺点
火山灰质硅酸盐水泥	(1)对硫酸盐类侵蚀的抵抗能力及抗水性较好； (2)水化热较低； (3)在潮湿环境中后期强度增长率大； (4)在蒸汽养护中强度发展较快	(1)早期强度低，凝结较慢，在低温环境中尤甚； (2)抗冻性较差； (3)吸水性大； (4)干缩性较大

5.通用型水泥进场验收标准

通用型水泥进场验收标准见表4－89。

表4－89　通用型水泥进场验收标准

项目	内　容
编号及取样	水泥出厂前按同品种、同强度等级编号和取样。袋装水泥和散装水泥应分别进行编号和取样。每一编号为一取样单位。水泥出厂编号按年生产能力规定为： 200×10^4 t以上，不超过4 000 t为一编号； 120×10^4 t～200×10^4 t，不超过2 400 t为一编号； 60×10^4 t～120×10^4 t，不超过1 000 t为一编号； 30×10^4 t～60×10^4 t，不超过600 t为一编号； 10×10^4 t～30×10^4 t，不超过400 t为一编号； 10×10^4 t以下，不超过200 t为一编号。 取样方法按《水泥取样方法》(GB/T 12573—2008)进行。可连续取，亦可从20个以上不同部位取等量样品，总量至少12 kg。当散装水泥运输工具的容量超过该厂规定出厂编号吨数时，允许该编号的数量超过取样规定吨数
验收	水泥进场时应对其品种、级别、包装或散装仓号、出厂日期等进行检查，并应对其强度、安定性及其他必要的性能指标进行复验，其质量必须符合现行国家标准《通用硅酸盐水泥》(GB 175－2007)等的规定。 当在使用中对水泥质量有怀疑或水泥出厂超过三个月(快硬硅酸盐水泥超过一个月)时，应进行复验，并按复验结果使用。 钢筋混凝土结构、预应力混凝土结构中，严禁使用含氯化物的水泥。 (1)检查数量：按同一生产厂家、同一等级、同一品种、同一批号且连续进场的水泥，袋装不超过200 t为一批，散装不超过500 t为一批，每批抽样不少于一次。 (2)检验方法：检查产品合格证、出厂检验报告和进场复验报告。为能及时得知水泥强度，可按《水泥强度快速检验方法》(JC/T 738－2004)预测水泥28 d强度

6.通用型水泥的品种、命名与代号

通用型硅酸盐水泥的组分见表 4－90。

表 4－90 通用型硅酸盐水泥的组分 （%）

品 种	代 号	组 分				
		熟料＋石膏	粒化高炉矿渣	火山灰质混合材料	粉煤灰	石灰石
硅酸盐水泥	P·Ⅰ	100	—	—	—	—
	P·Ⅱ	≥95	≤5	—	—	—
		≥95	—	—	—	≤5
普通硅酸盐水泥	P·O	≥80 且<95	>5 且≤20			—
矿渣硅酸盐水泥	P·S·A	≥50 且<80	>20 且≤50	—	—	—
	P·S·B	≥30 且<50	>50 且≤70	—	—	—
火山灰质硅酸盐水泥	P·P	≥60 且<80	—	>20 且≤40	—	—
粉煤灰硅酸盐水泥	P·F	≥60 且<80	—	—	>20 且≤40	—
复合硅酸盐水泥	P·C	≥50 且<80	>20 且≤50			

三、施工机械要求

混凝土搅拌机的机械要求见表 4－91。

表 4－91 混凝土搅拌机

项目	内 容
各类混凝土搅拌机的特点	(1)锥形反转出料式。 它的主要特点为搅拌筒轴线始终保持水平位置，筒内设有交叉布置的搅拌叶片，在出料端设有一对螺旋形出料叶片，正转搅拌时，物料一方面被叶片提升、落下，另一方面强迫物料作轴向窜动，搅拌运动比较强烈。反转时由出料叶片将拌和料卸出。这种结构运用于搅拌塑性较高的普通混凝土和半干硬性混凝土。 (2)锥形倾翻出料式。 它的主要特点是搅拌机的进、出料为一个口，搅拌时锥形搅拌筒轴线具有 15°仰角，出料时搅拌筒向下旋转 50°～60°俯角。这种搅拌机卸料方便，速度快，生产效率高，适用于混凝土搅拌站(楼)作主机使用。 (3)立轴强制式(又称涡桨式)。 它是靠搅拌筒内的涡桨式叶片的旋转将物料挤压、翻转、抛出而进行强制搅拌的，具有搅拌均匀，时间短，密封性好的优点，适用于搅拌干硬混凝土和轻质混凝土。 (4)卧轴强制式。 分单卧轴和双卧轴两种。它兼有自落式和强制式的优点，即搅拌质量好，生产效率高，耗能少，能搅拌干硬性、塑性、轻集料等混凝土以及各种砂浆、灰浆和硅酸盐等混合物，是一种多功能的搅拌机械

续上表

项目	内　容
混凝土搅拌机的主要参数	(1)额定容量:有进料容量和出料容量之分,我国规定出料容量为主参数,表示机械型号。进料容量是指装进搅拌筒的物料体积,单位用 L 表示;出料容量是指卸出物料体积,用 m^3 表示。两种容量的关系如下。 1)搅拌筒的几何体积 V_0 和装进干料容量 V_1 的关系如下式所示: $\frac{V_0}{V_1}=2\sim4$ 2)拌和后卸出的混凝土拌和物体积 V_2 和捣实后混凝土体积 V_3 的比值称为压缩系数,它和混凝土的性质有关。 对于干硬性混凝土　$\varphi_2=\frac{V_2}{V_3}=1.45\sim1.26$ 对于塑性混凝土　$\varphi_2=\frac{V_2}{V_3}=1.25\sim1.11$ 对于软性混凝土　$\varphi_2=\frac{V_2}{V_3}=1.10\sim1.04$ (2)工作时间:以 s 为单位,可分为以下几个时间段。 1)送料时间——从给拌筒送料开始到上料结束。 2)出料时间——从出料开始到至少 95%以上的拌和物料卸出。 3)搅拌时间——从上料结束到出料开始。 4)循环时间——在连续生产条件下,先一次上料过程开始至紧接着的后一次上料开始之间的时间;也就是一次作业循环的总时间。 (3)搅拌转速咒:搅拌筒的转速,单位为 r/min。 1)自落式搅拌机拌筒旋转 n 值一般为 14～33 r/min。 2)强制式搅拌机拌筒旋转 n 值一般为 28～36 r/min。 (4)各类混凝土搅拌机的基本参数。 1)锥形反转出料搅拌机基本参数,见表 4－92。 2)锥形倾翻出料搅拌机基本参数,见表 4－93。 3)立轴涡浆式搅拌机基本参数,见表 4－94。 4)单卧轴、双卧轴搅拌机基本参数,见表 4－95

锥形反转出料搅拌机基本参数见表 4－92。

表 4－92　锥形反转出料搅拌机基本参数

基本参数	型　号					
	JZ150	JZ200	JZ250	JZ350	JZ500	JZ750
出料容量(L)	150	200	250	350	500	750
进料容量(L)	250	320	400	560	800	1 200
搅拌额定功率(kW)	3	4	4	5.5	10	15
每小时工作循环次数,≥	30	30	30	30	30	30
集料最大粒径(mm)	60	60	60	60	60	60

锥形倾翻出料搅拌机基本参数见表4－93。

表4－93 锥形倾翻出料搅拌机基本参数

基本参数	型号									
	JF50	JF100	JF150	JF250	JF350	JF500	JF750	JF1000	JF1500	JF3000
出料容量(L)	50	100	150	250	350	500	750	1 000	1 500	3 000
进料容量(L)	80	160	240	400	560	800	1 200	1 600	2 400	4 800
搅拌额定功率(kW)	1.5	2.2	3	4	5.5	7.5	11	15	20	40
每小时工作循环次数，≥	30	30	30	30	30	30	30	25	25	20
集料最大粒径(mm)	40	60	60	60	80	80	120	120	150	250

立轴涡浆式搅拌机基本参数见表4－94。

表4－94 立轴涡浆式搅拌机基本参数

基本参数	型号									
	JW50 JX50	JW100 JX100	JW150 JX150	JW200 JX200	JW250 JX250	JW350 JX350	JW500 JX500	JW750 JX750	JW1000 JX1000	JW1500 JX1500
出料容量(L)	50	100	150	200	250	350	500	750	1 000	1 500
进料容量(L)	80	160	240	320	400	560	800	1 200	1 600	2 400
搅拌额定功率(kW)	4	7.5	10	13	15	17	30	40	55	80
每小时工作循环次数，≥	50	50	50	50	50	50	50	45	45	45
集料最大粒径(mm)	40	40	40	40	40	40	60	60	60	80

单卧轴、双卧轴搅拌机基本参数见表4－95。

表4－95 单卧轴、双卧轴搅拌机基本参数

基本参数	型号										
	JD50	JD100	JD150	JD200	JD250	JD350 JS350	JD500 JS500	JD750 JS750	JD1000 JS1000	JD1500 JS1500	JD3000 JS3000
出料容量(L)	50	100	150	200	250	350	500	750	1 000	1 500	3 000
进料容量(L)	80	160	240	320	400	560	800	1 200	1 600	2 400	4 800
搅拌额定功率(kW)	2.2	4	5.5	7.5	10	15	17	22	33	44	95
每小时工作循环次数，≥	50	50	50	50	50	50	50	45	45	45	40
集料最大粒径(mm)	40	40	40	40	40	40	60	60	60	80	120

四、施工工艺解析

1.普通混凝土现场拌制

普通混凝土现场拌制见表 4－96。

表 4－96　普通混凝土现场拌制

项目	内　　容
计量	(1)每台班开始前,对搅拌机及上料设备进行检查并试运转;对所用的计量器具进行检查并定磅;校对施工配合比;对所用原材料的规格、品种、产地、牌号及质量进行检查,并与施工配合比进行核对;对砂、石的含水率进行检查,如有变化,及时通知试验人员调整用水量。一切检查符合要求后,方可开盘拌制混凝土。 (2)砂、石计量:用手推车上料时,必须车车计量,卸多补少,有贮料斗及配料的计量设备,采用自动或半自动上料时,需调整好斗门及配料关闭的提前量,以保证计量准确。砂、石计量的允许偏差应≤±3%。 (3)水泥计量:搅拌时采用袋装水泥时,对每批进场的水泥应抽查 10 袋的重量,并计量每袋的平均实际重量。小于标定重量的要开袋补足,或以每袋的实际水泥重量为准,调整砂、石、水及其他材料用量,按配合比的比例重新确定每盘混凝土的施工配合比。搅拌时采用散装水泥的,应每盘精确计量。水泥计量的允许偏差应≤±2%。 (4)水计量:水必须盘盘计量,其允许偏差应≤±2%
上料	现场拌制混凝土,一般是先将计量好的原材料汇集在上料斗中,经上料斗进入搅拌筒。原材料汇集入上料斗的顺序如下: (1)当无外加剂、混合料时,依次进入上料斗的顺序为石子、水泥、砂。 (2)当掺混合料时,其顺序为石子、水泥、混合料、砂。 (3)当掺干粉状外加剂时,其顺序为石子、外加剂、水泥、砂或顺序为石子、水泥、砂子、外加剂。 (4)当掺液态外加剂时,将外加剂溶液预加入搅拌用水中。经常检查外加剂溶液的浓度,并经常搅拌外加剂溶液,使溶液浓度均匀一致,防止沉淀。溶液中的水量,包括在拌和用水量内
混凝土搅拌	(1)第一盘混凝土拌制的操作。 1)每班拌制第一盘混凝土时,先加水使搅拌筒空转数分钟,搅拌筒被充分湿润后,将剩余积水倒净。 2)搅拌第一盘时,由于砂浆粘筒壁而损失,因此,石子的用量应按配合比减量。 3)从第二盘开始,按给定的配合比投料。 (2)搅拌时间控制:混凝土搅拌的最短时间应按表 4－97 控制
出料	出料时,先少许出料,目测拌和物的外观质量,如目测合格方可出料。每盘混凝土拌和物必须出净
混凝土拌制的质量检查	(1)检查拌制混凝土所用原材料的品种、规格和用量,每一个工作班至少两次。 (2)检查混凝土的坍落度及和易性,每一工作班至少两次。混凝土拌和物搅拌均匀、颜色一致,具有良好的流动性、黏聚性和保水性,不泌水、不离析。不符合要求时,应查找原因,及时调整。

续上表

项目	内　容
混凝土拌制的质量检查	(3)在每一工作班内，当混凝土配合比由于外界影响有变动时(如下雨或原材料有变化)，应及时检查。 (4)混凝土的搅拌时间应随时检查。 (5)按以下规定留置试块： 1)每拌制100盘且不超过100 m^3 的同配合比的混凝土其取样不得少于一次。 2)每工作班拌制的同配合比的混凝土不足100盘时，其取样不得少于一次。 3)每一楼层、同一配合比的混凝土，取样不得少于一次。 4)有抗渗要求的混凝土，应按规定留置抗渗试块。 每次取样应至少留置一组标准试件，同条件养护试件的留置组数，可根据不同项目监理或业主的具体要求及施工需要确定。为保证留置的试块有代表性，应在第三盘以后至搅拌结束前30 min之间取样
应注意的质量问题	(1)混凝土强度不足或强度不均匀。强度离差大是常发生的质量问题，是影响结构安全的严重质量问题。防止这一质量问题发生需要综合治理，除了在混凝土原材料采购、运输、浇筑、养护等各个环节要严格控制外，在混凝土拌制阶段要特别注意控制好各种原材料的质量及用量。要认真执行配合比，严格原材料的配料计量。 (2)混凝土构件裂缝。造成的原因有很多。在拌制阶段，如果砂、石含泥量大、用水量大、使用过期水泥或胶凝材料用量过多、不同水泥混用及施工管理混乱、上荷载或拆模过早等，都可能造成混凝土裂缝。严格控制好原材料的质量，认真执行配合比是关键。 (3)混凝土拌和物的和易性差，坍落度不符合要求。造成这类质量问题原因是多方面的。其中水灰比影响最大；第二是石子的级配差，针、片状颗粒含量过多；第三是搅拌时间过短或太长等。解决的办法应从以上三方面着手。 (4)冬期施工管理。 (5)水泥、外加剂、混合料的存放保管。水泥应有水泥库，防止雨淋和受潮；出厂超过三个月的水泥应复试。外加剂、混合料要防止受潮和变质，要分规格、品种分别存放，以防止错用

混凝土搅拌的最短时间见表4－97。

表4－97　混凝土搅拌的最短时间　(单位：s)

混凝土坍落度(mm)	搅拌机机型	搅拌机出料量(L)		
		＜250	250～500	＞500
≤40	强制式	60	90	120
＞30且＜100	强制式	60	60	90

注：1. 混凝土搅拌的最短时间系指自全部材料装入搅拌筒中起，到开始卸料止的时间。
2. 当掺有外加剂时，搅拌时间应适当延长。
3. 冬期施工时搅拌时间应取常温搅拌时间的1.5倍。

2. 轻集料(非黏土陶粒)混凝土现场拌制

轻集料(非黏土陶粒)混凝土现场拌制见表4－98。

表 4－98　轻集料(非黏土陶粒)混凝土现场拌制

项目	内　　容
原材料的堆放与储存	(1)轻粗集料应按粒级堆放,且应有防雨和排水措施,以防止含水率变化。混合粒级堆放时,堆料高度一般不宜大于 2 m,以防大小颗粒离析,级配不均。若与普通集料混合使用时,应使轻重集料分别储放,严禁混杂,以保证配料准确。 (2)水泥、掺和料、外加剂应储放于防雨、防潮的库房,以防止水泥硬结,掺和料含水率变化,粉状外加剂失效,液体外加剂浓度变化
原材料计量与抽检计量	(1)轻粗细集料计量:宜采用体积计量,亦可采用重量计量。 当采用重量计量时必须严格检测集料的含水率,去除其规定含水率以外水的重量,以保证配料准确。 当采用体积计量时,必须使用专用计量手推车或专用体积计量器,每盘要严格计量。 轻粗细集料计量的允许偏差≤±3%。 (2)普通砂采用重量计量。 (3)集料采用重量计量,使用手推车时,必须车车过磅,卸多补少。有储料斗及配套的计量设备,采用自动或半自动上料时,需调整好斗门开关的提前量,以保证计量准确。 (4)水泥计量:采用袋装水泥时,必须按进货批随机抽查计量。一般对每批进场的水泥应抽查 10 袋的重量,并计算平均每袋的实际重量。小于标定重量的要开包补足,或以每袋水泥实际重量为准,调整粗细集料、水及其他材料的用量,按给定配合相关密度新确定每盘施工配合比。采用散装水泥时,应每盘精确过磅计量。水泥计量的允许偏差应≤±2%。 (5)外加剂及混合料计量。 对于袋装粉状外加剂和混合料,应按每批进场抽查 10 袋重量,并计量每袋平均重量,小于标定重量要补足。 对于散装或大包装外加剂,应按施工配合比每盘用量预先在其存放处进行计量,并以小包装形式运到搅拌地点备用。 液态外加剂要随用随搅拌,并用相关密度计检查其浓度,用量筒计量。外加剂及混合料的计量允许偏差应≤±2%。 (6)搅拌用水必须盘盘用流量计量器读数计量,或用水箱水位管标志计量器。其每盘计量允许偏差≤±2%
轻集料混凝土的投料与拌制	(1)轻集料吸水率小于 10%的混凝土拌制,宜采用二次投料工艺程序。即将粗细集料投入搅拌机内与 1/2 用水量先拌和约 1 min,再加入水泥拌和数秒,继而加入剩余的水和外加剂,继续搅拌 2 min,此法的投料及拌和程序图如下: 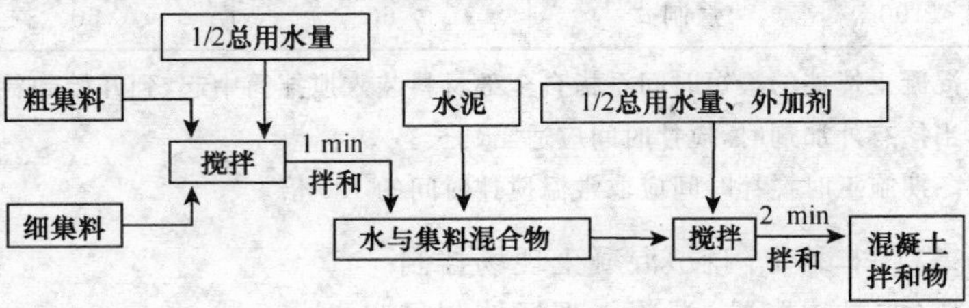

续上表

项目	内　　容
轻集料混凝土的投料与拌制	(2)轻集料吸水率大于10%的混凝土拌制，宜采用预湿集料投料及拌和工艺程序。即一般轻粗集料搅拌前预湿，按粗集料、水泥、细集料的顺序投入搅拌机汇总斗，再一并投入搅拌机的搅拌筒干搅拌0.5 min，然后与水和外加剂搅拌2.5 min，此法的投料及拌和程序图如下： 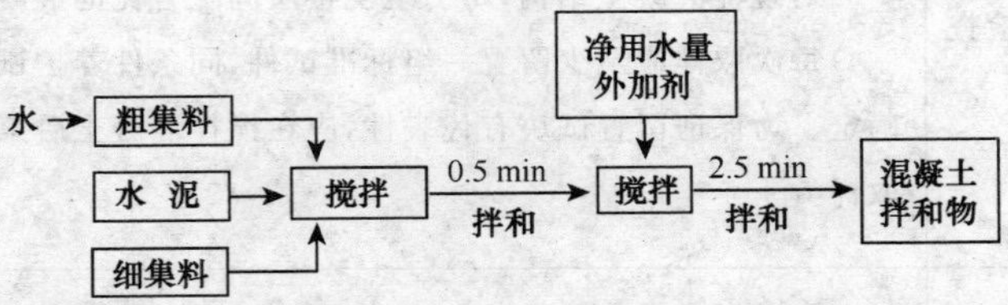 (3)采用强制式搅拌机的投料及拌和工艺程序是：先投粗集料、水泥、细集料，搅拌1 min，再加水继续搅拌不少于2 min。此法的投料及拌和的程序图如下： 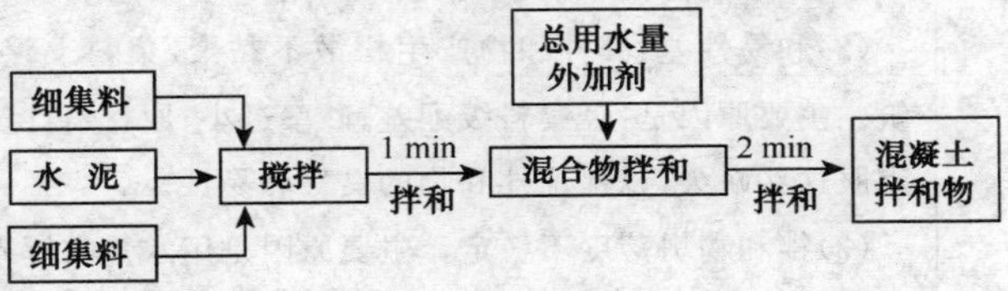
第一盘搅拌混凝土应注意的质量问题	(1)搅拌混凝土前，加水空转数分钟，待搅拌筒充分润湿后，将余水排净。 (2)第一盘搅拌混凝土时，水泥砂浆粘筒壁造成配合比损失。需采取预搅拌法，即先用设计给定轻集料混凝土配合比的原材料投入搅拌机搅拌，其时间需延长一倍以上，待部分砂浆粘贴在搅拌机筒壁上，然后将其余拌和物卸出(二次加料拌和再用)，随后则可进行正常拌制
搅拌时间控制与检查	轻集料混凝土搅拌的最短时间，比普通混凝土搅拌时间应延长60～90 s，一般为180 s；当掺有外加剂时，搅拌时间应适当延长
出料	出料时应先少许出料，目测拌和物的外观质量，如目测合格方可出料。每盘拌和物必须出尽
轻集料混凝土拌制的质量检查	(1)检查拌制轻集料混凝土所用原材料的品种、规格及用量，每一个工作班至少两次。雨期施工对轻集料含水率要增加检查和测定次数。 (2)检查轻集料混凝土在浇筑地点的坍落度、和易性，每工作班两次以上。雨期、冬期施工和改换轻集料混凝土等级时，要增加检测的次数。 (3)在每工作班内，当轻集料混凝土配合比由于外界影响有变动时，应及时检查。 (4)轻集料混凝土搅拌时间应随时检查。 (5)检查轻集料混凝土拌和物外观质量应该是，搅拌均匀、颜色一致，具有良好的流动性、黏聚性和保水性，不泌水，不离析。不符合要求时，应查原因，及时调整

续上表

项目	内　　容
轻集料混凝土拌制的质量检查	(6)按以下规定留置试块： 1)每拌制 100 盘且不超过 100 m^3 的同配合比的混凝土，其取样不得少于一次。 2)每工作班拌制的同配合比的混凝土不足 100 盘时，其取样不得少于一次。 3)对现浇混凝土结构，每一现浇楼层同配合比的混凝土，其取样不得少于一次。 4)每次取样应至少留置一组标准试件，同条件养护试件的留置组数，可根据技术要求确定。为保证留置试块有代表性，应在搅拌混凝土后第三盘至搅拌结束前 30 min 之间取样
应注意的质量问题	(1)拌和物搅拌不匀、颜色不一致：主要原因是搅拌时间不足。特别要保证冬期施工和加外加剂时，对拌和物搅拌的足够时间。 (2)和易性差：其拌和物产生松散不黏聚，集料上浮离析，或拌和物于结成团不宜浇筑。主要原因是：轻集料级配差；砂率过小；原材料计量不准确；或搅拌时间短。应认真克服这些缺欠，以保证拌和物的良好和易性。 (3)拌和物坍落度不稳定。主要原因是用水量掌握不准确，粗细集料中含水率的变化未及时测定，未及时调整用水量。其次是用水计量不准确，水用量时多时少。此现象必须克服，以保证拌和物的内在质量。 (4)使用外加剂时，宜在集料吸水后加入。以避免集料隙对外加剂过多的吸收。特别是液态外加剂，使用未预湿骨时，外加剂应与剩余水同时加入。粉状外加剂可制成液态按法加入，也可与水泥混合物同时加入，以保证其搅拌均匀

3. 预拌混凝土生产

预拌混凝土生产工艺流程见表 4－99。

表 4－99　预拌混凝土生产

项目	内　　容
原材料准备	(1)水泥及掺和料按品种、等级送入指定筒仓储存，经螺旋输送机向搅拌楼储料斗、计量料斗供料。 (2)搅拌机粗细集料用装载机由料场装入砂、石储料仓，经皮带输送机运送至搅拌楼储料斗、计量料斗。 (3)外加剂(液体)按品种在储料罐内储存，经管道泵送至外加剂计量罐。 (4)拌和水经管道泵送至水计量罐。 (5)各种材料计量应符合以下要求。 1)各原材料的计量均应按重量计，水和液体外加剂的计量可按体积计。 2)原材料计量允许偏差不应超过表 4－100 规定的范围

续上表

项目	内　容
混凝土搅拌	(1)预拌混凝土应采用符合规定的搅拌楼进行搅拌,并应严格按照设备说明书的规定使用。 (2)混凝土搅拌楼操作人员开盘前,应根据当日生产配合比和任务单,检查原材料的品种、规格、数量及设备的运转情况,并做好记录。 (3)搅拌楼应实行配合比挂牌制,按工程名称、部位分别注明每盘材料配料重量。 (4)试验人员每天班前应测定砂、石含水率,雨后立即补测,根据砂、石含水率随时调整每盘砂、石及加水量,并做好调整记录。 (5)搅拌楼操作人员严格按配合比计量,投料顺序先倒砂石,再装水泥,搅拌均匀,最后加水搅拌。粉煤灰宜与水泥同步,外加剂宜滞后于水泥。外加剂的配制应用小台秤提前一天称好,装入塑料袋,并做抽查(若人工加掺和料,也同样)和投料工作,应指定专人负责配制与投放。 (6)混凝土的搅拌时间可参照搅拌机使用说明,经试验调整确定。搅拌时间与搅拌机类型、坍落度大小、斗容量大小有关。掺入外加剂或掺和料时,搅拌时间还应延长20～30 s,混凝土搅拌的最短时间应符合下列规定: 当采用搅拌运输车运输混凝土时,其搅拌的最短时间应符合设备说明书的规定,并且每盘搅拌时间(从全部材料投完算起)不得小于30 s,在制备C50以上混凝土或采用引气剂、膨胀剂、防水剂时应相应增加搅拌时间。 (7)搅拌楼操作人员应随时观察搅拌设备的工作状况和坍落度的变化情况,坍落度应满足浇筑地点的要求,如发现异常应及时向主管负责人或主管部门反映,严禁随意更改配合比。 (8)检查人员应每台班抽查每一配合比的执行情况,做好记录。并跟踪抽查原材料、搅拌、运输质量,核查施工现场有关技术文件。 (9)预拌混凝土在生产过程中应按标准严格控制对周围环境污染,搅拌站机房应为封闭性建筑物,所有粉料的运输及称量工序均应在封闭状态下进行,并有收尘装置。砂料厂宜采取防尘措施。 (10)搅拌站应严格控制生产用水的排放,污水应经沉淀池沉淀后宜综合利用,减少排放。 (11)搅拌站应设置专门运输车冲洗设施,运输车出厂前应将车外壁及料斗壁上的混凝土残浆清理干净
预拌混凝土运输	(1)预拌混凝土运送应采用相关标准规定的运输车运送。 (2)运输车在装料前应将筒内积水排尽。 (3)如需要在卸料前掺入外加剂时,外加剂掺入后搅拌运输车应快速进行搅拌,搅拌时间应由试验确定,司机严格执行。 (4)严禁向搅拌运输车内的混凝土加水

续上表

项目	内　容
预拌混凝土运输	(5)混凝土运送时间系指混凝土由搅拌机卸入运输车开始至运输车开始卸料为止。运送时间应满足合同规定，当合同未做规定时，采用搅拌运输车运送混凝土，宜在1.5 h内卸料；当最高气温低于25℃时，运送时间可适当延长。如需延长运送时间，应采取相应的技术措施，并通过试验验证。 (6)混凝土运送频率，应能保证浇筑施工的连续性。 (7)运输车在运送过程中应采取措施避免遗洒。 (8)预拌混凝土体积的计算，应由混凝土拌和物表观密度除运输车实际装载量求得。 (9)预拌混凝土供货量应以运输车的发货总量计算。如需要以工程实际量(不扣除混凝土结构中钢筋所占体积)进行复核时，其误差应不超过±2%
成品保护	(1)混凝土自搅拌至浇筑前严禁向罐车内加水或外加剂。 (2)混凝土运输设备在冬季时应有保温、防风雪措施；夏季时运输设备应有保温、防雨措施
应注意的质量问题	(1)施工单位在签订预拌混凝土技术合同时，应力求详细，全面反映对混凝土的各项指标的要求。 (2)混凝土开盘前，应根据计划混凝土浇筑速度确定混凝土每小时供应量，避免混凝土在浇筑过程中，出现供应不足的情况。 (3)应充分考虑混凝土在运输过程中的坍落度损失值，保证混凝土到达浇筑地点后的坍落度。 (4)混凝土在浇筑前严禁向罐车内加水，如由于各种原因造成混凝土不满足技术合同要求的应退回

混凝土原材料计量允许偏差见表4－100。

表4－100　混凝土原材料计量允许偏差

序号	原材料品种	水泥	集料	水	外加剂	掺和料
1	每盘计量允许偏差(%)	±2	±3	±2	±2	±2
2	累计计量允许偏差(%)	±1	±2	±1	±1	±1

注：累计计量允许偏差是指每一运输车中各盘混凝土的每种材料计量和的偏差。该项指标仅适用采用微机控制的搅拌站。

第二节　混凝土施工

一、验收标准

混凝土施工的验收标准见表4－101。

表4-101 混凝土施工验收标准

项目	内容
主控项目	(1)结构混凝土的强度等级必须符合设计要求。用于检查结构构件混凝土强度的试件，应在混凝土的浇筑地点随机抽取。取样与试件留置应符合下列规定： 1)每拌制100盘且不超过100 m^3 的同配合比的混凝土，取样不得少于一次。 2)每工作班拌制的同一配合比的混凝土不足100盘时，取样不得少于一次。 3)当一次连续浇筑超过1 000 m^3 时。同一配合比的混凝土每200 m^3 取样不得少于一次。 4)每一楼层、同一配合比的混凝土，取样不得少于一次。 5)每次取样应至少留置一组标准养护试件，同条件养护试件的留置组数应根据实际需要确定。 检验方法：检查施工记录及试件强度试验报告。 (2)对有抗渗要求的混凝土结构，其混凝土试件应在浇筑地点随机取样。同一工程、同一配合比的混凝土，取样不应少于一次，留置组数可根据实际需要确定。 检验方法：检查试件抗渗试验报告。 (3)混凝土原材料每盘称量的偏差应符合表4-102的规定。 检查数量：每工作班抽查不应少于一次。 检验方法：复称。 (4)混凝土运输、浇筑及间歇的全部时间不应超过混凝土的初凝时间。同一施工段的混凝土应连续浇筑，并应在底层混凝土初凝之前将上一层混凝土浇筑完毕。 当底层混凝土初凝后浇筑上一层混凝土时，应按施工技术方案中对施工缝的要求进行处理。 检查数量：全数检查。 检验方法：观察，检查施工记录
一般项目	(1)施工缝的位置应在混凝土浇筑前按设计要求和施工技术方案确定。施工缝的处理应按施工技术方案执行。 检查数量：全数检查。 检验方法：观察，检查施工记录。 (2)后浇带的留置位置应按设计要求和施工技术方案确定。后浇带混凝土浇筑应按施工技术方案进行。 检查数量：全数检查。 检验方法：观察，检查施工记录。 (3)混凝土浇筑完毕后，应按施工技术方案及时采取有效的养护措施，并应符合下列规定： 1)应在浇筑完毕后的12 h以内对混凝土加以覆盖并保湿养护。 2)混凝土浇水养护的时间：对采用硅酸盐水泥、普通硅酸盐水泥或矿渣硅酸盐水泥拌制的混凝土，不得少于7 d；对掺用缓凝型外加剂或有抗渗要求的混凝土，不得少于14 d。 3)浇水次数应能保持混凝土处于湿润状态；混凝土养护用水应与拌制用水相同。 4)采用塑料布覆盖养护的混凝土，其敞露的全部表面应覆盖严密，并应保持塑料布内有凝结水。

续上表

项目	内　容
一般项目	5)混凝土强度达到 1.2 N/mm² 前,不得在其上踩踏或安装模板及支架。 注:①当日平均气温低于 5℃时,不得浇水。 ②当采用其他品种水泥时,混凝土的养护时间应根据所采用水泥的技术性能确定。 ③混凝土表面不便浇水或使用塑料布时,宜涂刷养护剂。 ④对大体积混凝土的养护,应根据气候条件按施工技术方案采取控温措施。 检查数量:全数检查。 检验方法:观察,检查施工记录

表 4—102　原材料每盘称重的允许偏差

材料名称	允许偏差
水泥、掺和料	±2%
粗、细集料	±3%
水、外加剂	±2%

注:1. 各种衡器应定期校验,每次使用前应进行零点校核,保持计量准确;
2. 当遇雨天或含水率有显著变化时,应增加含水率检测次数,并及时调整水和集料的用量。

二、施工材料要求

参见本章第一节"施工材料要求"的相关内容。

三、施工机械要求

1. 混凝土运输设备选用

混凝土运输设备选用的机械要求见表 4—103。

表 4—103　混凝土运输设备选用

项目	内　容
混凝土水平运输设备	(1)手推车。 手推车是施工工地上普遍使用的水平运输工具,手推车具有小巧、轻便等特点,不但适用于一般的地面水平运输,还能在脚手架、施工栈道上使用;也可与塔式起重机、井架等配合使用,解决垂直运输。 (2)机动翻斗车。 系用柴油机装配而成的翻斗车,功率 7 355 W,最大行驶速度达 35 km/h。车前装有容量为 400 L、载重 1 000 kg 的翻斗。具有轻便灵活、结构简单、转弯半径小、速度快、能自动卸料、操作维护简便等特点。适用于短距离水平运输混凝土以及砂、石等散装材料,如图 4—1 所示。

续上表

项目	内　容
混凝土水平运输设备	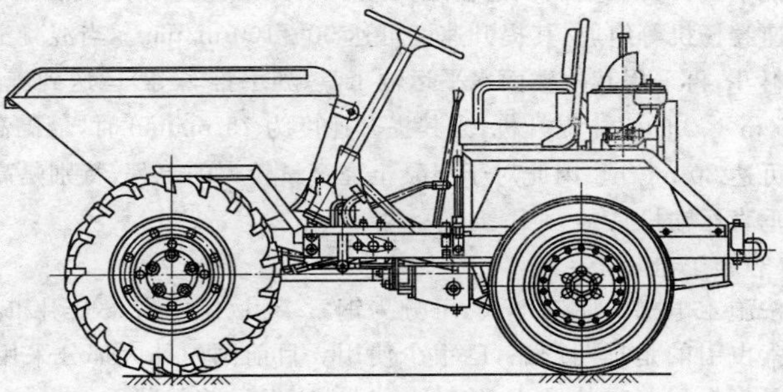 图 4－1　机动翻斗车 (3)混凝土搅拌输送车。 混凝土搅拌输送车是一种用于长距离输送混凝土的高效能机械，它将运送混凝土的搅拌筒安装在汽车底盘上，而以混凝土搅拌站生产的混凝土拌和物灌装入搅拌筒内，直接运至施工现场，供浇筑作业需要。在运输途中，混凝土搅拌筒始终在不停地慢速转动，从而使筒内的混凝土拌和物可连续得到搅动，以保证混凝土通过长途运输后，仍不致产生离析现象。在运输距离很长时，也可将混凝土干料装入筒内，在运输途中加水搅拌，这样能减少由于长途运输而引起的混凝土坍落度损失
混凝土垂直运输设备	(1)井架。 主要用于高层建筑混凝土灌筑时的垂直运输机械，由井架、台灵拔杆、卷扬机、吊盘、自动倾卸吊斗及钢丝缆风绳等组成，具有一机多用、构造简单、装拆方便等优点。起重高度一般为25～40 m，如图 4－2 所示。 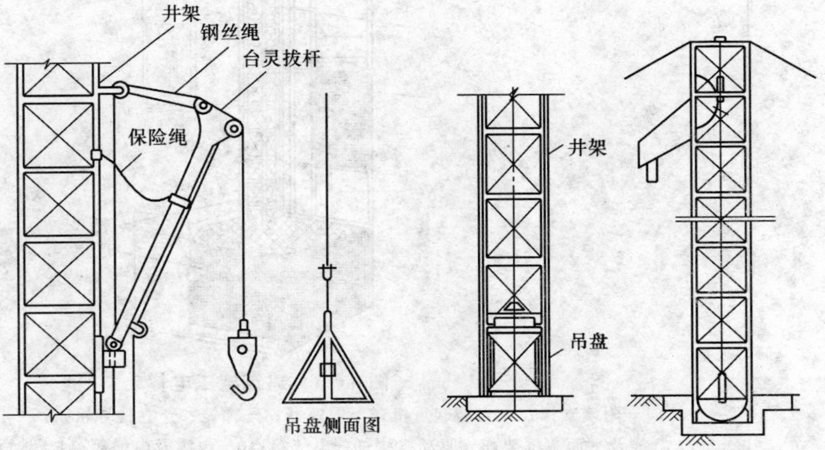 (a)井架台灵拔杆　(b)井架吊盘　(c)井架吊斗 图 4－2　井架运输机 (2)混凝土提升机。

续上表

项目	内　容
混凝土垂直运输设备	混凝土提升机是供快速输送大量混凝土的垂直提升设备。它是由钢井架、混凝土提升斗、高速卷扬机等组成，其提升速度可达 50～100 m/min。当混凝土提升到施工楼层后，卸入楼面受料斗，再采用其他楼面水平运输工具（如手推车等）运送到施工部位浇筑。一般每台容量为 0.5 m^3×2 的双斗提升机，当其提升速度为 75 m/min 时，最高高度可达 120 m，混凝土输送能力可达 20 m^3/h。因此对于混凝土浇筑量较大的工程，特别是高层建筑，是很经济适用的混凝土垂直运输机具。 (3)施工电梯。 按施工电梯的驱动形式，可分为钢索牵引、齿轮齿条曳引和星轮滚道曳引三种形式。其中钢索曳引的是早期产品，已很少使用。目前国内外大部分采用的是齿轮齿条曳引，星轮滚道是最新发展起来的形式，传动形式先进，但目前其载重能力较小。 按施工电梯的动力装置又可分为电动和电动一液压两种。电力驱动的施工电梯，工作速度约 40 m/min，而电动一液压驱动的施工电梯其工作速度可达 96 m/min。 施工电梯的主要部件有基础、立柱导轨井架、带有底笼的平面主框架、梯笼和附墙支撑等。 其主要特点是用途广泛，适应性强，安全可靠，运输速度高，提升高度最高可达 150～200 m以上（见图 4－3） 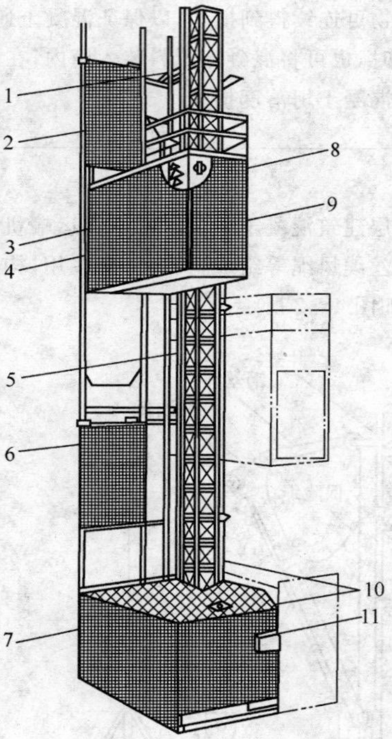 图 4－3　建筑施工电梯 1－附墙支撑；2－自装起重机；3－限速器；4－梯笼；5－立柱导轨架；6－楼层门；7－底笼及平面主框架；8－驱动机构；9－电气箱；10－电缆及电缆箱；11－地面电气控制箱
混凝土泵送与布料设备	混凝土泵送与布料设备施工的机械要求见表 4－104

续上表

项目	内　　容
混凝土浇筑斗	(1)混凝土浇筑布料斗(见图 4－4)为混凝土水平与垂直运输的一种转运工具。混凝土装进浇筑斗内，由起重机吊送至浇筑地点直接布料。浇筑斗用钢板拼焊成畚箕式，容量一般为 1 m^3。两边焊有耳环，便于挂钩起吊。上部开口、下部有门，门出口尺寸为 40 cm×40 cm，采用自动闸门，以便打开和关闭。 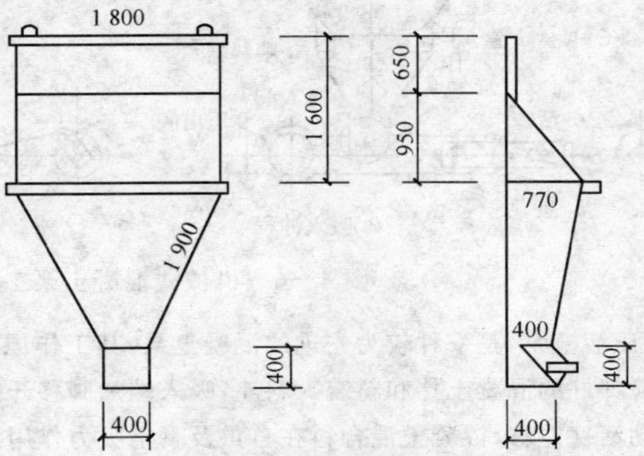 图 4－4　混凝土浇筑布料斗(单位:mm) (2)混凝土吊斗。混凝土吊斗有圆锥形、高架方形、双向出料形等(见图 4－5)，斗容量 0.7～1.4 m^3。混凝土由搅拌机直接装入后，用起重机吊至浇筑地点 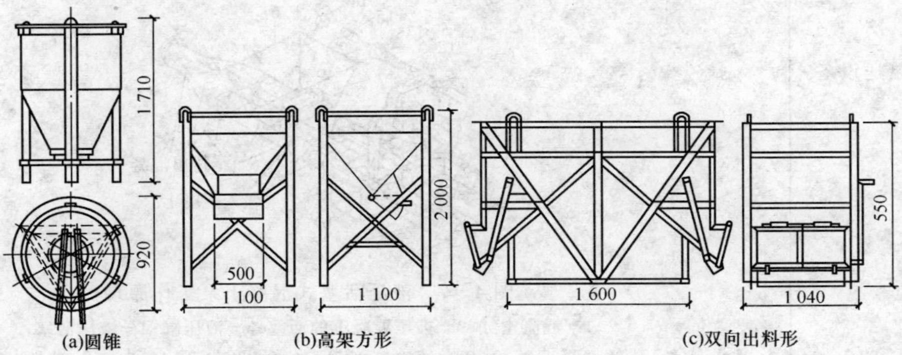 图 4－5　混凝土吊斗(单位:mm)

混凝土泵送与布料设备施工的机械要求见表 4－104。

表 4－104　混凝土泵送与布料设备施工的机械要求

项目	内　　容
泵送设备	(1)混凝土泵构造。 1)机械式混凝土泵的工作原理，如图 4－6 所示，进入料斗的混凝土，经拌和器搅拌可避免分层。喂料器可帮助混凝土拌和料由料斗迅速通过吸入阀进入工作室。吸入时，活塞左移，吸入阀开。压出阀闭，混凝土吸入工作室；压出时，活塞右移，吸入阀闭，压出阀开，工作室内的混凝土拌和料受活塞挤出，进入导管。

续上表

<table>
<tr><th>项目</th><th>内　　容</th></tr>
<tr><td>泵送设备</td><td>
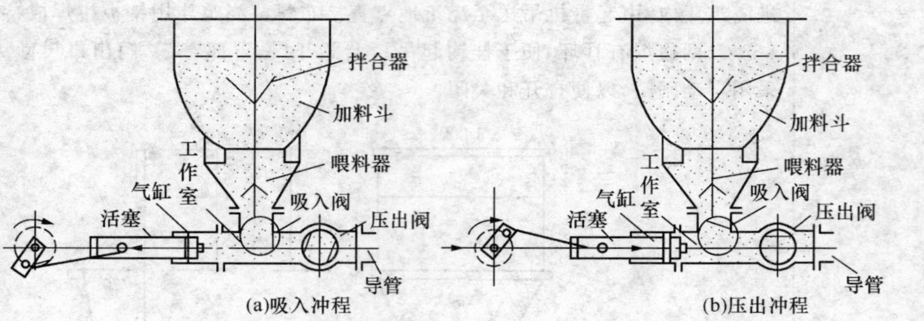

图 4－6　机械式混凝土泵工作原理

2)液压活塞泵，是一种较为先进的混凝土泵，其工作原理如图 4－7 所示。当混凝土泵工作时，搅拌好的混凝土拌和料装入料斗，吸入端片阀移开，排出端片阀关闭，活塞在液压作用下，带动活塞左移，混凝土混合料在自重及真空吸力作用下，进入混凝土缸内。然后，液压系统中压力油的进出方向相反，活塞右移，同时吸入端片阀关闭，压出端片阀移开，混凝土被压入管道，输送到浇筑地点。由于混凝土泵的出料是一种脉冲式的。所以一般混凝土泵都有两套缸体左右并列，交替出料，通过 Y 形导管，送入同一管道，使出料稳定。

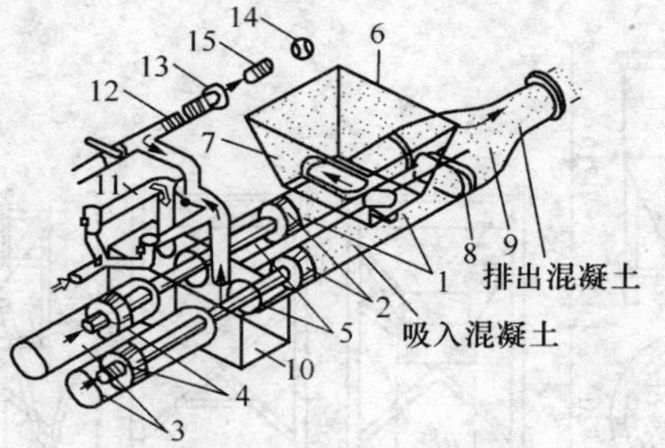

图 4－7　液压活塞式混凝土泵工作原理

1－混凝土缸；2－推压混凝土的活塞；3－液压缸；4－液压活塞；
5－活塞杆；6－料斗；7－吸入阀门；8－排出阀门；
9－Y 形管；10－水箱；11－水洗装置换向阀；
12－水洗用高压软管；13－水洗用法兰；
14－海绵球；15－清洗活塞

(2)混凝土汽车泵或移动泵车。

将液压活塞式混凝土泵固定安装在汽车底盘上，使用时开至需要施工的地点，进行混凝土泵送作业，称为混凝土汽车泵或移动泵车。一般情况下，此种泵车都附带装有全回转三段折叠臂架式的布料杆。整个泵车主要由混凝土推送机构、分配闸阀机构、料斗搅拌装置、悬臂布料装置、操作系统、清洗系统、传动系统、汽车底盘等部分组成，如图 4－8 所示。这种泵车使用方便，适用范围广，它既可以利用在工地配置装接的管道输送到较远、较高的混凝土浇筑部位，也可以发挥随车附带的布料杆的作用，把混凝土直接输送到需要浇筑的地点。
</td></tr>
</table>

续上表

项目	内　容
泵送设备	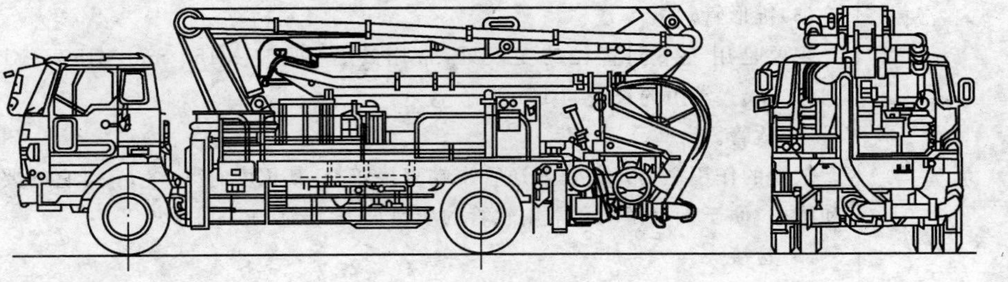 图 4－8　混凝土汽车泵 施工时，现场规划要合理布置混凝土泵车的安放位置。一般混凝土泵应尽量靠近浇筑地点，并要满足两台混凝土搅拌输送车能同时就位，使混凝土泵能不间断地得到混凝土供应，进行连续泵送，以充分发挥混凝土泵的有效能力。 混凝土泵车的输送能力一般为 80 m^3/h；在水平输送距离为 520 m 和垂直输送高度为 110 m 时，输送能力为 30 m^3/h。混凝土汽车输送泵参考表见表 4－105。 (3)固定式混凝土泵。 固定式混凝土泵使用时，需用汽车将它拖带至施工地点，然后进行混凝土输送。这种形式的混凝土泵主要由混凝土推送机构、分配闸机构、料斗搅拌装置、操作系统、清洗系统等组成。它具有输送能力大、输送高度高等特点，一般最大水平输送距离为 250～600 m，最大垂直输送高度为 150 m，输送能力为 60 m^3/h 左右，适用于高层建筑的混凝土输送。如图 4－9 所示混凝土固定泵，其技术性能见表 4－106 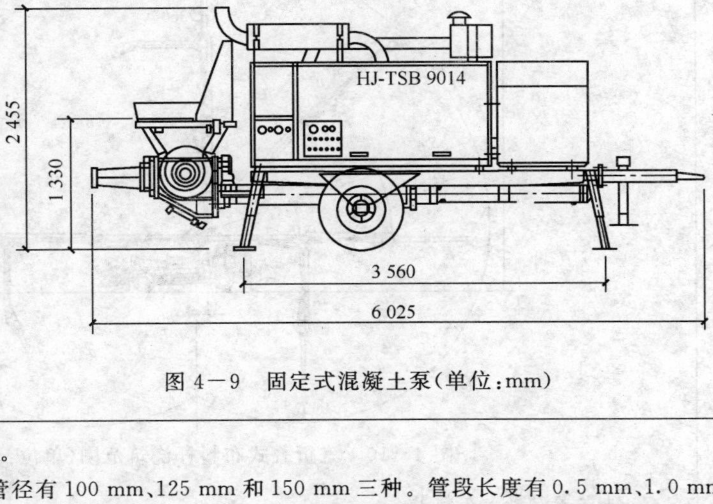 图 4－9　固定式混凝土泵(单位:mm)
泵送管道	(1)直管。 常用的管径有 100 mm、125 mm 和 150 mm 三种。管段长度有 0.5 mm、1.0 mm、2.0 mm、3.0 mm 和 4.0 m 五种，壁厚一般为 1.6 mm～2.0 mm，由焊接钢管和无缝钢管制成。常用直管的质量见表 4－107。 (2)弯管。 弯管的弯曲角度有 15°、30°、45°、60°和 90°，其曲率半径有 1.0 mm、0.5 mm 和 0.3 m 三种，以及与直管相应的口径。常且弯管的质量见表 4－108。

续上表

项目	内　容
泵送管道	(3)锥形管。 主要是用于不同管径的变换处，常用的有 ϕ175～ϕ150 mm、ϕ150～ϕ125 mm、ϕ125～ϕ100 mm。常用的长度为 1 m。 (4)软管。 软管的作用主要是装在输送管末端直接布料，其长度有 5～8 m，对它的要求是柔软、轻便和耐用，便于人工搬动。常用软管的质量见表 4－109。 (5)管接头。 主要是用于管子之间的连接，以便快速装拆和及时处理堵管部位。 (6)截止阀。 常用的截止阀有针形阀和止回阀。止回阀是在垂直向上泵送混凝土过程中使用，如混凝土泵送暂时中断，垂直管道内的混凝土因自重会对混凝土泵产生逆向压力，止回阀可防止这种逆向压力对泵的破坏，使混凝土泵得到保护和启动方便
布料设备	(1)混凝土泵车布料杆。 混凝土泵车布料杆，是在混凝土泵车上附装的既可伸缩也可曲折的混凝土布料装置。混凝土输送管道就设在布料杆内，末端是一段软管，用于混凝土浇筑时的布料工作。如图 4－10 所示是一种三叠式布料杆混凝土浇筑范围示意图。这种装置的布料范围广，在一般情况下不需再行配管。 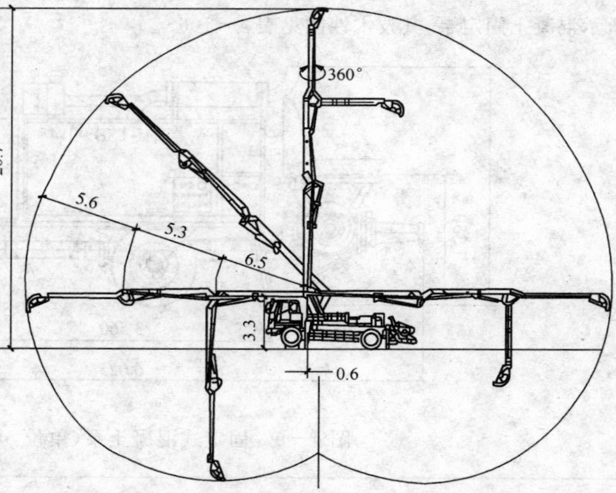 图 4－10　三折叠式布料杆浇筑范围(单位：m) (2)独立式混凝土布料器。 独立式混凝土布料器(见图 4－11)是与混凝土泵配套工作的独立布料设备。在操作半径内，能比较灵活自如地浇筑混凝土。其工作半径一般为 10 m 左右，最大的可达 40 m。由于其自身较为轻便，能在施工楼层上灵活移动，所以，实际的浇筑范围较广，适用于高层建筑的楼层混凝土布料

续上表

<table>
<tr><th>项目</th><th>内　　容</th></tr>
<tr><td>布料设备</td><td>

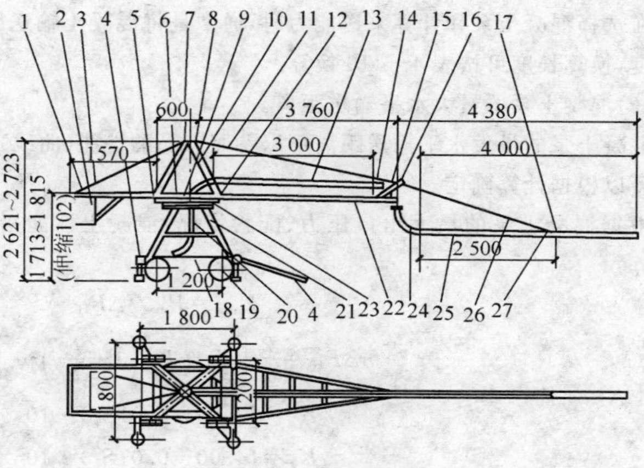

图 4－11　独立式混凝土布料器(单位:mm)

1、7、8、15、16、27－卸甲轧头;2－平衡臂;3、11、26－钢丝绳;
5、12－螺栓、螺母、垫圈;6－上转盘;9－中转盘;10－上角撑;
13、25－输送管;14－输送管轧头;17－夹子;18－低架;19－前后轮;
20－高压管;21－下角撑;22－前臂;23－下转盘;24－弯管

(3)固定式布料杆。

固定式布料杆又称塔式布料杆,可分为两种:附着式布料杆和内爬式布料杆。这两种布料杆除布料臂架外,其他部件如转台、回转支撑、回转机构、操作平台、爬梯、底架均采用批量生产的相应的塔式起重机部件,其顶升接高系统、楼层爬升系统亦取自相应的附着式自升塔式起重机和内爬式塔式起重机。附着式布料杆和内爬式布料杆的塔架有两种不同结构,一种是钢管立柱塔架,另一种是格桁结构方形断面构架。布料臂架大多采用低合金高强钢组焊薄壁箱形断面结构,一般由三节组成。薄壁泵送管则附装在箱形断面梁上,两节泵管之间用90°弯管相连通。这种布料臂架的俯、仰、曲、伸悉由液压系统操纵。为了减小布料臂架负荷对塔架的压弯作用,布料杆多装有平衡臂并配有平衡重。

目前有些内爬式布料杆如HG17～HG25型,装用另一种布料臂架,臂架为轻量型钢格桁结构,由两节组成,泵管附装于此臂架上,采用绳轮变幅系统进行臂架的折叠和俯仰变幅。这种布料臂的最大工作幅度为17～28 m,最小工作幅度为1～2 m。

固定式布料杆装用的泵管有三种规格:$\phi100$、$\phi112$,$\phi125$,管壁厚一般为6 mm。布料臂架上的末端泵管的管端还都套装有4 m长的橡胶软管,以利于布料。

(4)起重布料两用机。

该机亦称起重布料两用塔式起重机,多以重型塔式起重机为基础改制而成,主要用于造型复杂、混凝土浇筑量大的工程。布料系统可附装在特制的爬升套架上,亦可安装在塔顶部经过加固改装的转台上。所谓特制爬升套架乃是带有悬挑支座的特制转台与普通爬升套架的集合体。布料系统及顶部塔身装设于此特制转台上。近年我国自行设计制造一种布料系统装设在塔帽转台上的塔式起重布料两用机,其小车变幅水平臂架最大幅度56 m时,起质量为1.3 t,布料杆为三节式,液压曲伸俯仰泵管臂架,其最大作业半径为38 m

</td></tr>
</table>

续上表

项目	内　　容
混凝土泵送设备选型	(1)混凝土输送管的水平长度的确定。 在选择混凝土泵和计算泵送能力时，通常是将混凝土输送管的各种工作状态换算成水平长度，换算长度可按表4－110换算。 (2)混凝土泵的最大水平输送距离。 混凝土泵的最大水平输送距离可以参照产品的性能(曲线)确定，必要时可以由试验确定，也可以根据计算确定。 根据混凝土泵的最大出口压力、配管情况、混凝土性能指标和输出量，按下列公式进行计算： $L_{max}=P_{max}/\Delta P_H$ $\Delta P_H=\dfrac{2}{r_0}\left[K_1+K_2\left(1+\dfrac{t_2}{t_1}\right)v_2\right]\alpha_2$ $K_1=(3.00-0.01S_1)\cdot 10^2$ $K_2=(4.00-0.01S_1)\cdot 10^2$ 式中　L_{max}——混凝土泵的最大水平输送距离(m)； P_{max}——混凝土泵的最大出口压力(Pa)； ΔP_H——混凝土在水平输送管内流动每米产生的压力损失(Pa/m)； r_0——混凝土输送管半径(m)； K_1——黏着系数(Pa)； K_2——速度系数[Pa·(s/m)]； S_1——混凝土坍落度(mm)； t_2/t_1——混凝土泵分配阀切换时间与活塞推压混凝土时间之比，一般取0.3； v_2——混凝土拌和物在输送管内的平均流速(m/s)； α_2——径向压力与轴向压力之比，对普通混凝土取0.90。 注：ΔP_H值也可用其他方法确定，且宜通过试验验证。 (3)混凝土泵的泵送能力验算。 根据具体的施工情况和有关计算应符合下列要求： 1)混凝土输送管道的配管整体水平换算长度，应不超过计算所得的最大水平泵送距离。 2)按表4－111和表4－112换算的总压力损失，应小于混凝土泵正常工作的最大出口压力。 (4)混凝土泵的台数。 根据混凝土浇筑的数量和混凝土泵单机的实际平均输出量和施工作业时间，按下式计算： $N_2=\dfrac{Q}{Q_1\cdot T_0}$ 式中　N_2——混凝土泵数量(台)； Q——混凝土浇筑数量(m^3)； Q_1——每台混凝土泵的实际平均输出量(m^3/h)； T_0——混凝土泵送施工作业时间(h)。 重要工程的混凝土泵送施工，混凝土泵的所需台数，除根据计算确定外，宜有一定的备用台数。

续上表

项目	内　容
混凝土泵送设备选型	(5)混凝土输送管。 混凝土输送管的选择应满足粗集料最大粒径、混凝土泵型号、混凝土输出量和输送距离、输送难易程度等要求。输送管需具有与泵送条件相适应的强度且管段无龟裂、无凹凸损伤和无弯折。常用混凝土输送管规格见表4－113、表4－114,并应有出厂合格证

混凝土汽车输送泵参考见表4－105。

表4－105　混凝土汽车输送泵参考表

项次	项　目	IPF－185B	DC－S115B	IPF－75B	PTF－75BZ	A800B	NCP－9F8	BRF28.09	BRF36.09
1	形式	360°回转三级Z型	360°回转三级回折型	360°回转三级Z型	360°回转三级Z型	360°回转三级回折型	360°回转三级回折型	360°回转三级Z型	360°回转四级重叠型
2	最大输送量(m^3/h)	10～25	70	10～75	75	80	57	90	90
3	最大输送距离(m)(水平/垂直)	520/110	420/100	410/80	410/80	650/125	1 000/150	—	—
4	粗集料最大尺寸(mm)	40	40	30(砾石40)	40	40	40	40	40
5	常用泵送压力(MPa)	4.71	—	3.87	—	13～18.5	20	7.5	7.5
6	混凝土坍落度允许范围(cm)	5～23	5～23	5～23	5～23	5～23	5～23	5～23	5～23
7	布料杆工作半径(m)	17.4	15.8	16.5	16.5	17.5	—	23.7	32.1
8	布料杆离地高度(m)	20.7	19.3	19.8	19.8	20.7	—	27.4	35.7
9	外形尺寸(长×宽×高)(mm×mm×mm)	9 000×2 485×3 280	8 840×4 900×3 400	9 470×2 450×3 230	—	—	—	10 910×7 200×3 850	10 305×8 500×3 960
10	质量(t)	—	15.35	15.46	15.43	15.50	15.53	19.00	25.00

混凝土固定泵技术性能见表 4－106。

表 4－106 混凝土固定泵技术性能

项目＼型号	HJ-TXB9014	BSA2100HD	BSA140BD	PTF-650	ELBA-B5516E	DC-A800B
形式	—	卧式单动	卧式单动	卧式单动	卧式单动	卧式单动
最大液压泵压力(MPa)	—	28	32	21～10	20	13～18.5
输送能力(m^3/h)	80	97～150	85	4～60	10～45	15～80
理论输送压力(MPa)	70/110	80～130	65～97	36	93	44
骨粒最大粒径(mm)	—	40	40	40	40	40
输送距离水平/垂直(m)	—	—	—	350/80	100/130	440/125
混凝土坍落度(mm)	—	50～230	50～230	50～230	50～230	50～230
缸径、冲程长度(mm)	200、1 400	200、2 100	200、1 400	180、1 150	160、1 500	205、1 500
缸数	—	双缸活塞式	双缸活塞式	双缸活塞式	双缸活塞式	双缸活塞式
加料斗容量(m^3)	0.5	0.9	0.49	0.3	0.475	0.35
动力[功率 hp/转速(r/min)]	—	130/2 300	118/2 300	55/2 600	75/2 960	170/2 000
活塞冲程次数(次/min)	—	19.35	31.6	—	33	—
质量(kg)	5 250	5 600	3 400	6 500	4 420	15 500

常用直管重量见表 4－107。

表 4－107 常用直管重量

管子内径(mm)	管子长度/m	管子自重(kg)	充满混凝土后质量(kg)
100	4.0	22.3	102.3
	3.0	17.0	77.0
	2.0	11.7	51.7
	1.0	6.4	26.4
	0.5	3.7	13.5
125	3.0	21.0	113.4
	2.0	14.6	76.2
	1.0	8.1	33.9
	0.5	4.7	20.1

常用弯管重量见表 4－108。

表 4－108　常用弯管重量

管子内径(mm)	弯曲角度	管子自重(kg)	充满混凝土后质量(kg)
100	90°	20.3	52.4
	60°	13.9	35.0
	45°	10.6	26.4
	30°	7.1	17.6
	15°	3.7	9.0
125	90°	27.5	76.1
	60°	18.5	50.9
	45°	14.0	38.3
	30°	9.5	25.7
	15°	5.0	13.1

常用软管重量见表 4－109。

表 4－109　常用软管重量

管子内径(mm)	软管长度(m)	软管自重(kg)	充满混凝土后质量(kg)
100	3.0	14.0	68.0
	5.0	23.0	113.3
	8.0	37.3	181.3
125	3.0	20.5	107.5
	5.0	34.1	179.1
	8.0	54.6	286.6

混凝土输送管的水平换算长度见表 4－110。

表 4－110　混凝土输送管的水平换算长度

类别	单位	规格	水平换算长度(m)
向上垂直度	每米	100 mm	3
		125 mm	4
		150 mm	5
锥形管	每根	150～175 mm	4
		125～150 mm	8
		100～125 mm	16
弯管	每根	90°R=0.5	12
		R=1.0 m	9
软管	每 5～8 m 长的 1 根		20

注：1. R—曲率半径。

2. 弯管的弯曲角度小于 90°时，需将表列数值乘以该角度与 90°角的比值。

3. 向下垂直管，其水平换算长度等于其自身长度。

4. 斜向配管时，根据其水平及垂直投影长度，分别按水平、垂直配管计算。

混凝土泵送的换算总压力损失见表 4－111。

表 4－111　混凝土泵送的换算总压力损失

管件名称	换算量	换算压力损失(MPa)
水平管	每 20	0.10
垂直管	每 5	0.10
45°弯管	每只	0.05
90°弯管	每只	0.10
管道接环(管卡)	每只	0.10
管路截止阀	每个	0.80
3.5 m 橡皮软管	每根	0.20

附属于泵体的换算总压力损失见表 4－112。

表 4－112　附属于泵体的换算总压力损失

部件名称	换算量	换算压力损失(MPa)
Y 形管 175～125 mm	每只	0.05
分配阀	每个	0.08
混凝土泵启动内耗	每台	2.80

常用混凝土输送管规格见表 4－113。

表 4－113　常用混凝土输送管规格

混凝土输送管种类		管径(mm)		
		100	125	150
有缝直管	外径	109.0	135.0	159.2
	内径	105.0	131.0	155.2
	壁厚	2.0	2.0	2.0
高压直管	外径	114.3	139.8	165.2
	内径	105.3	130.8	155.2
	壁厚	4.5	4.5	5.0

混凝土输送管管径与粗集料最大粒径的关系见表 4－114。

表 4－114　混凝土输送管管径与粗集料最大粒径的关系

粗集料最大粒径(mm)		输送管最小管径(mm)
卵石	碎石	
20	20	100
25	25	100
40	40	125

2. 混凝土振动设备

混凝土振动设备的机械要求见表 4－115。

表 4－115 混凝土振动设备

项目	内容
混凝土振动器的分类及适用范围	(1)混凝土振动器的种类繁多，可按照其作用方式、驱动方式和振动频率等进行分类。 1)按作用方式分类。按照对混凝土的作用方式，可分为插入式内部振动器、附着式外部振动器和固定式振动台等三种。附着式振动器加装一块平板可改装为平板式振动器。 2)按驱动方式分类。按照振动器的动力源可分为电动式、气动式、内燃式和液压式等。电动式结构简单，使用方便，成本低，一般情况都用电动式的。 3)按振动频率分类。按照振动器的振动频率，可分为高频式(133～350 Hz 或 8 000～20 000次/min)、中频式(83～133 Hz 或 5 000～8 000 次/min)、低频式(33～83 Hz 或 2 000～5 000 次/min)三种。高频式振动器适用于干硬性混凝土和塑性混凝土的振捣，其结构形式多为行星滚锥插入式振动器；中频式振动器多为偏心振子振动器，一般用作外部振动器；低频振动器用于固定式振动台。 由于混凝土振动器的类型较多，施工中应根据混凝土的集料粒径、级配、水灰比、稠度及混凝土构筑物的形状、断面尺寸、钢筋的疏密程度以及现场动力源等具体情况进行选用。 同时，要考虑振动器的结构特点、使用、维修及能耗等技术经济指标选用。 (2)各类混凝土振动器适用范围。 1)插入式振动器。其形式又分为行星式、偏心式、软轴式、直联式等。利用振动棒产生的振动波捣实混凝土，由于振动棒直接插入混凝土内振捣，效率高，质量好。适用于大面积、大体积的混凝土基础和构件，如柱、梁、墙、板以及预制构件的捣实。 2)附着式振动器。其形式为用螺栓紧固在模板上，当振动器固定在模板外侧，借助模板或其他物件将振动力传递到混凝土中，其振动作用深度为 25 cm。适用于振动钢筋较密、厚度较小及不宜使用插入式振动器的混凝土结构或构件。 3)平板式振动器。振动器安装在钢平板或木平板上为平板式，平板式振动器的振动力通过平板传递给混凝土，振动作用的深度较小。适用于面积大而平整的混凝土结构物，如平板、地面、屋面等构件。 4)振动台，为固定式。其动力大、体积大，需要有牢固的基础，适用于混凝土制品厂振实批量生产的预制构件
混凝土振动器的技术性能	(1)插入式振动器的主要技术性能见表 4－116。 (2)平板式振动器的主要技术性能见表 4－117。 (3)附着式振动器的主要技术性能见表 4－118。 (4)振动台的主要技术性能见表 4－119
混凝土振动器的使用要点	(1)混凝土振动器的选择。 混凝土振动器的选用原则根据混凝土施工工艺确定。也就是应根据混凝土的组成特性(如骨粒径、粒形、级配、水灰比和稠度等)以及施工条件(如建筑物的类别、规模和构件的形状、断面尺寸和宽窄、钢筋稀密程度、操作方法、动力来源等具体情况)，选用适用的机型和工作参数(如振动频率、振幅和振动速度等)的振动器。同时还应根据振动器的结构特点、供应条件、使用寿命和功率消耗等技术经济指标各因素进行合理选择。

续上表

项目	内　　容
混凝土振动器的使用要点	1)根据动力形式选择。建筑施工普遍采用电动式振动器。如工地附近只有单相电源时，应选用单相串联电动机的振动器；有三相电源时，则可选用各种电动振动器；如有瓦斯的工作环境，应选用风动式振动器；如在无电源的临时性工程施工，可选用内燃式振动器。 2)根据结构形式选择。大面积混凝土基础的柱、梁、墙，厚度较大的板，以及预制构件的振实，可选用插入式振动器；钢筋稠密或混凝土较薄的结构，以及不宜使用插入式振动器的地方，可选用附着式振动器；面积大而平整的结构物，如地面、屋面、路面等，通常选用平板式振动器；而混凝土构件预制厂的空心板、壁板及厚度不大的梁柱构件等，则选用振动台可取得快速而有效的振实效果。 3)振动频率的选择。一般情况下，高频率的振动器，适用于干硬性混凝土和塑性混凝土的振捣，而低频率的振动器则一般作为外部振动器使用。在实际施工中，振动器使用频率在50～350 Hz(3 000～20 000 次/min)范围内。对于普通混凝土振捣，可选用频率为120～200 Hz(7 800～12 000 次/min)的振动器；对于大体积(如大坝等)混凝土，振动器的平均振幅不应小于0.5～1 mm，频率可选100～200 Hz(6 000～12 000 次/min)；对于一般建筑物，混凝土坍落度在3～6 cm左右，集料最大粒径在80～150 mm时，可选用频率为100～120 Hz(6 000～7 200 次/min)，振幅为1～1.5 mm的振动器；对于小集料低塑性的混凝土，可选用频率为120～150 Hz(7200～9 000 次/min)以上的振动器；对于干硬性混凝土由于振波传递困难，应选用插入式振动器，但其干硬系数超过60 s时，高频振幅也难以振实，应选用外力分层加压。 (2)混凝土振动器的生产率。 1)内部振动器的生产率(m^3/h)计算公式如下： $$P_{内}=2R^2K\delta\frac{3\ 600}{t+t_1}$$ 式中　R——作用半径(m)； K——时间利用系数，一般取0.85； δ——每层混凝土厚度(m)； t——每一位置振动的延续时间(s)； t_1——振动器从一点移到另一点所需时间(s)。 2)表面振动器的生产率(m^3/h)计算公式如下： $$P_{表}=KS\delta\frac{300}{t+t_1}$$ 式中　S——振动器振动平板的面积(m^2)。 3)振动器提高生产率的措施。 ①振动棒的插入位置和移动应有规律，移动距离应为作用半径的1.5倍，过大会漏振，影响捣实质量；过小会重振，降低生产率。对于平板振动器，移动时也应有规律，移动行列间相互搭接应控制在3～5 cm之间，不宜过大或过小。 ②浇筑混凝土层厚度应和振动器的插入深度和有效振捣深度相配合。 ③合理控制振捣时间，在保证捣实质量的前提下，严格控制超时振捣。 ④浇筑混凝土量(m^3/h)和施工振动器的总生产率应一致，以保证振动器能连续、均匀地工作。

续上表

项目	内　容
混凝土振动器的使用要点	(3)混凝土振动器的施工操作要点。 1)插入式振动器施工作业要点 ①插入式振动器在使用前,应检查各部件是否完好,各连接处是否紧固,电动机绝缘是否良好,电源电压和频率是否符合铭牌规定,检查合格后,方可接通电源进行试运转。 ②振动器的电动机旋转时,若软轴不转,振动棒不起振,系电动机旋转方向不对,可调换任意两相电源线;若软轴转动,振动棒不起振,可摇晃棒头或将棒头磕地面,即可起振。当试运转正常后,方可投入作业。 ③作业时,要使振动棒自然沉入混凝土,不可用力猛往下推。一般应垂直插入,并插到下层尚未初凝层中 50～100 mm 处,以促使上下层相互结合。 ④振捣时,要做到"快插慢拔"。"快插"是为了防止将表层混凝土先振实,和下层混凝土之间发生分层、离析现象;"慢拔"是为了使混凝土能来得及填满振动棒抽出时所形成的空间。 ⑤振动棒插入混凝土的位置应均匀排列,一般可采用"行列式"或"交叉式"移动,如图4－12所示,以防漏振。振动棒每次移动距离不应大于其作用半径的 1.5 倍(一般为 15 cm左右)。 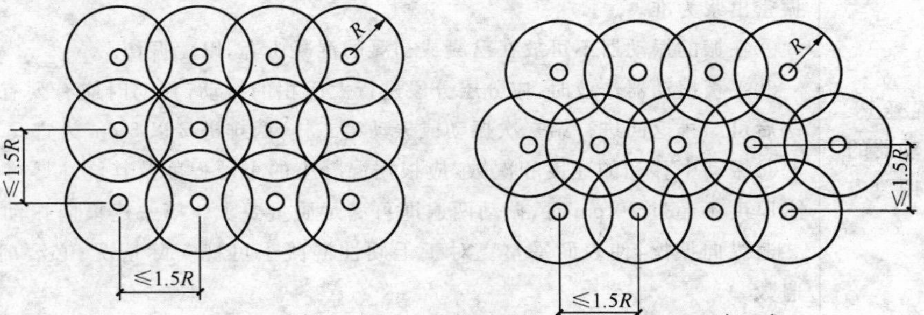 (a) 行列式　(b) 交叉式 图 4－12　振动棒插入及移动位置示意图 ⑥振动棒在混凝土内振密的时间,一般在每个插点振密 20～30 s,见到混凝土不再显著下沉,不再出现气泡,表面泛出水泥浆和外观均匀为止。如振密时间过长,有效作用半径虽然能适当增加,但总的生产率反而降低,而且还可能使振动棒附近混凝土产生离析,这对塑性混凝土更为重要。此外,振动棒下部振幅要比上部大,故在振密时,应将振动棒上下抽动5～10 cm,使混凝土振密均匀。 ⑦作业中要避免将振动棒触及钢筋、芯管及预埋件等,更不可采用通过振动棒振动钢筋的方法来促使混凝土振密;否则就会因振动而使钢筋位置变动,还会降低钢筋和混凝土之间的黏结力,甚至会发生相互脱离,这对预应力钢筋影响更大。 ⑧作业时,振动棒插入混凝土的深度不应超过棒长的 2/3～3/4。否则振动棒将不易拔出而导致软管损坏;更不可将软管插入混凝土中,以防砂浆侵蚀及渗入软管而损坏机件。 ⑨振动器在使用中如温度过高,应即停机冷却检查,如机件故障,要及时进行修理。冬季低温下,振动器作业前,要采取缓慢加温,使棒体内的润滑油解冻后,方可作业。 2)附着式、平板式振动器施工作业要点。 ①外部振动器设计时不考虑轴承受轴向力,故在使用时,电动机轴应呈水平状态。

续上表

项目	内容
混凝土振动器的使用要点	②振动器作业前应进行检查和试运转,试运转时不可在干硬土或硬物体上运转,以免振动器振跳过甚而受损。安装在搅拌站(楼)料仓上的振动器应安置橡胶垫。 ③附着式振动器作业时,一般安装在混凝土模板上,每次振动时间不超过 1 min;当混凝土在模内泛浆流动成水平状,即可停振。不可在混凝土初凝状态时再振;也不可使周围已初凝的混凝土受振动的影响,以保证质量。 ④在一个模板上同时用多台附着式振动器振动时,各振动器的频率必须保持一致;相对面的振动器应交叉安放。 ⑤附着式振动器安装在模板上的连接必须牢靠,作业过程中应随时注意防止由于振动而松动,应经常检查和紧固连接螺栓。 ⑥在水平混凝土表面进行振捣时,平板式振动器是利用电动机振动子所产生的惯性水平分力自行移动的,操作者只要控制移动的方向即可。但必须注意作业时应使振动器的平板和混凝土表面保持接触。 ⑦平板振动器的平板和混凝土接触,使振波有效地传递给混凝土,使之振实至表面出浆,即可缓慢向前移动。移动方向应按电动机旋转方向自动地向前或向后,移动速度以能保证振密出浆为准。 ⑧在振的振动器不可放在已凝或初凝的混凝土上,以免振伤。 ⑨平板振动器作业时,应分层分段进行大面积的振动,移动时应有列有序,前排振捣一段落后可原排返回进行第二次振动或振动第二排,两排搭接以 5 cm 为宜。 ⑩振动中移动的速度和次数,应根据混凝土的干硬程度及其浇注厚度而定;振动的混凝土厚度不超过 20 cm 时,振动两遍即可满足质量要求。第一遍横向振动使混凝土振实;第二遍纵向振捣,使表面平整。对于干硬性混凝土可视实际情况,必要时可酌情增加振捣遍数。 3)振动台使用要点。 ①振动台应安装在牢固的基础上,地脚螺栓应有足够的强度并拧紧。在基础中间必须留有地下坑道,以方便调整和维修。 ②使用前要进行检查和试运转,检查机件是否完好,所有紧固件特别是轴承座螺栓、偏心块螺栓、电动机和齿轮箱螺栓等,必须紧固牢靠。 ③振动台不宜在空载状态时作长时间运转。作业中必须安置牢固可靠的模板并锁紧夹具,以保证模板中的混凝土和台面一起振动。 ④齿轮因承受高速重负荷,故需有良好的润滑和冷却;齿轮箱油面应保持在规定的水平面上,作业时油温不可超过 70℃。 ⑤应经常检查各类轴承并定期拆洗更换润滑脂。作业中要注意检查轴承温升,发现过热应停机检修。 ⑥电动机接地应良好可靠,电源线和线接头应绝缘良好,不可有破损漏电现象。 ⑦振动台台面应经常保持清洁平整,使其和模板接触良好。由于台面在高频重载下振动,容易产生裂纹,必须注意检查,及时修补

插入式振动器主要技术性能见表 4－116。

表 4－116　插入式振动器主要技术性能

形式	型号	振动棒(器)					软轴软管		电动机	
		直径(mm)	长度(mm)	频率(次/min)	振动力(kN)	振幅(mm)	软轴直径(mm)	软管直径(mm)	功率(kW)	转速(r/min)
电动软轴行星式	ZN25	26	370	15 500	2.2	0.75	8	24	0.8	2 850
	ZN35	36	422	13 000～14 000	2.5	0.8	10	30	0.8	2 850
	ZN45	45	460	12 000	3～4	1.2	10	30	1.1	2 850
	ZN50	51	451	12 000	5～6	1.15	13	36	1.1	2 850
	ZN60	60	450	12 000	7～8	1.2	13	36	1.5	2 850
	ZN70	68	460	11 000～12 000	9～10	1.2	13	36	1.5	2 850
电动软轴偏心式	ZPN18	18	250	17 000	—	0.4	—	—	0.2	11 000
	ZPN25	26	260	1 5 000	—	0.5	8	30	0.8	15 000
	ZPN35	36	240	14 000	—	0.8	10	30	0.8	15 000
	ZPN50	48	220	13 000	—	1.1	10	30	0.8	15 000
	ZPN70	71	400	6 200	—	2.25	13	36	2.2	2 850
电动直联式	ZDN80	80	436	11 500	6.6	0.8	—	0.8	11 500	—
	ZDN100	100	520	8 500	13	1.6	—	1.5	8 500	—
	ZDN130	130	520	8 400	20	2	—	2.5	8 400	—
风动偏心式	ZQ50	53	350	15 000～18 000	6	0.44	—	—	—	—
	ZQ100	102	600	5 500～6 200	2	2.58	—	—	—	—
	ZQ150	150	800	5 000～6 000	—	2.85	—	—	—	—
内燃行星式	ZR35	36	425	14 000	2.28	0.78	10	30	2.9	3 000
	ZR50	51	452	12 000	5.6	1.2	13	36	2.9	3 000
	ZR70	68	480	12 000～14 000	9～10	1.8	13	36	2.9	3 000

平板式振动器主要技术性能见表 4－117。

表 4－117　平板式振动器主要技术性能

型号	振动平板尺寸(长×宽)(mm×mm)	空载最大激振力(kN)	空载振动频率(Hz)	偏心力矩(N·cm)	电动机功率(kW)
ZB55－50	780×468	5.5	47.5	55	0.55
ZB75－50(B－5)	500×400	3.1	47.5	50	0.75
ZB110－50(B－11)	700×400	4.3	48	65	1.1
ZB150－50(B－15)	400×600	9.5	50	85	1.5
ZB220－50(B－22)	800×500	9.8	47	100	2.2
ZB300－50(B－22)	800×600	13.2	47.5	146	3.0

附着式振动器主要技术性能见表4－118。

表4－118　附着式振动器主要技术性能

型号	振动平板尺寸（长宽）(mm×mm)	空载最大激振力(kN)	空载振动频率(Hz)	偏心力矩(N·cm)	电动机功率(kW)
ZF18－50(ZF1)	215×175	1.0	47.5	10	0.18
ZF55－50	600×400	5	50	—	0.55
ZF80－50(ZW－3)	336×195	6.3	47.5	70	0.8
ZF100－50(ZW－13)	700×500	—	50	—	1.1
ZF150－50(ZW－10)	600×400	5～10	50	50～100	1.5
ZF180－50	560×360	8～10	48.2	170	1.8
ZF220－50(ZW－20)	400×700	10～18	47.3	100～200	2.2
ZF300－50(YZF－3)	650×410	10～20	46.5	220	3

振动台主要技术性能见表4－119。

表4－119　振动台主要技术性能

型号	载质量(t)	振动台面尺寸(mm×mm)	空载最大激振力(kN)	空载振动频率(Hz)	电动机功率(kW)
ZT0.3(ZT0610)	0.3	600×1 000	9	49	1.5
ZT10(ZT1020)	1.0	1 000×2 000	14.3×30.1	49	7.5
ZT2(ZT1040)	2.0	1 000×4 000	22.34～48.4	49	7.5
ZT2.5(ZT1540)	2.5	1 500×4 000	62.48～56.1	49	18.5
ZT3(ZT1560)	3	1 500×6 000	83.3～127.4	49	22
ZT5(ZT2462)	3.5	2 400×6 200	147～225	49	55

四、施工工艺解析

1.砌筑工程圈梁、构造柱、板缝混凝土

砌筑工程圈梁、构造柱、板缝混凝土工艺流程见表4－120。

表4－120　砌筑工程圈梁、构造柱、板缝混凝土

项目	内　容
混凝土运输	(1)混凝土拌和物应及时用翻斗车、手推车或吊斗运至浇筑地点。运送混凝土时，应防止水泥浆流失。若有离析现象，应在浇筑地点进行人工二次拌和。 (2)混凝土运输、浇筑及间歇的全部时间不应超过混凝土的初凝时间

续上表

项目	内 容
混凝土浇筑、振捣	(1)构造柱根部处的混凝土浮浆及落地灰要剔除，并清理干净。在浇筑前宜先铺50～100 mm与构造柱混凝土配合比相同的去石子水泥砂浆。 (2)浇筑方法：用塔式起重机吊斗供料时，按预制楼板承载能力控制铁盘上的混凝土量，先将吊斗降至距铁盘500～600 mm处，将混凝土卸在铁盘上，再用铁锹灌入模内，不宜用吊斗直接将混凝土卸入模内。 (3)浇筑混凝土构造柱时，先将振捣棒插入柱底根部，使其振动再落入混凝土，应分层浇筑、振捣，每层厚度应按实测振捣棒有效长度的1.25倍确定。 (4)混凝土振捣：振捣构造柱时，振捣棒尽量靠近内墙插入。振捣圈梁混凝土时，振捣棒与混凝土面应成斜角，斜向振捣。振捣板缝混凝土时，应选用直径30 mm的小型振捣棒。 (5)浇筑混凝土时，应注意保护钢筋位置及外砖墙，外墙板的防水构造，不使其损害，专人检查模板、钢筋是否变形、移位，螺栓、拉杆是否松动、脱落。发现漏浆等现象，指派专人检修。 (6)混凝土振捣时，应避免触动墙体，严禁通过墙体传振。 (7)表面抹平：圈梁、板缝混凝土每浇筑振捣完一段，应随即用木抹子压实、抹平。表面不得有松散混凝土
混凝土养护	(1)混凝土浇筑完成12 h内，应对混凝土加以覆盖并浇水养护，常温时每日至少浇水两次，并应保持混凝土表面湿润，养护时间不得少于7 d。 (2)对掺用缓凝型外加剂的混凝土，不得少于14 d。混凝土养护期间，应保持其表面湿润。 (3)冬期施工时，可采取塑料布外加草帘被进行养护
成品保护	(1)浇筑混凝土时，应对清水砖墙面覆盖保护，不得污染。否则，应及时用清水冲洗干净。 (2)振捣混凝土时，不得碰动钢筋、埋件，防止位移。 (3)钢筋有踩弯、移位或脱扣时，应及时调整、补好。 (4)散落在楼板上的混凝土应及时清理干净
应注意的质量问题	(1)自拌混凝土材料计量不准，影响混凝土强度。施工前要检查校正好计量器具或磅秤，车车过秤，加水量必须严格控制。计量器具应在检定周期内。 (2)混凝土外观存在蜂窝、孔洞、露筋、夹渣等缺陷，混凝土振捣不实，漏振，钢筋缺少保护层垫块，尤其是板缝内加筋位置。开盘前应认真检查和做好施工交底，加强岗位责任制管理

2. 混凝土泵送

混凝土泵送工艺流程见表4－121。

表 4－121　混凝土泵送

<table>
<tr><th>项目</th><th>内　容</th></tr>
<tr><td>混凝土泵送设备选型</td><td>
(1)混凝土泵的选型，应根据混凝土工程特点、要求的最大输送距离、最大输出量及混凝土浇筑计划确定。
(2)混凝土泵的最大输送距离按照下列方法确定。
1)由试验确定。
2)根据混凝土泵的最大出口压力、配管情况、混凝土性能指标和输出量，按下式计算确定。
$L_{max}=P_{max}/\Delta P_H$
$\Delta P_H=2/r_0[K_1+K_2(1+t_2/t_1)v_2]a_2$
$K_1=(3.00-0.01S_1)\cdot 10^2$
$K_2=(4.00-0.01S_1)\cdot 10^2$
式中　L_{max}——混凝土泵的最大水平输送距离(m)，各种类别输送管水平换算长度见表4－122；
P_{max}——混凝土泵的最大出口压力(Pa)；
ΔP_H——混凝土在水平输送管内流动每米产生的压力损失(Pa/m)(见表 4－123)；
r_0——混凝土输送管半径；
K_1——黏着系数(Pa)；
K_2——速度系数[Pa·(s/m)]；
S_1——混凝土坍落度(mm)；
t_2/t_1——混凝土泵分配阀切换时间与活塞推压混凝土时间之比，一般取 0.3；
v_2——混凝土拌和物在输送管内的平均流速(m/s)；
a_2——径向压力与轴向压力之比，对普通混凝土取 0.90。
注：ΔP_H 值亦可用其他方法确定，且宜通过试验验证。
3)参照产品的性能表(曲线)确定。
(3)混凝土泵的台数根据混凝土浇筑数量、单机的实际平均输出量和施工作业时间，按下式计算确定：
$N_2=\frac{Q}{Q_1\cdot T_0}$
式中　N_2——混凝土泵数量(台)；
Q——混凝土浇筑数量(m^3)；
Q_1——每台混凝土泵的实际平均输出量(m^3/h)；
T_0——混凝土泵送施工作业时间(h)。
重要工程的混凝土泵送施工，混凝土泵的所需台数，除根据计算确定外，宜有一定的备用台数。
(4)混凝土输送管的选择应满足粗集料最大粒径、混凝土泵型号、混凝土输出量和输送距离、输送难易程度等要求。输送管需具有与泵送条件相适应的强度且管段无龟裂、无凹凸损伤和无弯折。常用混凝土输送管规格参见表 4－113、表 4－114，并应有出厂合格证。
</td></tr>
</table>

续上表

项目	内　　容
混凝土泵送设备选型	(5)当水平输送距离超过 200 m、垂直输送距离超过 40 mm、输送管垂直向下或斜管前面布置水平管、混凝土拌和物单位水泥用量低于 300 kg/m^3 时,宜用直径大的混凝土输送管和长的锥形管,少用弯管和软管。 (6)布料设备选择需符合工程结构特点、施工工艺、布料要求和配管情况
泵送设备平、立面布置	(1)泵设置位置应场地坪整,道路通畅,供料方便,距离浇筑地点近,便于配管,供电、供水、排水便利。 (2)作业范围内不得有高压线等障碍物。 (3)泵送管布置宜缩短管路长度,尽量少用弯管和软管。输送管的铺设应保证施工安全,便于清洗管道、排除故障和维修。 (4)在同一管路中应选择管径相同的混凝土输送管,输送管的新、旧程度应尽量相同;新管与旧管连接使用时,新管应布置在泵送压力较大处,管路要布置得横平竖直。 (5)管路布置应先安排浇筑最远处,由远向近依次后退进行浇筑,避免泵送过程中接管。 (6)布料设备应覆盖整个施工面,并能均匀、迅速地进行布料
泵送设备的安装、固定	(1)泵管安装、固定前应进行泵送设备设计,画出平面布置图和竖向布置图。 (2)高层建筑采用接力泵泵送时,接力泵的设置位置使上、下泵送能够匹配,对设置接力泵的楼面应进行结构受力验算,当强度和刚度不能满足要求时应采取加固措施。 (3)输送管路必须保证连接牢固、稳定、弯管处加设牢固的嵌固点,以避免泵送时管路摇晃。 (4)各管卡要紧到位,保证接头密封严密,不漏浆、不漏气。各管、卡与地面或支撑物不应有硬接触,要保留一定间隙,便于拆装。 (5)与泵机出口锥管直接相连的输送管必须加以固定,便于清理管路时拆装方便。 (6)输送泵管方向改变处应设置嵌固点。输送管接头应严密,卡箍处有足够强度,不漏浆,并能快速拆装。 (7)垂直向上配管时,凡穿过楼板处宜用木楔子嵌固在每层楼板预留孔处。垂直管固定在墙、柱上时每节管不得少于 1 个固定点。垂直管下端的弯管不能作为上部管道的支撑点,应设置刚性支撑承受垂直重量。 (8)垂直向上配管时,地面水平管长度不宜小于 15 m,且不宜小于垂直管长度的 1/4,在混凝土泵机 Y 形出料口 3～6 m 处的输送管根部应设置截止阀,防止混凝土拌和物反流。固定水平管的支架应靠近管的接头处,以便拆除、清洗管道。 (9)倾斜向下配管时,应在斜管上端设置排气阀,当高差大于 20 m 时,在斜管下端设置 5 倍高差长度的水平管,或采取增加弯管与环形管,以满足 5 倍高差长度要求。 (10)泵送地下结构的混凝土时,地上水平管轴线应与 Y 形出料口轴线垂直。 (11)泵送管不得直接支撑固定在钢筋、模板、预埋件上。 (12)布料设备应安设牢固和稳定,并不得碰撞或直接搁置在模板或钢筋骨架上,手动布料杆下的模板和支架应加固

续上表

项目	内　容
泵送	(1)泵送混凝土前，先把储料斗内清水从管道泵出，达到湿润和清洁管道的目的，然后向料斗内加入与混凝土内除粗集料外的其他成分相同配合比的水泥砂浆(或 1∶2 水泥砂浆或水泥浆)，润滑用的水泥浆或水泥砂浆应分散布料，不得集中浇筑在同一处。润滑管道后即可开始泵送混凝土。 (2)开始泵送时，泵送速度宜放慢，油压变化应在允许范围内，待泵送顺利后，才用正常速度进行泵送。采用多泵同时进行大体积混凝土浇筑施工时，应每台泵依顺序逐一启动，待泵送顺利后，启动下一台泵，以防意外。 (3)泵送期间，料斗内的混凝土量应保持不低于缸筒口上 10 mm 到料斗口下 150 mm 之间为宜。太少吸入效率低，容易吸入空气而造成塞管，太多则反抽时会溢出并加大搅拌轴负荷。 (4)混凝土泵送应连续作业。混凝土泵送、浇筑及间歇的全部时间不应超过混凝土的初凝时间。如必须中断时，其中断时间不得超过混凝土从搅拌至浇筑完毕所允许的延续时间。在混凝土泵送过程中，有计划中断时，应在预先确定的中断部位停止泵送，且中断时间不宜超过 1 h。 (5)泵送中途若停歇时间超过 20 min、管道又较长时，应每隔 5 min 开泵一次，泵送少量混凝土，管道较短时，可采用每隔 5 min 正反转 2～3 行程，使管内混凝土蠕动，防止泌水离析，长时间停泵(超过 45 min)、气温高、混凝土坍落度小时可能造成塞管，宜将混凝土从泵和输送管中清除。 (6)泵送先远后近，在浇筑中逐渐拆管。 (7)泵送将结束时，应估算混凝土管道内和料斗内储存的混凝土量及浇筑现场所需混凝土量(ϕ150 mm 径管每 100 m 长有 1.75 m^3)，以便决定供应混凝土量。 (8)泵送完毕清理管道时，采用空气压缩机推动清洗球。先安好专用清洗水，再启动空压机，渐进加压。清洗过程中，应随时敲击输送管，了解混凝土是否接近排空。当输送管内尚有 10 m 左右混凝土时，应将压缩机缓慢减压，防止出现大喷爆和伤人。 (9)泵送完毕，应立即清洗混凝土泵和输送管，管道拆卸后按不同规格分类堆放。 (10)冬期混凝土输送管应用保温材料包裹，保证混凝土的入模温度。在高温季节泵送，宜用湿草袋覆盖管道进行降温，以降低入模温度
混凝土浇筑	(1)混凝土浇筑前，应根据工程结构特点、平面形状和几何尺寸、混凝土供应和泵送设备能力、劳动力和管理能力，以及周围场地大小等条件，预先划分好混凝土浇筑区域。 (2)混凝土的浇筑顺序应符合下列规定：当采用输送管输送混凝土时，应由远而近浇筑；同一区域的混凝土，应按先竖向结构后水平结构的顺序，分层连续浇筑；当不允许留施工缝时，区域之间、上下层之间的混凝土浇筑间歇时间，不得超过混凝土初凝时间；当下层混凝土初凝后，浇筑上层混凝土时，应先按留预留施工缝的有关规定处理后再开始浇筑。 (3)混凝土的布料方法，应符合下列规定：在浇筑竖向结构混凝土时，布料设备的出口离模板内侧面不应小于 50 mm，且不得向模板内侧面直冲布料，也不得直冲钢筋骨架；浇筑水平结构混凝土时，不得在同一处连续布料，应 2～3 m 范围内水平移动布料，且宜垂直于模板布料。

续上表

项目	内　容
混凝土浇筑	(4)混凝土的分层厚度，宜为 300～500 mm。水平结构的混凝土浇筑厚度超过 500 mm 时，按 1∶6～1∶10 坡度分层浇筑，且上层混凝土，应超前覆盖下层混凝土 500 mm 以上。 (5)振捣泵送混凝土时，振动棒移动间距宜为 400 mm 左右，振捣时间宜为 15～30 s，隔 20～30 min 后，进行第二次复振。 (6)对于有预留洞、预埋件和钢筋太密的部位，应预先制定技术措施，确保顺利布料和振捣密实。在浇筑混凝土时，应经常观察，当发现混凝土有不密实等现象时，应立即采取措施予以纠正。 (7)水平结构的混凝土表面，适时用木抹子抹平搓毛两遍以上。必要时，先用铁滚筒压两遍以上，防止产生收缩裂缝
成品保护	(1)混凝土输送管安装完毕后，不得碰撞泵管，以免泵管发生变形。 (2)泵管在使用过程中不得随意拆卸泵管。 (3)凡穿过楼板处应用钢管固定，并有木楔固定等防滑措施。垂直管下端的弯管不能作为上部管道的支撑点，应设置刚支撑承受垂直重量
应注意的质量问题	(1)坍落度具体值要根据泵送距离、气温来决定。配合比必要时应通过试泵送确定。泵送高度与坍落度的关系应符合表 4－124 的规定。 (2)泵送混凝土操作时应注意以下问题： 1)混凝土供应要连续、稳定以保证混凝土泵能连续工作。 2)泵送前应先用适量的与混凝土内除粗集料外其他成分相同配合比的水泥砂浆或 1∶2 水泥砂浆或水泥浆润滑输送管内壁。泵送时受料斗内应经常有足够混凝土，防止吸入空气形成阻塞。 3)当混凝土可泵性差或混凝土出现泌水、离析而难以泵送时，应立即对配合比、混凝土泵、配管及泵送工艺等在预拌混凝土供货方监督指导下进行研究，并采取相应措施解决。 4)开始泵送时，混凝土泵应处于慢速、匀速运行的状态，然后逐渐加速。同时应观察混凝土泵的压力和各系统的工作情况，待各系统工作正常后方可以正常速度泵送。 5)混凝土泵若出现压力过高且不稳定、油温升高。输送管明显振动及泵送困难等现象时，不得强行泵送，应立即查明原因予以排除。可先用木槌敲击输送管的弯管、锥形管等部位，并进行慢速泵送或反泵，以防止堵塞。 6)当混凝土泵送过程需要中断时，其中断时间不宜超过 1 h。并应每隔 5～10 min 进行反泵和正泵运转，以防止管道中因混凝土泌水或坍落度损失过大而堵管。 7)泵送时，料斗内的混凝土存量不能低于搅拌轴位置，以避免空气进入泵管引起管道振动。 8)混凝土泵料斗上应设置筛网，并设专人监视进料，避免因直径过大的集料或异物进入而造成堵塞。 9)泵送完毕后，必须认真清洗料斗及输送管道系统。混凝土缸内的残留混凝土若清除不干净，将在缸壁上固化，当活塞再次运行时，活塞密封面将直接承受缸壁上已固化的混凝土对其的冲击，导致推送活塞局部剥落。这种损坏不同于活塞密封的正常磨损，密封面无法在压力的作用下自我补偿，从而导致漏浆或吸空，引起泵送无力、堵塞等

混凝土输送管的水平换算长度见表 4－122。

表 4－122 混凝土输送管的水平换算长度

类别	单位	规格	水平换算长度(m)
向上垂直管	每米	100 mm 125 mm 150 mm	3 4 5
锥形管	每根	175～150 mm 150～120 mm 125～100 mm	4 8 16
弯管	每根	90°R＝0.5 m R＝1.0 m	12 9
软管	5～8 m 长的 1 根		20

注：1. R—曲率半径；

2. 弯管的弯曲角度小于 90°时，需将表列数值乘以该角度与 90°角的比值；

3. 向下垂直管，其水平换算长度等于其自身长度；

4. 斜向配管时，根据其水平及垂直投影长度，分别按水平、垂直配管计算。

混凝土泵送的换算压力损失见表 4－123。

表 4－123 混凝土泵送的换算压力损失

管件名称	换算量	换算压力损失(MPa)
水平管	每 20 m	0.10
垂直管	每 5 m	0.10
90°弯管	每只	0.10
管路截止阀	每个	0.80
软管	每根	0.20

注：附属于泵体的换算压力损失：Y 形管 175～125 mm，0.05 MPa；每个分配阀 80 MPa；每台混凝土泵启动内耗 2.80 MPa。

泵送高度与坍落度关系见表 4－124。

表 4－124 泵送高度与坍落度关系

泵送高度(m)	30 以下	30～60	60～100	100 以上
坍落度(mm)	100～140	140～160	160～180	180～200

3. 混凝土垫层一次压光

混凝土垫层一次压光工艺流程见表 4－125。

表 4－125　混凝土垫层一次压光

项目	内　　容
基层清理	浇筑前将地基表面的积水和杂物清除干净，基层表面平整度应符合要求，同时应对地基表面及模板浇水湿润
混凝土的运输	混凝土运输供应应保持运输均衡，夏季或运距较远可适当掺入缓凝剂。考虑运输时间和浇筑时间，确定混凝土初凝时间
混凝土浇筑、振捣、找平	(1)打垫层前在地基土表面间隔不超过 8 m 钉钢筋头，用油漆在钢筋上标注垫层上皮控制高度。 (2)先打集水坑或电梯井的坑底，坡壁宜分次找形、浇筑，边坡用木抹子拍实，尺寸、位置应准确。 (3)混凝土浇筑时，不留或少留施工缝，浇筑时应从一端开始，混凝土浇筑应连续，间歇时间不得超过 2 h。每次开盘浇筑不宜过大，应根据抹灰工配备情况确定浇筑工作量。 (4)浇筑混凝土随浇随用长杠刮平，混凝土虚铺厚度应略高于标高，紧接着用长带型板式振捣器振捣密实，或用 30 kg 重的铁滚筒纵横交错来回滚压 3～5 遍，表面塌陷处应用混凝土补平，再用长杠刮平一次，然后用木抹子搓平，直到表面出浆为止。 当厚度超过 200 mm 时，应采用插入式振捣器，振捣持续时间应使混凝土表面全部泛浆、无气泡、不下沉为止。 (5)混凝土浇筑时严格按施工方案规定的顺序浇筑。混凝土由高处自由倾落不应大于2 m，如高度超过 2 m，要采用串桶、溜槽下落
压光	(1)采用机械抹灰用电动抹子压光：垫层混凝土浇筑后初凝前会有水泌出，对泌出的水用海绵吸走，但仍要保持面层湿润。当工人在浇筑的混凝土上行走，混凝土塌陷深度为20～30 mm 时，使用电抹子进行操作，但须将抹片换成“提浆盘”。使用“提浆盘”在湿润的混凝土上移动，可提出水泥原浆，20～25 mm 厚。混凝土接近初凝时将“提浆盘”换成抹片，进行反复抹压，直至混凝土表面光泽明亮。本次打磨后混凝土表面已接近平整，但仍可能有未达到预定平整度的区域、有明显的抹片痕迹，此时，可用水平光束检查。在混凝土终凝前(即人站在地面上稍有脚印但混凝土不再塌陷时)，再次进行打抹，消除抹片留下的痕迹。对柱、墙边角等电抹子打磨不到的部位，用大号铁抹子人工反复抹平压光。 (2)采用人工用铁抹子压光：撒水泥砂子干拌砂浆，砂子先过 3 mm 筛子后，用铁锹搅拌水泥、砂干拌料(水泥：砂子＝1：1)或用 DPE10 干拌砂浆均匀地撒在搓平后的垫层混凝土面层上，待灰面吸水后用长木杠刮平，随即用木抹子搓平。然后用铁抹子第一遍抹压，用铁抹子轻轻抹压面层，把脚印压平。当面层开始凝结，垫层混凝土面层上有脚印但不下陷时，用铁抹进行第二遍抹压，尽量不留波纹，此时注意不应漏压，并将表面上的凹坑、砂眼和脚印压平。当垫层面层上人稍有脚印，而抹压不出现抹子纹时，用铁抹子进行第三遍抹压。此时抹压要用力稍大，将抹子纹抹平压光，压光的时间应控制在终凝前完成
混凝土养护	混凝土浇筑完成后 12 h 以内应立即进行养护，要保持混凝土表面湿润，要防止过早上人踩坏混凝土表面，湿养护时间不得小于 2 d

续上表

项目	内容
施工缝的处理	施工缝在浇筑混凝土前，应用云石机切割表面、取直，将混凝土软弱层全部清除，冲洗干净露出的石子，在施工缝处宜涂刷一道水灰比为 0.4～0.5 的素水泥浆，或涂刷混凝土界面剂并及时浇筑混凝土
成品保护	(1)不得在已经做好的垫层上拌和砂浆杂物。 (2)垫层在养护期间不得上人，其他工种工人不得进入操作，在防水卷材层施工完毕及防水保护层施工完成前都要加强对垫层的保护
应注意的质量问题	(1)混凝土不密实：现场拌制混凝土水泥用量小、坍落度过小或基底太干燥，会造成不密实。 (2)表面不平、标高不准：水平线或水平桩不准，标高点间距过大，操作时要及时认真拉线用大杠找平。 (3)垫层表面起砂：水泥强度等级不够或使用过期水泥，水灰比太大，抹压遍数不够，养护不好或不及时。施工要严格执行工艺标准，加强养护。 (4)空鼓开裂：砂子过细，接触面基层清理不干净，撒灰面不均匀、抹压不实。 (5)垫层表面不平或漏压：施工时要加强责任心，认真操作。 (6)面层振捣或滚压出浆后，应注意不得在其上直接撒干水泥面，应撒少量水泥、砂子干拌料刮平，反复抹压，以免造成面层起皮和裂纹。 (7)为了防止面层出现空鼓开裂，施工中应注意使用的砂子不能过细，浇筑混凝土间隔时间不能过长，抹压必须密实，不得漏压，并掌握好时间，养护应及时等

4.底板大体积混凝土

底板大体积混凝土工艺流程见表 4－126。

表 4－126 底板大体积混凝土

项目	内容
混凝土的场外运输	(1)搅拌站按签订的技术合同供应预拌混凝土。 (2)运送混凝土的车辆应满足均匀、连续供应混凝土的需要。 (3)罐车在盛夏和冬季均应有隔热保温覆盖、控制混凝土出罐温度。 (4)混凝土搅拌运输车卸料前，筒体应加快运转 20～30 s 后方可卸料。 (5)混凝土在浇筑地点的坍落度，每工作班至少检查四次。混凝土的坍落度试验应符合现行《普通混凝土拌和物性能试验方法标准》(GB/T 50080—2002)的有关规定。混凝土实测的坍落度与要求坍落度之间的偏差应不大于±20 mm。需调整或分次加入减水剂时均应由搅拌站派驻现场的专业技术人员执行
混凝土的场内运输与布料	(1)固定泵(地泵)场内运输与布料。 1)受料斗必须配备孔径为 50 mm×50 mm 的振动筛防止个别大颗粒集料流入泵管，料斗内混凝土上表面距离上口宜为 200 mm 左右以防止泵入空气。

续上表

项目	内容
混凝土的场内运输与布料	2)泵送混凝土前,先将储料斗内清水从管道泵出,以湿润和清洁管道,然后压入纯水泥浆或1∶1～1∶2水泥砂浆滑润管道后,再泵送混凝土。 3)开始压送混凝土时速度宜慢,待混凝土送出管子端部时,速度可逐渐加快,并转入用正常速度进行连续泵送。遇到运转不正常时,可放慢泵送速度。进行抽吸往复推动数次,以防堵管。 4)泵送混凝土浇筑入模时,端部软管均匀移动,使每层布料均匀,不应成堆浇筑。 5)泵管向下倾斜输送混凝土时,应在下斜管的下端设置相当于5倍落差长度的水平配管,若与上水平线倾斜度大于7°时应在斜管上端设置排气活塞。如因施工长度有限,下斜管无法按上述要求长度设置水平配管时,可用弯管或软管代替,但换算长度仍应满足5倍落差的要求。 6)沿地面铺管,每节管两端应垫50 mm×100 mm方木,以便拆装;向下倾斜输送时,应搭设宽度不小于1 m的斜道,上铺脚手板,管两端垫方木支承,泵管不应直接铺设在模板、钢筋上,而应搁置在马凳或临时搭设的架子上。 7)泵送将结束时,计算混凝土需要量,并通知搅拌站,避免剩余混凝土过多。 8)混凝土泵送完毕,混凝土泵及管道可采用压缩空气推动清洗球清洗,压力不超过0.7 MPa。方法是先安好专用清洗管,再启动空压机,渐渐加压。清洗过程中随时敲击输送管判断混凝土是否接近排空。管道拆卸后按不同规格分类堆放备用。 9)泵送中途停歇时间不应长于45 min,如超过60 min则应清管。 10)泵管混凝土出口处,管端距模板应大于500 mm。 11)盛夏施工,泵管应覆盖隔热。 12)只允许使用软管布料,不允许使用振动器推赶混凝土。 13)在预留凹槽模板或预埋件处,应沿其四周均匀布料。 14)加强对混凝土泵及管道巡回检查,发现声音异常或泵管跳动应及时停泵排除故障。 (2)汽车泵布料。 1)汽车泵行走及作业应有足够的场地,汽车泵应靠近浇筑区并应有两台罐车能同时就位卸混凝土的条件。 2)汽车泵就位后应按要求撑开支腿,加垫枕木,汽车泵稳固后方准开始工作。 3)汽车泵就位与基坑上口的距离视基坑护坡情况而定,一般应取得现场技术主管的同意。 4)混凝土的自由落距不得大于2 m
混凝土浇筑	(1)混凝土浇筑可根据面积大小和混凝土供应能力采取全面分层(适用于结构平面尺寸不大于14 m、厚度1 m以上)、分段分层(适用于厚度不太大,面积或长度较大)或斜面分层(适用于结构的长度超过宽度的3倍)连续浇筑,分层厚度300～500 mm且不大于振动棒长1.25倍。分段分层多采取踏步式分层推进,按从远至近布灰(原则上不反复拆装泵管),一般踏步宽为1.5～2.5 m。斜面分层浇灌每层厚300～350 mm,坡度一般取1∶6～1∶7。如图4—13所示。 (2)混凝土运输、输送入模的过程应保证混凝土连续浇筑,从运输到输送入模的延续时间不宜超过表4—127。

续上表

项目	内容
混凝土浇筑	(3)混凝土浇筑应配备足够的混凝土输送泵，既不能造成混凝土流浆冬季受冻，也不能常温时出现混凝土冷缝(浇筑时，要在下一层混凝土初凝之前浇筑上一层混凝土，避免产生冷缝)。 (4)混凝土浇筑顺序。 1)全面分层法在整个基础内全面分层浇筑混凝土，第一层全面浇筑完毕回来浇筑第二层时，第一层浇筑的混凝土还未初凝；如此逐层进行，直至浇筑好。施工时从短边开始，沿长边进行，构件长度超过 20 m时可分为两段，从中间向两端或两端向中间同时进行。 2)分段分层法混凝土从底层开始浇筑，进行一定距离后回来浇筑第二层，如此依次向前浇筑以上各分层。 3)从浇筑层的下端开始，逐渐上移。 (5)局部厚度较大时先浇深部混凝土，然后再根据混凝土的初凝时间确定上层混凝土浇筑的时间间隔。 (6)集水坑内混凝土的浇筑。 1)根据大面积基础底板混凝土浇筑速度、范围，由专一(或多台)混凝土泵提前进行临近集水坑底、吊帮模板内泵送混凝土浇筑，并振捣密实。将集水坑混凝土浇筑至与大底板平齐，与基础底板混凝土整体衔接。 2)较深的集水坑采用间歇浇筑的方法，模板做成整体式并预先架立好，先将地坑底板浇至与模板底平，待坑底混凝土可以承受坑壁混凝土反压力时，再浇筑地坑坑壁混凝土，要注意保证坑底标高与衔接质量。间歇时间应摸索确定。 3)一般底板浇筑顺序由长度方向从一端向另一端浇筑推进，或由两端向中间浇筑。集水坑壁应形成环行回路分层浇筑。集水坑侧壁混凝土浇筑时，采用对称浇筑的方法，确保侧壁模板受力均匀。 (7)振捣混凝土应使用高频振动器，振动器的插点间距为 1.5 倍振动器的作用半径，防止漏振。斜面推进时振动棒应在坡脚与坡顶处插振。 (8)振动混凝土时，振动器应均匀地插拔，插入下层混凝土 50 mm 左右，每点振动时间10～15 s 以混凝土泛浆不再溢出气泡为准，不可过振
混凝土的表面处理	(1)当混凝土大坡面的坡角接近顶端模板时，改变浇灌方向，从顶端往回浇灌，与原斜坡相交成一个集水坑，并有意识地加强两侧模板处的混凝土浇筑速度，使泌水逐步在中间缩小成水潭，并使其汇集在上表面，派专人用泵随时将积水抽出。 (2)基础底板大体积混凝土浇筑施工中，其表面水泥浆较厚，为提高混凝土表面的抗裂性，在混凝土浇筑到底板顶标高后要认真处理，用大杠刮平混凝土表面，待混凝土收水后，再用木抹子搓平两次(墙、柱四周 150 mm 范围内用铁抹子压光)，初凝前用木抹子再搓平一遍，以闭合收缩裂缝，然后覆盖塑料薄膜进行养护
混凝土的养护	(1)高温季节优先采用蓄水法(水深 50～100 mm)养护，然后用薄膜覆盖。冬期施工大体积混凝土养护先采用不透水、气的塑料薄膜将混凝土表面敞露部分全部严密地覆盖起来，塑料薄膜上面需覆盖一至两层防火草帘进行保温。保持塑料薄膜内有凝结水、混凝土在不失水的情况下得到充分养护。

续上表

项目	内　容
混凝土的养护	(2)塑料薄膜、防火草帘应叠缝、齐马铺放,以减少水分的散发。 (3)对边缘、棱角部位的保温层厚度增加到 2 倍,加强保温养护。 (4)为保证混凝土核心与混凝土表面温差小于 25℃及混凝土表面温度与大气温度差小于 25℃,采用塑料薄膜和防火草帘覆盖养护的同时,还要根据实际施工时的气候、测温情况、混凝土内表温差和降温速率,通过热工计算来随时增加或减少养护措施。 (5)在养护过程中,如发现遮盖不好,表面泛白或出现干缩细小裂缝时,要立即仔细加以覆盖,补救。 (6)为了确保新浇筑的混凝土有适宜的硬化条件,防止在早期干缩、后期温差变形而产生裂缝,使用硅酸盐或普通硅酸盐水泥拌制的混凝土养护时间不少于 7 d,对掺用缓凝型外加剂或有抗渗要求以及使用其他品种水泥拌制的混凝土不少于 14 d,炎热天气还宜适当延长。 (7)保温层在混凝土达到强度标准值的 30%后、内外温差及表面与大气最低温差均连续 48 h 小于 25℃时,方可撤除,并应继续测温监控。必要时适当恢复保温,解除保温应分层逐步进行
测温	(1)测温点的布置:测温点的布置应具有代表性和可比性。沿所浇筑高度,一般应布置在底部(指梁板结构)、中部(核心)和表面;平面则应布置在温度变化敏感部位、构件的边缘与中间,平面测点间距一般为 15～25 m。深度方向测温点分布离上、下边缘部位的距离 50～100 mm,距边角和表面应大于 50 mm。 (2)测温点应在平面图上编号,并在现场明示编号标志,便于他人检查。在混凝土温度上升阶段每 2～4 h 测一次,温度下降阶段每 8 h 测一次,同时应测大气温度并与其对比,绘制温度一时间变化曲线,测温周期应不小于 14 d。测温记录应及时反馈现场技术部门,当各种温差达到 20℃时应预警,25℃时应报警。 (3)使用普通玻璃温度计测温:测温管端应用软木塞封堵,只允许在放置或取出温度计时打开。温度计应系线绳垂吊到管底,停留不少于 3 min 后取出并迅速查看记录温度值。 (4)使用建筑电子测温仪测温:附着于钢筋上的半导体传感器应与钢筋隔离,保护测温探头的导线接口不受污染,不受水浸,接入测温仪前应擦拭干净,保持干燥以防短路。也可事先埋管,管内插入可周转使用的传感器测温。 (5)测温温差控制值:内部温差(核心与表面下 100～50 mm 处)不大于 25℃,表面温度(表面以下 100～50 mm)与混凝土表面外 500 mm 处温差不大于 25℃,补偿收缩混凝土不大于 30℃(蓄水养护条件下);当欲撤除保温层时,表面与大气温差应不大于 20℃,否则夜间应恢复保温措施
成品保护	(1)跨越模板及钢筋应搭设马道。 (2)泵管下应设置木方,不准直接摆放在钢筋上。 (3)混凝土浇筑振动棒不准长时间触及钢筋、埋件和测温元件。 (4)测温元件导线或测温管应妥善保护,防止损坏。

续上表

项目	内　容
成品保护	(5)混凝土强度达到 1.2 N/mm^2 之前除浇筑人员外，他人不准踩踏。 (6)测温人员记录完测温值后应及时覆盖测温部位，保证各点混凝土表面覆盖严密
应注意的质量问题	(1)水泥品种应选用铝酸三钙含量较低、水化游离氧化钙、氧化镁和二氧化碳尽可能低的低收缩水泥。宜选用含碱量不大于 0.4%的水泥。 (2)混凝土坍落度不稳定：混凝土运输车到达现场后，每车混凝土的坍落度都需进行目测，对混凝土搅拌车不小于 2 h 至少进行一次抽测，每工作班不少于 4 次。从搅拌车运卸的混凝土中，分别取 1/4 和 3/4 处试样进行坍落度试验，两个试样的坍落度之差不得超过 30 mm。当实测坍落度不能满足要求时，应及时通知搅拌站，严禁私自加水搅拌。 (3)混凝土冷缝：浇筑时，要在下一层混凝土初凝之前浇筑上一层混凝土，避免产生冷缝。 (4)混凝土振捣不密实：浇筑时，每条泵管配备 2～4 条振捣棒。使混凝土自然缓慢流动，然后全面振捣。根据混凝土泵送时自然形成的坡度，在每步混凝土前后各布置两台振动器。第一道布置在混凝土卸料点，解决上部混凝土的振实，由于底板钢筋间距较密，第二道布置在混凝土坡角处，保证下部混凝土的密实，随着混凝土浇筑工作的向前推进，振动器相应跟上，保证混凝土流淌处及各点不漏振。 (5)混凝土表面形成泌水：当混凝土大坡面的坡角接近顶端模板时，改变浇灌方向，从顶端往回浇灌，与原斜坡相交成一个集水坑，并有意识地加强两侧模板处的混凝土浇筑速度，使集水坑逐步在中间缩小成水潭，使最后一部分泌水汇集在上表面，派专人随时用泥浆泵将积水抽除，不断排除大量泌水。 (6)混凝土表面浮浆较厚，易发生裂缝：在混凝土浇筑到底板顶标高后要认真处理，可用铁锹铲走并按标高用大杠刮平混凝土表面，待混凝土收水后，再用木抹子搓平两次，以闭合收缩裂缝，然后覆盖塑料薄膜进行养护。 (7)大体积混凝土内部水泥水化热高又不容易散失，导致混凝土内部与外部温差变大，温度应力也相应变大，易造成混凝土开裂：测温中如发现混凝土核心温度与表面温度差大于 20℃时，测温人员应进行警惕，当发现混凝土核心温度与表面温度差大于 22℃时，测温人员应将测温数据及时上报项目技术组，由技术组会同生产、材料等部门进行协调，采取保温、苫盖、延长覆盖时间等措施保证混凝土核心温度与表面温度差不超过 25℃。 (8)夏季施工应采取对砂石等原材料覆盖、冰水拌制混凝土等技术措施控制混凝土入模温度低于 28℃，以降低混凝土构件核心温度。 (9)严冬施工可不掺防冻剂，但应适当增加混凝土输送泵数量，防止混凝土流浆、留槎受冻。 (10)堵管：开始泵送时，泵送速度宜放慢，油压变化应在允许范围内，待泵送顺利后，才能用正常速度进行泵送。采用多泵同时进行大体积混凝土浇筑施工时，混凝土起始供应不可过急，应每台泵依顺序逐一启动，待泵送顺利后，启动下一台泵，以防发生意外

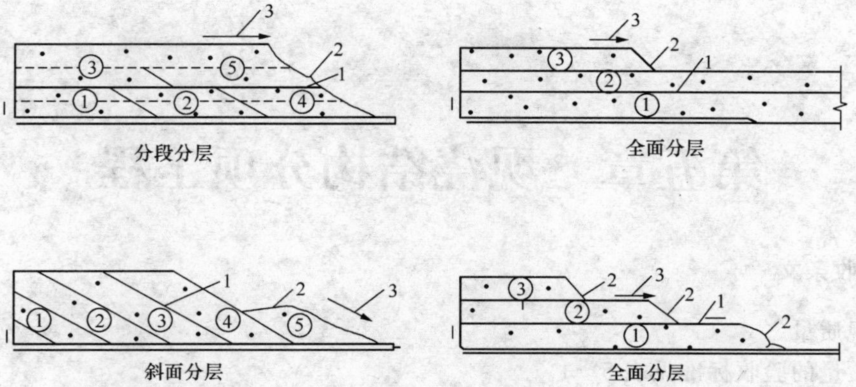

图 4－13　底板混凝土浇筑方式

1－分层线；2－新浇灌的混凝土；3－浇灌方向

①～⑤为混凝土浇筑步骤

表 4－127　运输、输送入模的延续时间　（单位：min）

混凝土强度	气温	
	≤25℃	>25℃
不掺外加剂	90	60
掺外加剂	150	120

第五章　现浇结构分项工程

一、验收条文

1. 外观质量

外观质量的验收标准见表 5—1。

表 5—1　外观质量验收标准

项目	内　容
主控项目	现浇结构的外观质量不应有严重缺陷。 对已经出现的严重缺陷，应由施工单位提出技术处理方案，并经监理（建设）单位认可后进行处理。对经处理的部位，应重新检查验收。 检查数量：全数检查。 检验方法：观察，检查技术处理方案
一般项目	现浇结构的外观质量不宜有一般缺陷。 对已经出现的一般缺陷，应由施工单位按技术处理方案进行处理，并重新检查验收。 检查数量：全数检查。 检验方法：观察，检查技术处理方案

2. 尺寸偏差

尺寸偏差的验收标准见表 5—2。

表 5—2　尺寸偏差验收标准

项目	内　容
主控项目	现浇结构不应有影响结构性能和使用功能的尺寸偏差。混凝土设备基础不应有影响结构性能和设备安装的尺寸偏差。 对超过尺寸允许偏差且影响结构性能和安装、使用功能的部位，应由施工单位提出技术处理方案，并经监理（建设）单位认可后进行处理。对经处理的部位，应重新检查验收。 检查数量：全数检查。 检验方法：量测，检验技术处理方案
一般项目	现浇结构和混凝土设备基础拆模后的尺寸偏差应符合表 5—3、表 5—4 的规定。 检查数量：按楼层、结构缝或施工段划分检验批。在同一检验批内，对梁、柱和独立基础，应抽查构件数量的 10%，且不少于 3 件；对墙和板，应按有代表性的自然间抽查 10%，且不少于 3 间；对大空间结构，墙可按相邻轴线间高度 5 m 左右划分检查面，板可按纵、横轴线划分检查面，抽查 10%，且均不少于 3 面；对电梯井，应全数检查。对设备基础，应全数检查

现浇结构尺寸允许偏差和检验方法见表5－3。

表5－3　现浇结构尺寸允许偏差和检验方法

项　目			允许偏差(mm)	检验方法
轴线位置	基础		15	钢尺检查
	独立基础		10	
	墙、柱、梁		8	
	剪力墙		5	
垂直度	层高	≤5 m	8	经纬仪或吊线、钢尺检查
		>5 m	10	经纬仪或吊线、钢尺检查
	全高(H)		H/1 000且≤30	经纬仪、钢尺检查
标高	层高		±10	水准仪或拉线、钢尺检查
	全高		±30	
截面尺寸			+8,－5	钢尺检查
电梯井	井筒长、宽对定位中心线		+25,0	钢尺检查
	井筒全高(H)垂直度		H/1 000且≤30	经纬仪、钢尺检查
表面平整度			8	2 m靠尺和塞尺检查
预埋设施中心线位置	预埋件		10	钢尺检查
	预埋螺栓		5	
	预埋管		5	
预留洞中心线位置			15	钢尺检查

注:检查轴线、中心线位置时,应沿纵、横两个方向量测,并取其中的较大值。

混凝土设备基础尺寸允许偏差和检验方法见表5－4。

表5－4　混凝土设备基础尺寸允许偏差和检验方法

项　目		允许偏差(mm)	检验方法
坐标位置		20	钢尺检查
不同平面的标高		$^{0}_{-20}$	水准仪或拉线、钢尺检查
平面外形尺寸		±20	钢尺检查
凸台上平面外形尺寸		$^{0}_{-20}$	钢尺检查
凹穴尺寸		$^{+20}_{0}$	钢尺检查
平面水平度	每米	5	水平尺、塞尺检查
	全长	10	水准仪或拉线、钢尺检查
垂直度	每米	5	经纬仪或吊线、钢尺检查
	全高	10	

续上表

项 目		允许偏差(mm)	检验方法
预埋地脚螺栓	标高(顶部)	$^{+20}_{0}$	水准仪或拉线、钢尺检查
	中心距	±2	钢尺检查
预埋地脚螺栓孔	中心线位置	10	钢尺检查
	深度	$^{+20}_{0}$	钢尺检查
	孔垂直度	10	吊线、钢尺检查
预埋活动地脚螺栓锚板	标高	$^{+20}_{0}$	水准仪或拉线、钢尺检查
	中心线位置	5	钢尺检查
	带槽锚板平整度	5	钢尺、塞尺检查
	带螺纹孔锚板平整度	2	钢尺、塞尺检查

注:检查坐标、中心线位置时,应沿纵、横两个方向量测,并取其中的较大值。

二、施工材料要求

大模板的材料要求见表5—5。

表5—5 大模板的材料要求

项目		内 容
大模板面板材料	整块钢面板	一般用4~6 mm(以6 mm为宜)钢板拼焊而成。这种面板具有良好的强度和刚度,能承受较大的混凝土侧压力及其他施工荷载,重复利用率高,一般周转次数在200次以上。另外,由于钢板面平整光洁,耐磨性好,易于清理,这些均有利于提高混凝土表面的质量。缺点是耗钢量大,质量大(40 kg/m²),易生锈,不保温,损坏后不易修复
	组合式钢模板组拼成面板	这种面板主要采用55型组合钢模板组拼,虽然亦具有一定的强度和刚度,耐磨及自重较整块钢板面要轻(35 kg/m²),能做到一模多用等优点,但拼缝较多,整体性差,周转使用次数不如整块钢板面多,在墙面质量要求不严的情况下可以采用。采用中型组合钢模板拼制而成的大模板,拼缝较少
	胶合板面板	(1)木胶合板。模板用木胶合板属于具有耐候、耐水的Ⅰ类胶合板,其胶黏剂为酚醛树脂胶,主要用柳安、桦木,马尾松、落叶松、云南松等树种加工而成。通常由5、7层单板经热压固化而胶合成型。相邻层纹理方向相互垂直。通常最外层表板的纹理方向和胶合板板面的长向平行,因此整张胶合板的长向为强方向,短向为弱方向。使用时必须加以注意。木胶合板的厚度有12、15、18和21 mm几种。 (2)竹胶合板。是以竹片互相垂直编织成单板,并以多层放置经胶粘热压而成的芯板,表面再覆以木单板而成。具有较高的强度、刚度和耐磨、耐腐蚀性能,并且阻燃性好、吸水率低。其厚度一般有9、12和15 mm几种

续上表

<table>
<tr><th colspan="2">项目</th><th>内　容</th></tr>
<tr><td rowspan="2">构造类型</td><td>内墙模板</td><td>(1)整体式大模板。又称平模，是将大模板的面板、骨架、支撑系统和操作平台组拼焊成一体。这种大模板由于是按建筑物的开间、进深尺寸加工制造的，通用性差，并需用小角模解决纵、横墙角部位模板的拼接处理，仅适用于大面积标准住宅的施工，目前已不多用。
(2)组合式大模板。组合式大模板是目前最常用的一种模板形式。它通过固定于大模板板面的角模，可以把纵横墙的模板组装在一起，用以同时浇筑纵横墙的混凝土。并可适应不同开间、进深尺寸的需要，利用模数条模板加以调整。
面板骨架由竖肋和横肋组成，直接承受面板传来的荷载。竖肋，一般采用 60 mm×6 mm 扁钢，间距 400～500 mm；横肋(横龙骨)，一般采用 8 号槽钢，间距为 300～350 mm；竖龙骨采用成对 8 号槽钢，间距为 1 000～1 400 mm。
横肋与板面之间用断续焊，焊点间距在 20 cm 以内。竖向龙骨与横肋之间要满焊，形成整体。
横墙模板的两墙，一端与内纵墙连接，端部焊扁钢，做连接件；另一端与外墙板或外墙大模板连接，通过长销孔固定角钢；或通过扁钢与外墙大模板连接。
纵墙大模板的两端，用角钢封闭。在大模板底部两端，各安装一个地脚螺栓，以调整模板安装时的水平度。
1)支撑系统：支撑系统由支撑架和地脚螺栓组成，其作用是承受风荷载和水平力，以防止模板倾覆，保持模板堆放和安装时的稳定。
支撑架一般用型钢制成。每块大模板设 2～4 个支撑架。支撑架上端与大模板竖向龙骨用螺栓连接，下部横杆槽钢端部设有地脚螺栓，用以调节模板的垂直度。模板自稳角的大小与地脚螺栓的可调高度及下部横杆长度有关。
2)操作平台：操作平台由脚手板和三角架构成，附有铁爬梯及护身栏。三角架插入竖向龙骨的套管内，组装及拆除都比较方便。护身栏用钢管做成，上下可以活动，外挂安全网。每块大模板设置铁爬梯一个，供操作人员上下使用。
(3)拆装式大模板。其板面与骨架以及骨架中各钢杆件之间的连接全部采用螺栓组装，这样比组合式大模板便于拆改，也可减少因焊接而变形的问题。
1)板面：板面与横肋用 M6 螺栓连接固定，其间距为 35 cm。为了保证板面平整，板面材料在高度方向拼接时，应拼接在横肋上；在长度方向拼接时，应拼接在横肋上；在长度方向拼接时，应在接缝处后面铺一木龙骨。
2)骨架：横肋及周边边框全用 M16 螺栓连接成骨架，连接螺孔直径为 18 mm。为了防止木质板面四周损伤，可在其四周加槽钢边框，槽钢型号应比中部槽钢大一个板面厚度。如采用20 mm厚胶合板，普通横肋为⊏8，则边框应采用⊏10；若采用钢板板面，其边框槽钢与中部槽钢尺寸相同。各边框之间焊以 8 mm 厚钢板，钻 ϕ18 mm 螺孔，用以互相连接。
竖向龙骨用⊏10 成对放置，用螺栓与横龙骨连接。
骨架与支撑架及操作平台的连接方法与组合式模板相同</td></tr>
<tr><td>外墙模板</td><td>(1)门窗洞口的设置。一种做法是将门窗洞口部位的骨架取掉，按门窗洞口尺寸，在模板骨架工作一边框，并与模板焊接为一体。门、窗洞口的开洞，宜在内侧大模板上进行，以便于捣固混凝土时进行观察。
另一种作法是：在外墙内侧大模板上，将门、窗洞口部位的板面取掉，同样作一个型钢边框，并采取以下两种方法支设门、窗洞口模板。</td></tr>
</table>

续上表

项目		内　　容
构造类型	外墙模板	1)散装散拆方法:按门、窗洞口尺寸先加工洞口的侧模和角模,钻连接销孔。在大模板骨架上按门、窗洞口尺寸焊接角钢边框,其连接销孔位置要和门、窗洞口模板一致。支模时,将门、窗洞口模板用U形卡与角钢固定。 2)板角结合方法:在模板板面门、窗洞口各个角的部位设专用角模,门、窗洞口的各面作条形板模,各板模用合页固定在大模板板面上。支模时用钢筋钩将其支撑就位,然后安装角模。角模与侧模用企口缝连接。 目前最新的做法是:大模板板面不再开门窗洞口,门洞和窄窗采用假洞口框固定在大模板上,装拆方便。 (2)外墙采用装饰混凝土时,要选用适当的衬模。装饰混凝土是利用混凝土浇筑时的塑性,依靠衬模形成有花饰线条和纹理质感的装饰图案,是一种新的饰面技术。它的成本低,耐久性好,能把结构与装修结合起来施工。 1)铁木衬模:用2 mm厚铁皮加工成凹凸形图案,与大模板用螺栓固定。在铁皮的凸槽内,用木板填塞严实。 2)角钢衬模:用30 mm×30 mm角钢,按设计图案焊接在外墙外侧大模板板面即可。焊缝须磨光。角钢端部接头、角钢与模板的缝隙及板面不平处,均应用环氧砂浆嵌填、刮平、磨光,干后再涂刷环氧清漆两遍。 3)橡胶衬模:若采用油类隔离剂,应选用耐热、耐油橡胶作衬模。一般在工厂按图案要求辊轧成型,在现场安装固定。线条的端部应做成45°斜角,以利于脱模。 4)梯形塑料条:将梯形塑料条用螺栓固定在大模板上。横向放置时要注意安装模板的标高,使其水平一致;竖向放置时,可长短不等,疏密相同。 (3)保证外墙上下层不错台、不漏浆和相邻模板平顺。为了解决外墙竖线条上下层不顺直的问题,防止上、下楼层错台和漏浆,要在外墙外侧大模板的上端固定一条宽175 mm、厚30 mm、长度与模板宽度相同的硬塑料板;在其下部固定一条宽145 mm、厚30 mm的硬塑料板。为了能使下层墙体作为上层模板的导墙,在其底部连接固定一条⊏12槽钢。槽钢外面固定一条宽120 mm、厚32 mm的橡胶板。浇筑混凝土后,墙体水平缝处形成两道腰线,可以作为外墙的装饰线。上部腰线的主要功能是在支模时将下部的橡胶板和硬塑料板卡在里边作导墙,橡胶板又起封浆条的作用。所以浇筑混凝土时,既可保证墙面平整,又可防止漏浆。 为保证相邻模板平整,要在相邻模板垂直接缝处用梯形橡胶条、硬塑料条或∟30 mm×4 mm作堵缝条,用螺栓固定在两大模板中间,这样既可防止接缝处漏浆,又使相邻外墙中间有一个过渡带,拆模后可以作为装饰线或抹平。 (4)外墙大角的处理。外墙大角处相邻的大模板,采取在边框上钻连接销孔。将1根80 mm×80 mm的角模固定在一侧大模板上。两侧模板安装后,用“U”形卡与另一侧模板连接固定。 (5)外墙外侧大模板的支设。一般采用外支安装平台方法。安装平台由三角挂架、平台板、安全护身栏和安全网所组成。是安放外墙大模板、进行施工操作和安全防护的重要设施。在有阳台的地方,外墙大模板安装在阳台上。 三角挂架是承受模板和施工荷载的构件,必须保证有足够的强度和刚度。各杆件用2个∟50 mm×50 mm焊接而成,每个开间内设置两个,通过ϕ40 mm的“∟”形螺栓挂钩固定在下层外墙上。

续上表

<table>
<tr><th colspan="2">项目</th><th>内　容</th></tr>
<tr><td rowspan="3">构造类型</td><td>外墙模板</td><td>平台板用型钢做横梁，上面焊接钢板或铺脚手板，宽度要满足支模和操作需要。其外侧设有可供两个楼层施工用的护身栏和安全网。为了施工方便，还可在三角挂架上用钢管和扣件做成上、下双层操作平台。即上层作结构施工用，下层平台进行墙面修补用</td></tr>
<tr><td>电梯井模板</td><td>(1)组合式提模。组合式提模由模板、门架和底盘平台组成。模板可以作成单块平模；也可以将四面模板固定在支撑架上。整体安装模板时，将支撑架外撑，模板就位；拆除模板时，吊装支撑架，模板收缩移位，即可将模板随支架同时拆除。
电梯井内的底盘平台，可做成工具式，伸入电梯间筒壁内的支撑杆可做成活动式。拆除时将活动支撑杆缩入套筒内即可。
(2)组合式铰接筒形模。组合式铰接筒形模的面板由钢框胶合板模板或组合式钢模板拼装而成，在每个大角用钢板铰链拼成三角铰，并用铰链与模板板面连成一体，通过脱模器使模板启合，达到支拆模板的目的。筒形模的吊点设在4块墙模的上部，由4个吊索起吊。
大模板当采用钢框覆面胶合板模板组成，连同铰接角模一起，可组成任意规格尺寸的大模板。模板背面用50 mm×100 mm方钢管连接，横向方钢管龙骨外侧再用同样钢管作竖向龙骨。
铰接式角模除作为筒模的一个组成部分外，其本身还具有进行支模和拆模的功能。支模时，角模张开，两翼呈90°；拆模时，两翼收拢。角模有三个铰链轴，即 A、B_1、B_2。当脱模时，脱模器牵动相邻的大模板，使其脱离相应墙面的内链板 B_1、B_2 轴，同时外链板移动，使 A 轴也脱离墙面，这样就完成了脱模工作</td></tr>
<tr><td>模板配件</td><td>(1)穿墙螺栓。用以连接固定两侧的大模板，承受混凝土的侧压力，保证墙体的厚度。一般采用 ϕ30 mm的45号圆钢制成。一端制成螺纹，长10 cm，用以调节墙体厚度。螺纹外面应罩以钢套管，防止落入水泥浆，影响使用。另一端采用钢销和键槽固定。
为了能使穿墙螺栓重复使用，防止混凝土黏结穿墙螺栓，并保证墙体厚度，螺栓应套以与墙厚相同的塑料套管。拆模后，将塑料套管剔出周转使用。
(2)上口铁卡子。主要用于固定模板上部。模板上部要焊上卡子支座，施工时将上口铁卡子安入支座内固定。铁卡子应多刻几道刻槽，以适应不同厚度的墙体。
(3)楼梯间支模平台。由于楼梯段两端的休息平台标高相差约半层，为了解决大模板的立足支设问题，可采用楼梯间支模平台，使大模板的一端支设在楼层平台板上，另一端则放置在楼梯间支模平台上。楼梯间支模平台的高度视两端休息平台的高度确定</td></tr>
</table>

三、施工机械要求

(1)锯割机械。参见本书第一章表1－51的相关内容。

(2)刨削机械。参见本书第一章表1－53的相关内容。

(3)轻便机械。参见本书第一章表1－54的相关内容。

(4)常用工具。常用工具有锤子、斧子、活动扳子、手锯、水平尺、线坠、撬棍、吊装索具等。

四、施工工艺解析

1.剪力墙结构普通混凝土浇筑

剪力墙结构普通混凝土浇筑见表5－6。

表5－6 剪力墙结构普通混凝土浇筑

项目	内容
混凝土运输	混凝土从搅拌地点运送至浇筑地点，延续时间尽量缩短，根据气温宜控制在0.5～1 h之内。当采用预拌混凝土时，应充分搅拌后再卸车，不允许加水。已初凝的混凝土不应使用
混凝土浇筑	(1)墙体浇筑混凝土。 1)墙体浇筑混凝土前，在底部接槎处宜先浇筑30～50 mm厚与墙体混凝土配合比相同的减石子砂浆。砂浆用铁锹均匀入模，不可用吊斗或泵管直接灌入模内，且与后续入模混凝土间隔不大于2.5 h。如图5－1所示。 2)混凝土应采用赶浆法分层浇筑、振捣，分层浇筑高度应为振捣棒有效作用部分长度的1.25倍。每层浇筑厚度在400～500 mm，浇筑墙体应连续进行，间隔时间不得超过混凝土初凝时间。墙、柱根部由于振捣棒影响作用不能充分发挥，可适当提高下灰高度并加密振捣和振动模板。如图5－2所示。 3)浇筑洞口混凝土时，应使洞口两侧混凝土高度大体一致，对称均匀，振捣棒应距洞边300 mm以上为宜，为防止洞口变形或位移，振捣应从两侧同时进行。暗柱或钢筋密集部位应用ϕ30 mm振捣棒振捣，振捣棒移动间距应小于500 mm，每一振点延续时间以表面呈现浮浆、不产生气泡和不再沉落为度，振捣棒振捣上层混凝土时应插入下层混凝土内50 mm，振捣时应尽量避开预埋件。振捣棒不能直接接触模板进行振捣，以免模板变形、位移以及拼缝扩大造成漏浆。遇洞口宽度＞1.2 m时，洞口模板下口应预留振捣口。 4)外砖内模、外板内模大角及山墙构造柱应分层浇筑，每层不超过500 mm，内外墙交界处加强振捣，保证密实。外砖内模应采取措施，防止外墙鼓胀。 5)振捣棒应避免碰撞钢筋、模板、预埋件、预埋管、外墙板空腔防水构造等，发现有变形、移位等情况，各有关工种相互配合进行处理。 6)墙体、柱浇筑高度及上口找平。混凝土浇筑振捣完毕，将上口甩出的钢筋加以整理，用木抹子按预定标高线，将表面找平。墙体混凝土浇筑高度控制在高出楼板下皮上5 mm＋软弱层高度5～10 mm，结构混凝土施工完后，及时剔凿软弱层(图5－3)。 7)布料杆软管出口离模板内侧面不应小于50 mm，且不得向模板内侧面直冲布料和直冲钢筋骨架；为防止混凝土散落、浪费，应在模板上口侧面设置斜向挡灰板。混凝土下料点宜分散布置，间距控制在2 m左右。 (2)顶板混凝土浇筑。 1)顶板混凝土浇筑宜从一个角开始退进，楼板厚度≥120 mm可用插入式振捣棒振捣，楼板厚度＜120 mm可用平板振捣器振捣。振捣棒平放、插点要均匀排列，可采用“行列式”或“交错式”的移动，不应混乱。如图5－4所示。 2)混凝土振捣随浇筑方向进行，随浇筑随振捣，且要保证不漏振。

续上表

项目	内　　容
混凝土浇筑	3)用铁插尺检查混凝土厚度，振捣完毕后用 3 m 长刮杠根据标高线刮平，然后拉通线用木抹子抹。靠墙两侧 100 mm 范围内严格找平、压光，以保证上部墙体模板下口严密。 4)为防止混凝土产生收缩裂缝，应进行二次压面，二次压面的时间控制在混凝土终凝前进行。 5)施工缝设置应浇筑前确定，并应符合图样或有关规范要求。 (3)楼梯混凝土浇筑。 1)楼梯施工缝留在休息平台自踏步往外 1/3 的地方，楼梯梁施工缝留在≥1/2 墙厚的范围内(图 5－5)。 2)楼梯段混凝土随顶板混凝土一起自下而上浇筑，先振实休息平台板接缝处混凝土，达到踏步位置再与踏步一起浇捣，不断连续向上推进，并随时用木抹子将踏步上表面抹平。 (4)后浇带混凝土浇筑。 浇筑时间应符合图样设计要求。图样设计无要求时，在后浇带两侧混凝土龄期达到 42 d 后，高层建筑的后浇带应在结构顶板浇筑混凝土 14 d 后，用强度等级不低于两侧混凝土的补偿收缩混凝土浇筑。后浇带的养护时间不得少于 28 d。 (5)施工缝的留置和处理。 1)墙体水平施工缝留在顶板下皮向上约 5 mm 左右，竖向施工缝留在门窗洞口过梁中间 1/3 范围内。 2)顶板施工缝应留在顶板跨中 1/3 范围内。 3)施工缝处理：水平施工缝应剔除软弱层，露出石子，竖向施工缝剔除松散石子和杂物，露出密实混凝土。施工缝应冲洗干净，浇筑混凝土前应浇水润湿，并浇与混凝土配合比相同减石子砂浆
混凝土的养护	(1)水平构件采用覆盖塑料布浇水养护的方法，竖向墙体采用浇水养护的方法。浇水次数应能保持混凝土处于湿润状态，覆盖塑料布时，要保证塑料布内有凝结水。 (2)混凝土表面不便浇水时，应采用涂刷养护剂的方法养护。 (3)混凝土浇筑完毕后，应在 12 h 内加以覆盖并保湿养护。普通硅酸盐水泥或矿渣硅酸盐水泥拌制的混凝土养护时间不得少于 7 d，掺加外加剂或有抗渗要求的混凝土养护时间不得少于 14 d
成品保护	(1)不得任意拆改大模板的连接件及螺栓，以保证大模板的外形尺寸准确。 (2)混凝土浇筑、振捣至最后完工时，要保持甩出钢筋的位置正确。 (3)留好预留洞口、预埋件及水电预埋管、盒等
应注意的质量问题	(1)墙体烂根：混凝土楼板浇筑后靠墙两侧 100 mm 范围内严格找平、压光，以保证上部墙体模板下口严密。在距墙皮线外 3～5 mm 处贴宽度≥30 mm 的海绵条，保证模板下口严密。粘贴海绵条距模板线 2 mm，使其模板压住后海绵条与线齐平，防止海绵条浇入混凝土内。墙体混凝土浇筑前，在底部接槎处先浇筑 30～50 mm 厚与墙体混凝土配合比相同的减石子砂浆。砂浆用铁锹均匀入模，不可用吊斗或泵管直接灌入模内。混凝土坍落度要严格控制，防止混凝土离析，底部振捣应加密操作

续上表

项目	内　容
应注意的质量问题	(2)洞口移位变形:浇筑时混凝土冲击洞口模板。洞口两侧混凝土应对称均匀进行浇筑、振捣。洞口模板两侧应采用钢筋或铁埋件顶紧,穿墙螺栓应紧固可靠。 (3)墙面气泡过多:采用高频振捣棒,每层混凝土均要振捣至泛浆,不再冒气泡,不再下沉为止。 (4)混凝土与模板粘连:注意清理模板,拆模不能过早,隔离剂涂刷均匀。 (5)低温期或冬施期间,应延长养护时间,过早拆模易发生粘连、掉角和混凝土受冻

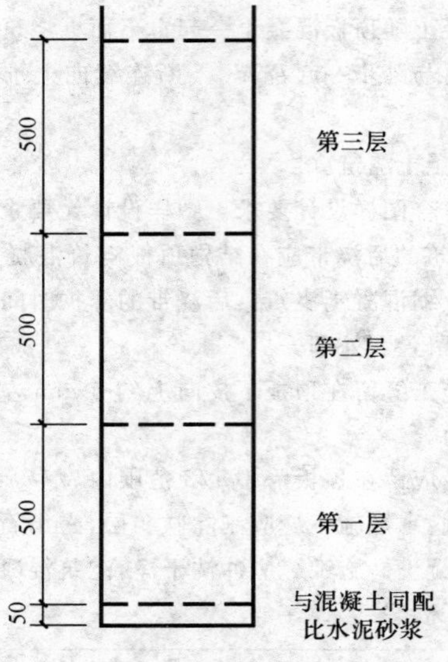

图 5－1　剪力墙底部处理(单位:mm)

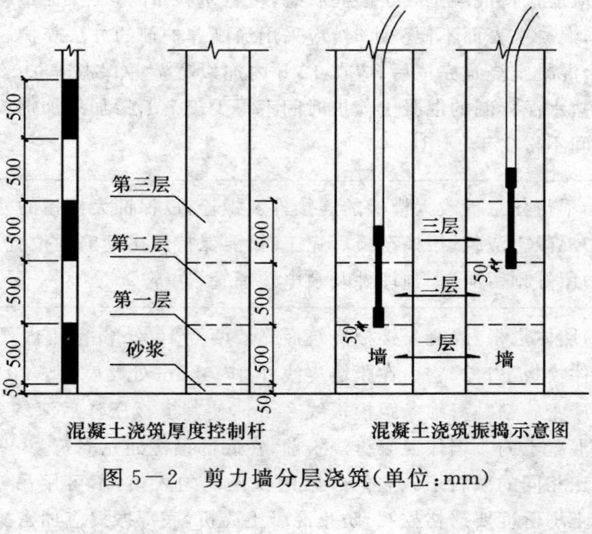

图 5－2　剪力墙分层浇筑(单位:mm)

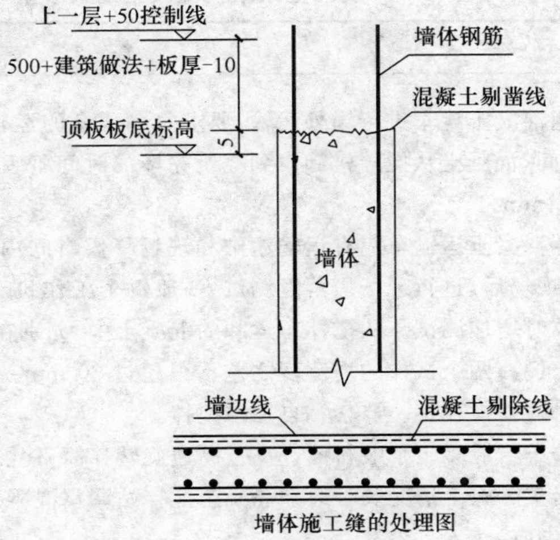

图 5－3 剪力墙上口处理

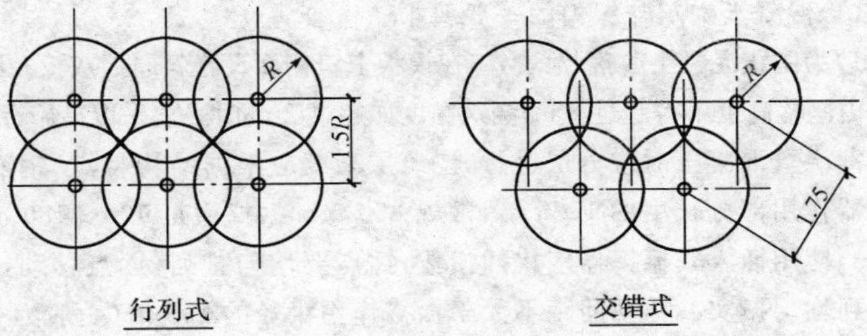

图 5－4 顶板混凝土浇筑

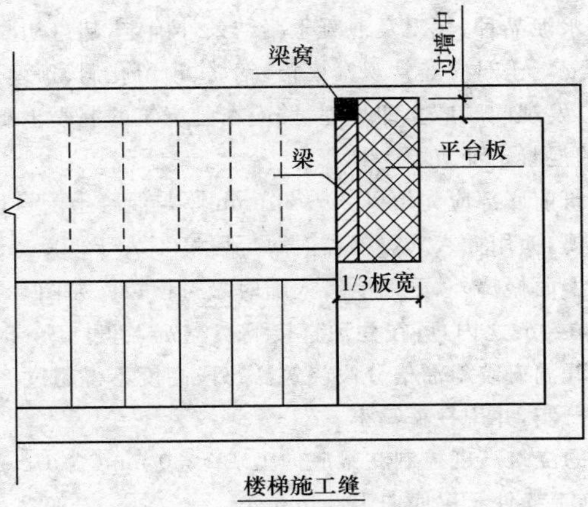

图 5－5 楼梯施工缝做法

2. 现浇框架结构混凝土浇筑

现浇框架结构混凝土浇筑见表 5－7。

表 5-7　现浇框架结构混凝土浇筑

项目	内　容
混凝土运输及进场检验	(1)采用混凝土罐车进行场外运输，要求每辆罐车的运输、浇筑和间歇的时间不得超过初凝时间，混凝土从搅拌机卸出到浇筑完毕的时间不宜超过 1.5 h，空泵间隔时间不得超过 45 min。 (2)预拌混凝土运输车应有运输途中和现场等候时间内的二次搅拌功能。混凝土运输车到达现场后，进行现场坍落度测试，一般每个工作班不少于 4 次，坍落度异常或有怀疑时，及时增加测试。从搅拌车运卸的混凝土中，分别在卸料 1/4 和 3/4 处取试样进行坍落度试验，两个试样的坍落度之差不得超过 30 mm。当实测坍落度不能满足要求时，应及时通知搅拌站。严禁私自加水搅拌。 (3)运输车给混凝土泵喂料前，应中、高速旋转拌筒，使混凝土拌和均匀。 (4)根据实际施工情况及时通知混凝土搅拌站调整混凝土运输车的数量，以确保混凝土的均匀供应。 (5)冬期混凝土运输车罐体要进行保温。夏季混凝土运输车罐体要覆盖防晒
混凝土浇筑与振捣	(1)混凝土浇筑与振捣的一般要求。 1)为防止混凝土散落、浪费，应在模板上口侧面设置斜向挡灰板。混凝土自吊斗口下落的自由倾落高度不得超过 2 m，浇筑高度如超过 2 m 时必须采取措施，用串桶或溜管等。 2)浇筑混凝土时应分层进行，浇筑层高度应根据结构特点、钢筋疏密决定，一般为振捣器作用部分长度的 1.25 倍，常规 ϕ50 mm 振捣棒是 400～480 mm。 3)使用插入式振捣器应快插慢拔，插点要均匀排列，逐点移动，顺序进行，不得遗漏，做到均匀振实。移动间距不大于振捣作用半径的 1.5 倍(一般为 300～400 mm)。振捣上一层时应插入下层大于或等于 50 mm，以消除两层间的接缝。表面振动器(或称平板振动器)的移动间距，应保证振动器的平板覆盖已振实部分的边缘。 4)浇筑混凝土应在前层混凝土凝结之前，将次层混凝土浇筑完毕。间歇的最长时间应按所用水泥品种、气温及混凝土凝结条件确定，超过初凝时间应按施工缝处理。 5)浇筑混凝土时应经常观察模板、钢筋、预留孔洞、预埋件和插筋等有无移动、变形或堵塞情况，发现问题应立即处理，并应在已浇筑的混凝土凝结前修正完好。 (2)柱的混凝土浇筑。 1)柱浇筑前底部应先填以 30～50 mm 厚与混凝土配合比相同减石子砂浆，柱混凝土应分层振捣，使用插入式振捣器时每层厚度不大于 500 mm，振捣棒不得触动钢筋和预埋件。除上面振捣外，下面要有人随时敲打模板。如图 5-6 所示。 2)柱高在 3m 之内，可在柱顶直接下灰浇筑，超过 3 m 时，应采取措施(用串桶)或在模板侧面开洞安装斜溜槽分段浇筑。每段高度不得超过 2 m。每段混凝土浇筑后将洞模板封闭严实，并用柱箍箍牢。 3)柱子的浇筑高度控制在梁底向上 15～30 mm(含 10～25 mm 的软弱层)，待剔除软弱层后，施工缝处于梁底向上 5 mm 处。 4)柱与梁板整体浇筑时，为避免裂缝，注意在墙柱浇筑完毕后，必须停歇 1～1.5 h，使柱子混凝土沉实达到稳定后再浇筑梁板混凝土。 5)浇筑完后，应随时将伸出的搭接钢筋整理到位

续上表

项目	内容
混凝土浇筑与振捣	(3)梁、板混凝土浇筑。 1)梁、板应同时浇筑,浇筑方法应由一端开始用“赶浆法”,即先浇筑梁,根据梁高分层浇筑成阶梯形,当达到板底位置时再与板的混凝土一起浇筑,随着阶梯形不断延伸,梁板混凝土浇筑连续向前进行。 2)与板连成整体高度大于 1 m 的梁,允许单独浇筑,其施工缝应留在板底以上 15～30 mm处。浇捣时,浇筑与振捣必须紧密配合,第一层下料慢些,梁底充分振实后再下二层料,每层均应振实后再下料,梁底及梁帮部位要注意振实,振捣时不得触动钢筋及预埋件。 3)梁柱节点钢筋较密时,浇筑此处混凝土时宜用小直径振捣棒振捣,采用小直径振捣棒应另计分层厚度。 4)梁柱节点核心区处混凝土强度等级相差 2 个及 2 个以上时,混凝土浇筑留槎按设计要求执行或按图 5－7 进行浇筑。该处混凝土坍落度宜控制在 80～100 mm。 5)浇筑楼板混凝土的虚铺厚度应略大于板厚,用振捣器顺浇筑方向及时振捣,不允许用振捣棒铺摊混凝土。在钢筋上挂控制线,保证混凝土浇筑标高一致。顶板混凝土浇筑完毕后,在混凝土初凝前,用 3 m 长杠刮平,再用木抹子抹平,压实刮平遍数不少于两遍,初凝时加强二次压面,保证大面平整、减少收缩裂缝。浇筑大面积楼板混凝土时,提倡使用激光铅直、扫平仪控制板面标高和平整。 6)施工缝位置:宜沿次梁方向浇筑楼板,施工缝应留置在次梁跨度的中间 1/3 范围内。施工缝表面应与梁轴线或板面垂直,不得留斜槎。复杂结构施工缝留置位置应征得设计人员同意。施工缝宜用齿形模板挡牢或采用钢板网挡支牢固。也可采用快易收口网,直接进行下段混凝土的施工。 7)施工缝处应待已浇筑混凝土的抗压强度不小于 1.2 MPa 时,才允许继续浇筑。在继续浇筑混凝土前,施工缝混凝土表面应凿毛,剔除浮动石子,并用水冲洗干净。模板留置清扫口,用空压机将碎渣吹净。水平施工缝可先浇筑一层 30～50 mm 厚与混凝土同配比减石子砂浆,然后继续浇筑混凝土,应细致操作振实,使新旧混凝土紧密结合。 (4)剪力墙混凝土浇筑。 1)如柱、墙的混凝土强度等级相同时,可以同时浇筑,反之宜先浇筑柱混凝土,预埋剪力墙锚固筋,待拆柱模后,再绑剪力墙钢筋、支模、浇筑混凝土。 2)剪力墙浇筑混凝土前,先在底部均匀浇筑 30～50 mm 厚与墙体混凝土同配比的减石子砂浆,并用铁锹入模,不应用料斗直接灌入模内。 3)浇筑墙体混凝土应连续进行,间隔时间不应超过混凝土初凝时间,每层浇筑厚度严格按混凝土分层尺杆控制,因此必须预先安排好混凝土下料点位置和振捣器操作人员数量。 4)振捣棒移动间距应不大于振捣作用半径的 1.5 倍,每一振点的延续时间以表面呈现浮浆为准,为使上下层混凝土结合成整体,振捣器应插入下层混凝土 50 mm。振捣时注意钢筋密集及洞口部位。为防止出现漏振,须在洞口两侧同时振捣,下灰高度也要大体一致。大洞口的洞底模板应开口,并在此处浇筑振捣。竖向构件最底层第一步混凝土容易出现烂根现象,应适当提高第一步下灰高度、振捣棒间隔加密。

续上表

项目	内　容
混凝土浇筑与振捣	5)混凝土墙体浇筑完毕之后，将上口甩出的钢筋加以整理，用木抹子按标高线将墙上表面混凝土找平，墙顶高宜为楼板底标高加 30 mm(预留 25 mm 的浮浆层剔凿量)。 6)剪力墙混凝土浇筑其他内容详见《剪力墙结构大模板普通混凝土施工工艺标准》。 (5)楼梯混凝土浇筑。 1)楼梯段混凝土自下而上浇筑，先振实底板混凝土，达到踏步位置时再与踏步混凝土一起浇捣，不断连续向上推进，并随时用木抹子(或塑料抹子)将踏步上表面抹平。 2)施工缝位置：框架结构两侧无剪力墙的楼梯施工缝宜留在楼梯段自休息平台往上 1/3 的地方，3～4 踏步。框架结构两侧有剪力墙的楼梯施工缝宜留在休息平台自踏步往外 1/3 的地方，楼梯梁应有入墙≥1/2 墙厚的梁窝
养护	混凝土浇筑完毕后，应在 12 h 以内加以覆盖和浇水，浇水次数应能保持混凝土保持足够的润湿状态。框架柱优先采用塑料薄膜包囊、在柱顶淋水的养护方法。 养护期一般不少于 7 昼夜。掺缓凝型外加剂的混凝土其养护时间不得少于 14 d
成品保护	(1)要采取足够措施保证钢筋位置正确，不得踩楼板、楼梯的弯起钢筋，不碰动预埋件和插筋。 (2)不用重物冲击模板，不在梁或楼梯踏步模板吊帮上蹬踩，应搭设跳板，保护模板的牢固和严密。 (3)已浇筑楼板、楼梯踏步的上表面混凝土要加以保护，必须在混凝土强度达到 1.2 MPa以后，方准在面上进行操作。安装结构用的支架和模板，应严格轻吊轻放。 (4)冬期施工在已浇的模板上覆盖或测温时，要先铺脚手板后上人操作，尽量不留脚印
应注意的质量问题	(1)蜂窝：原因是混凝土一次下料过厚，振捣不实、不及时或漏振；模板有缝隙使水泥浆流失；钢筋较密而混凝土坍落度过小或石子过大，柱、墙根部模板有缝隙，以致混凝土中的砂浆从下部涌出而造成。 (2)露筋：原因是钢筋垫块位移、间距过大、漏放、钢筋紧贴模板等造成露筋；或梁、板底部振捣不实，也可能出现露筋。 (3)麻面：拆模过早或模板表面漏刷隔离剂或模板湿润不够，构件表面混凝土易黏附在模板上造成麻面脱皮。 (4)孔洞：原因是钢筋较密的部位混凝土被卡，未经振捣就继续浇筑上层混凝土。 (5)缝隙与夹渣层：施工缝处杂物清理不净或未浇底浆等原因，易造成缝隙、夹渣层。 (6)梁、柱连接处断面尺寸偏差过大，主要原因是柱接头模板刚度差或支此部位模板时未认真控制断面尺寸。 (7)现浇楼板面和楼梯踏步上表面平整度偏差太大：主要原因是混凝土浇筑后，表面不用抹子认真抹平。冬期施工在覆盖保温层时，上人过早或未垫板进行操作。 (8)当梁板混凝土强度等级与墙、柱不一致强度等级时，梁柱接头混凝土留槎随意和漏振。应减小不同等级混凝土供货和浇筑时间差，开盘前必须有预控措施。 (9)冬季施工保温措施不利，混凝土强度增长缓慢，易出现现掉角、开裂

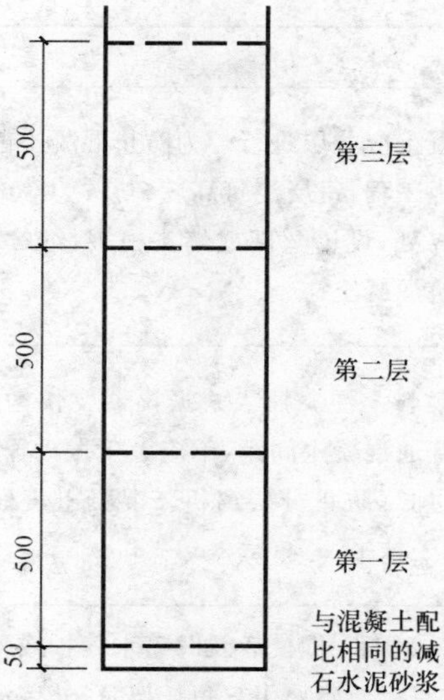

图 5－6　柱底部处理(单位:mm)

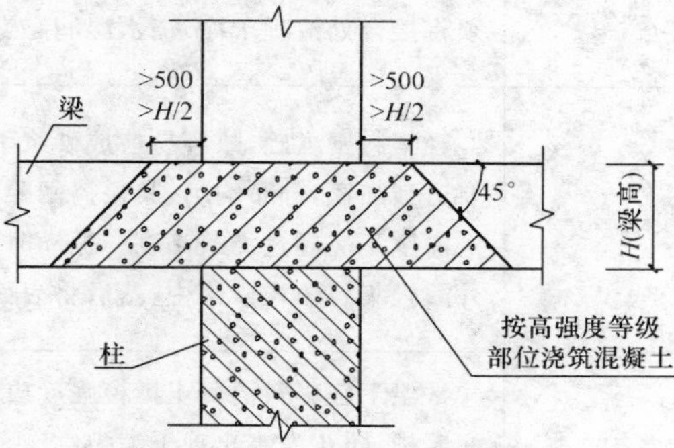

图 5－7　梁柱节点处理(单位:mm)

3.轻集料混凝土墙体浇筑

轻集料混凝土墙体浇筑见表 5－8。

表 5－8　轻集料混凝土墙体浇筑

项目	内　容
材料计量	集料、水泥、水和外加剂均按重量计,集料计量允许偏差应小于±3%,水泥、水和外加剂计量允许偏差应小于±2%,轻集料宜在搅拌前预湿,因此根据配合比确定用水量时,还须计算集料的含水量(搅拌前应测定集料含水率),做相应的调整,在搅拌过程中应经常抽测,雨天或坍落度异常应及时测定含水率,调整用水量。水灰比可用总水灰比表示,总用水量应包括配合比有效用水量和轻集料 1 h 吸水量两部分
搅拌	(1)加料顺序:采用自落式搅拌机先加 1/2 的用水量。然后加入粗细集料和水泥,搅拌约 1 min,再加剩余的水量,继续搅拌不少于 2 min。采用强制式搅拌机,先加细集料、水泥和粗集料,搅拌约 1 min,再加水继续搅拌不少于 2 min。 (2)搅拌时间:应比普通混凝土稍长,其搅拌时间约 3 min。轻集料混凝土在拌制过程中,轻集料吸收水分,故在施工中宜用坍落度值来控制混凝土的用水量,并控制水灰比,这样更切合实际且便于掌握
运输	在初期轻集料吸水能力很强,所以在施工中应尽量缩短混凝土由搅拌机出口至作业面浇筑这一过程的时间,一般不能超过 45 min。宜用吊斗直接由搅拌机出料口吊至作业面浇筑,避免或减少中途倒运,若导致拌和物和易性差,坍落度变小时,宜在浇筑前人工二次搅拌

续上表

项目	内　容
浇筑	应连续施工，不留或少留施工缝，浇筑混凝土应分层进行。为防止混凝土散落、浪费，在模板上口侧面设置斜向挡灰板。对大模板工程，每层浇筑高度 300～500 mm，若留施工缝应垂直留在内外墙交接处及流水段分界处，设铅丝网或堵头模板，继续施工前，必须将接合处清理干净，浇水湿润，然后再浇筑混凝土
振捣	轻集料密度轻，故容易造成砂浆下沉，轻集料上浮。插入式振捣器要快插慢拔，振点要适当加密，分布均匀，其振捣间距应小于普通混凝土间距，不应大于振动作用半径，插入深度不应超过浇筑高度。振动时间不宜过长，防止分层离析。混凝土表面用工具将外露轻集料压入砂浆中，然后将表面用木抹子抹平
养护	常温下轻集料混凝土拆模强度应大于 1.2 MPa。拆模后及时喷水养护或覆盖薄膜湿润养护，防止失水出现干缩裂纹。全现浇大模板外墙采用三角托架时，外墙混凝土强度控制不低于 7.5 MPa，保证三角托架的安全要求
冬期施工	(1)不得使用带有冰雪及冻块的集料。 (2)运输混凝土用的容器应有保温措施。 (3)冬期轻集料不可浇水预湿，当使用自然风干状态的轻集料时，应调整坍落度控制值，一般取 120～140 mm，比常温下增大 40～60 mm，混凝土出罐后经运输至浇筑地点降至 80～100 mm，即可保证得到可振捣密实的混凝土，又可控制混凝土不致由于塑性过大，发生粗集料上浮，而造成离析现象。 (4)拌制浮石混凝土可采用二次上料，二次搅拌的方法。第一次上料浮石、掺和料(粉煤灰)和 1/3 的水量搅拌 1 min，第二次上料将水泥、砂、外加剂及其余的水加入进行搅拌，以改善混凝土的和易性，并避免浮石孔洞吸收外加剂。 (5)冬施外墙大模板拆除及挂三角架时，混凝土强度需做同条件试块。强度分别按 4 MPa及 7.5 MPa 进行控制。保证掺入防冻剂混凝土的抗冻等级临界强度及挂三角架时安全
成品保护	(1)浇筑、振捣时保护好洞口、预埋件及水、电预埋管、盒等。 (2)对进场的轻集料要妥善保管，防止破碎及混入杂物。 (3)混凝土浇筑、振捣及完工后，要保证露出钢筋位置的正确
应注意的质量问题	(1)混凝土坍落度不稳定：用水量掌握不准，轻集料的含水率有变化，未及时测定调整用水量。 (2)和易性差：搅拌时间不足，出料过快。 (3)表面轻集料外露：混凝土振捣收头时，表面未加振捣，亦未进行拍压、抹平。 (4)强度偏低：计量不准确，振捣不密实，养护不好。 (5)接槎不密实：外墙圈梁接槎部位不得漏浆，注意振捣密实

4.后浇带混凝土

后浇带混凝土工艺流程见表5－9。

表5－9　后浇带混凝土

项目	内　容
后浇带两侧混凝土处理	楼板板底及立墙后浇带两侧混凝土与新鲜混凝土接触的表面，用匀石机按弹线切出剔凿范围及深度，剔除松散石子和浮浆，露出密实混凝土，并用水冲洗干净
后浇带防水节点处理	后浇带防水节点处理方法见《细部防水构造施工工艺标准》的相关内容
后浇带清理	清除钢筋上的污垢及锈蚀，然后将后浇带内积水及杂物清理干净，支设模板
后浇带混凝土浇筑	(1)后浇带混凝土施工时间应按设计要求确定，当设计无要求时，应在其两侧混凝土龄期达到42 d后再施工，但高层建筑的沉降后浇带应在结构顶板浇筑混凝土14 d后进行。 (2)后浇带浇灌混凝土前，在混凝土表面涂刷水泥净浆或铺与混凝土同强度等级的水泥砂浆，并及时浇灌混凝土。 (3)混凝土浇灌时，避免直接靠近缝边下料。机械振捣宜自中央向后浇带接缝处逐渐推进，并在距缝边80～100 mm处停止振捣。然后辅助人工捣实，使其紧密结合
混凝土养护	(1)后浇带混凝土浇筑后8～12 h以内根据具体情况采用浇水或覆盖塑料薄膜法养护。 (2)后浇带混凝土的保湿养护时间应不少于28 d
成品保护	(1)结构主体施工时，在后浇带两侧应采取防护措施，防止破坏防水层、钢筋及泥浆灌入底板后浇带。底板及顶板后浇带均应在混凝土浇筑完成后的养护期间内，及时用单皮砖挡墙(或砂浆围堰)及多层板加盖保护，防止泥浆及后续施工对后浇带接缝处产生污染。 (2)后浇带混凝土施工前，后浇带部位和外贴式止水带(根据设计或施工方案要求选用)应予以保护，严防落入杂物和损伤外贴式止水带。 (3)后浇带混凝土剔凿、清理时，应避免损坏原有预埋管线和钢筋。 (4)对于梁、板后浇带应支顶严密、避免新浇筑混凝土污染原成型混凝土底面
应注意的质量问题	(1)底板施工时，建议预先每隔40～60 m距离设一小积水坑(600 mm×600 mm×600 mm)，便于清洗后浇带的污水、泥浆汇集和抽出。 (2)施工后浇带两侧主体结构时，对落入后浇带内的混凝土应立即清理，避免经较长时间硬化后清理损坏止水带或防水层。 (3)后浇带混凝土在施工前一定要认真试配，符合各项技术要求后再施工。 (4)由于在未进行后浇带混凝土的浇筑及后浇带混凝土达到强度要求前，后浇带两侧的结构处于悬臂结构状态，故其底模必须单独支撑，直到后浇带部位混凝土达到强度要求后方可拆除模板。 (5)严禁因为抢工期而随意缩短后浇混凝土应当间隔的时间

5. 型钢混凝土浇筑

型钢混凝土浇筑见表5－10。

表5－10　型钢混凝土浇筑

项目	内　容
作业准备	(1)浇筑前应将模板内的杂物及钢筋上的油污清除干净，并检查钢筋的垫块是否垫好。如使用木模板时应浇水使模板湿润。柱子模板的扫除口应在清除杂物及积水后再封闭。施工缝部位已按设计要求和施工方案进行处理。 (2)夏季为防止混凝土核心温度过高，混凝土浇筑宜在上午进行或浇筑前采取自来水冲洗等降温措施
混凝土搅拌、运输	(1)按照与预拌混凝土搅拌站签订的技术合同，混凝土进场时进行验收。 (2)混凝土运输供应保持运输均衡，夏季或运距较远可适当掺入缓凝剂。考虑运输时间和浇筑时间，确定混凝土初凝时间，并做效果试验。 (3)运输、运送入模及其间歇总的时间限值，应符合表5－11要求。 (4)泵送混凝土时必须保证混凝土泵连续工作。 1)当半输送管被堵塞时，重复进行反泵和正泵，逐步吸出混凝土至料斗中，重新搅拌后泵送。或用木槌敲击等方法，查明堵塞部位，将混凝土击松后，重复进行反泵和正泵，排除堵塞。上述两种方法无效时，在混凝土卸压后，拆除堵塞部位的输送管，排出混凝土堵塞物后，方可接管。重新泵送前，先排除管内空气后，方可拧紧接头。 2)在混凝土泵送过程中，有计划中断时，在预先确定的中断浇筑部位，停止泵送，中断时间不宜超过1 h。 3)当混凝土泵送出现非堵塞性中断时，混凝土泵车卸料清洗后重新泵送，或利用臂架将混凝土泵入料斗，进行慢速间歇循环泵送，有配管输送混凝土时，进行慢速间歇泵送。固定式混凝土泵，可利用混凝土搅拌运输车内的料，进行慢速间接泵送，或利用料斗内的料，进行间歇反泵和正泵。慢速间歇泵送时，每隔4～5 min进行四个行程的正反、泵。 使用自密实混凝土时，应考虑混凝土的初凝和终凝时间，与预拌混凝土厂根据现场实际情况来确定混凝土配合比
混凝土浇筑与振捣	(1)柱的混凝土浇筑。 1)柱浇筑前底部应先填以50～100 mm厚的石子砂浆，柱混凝土应分层振捣，使用插入式振捣器时每层厚度不大于500 mm。除上表面振捣外，下面要有人随时敲打模板。若型钢结构尺寸比较大，柱根部的混凝土与原混凝土接触面较小时，也可事先将柱根浸湿，将开始浇筑时的混凝土坍落度加大20 mm。柱子高度超过6 m时，应分段浇筑或模板中间预开洞口(门子板)下料，防止混凝土自由倾落高度过高。 2)柱、墙与梁、板宜分次浇筑，浇筑高度大于2 m时，建议采用串筒、溜管下料，出料管口至浇筑层的倾落自由高度不应大于1.5 m。柱与梁、板同时施工时，柱高在3 m之内，可在柱顶直接下灰浇筑，超过3 m时，应采取措施(用串桶)或在模板侧面开门子洞安装斜溜槽分段浇筑。每段高度不得超过2 m，每段混凝土浇筑后将门子洞模板封闭严实，与柱箍箍牢。并在柱和墙浇筑完毕后停歇1～1.5 h，使竖向结构混凝土充分沉实后，再继续浇筑梁与板。

续上表

项目	内容
混凝土浇筑与振捣	3)柱混凝土宜一次浇筑完毕,若型钢组合结构安装工艺要求施工缝隙留置在非正常部位,应征得设计单位同意。 4)采用自密实混凝土浇筑时,应采用小直径振捣棒进行短时间的振捣,时间应控制在普通振捣的1/5～1/3左右。 5)浇筑完后,应随时将溅在型钢结构上的混凝土清理干净。 (2)梁混凝土浇筑。 1)梁浇筑时,应先浇筑型钢梁底部,再浇筑型钢梁、柱交接部位,然后再浇筑型钢梁的内部。 2)梁浇筑普通混凝土时候,应从一侧开始浇筑,用振捣棒从该侧进行赶浆,在另一侧设置一振捣棒,同时进行振捣,同时观察型钢梁底是否灌满。若有条件时,应将振捣棒斜插到型钢梁底部进行振捣。 3)梁柱节点钢筋较密时,浇筑此处混凝土时宜用小粒径石子同强度等级的混凝土浇筑,并用小直径振捣棒振捣。 4)若型钢梁底部空间较小、钢筋密度过大及型钢梁、柱接头连接复杂,普通混凝土无法满足要求时候,可采用自密实混凝土进行浇筑。浇筑自密实混凝土梁时应采用小振捣棒进行微振,切忌过振。 5)施工缝位置;宜沿次梁方向浇筑楼板,施工缝应留置在次梁跨度的中间1/3范围内。施工缝的表面应与梁轴线或板面垂直,不得留斜槎。施工缝宜用木板或钢丝网挡牢。 6)施工缝处须待已浇筑混凝土的抗压强度不小于1.2 MPa时,才允许继续浇筑。在继续浇筑混凝土前,施工缝混凝土表面应凿毛,剔除浮动石子,并用水冲洗干净后,先浇一层水泥浆,然后继续浇筑混凝土,应细致操作振实,使新旧混凝土紧密结合。 (3)型钢混凝土的浇筑和振捣尚应符合《现浇框架结构混凝土浇筑施工工艺标准》的相关要求。 (4)型钢组合剪力墙混凝土浇筑。 1)剪力墙浇筑混凝土前,先在底部均匀浇筑50 mm厚与墙体混凝土成分相同的水泥砂浆,并用铁锹入模,不应用料斗直接灌入模内。 2)浇筑墙体混凝土应连续进行,间隔时间不应超过2 h,每层浇筑厚度控制在600 mm左右,因此必须预先安排好混凝土下料点位置和振捣器操作人员数量。 3)振捣棒移动间距应小于500 mm,每一振点的延续时间以表面呈现浮浆为度,为使上下层混凝土结合成整体,振捣器应插入下层混凝土50 mm。振捣时注意钢筋密集及洞口部位,为防止出现漏振。须在洞口两侧同时振捣,下灰高度也要大体一致。大洞口的洞底模板应开口,并在此处浇筑振捣。 4)混凝土墙体浇筑完毕之后,将上口甩出的钢筋加以整理,用木抹子按标高线将墙上表面混凝土找平
养护	做好混凝土的早期养护,防止出现混凝土失水,影响其强度增长。混凝土浇筑完毕后,应在12 h以内加以覆盖和浇水,浇水次数应能保持混凝土有足够的润湿状态,养护期一般不少于7昼夜

续上表

项目	内　容
采用自密实混凝土施工注意事项	(1)采用搅拌车运送自密实混凝土拌和物，应防止自密实混凝土在运输中发生分层离析现象。混凝土在运输到浇筑结束的时间一般不应超过 120 min。 (2)由于自密实混凝土在浇筑过程中没有振捣，仅靠自重成型，因此必须保证其在入模之前，仍具有优异的工作性，否则将影响混凝土工程质量，甚至造成严重的工程事故，缩短自密实混凝土从出机到入模的时间非常必要，在施工中务必做好施工组织工作，保证运输、施工过程的连续性。 (3)混凝土在运输过程中或现场停置时间过长，将引起自密实混凝土的坍落度损失，使其工作性不满足工程要求。因此，当发生交通堵塞等意外情况时，可以根据设计由混凝土供应方派专人在现场掺加外加剂来调整其工作性，但必须根据试验结果确定其掺量，并保证混凝土拌和物均匀。 (4)浇筑。 1)在自密实混凝土的生产、施工过程中，都应该由经验丰富的配合比设计人员配合做好自密实混凝土的质量控制工作，在确定混凝土工作性满足后进行浇筑。 2)在浇筑自密实混凝土前，应确认模板的设计安装符合要求。模板宜选择坚固、刚度大、接缝少、而不漏浆的大型模板。 3)由于自密实混凝土流动性较大，其对模板的侧压力比普通混凝土大，在模板设计时应充分考虑这一点，尤其是高度较大的竖向构件。 4)为防止自密实混凝土在垂直浇筑中因高度过大产生离析现象，或被钢筋打散使混凝土不连续，应对自密实混凝土的自由下落高度进行限制。 5)当自密实混凝土的垂直浇筑高度过大时，可采用导管法，即用直通到底部的竖管浇筑自密实混凝土，在向上提管的过程中，管口始终埋在已经浇筑的自密实混凝土内部，也可采用串筒、溜槽等常规的施工方法。 6)在非密集配筋情况下，自密实混凝土浇筑点间的水平距离不宜大于 10 m，垂直自由下落距离不宜大于 5 m；对配筋密集的混凝土构件，自密实混凝土浇筑点间的水平距离不宜大于 5 m，垂直自由下落最大距离不宜大于 2.5 m。 (5)养护。 1)由于自密实混凝土与普通混凝土相比，其表面泌水量少，甚至没有泌水，为了减少混凝土的水分散失和塑性开裂，应加强养护。混凝土的养护包括保持湿度与温度两个方面。在养护的过程中，除了保持混凝土的湿度外，应避免外部环境和混凝土内部的温差过大。 2)为减少自密实混凝土的非荷载裂缝，必须从混凝土入模开始就进行保湿养护，在混凝土塑性阶段可采用薄膜覆盖等措施。一旦混凝土硬化，拆模后及时采用湿麻布覆盖，并及时浇水，以使混凝土表面保持湿润并能够及时散热
成品保护	(1)为保证劲性结构、钢筋、模板尺寸位置准确，不得踩踏钢筋，并不得碰撞临时固定设施、模板和钢筋，浇筑混凝土时搭设马道或跳板。 (2)固定牢并保护好穿墙管、电线管、电门盒及预埋件等，振捣时勿挤偏或使预埋件挤入混凝土内。

续上表

项目	内　容
成品保护	(3)已浇筑的楼板、楼梯踏步的上表面混凝土要加以保护，必须在混凝土强度达到1.2 MPa以后，方准在面上进行操作。需安装结构用的支架和模板时，应采取加垫板、垫木等保护性措施。 (4)钢构件表面及预留联机螺栓浇筑混凝土时应采取保护措施，防止表面污染和损坏
应注意的质量问题	(1)保证钢筋和型钢结构的位置关系和连接可靠，与设计图样相符并做好隐蔽验收记录。 (2)在梁柱节点部位由于梁纵筋需穿越型钢柱，施工中宜采用钢筋机械连接技术，便于操作。 (3)由于柱、梁中型钢柱影响，当模板无法采用对拉螺栓时，模板外侧应采用柱箍、梁箍，间距经计算确定，柱身四周下部加斜向顶撑，防止柱身胀模及侧移。柱子根部留置清扫口，混凝土浇筑前应清除残余垃圾。 (4)在梁柱接头处和梁型钢翼缘下部等混凝土不易充分填满处，要仔细浇捣，采取门子板、适当加大保护层厚度等措施。 (5)型钢结构采用的混凝土强度等级较高或混凝土流动性大，容易产生混凝土裂缝，因此应高度重视混凝土养护工作

混凝土从搅拌机中卸出到浇筑完毕的延续时间见表5－11。

表5－11　运输、输送入模及其间歇总的时间限值

条件	气　温	
	≤25℃	＞25℃
不掺外加剂	180	150
掺外加剂	240	210

注：采用快硬水泥时，延续时间应根据试验确定。

6.现浇混凝土空心楼盖

周转性卡具工艺流程见表5－12。

表5－12　周转性卡具工艺流程

项目	内　容
支楼板底模	支设楼板底模，操作工艺见《普通现浇钢筋混凝土楼盖顶板模板安装工艺标准》
弹线(钢筋线及肋筋位置)	在顶板模板上弹出板底钢筋位置线和管缝间肋筋位置线
绑扎板底钢筋和安装电气管线(盒)	(1)绑扎板底钢筋：按照弹线的位置顺序绑扎板底钢筋。 (2)安装电气管线(盒)。 铺设电气管线(盒)时，尽量设置在内模管顺向和横向管肋处，预埋线盒与内模管无法错开时，可将内模管断开或用短管让出线盒位置，内模管断口处应用聚苯板填塞后用胶带封口，并用细钢丝绑牢，防止混凝土流入管腔内

续上表

项目	内 容
绑扎内模管肋筋	按设计要求绑扎肋间网片钢筋。绑扎时分纵横向顺序进行绑扎，并每隔 2 m 左右绑几道钢筋对其位置进行临时固定
放置内模管	(1)按设计要求的铺管方向和细化的排管图摆放薄壁内模芯管，管与管之间，管端与管端之间均不小于设计的肋宽，并且要求每排管应对正、顺直。与梁边或墙边内皮应保持不小于 50 mm 净距。 (2)对于柱支承板楼盖结构须严格按照图样设计或有关标准施工。 (3)内模芯管摆放时应从楼层一端开始，按顺序进行。注意轻拿轻放，有损坏时，应及时进行更换。初步摆放好的内模管位置应基本正确，以便于过后调整
绑扎板上层钢筋	(1)内模芯管放置完毕，应对其位置进行初步调整并经检查没有破损后，方能绑扎上层钢筋，其操作工艺见普通钢筋混凝土顶板钢筋绑扎工艺标准。 (2)绑扎上层钢筋时，要注意楼板支座负筋的长度，施工前应根据排管图适当调整支座负筋的长度，以确保负筋的拐尺正好在内模管管肋处
安装定位卡固定内模管	上层钢筋绑扎完成后，可进行定位卡的安装。卡具设置应从一头开始，顺序进行，两人一组，一手扶住卡具，一手拨动空心管，将卡具放入管缝间，注意卡具插入时不要刺破薄壁管。卡具放置完毕后，拉小线从楼板一侧开始调整薄壁管的位置，应做到横平竖直，管缝间距正确
用钢丝将定位卡与模板拉固	卡具安装完成后，应及时对其进行固定，用手电钻在顶板模板上钻孔，用钢丝将卡具与模板下面的龙骨绑牢固定，使管顶的上表面标高符合设计要求，每平方米至少设一个拉结点
隐蔽工程验收	对顶板的钢筋安装和内模管安装进行隐蔽工程验收，合格后进行楼板混凝土浇筑
浇捣混凝土	(1)内模管吸水性强，浇筑前应浇水充分湿润芯管，使芯管始终保持湿润，确保芯管不会吸收混凝土中的水分，造成混凝土强度降低或失水、漏振。 (2)空心楼板采用混凝土的粒径宜小不宜大，根据管间净距可选择 5～12 mm或 10～20 mm碎石。 (3)混凝土应采用泵送混凝土，一次浇筑成型。混凝土坍落度不宜小于 160 mm，根据天气情况可适当加大混凝土坍落度，最好掺加一定数量的减水剂，使其具有较好流动性，以避免芯管管底出现蜂窝、孔洞等。 (4)混凝土应顺芯管方向浇筑，并应做到集中浇筑，按梁板跨度一间一间顺序浇筑，一次成型，不宜普遍铺开浇筑，施工间隙的预留时间不宜过长。 (5)振捣混凝土时宜采用 ϕ30 mm 小直径插入式振捣器，也可根据芯管的大小采用平板振捣器配合仔细振捣。必须保证底层不漏振。对管间净距较小的，可在振捣棒端部加焊短筋，插入板底振捣，振捣时不能直接振捣薄壁管管壁，且振幅不要过大，严禁集中一点长时间振捣，否则会振破薄壁管。 (6)振捣时应顺筒方向顺序振捣，振捣间距不宜大于 300 mm。 (7)空心楼板振捣时比实心板慢，因此铺灰不能太快，以便于振捣能跟上

续上表

项目	内 容
取出定位卡	在浇筑混凝土时，待混凝土振捣完成并初步找平后，用钳子剪断拉结钢丝，将卡具取出运走。抽取卡具的时间不能太早，也不能太迟，必须在混凝土初凝之前拔出，并应及时将取走卡具后留下的孔洞抹压密实，当采用粗钢筋制作卡具时，留下的孔洞应用高强砂浆填实。定位卡取出后应及时清理干净，以备重复使用
混凝土养护、顶板拆模	混凝土养护、拆模控制方法同实心楼板
成品保护	(1)薄壁管进场经检验合格后，应按规格型号分类堆放，堆放场地应坚实平整，水平堆放时堆放层数不应超过12层，且高度不超过2 m，两侧应做临时固定，防止坍塌造成薄壁管损坏。堆放地点应选在距汽车或建筑机械通过道路稍远的地方，以免撞坏壁管。 (2)在内模安装和混凝土浇筑前，应铺设架空马道，严禁将施工机具直接放置在内模上。施工操作人员不得直接踩踏内模。 (3)水平、垂直运输及安装时避免芯管相互碰撞或外来物冲击。垂直吊装时应按芯管规格制作刚度足够的吊筐。不可用绳索直接捆绑吊运
应注意的质量问题	(1)周转性卡具在使用后有许多残留的灰浆，每次使用后应及时清理干净，以使下次使用时不会造成灰浆混杂在新浇筑混凝土中，影响混凝土质量。 (2)施工中筒芯需要接长时，可将筒芯直接对接；对需要截断的筒芯应采取有效的封堵措施。薄壁管是薄壁结构，安装时尽量避免踏管或用钢筋击打、撬动。浇筑混凝土前将薄壁管被碰破的地方用胶带粘好，防止混凝土流入管腔中，以保证楼板的空心率以及管间混凝土的密实度。 (3)在空心管的安装过程中会产生粉末，应及时清理，以免被风吹起污染环境，严重会造成顶板下表面拆模后起皮，观感质量不好。 (4)混凝土浇筑过程中应时刻复查顶板标高，以防止空心管抗浮措施不到位，造成空心管上浮，顶板标高上升，楼板上层钢筋保护层不够。 (5)混凝土浇筑过程中，应防止空心管顺向移位，造成管两端净距减小，降低楼板整体强度。 (6)施工中应特别注意加强对楼板下层钢筋保护层厚度的控制，应采取加密保护层垫块的办法，确保板底保护层厚度准确。 (7)施工中应注意对空心管的抗浮固定，保证空心管不会上浮与上层钢筋接触，以确保楼板上层钢筋上下保护层厚度足够，保证楼板强度不受影响

7. 混凝土结构雨期、冬期

混凝土结构雨期、冬期见表5－13。

表 5—13　混凝土结构雨期、冬期

项目	内　容
混凝土结构雨期	(1)夏季是新浇混凝土表面水分蒸发最快的季节。混凝土表面缺水将严重影响混凝土的强度和耐久性。因此，拆模后的所有混凝土构件表面要及时进行保湿养护，防止水分蒸发过快产生裂缝和降低混凝土强度，养护周期根据不同结构部位或构件按有关技术规定执行。 (2)满堂模板支撑系统必须搭在牢固坚实的基础上，未做硬化的地面宜做硬化，并加通长垫木，避免支撑下沉。柱及板墙模板要留清扫口，以利排除杂物及积水。 (3)对各类模板加强防风紧固措施，尤其在临时停放时应考虑防止大风失稳。大风后要及时检查模板拉索是否紧固。 (4)涂刷水溶性脱模剂的模板，应采取有效措施防止脱模剂被雨水冲刷并在雨后及时补刷，保证顺利脱模和混凝土表面质量。 (5)钢筋焊接不得在雨天进行，防止焊缝或接头脆裂。电渣压力焊药剂应按规定烘焙。 (6)雨后注意对钢筋进行除锈，以保证钢筋混凝土握裹力质量。 (7)直螺纹钢筋接头应对丝头进行覆盖防锈；丝头在运输过程中应妥善保护，避免雨淋、沾污、遭到机械损伤。连接套筒和锁母在运输、储存过程中均应妥善保护，避免雨淋、沾污、遭受机械损伤或散失。冷轧带肋钢筋需入库存放或采取防止雨淋措施。 (8)在与搅拌站签订的技术合同中注明雨期施工质量保证措施。现场搅拌混凝土时要随时测定雨后砂石的含水率，做好记录，及时调整配合比，保证结构施工中混凝土配比的准确性。 (9)大面积、大体积混凝土连续浇灌及采用原浆压面一次成活工艺施工时，应预先了解天气情况，并应避开雨天施工。浇筑前应做好防雨应急措施准备，遇雨时合理留置施工缝，混凝土浇筑完毕后，要及时进行覆盖，避免被雨水冲刷。 (10)强度等级 C50 以上或大体积混凝土浇筑，应在拌制、运输、浇筑、养护等各环节制定和采取降温措施。 (11)搅拌机棚(现场搅拌)、钢筋加工硼、木工棚等有机电设备的工作间都要有安全牢固的防雨、防风、防砸的支搭顶棚，并做好电源的防触电工作。 (12)大暴雨和连雨天，应检查脚手架、塔式起重机、施工用升降机的拉结锚固是否有松动变形、沉降移位等，以便及时进行必要的加固。在回填土上支搭的满堂架子(特别是承重架子)必须事先制定技术方案，做好地基处理和排水工作。 (13)边坡堆料、堆物的安全距离应在 1 m 以外，且堆料高度不应超过 2 m。严禁堆放钢筋等重物，距边坡 1 m 以内禁止堆物堆料及堆放机具。 (14)成品保护。 1)为防止雨水及泥浆从各处流到地下室和底板后浇带中致使底板后浇带中的钢筋由于长期遭水浸泡而生锈，地下室顶板后浇带、各层洞口周围可用胶合板及水泥砂浆围挡进行封闭。底板后浇带保护具体做法见图 5—8，并在大雨过后或不定期将后浇带内积水排出。而楼梯间处可用临时挡雨棚罩或在底板上临时留集水坑以便抽水。 2)外墙后浇带用预制钢筋混凝土板、钢板、胶合板或不小于 240 mm 厚砖模进行封闭，见图 5—9。 3)地下室应绘制照明及水泵位置图，规范架线，谨防触电

续上表

项目	内　容
混凝土结构冬期	(1)钢筋冷拉时温度不宜低于－20℃，预应力钢筋张拉温度不宜低于－15℃。 (2)钢筋的冷拉和张拉设备以及仪表和工作油液应根据环境温度选用，并应在使用温度条件下进行配套校验。 (3)钢筋负温焊接，可采用闪光对焊、电弧焊及气压焊等焊接方法。当环境温度低于－20℃时，不宜进行施焊。 (4)钢筋焊接前要进行焊接试验，低温施工要调整焊接工艺。雪天或施焊现场风速超过 3 级时，采取遮蔽措施，焊接后未冷却的接头避免碰到冰雪。 (5)掺用防冻剂的混凝土，当室外最低温度不低于－15℃时，混凝土受冻临界强度不得低于 4.0 MPa；当室外最低气温为－15℃～－30℃时，混凝土受冻临界强度不得低于 5.0 MPa。混凝土早期强度可通过成熟度法[见《建筑工程冬期施工规程》(JGJ 104—2011)]估算，再通过现场同条件养护试件抗压强度报告确定。 (6)采用强度等级低于 52.5 级的普通硅酸盐水泥、矿渣硅酸盐水泥，拌和水最高温度不得超过 80℃，集料最高温度不得高于 60%。采用强度等级高于及等于 52.5 级的硅酸盐水泥、普通硅酸盐水泥拌和水最高温度不得高于 60℃，集料最高温度不得高于 40℃。混凝土原材料加热应优先采用水加热的方法，当水加热不能满足要求时，再对集料进行加热。对只能采用蓄热法施工的少量混凝土，水、集料加热达到的温度仍不能满足热工计算要求时，可提高水温到 100℃，但水泥不得与 80℃以上的水直接接触。水泥不得直接加热，使用前宜运入暖棚内存放。 (7)水加热宜采用汽水热交换罐、蒸汽加热或电加热等方法。加热水使用的水箱或水池应予保温，其容积应能使水温保持达到规定的使用温度要求。 (8)砂加热应在开盘前进行，并应使各处加热均匀。当采用保温加热料斗时，宜配备两个，交替加热使用。每个料斗容积可根据机械可装高度和侧壁斜度等要求进行设计，每一个斗的容量不宜小于 3.5 m^3。 (9)拌制掺用外加剂的混凝土，对选用的外加剂要严格进行复试，配制与加入防冻剂，应设专人负责并做好记录，严格按剂量要求掺入。掺加外加剂必须使用专用器皿，确保掺量准确。混凝土配合比一律由试验室下发，外加剂掺量人员不得擅自确定。 (10)当防冻剂为粉剂时，可按要求掺量直接撒在水泥上面和水泥同时投入；当防冻剂为液体时，应先配制成规定浓度溶液，然后再根据使用要求，用规定浓度溶液再配制成施工溶液。各溶液应分别置于明显标志的容器内，不得混淆，每班使用的外加剂溶液应一次配成。使用液体外加剂时应随时测定溶液温度，并根据温度变化用相关密度计测定溶液的浓度。当发现浓度有变化时，应加强搅拌直至浓度保持均匀为止。 (11)在日最低气温为－5℃，可采用早强剂、早强减水剂，也可采用规定温度为－5℃的防冻剂。当日最低气温低于－10℃或－15℃时，可分别采用规定温度为－10℃或－15℃的防冻剂，并应加强保温并采取防早期脱水措施。搅拌混凝土时，集料中不得带有冰、雪及冻团。现场拌制混凝土的最短搅拌时间按表 4－97 执行。 (12)冬期不得在强冻胀性地基上浇筑混凝土；当在弱冻胀性地基上浇筑混凝土时，基土不得遭冻。当在非冻胀性地基上浇筑混凝土时，受冻前混凝土的抗压强度不得低于混凝土的受冻临界强度。

续上表

项目	内　容
混凝土结构冬期	(13)当采用加热养护时，混凝土养护前的温度不得低于2℃。当加热温度在40℃以上时，应征得设计单位同意。 (14)当分层浇筑大体积结构时，已浇筑层的混凝土温度在被上一层混凝土覆盖前，不得低于按热工计算的温度，且未掺抗冻等级剂混凝土不得低于2℃。对边、棱角部位的保温厚度应增大到面部位的2～3倍。混凝土在初期养护期间应防风防失水。 (15)通过同条件养护试块或手指触压观察记录不同批次混凝土初期强度增长速度的变化和达到受冻临界强度所需时间是否有异常现象。 (16)钢制大模板在支设前，背面应进行保温；采用小钢模板或其他材料模板安装后应在背面张挂阻燃草帘进行保温；保温工作完成后要进行预检。支撑不得支在冻土上，如支撑下是素土，为防止冻胀应采取保温防冻胀措施。 (17)模板和保温层在混凝土达到受冻临界强度后方可拆除。墙体混凝土强度达1 N/mm^2后，可先拧松螺栓，使侧模板轻轻脱离混凝土后，再合上继续养护到拆模。为防止表面裂缝，冬施拆模时混凝土温度与环境温度差大于15℃时，拆模后的混凝土表面应及时覆盖，使其缓慢冷却。 (18)混凝土出机温度不低于10℃，入模温度不低于5℃。 (19)成品保护。 1)钢制大模板背面用作保温的聚苯板要固定、粘接牢固、严密，保持完好，可加设覆盖保护层以防脱落。 2)在已浇的楼板上测温、覆盖时，要在铺好的脚手板上操作，避免踩踏脚印。 (20)应注意的质量问题。 1)检查外加剂质量及掺量。预拌混凝土防冻剂应进场前由试验室提前复试、进入施工现场后进行抽样检验，合格后方准使用。 2)检测混凝土出罐及浇筑时的温度。 3)检测混凝土从入模到拆除保温层或保温模板期间的温度。 4)混凝土在养护期间应防风、防失水。混凝土浇筑后在裸露混凝土表面采用塑料布等防水材料覆盖及时进行保湿、保温覆盖。覆盖时应防止踩坏混凝土表面。对边、棱角部位的保温厚度增大到表面部位的2～3倍。 5)检查混凝土表面是否受冻、拆模是否黏连、有无受冻表面结冰或收缩裂缝，拆模时混凝土边角是否脱落。施工缝处有无受冻痕迹。发现不符之处，及时增加覆盖和调整施工安排。 6)检查同条件养护试块的养护条件是否与施工现场结构养护条件相一致。 7)采用成熟度法确定混凝土强度时，检查测温记录与计算公式要求是否相符，有无差错。 8)采用电加热养护时，应检查测温记录与计算公式要求是否相符，有无差错。 9)冬期施工必须提前编制施工方案，明确各项生产安排、技术措施、资源准备和管理措施等，各项质量保证资料应齐全、真实，具有指导性和可追溯性

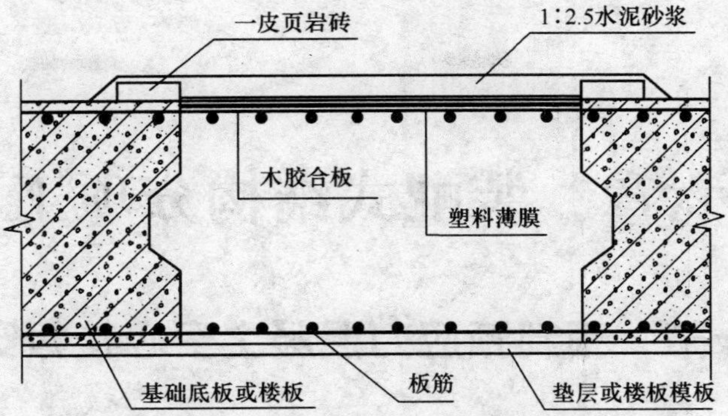

图5－8　底板后浇带的成品保护

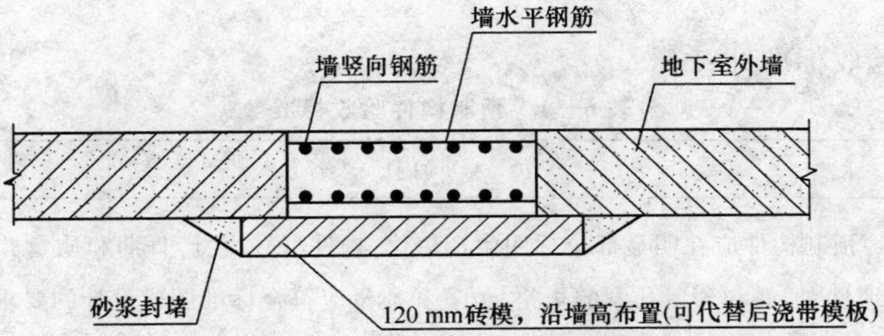

图5－9　外墙后浇带的成品保护

第六章　装配式结构分项工程

第一节　预制预应力混凝土空心楼板安装

一、验收条文

1. 预制构件

预制构件的验收标准见表6－1。

表6－1　预制构件验收标准

项目	内　容
主控项目	(1)预制构件应在明显部位标明生产单位、构件型号、生产日期和质量验收标志。构件上的预埋件、插筋和预留孔洞的规格、位置和数量应符合标准图或设计的要求。 检查数量:全数检查。 检验方法:观察。 (2)预制构件的外观质量不应有严重缺陷。对已经出现的严重缺陷,应按技术处理方案进行处理,并重新检查验收。 检查数量:全数检查。 检验方法:观察,检查技术处理方案。 (3)预制构件不应有影响结构性能和安装、使用功能的尺寸偏差。对超过尺寸允许偏差且影响结构性能和安装、使用功能的部位,应按技术处理方案进行处理,并重新检查验收。 检查数量:全数检查。 检验方法:量测,检查技术处理方案
一般项目	(1)预制构件的外观质量不宜有一般缺陷。对已经出现的一般缺陷,应按技术处理方案进行处理,并重新检查验收。 检查数量:全数检查。 检验方法:观察,检查技术处理方案。 (2)预制构件的尺寸偏差应符合表6－2的规定。 检查数量:同一工作班生产的同类型构件,抽查5%且不少于3件

预制构件尺寸的允许偏差及检验方法见表6－2。

表 6－2　预制构件尺寸的允许偏差及检验方法

项　目		允许偏差(mm)	检验方法
长度	板、梁	$^{+10}_{-5}$	钢尺检查
	柱	$^{+5}_{-10}$	
	墙板	±5	
	薄腹梁、桁架	$^{+15}_{-10}$	
宽度、高(厚)度	板、梁、柱、墙板、薄腹梁、桁架	±5	钢尺量一端及中部，取其中较大值
侧向弯曲	梁、柱、板	$l/750$ 且≤20	拉线、钢尺量最大侧向弯曲处
	墙板、薄腹梁、桁架	$l/1\ 000$ 且≤20	
预埋件	中心线位置	10	钢尺检查
	螺栓位置	5	
	螺栓外露长度	$^{+10}_{-5}$	
预留孔	中心线位置	5	钢尺检查
预留洞	中心线位置	15	钢尺检查
主筋保护层厚度	板	$^{+5}_{-3}$	钢尺或保护层厚度测定仪量测
	梁、柱、墙板、薄腹梁、桁架	$^{+10}_{-5}$	
对角线差	板、墙板	10	钢尺量两个对角线
表面平整度	板、墙板、柱、梁	5	2 m 靠尺和塞尺检查
预应力构件预留孔道位置	梁、墙板、薄腹梁、桁架	3	钢尺检查
翘曲	板	$l/750$	调平尺在两端量测
	墙板	$l/1\ 000$	

注：1. l 为构件长度(mm)；

2. 检查中心线、螺栓和孔道位置时，应沿纵、横两个方向量测，并取其中的较大值；

3. 对形状复杂或有特殊要求的构件，其尺寸偏差应符合标准图或设计的要求。

2. 结构性能检验

结构性能检验要求见表 6－3。

表 6—3 结构性能检验要求

项目	内容
结构性能检验要求	(1)预制构件应按标准图或设计要求的试验参数及检验指标进行结构性能检验。 检验内容:钢筋混凝土构件和允许出现裂缝的预应力混凝土构件进行承载力、挠度和裂缝宽度检验;不允许出现裂缝的预应力混凝土构件进行承载力、挠度和抗裂检验;预应力混凝土构件中的非预应力杆件按钢筋混凝土构件的要求进行检验。对设计成熟、生产数量较少的大型构件,当采取加强材料和制作质量检验的措施时,可仅作挠度、抗裂或裂缝宽度检验;当采取上述措施并有可靠的实践经验时,可不作结构性能检验。 检验数量:对成批生产的构件,应按同一工艺正常生产的不超过 1 000 件且不超过 3 个月的同类型产品为一批。当连续检验 10 批且每批的结构性能检验结果均符合本规范规定的要求时,对同一工艺正常生产的构件,可改为不超过 2 000 件且不超过 3 个月的同类型产品为一批。在每批中应随机抽取一个构件作为试件进行检验。 检验方法:按《混凝土结构工程施工质量验收规范》(GB 50204—2002)(2011 年版)附录 C 规定的方法采用短期静力加载检验。 注:(1)“加强材料和制作质量检验的措施”包括下列内容:①钢筋进场检验合格后,在使用前再对用作构件受力主筋的同批钢筋按不超过 5 t 抽取一组试件,并经检验合格;对经逐盘检验的预应力钢丝,可不再抽样检查;②受力主筋焊接接头的力学性能,应按国家现行标准《钢筋焊接及验收规程》(JGJ 18—2012)检验合格后,再抽取一组试件,并经检验合格;③混凝土按 5 m^3 且不超过半个工作班生产的相同配合比的混凝土,留置一组试件,并经检验合格;④受力主筋焊接接头的外观质量、入模后的主筋保护层厚度、张拉预应力总值和构件的截面尺寸等,应逐件检验合格。 (2)“同类型产品”是指同一钢种、同一混凝土强度等级、同一生产工艺和同一结构形式的构件。对同类型产品进行抽样检验时,试件宜从设计荷载最大、受力最不利或生产数量最多的构件中抽取。对同类型的其他产品,也应定期进行抽样检验
承载力检验要求	(1)当按现行国家标准《混凝土结构设计规范》(GB 50010—2010)的规定进行检验时,应符合公式的要求: $\gamma_u^0 \geqslant \gamma_0[\gamma_u]$ 式中 γ_u^0——构件的承载力检验系数实测值,即试件的荷载实测值与荷载设计值(均包括自重)的比值; γ_0——结构重要性系数,按设计要求确定,当无专门要求时取 1.0; $[\gamma_u]$——构件的承载力检验系数允许值,按表 6−4 取用。 (2)当按构件实配钢筋进行承载力检验时,应符合公式的要求: $\gamma_u^0 \geqslant \gamma_0 \eta [\gamma_u]$ 式中 η——构件承载力检验修正系数,根据现行国家标准《混凝土结构设计规范》(GB 50010—2010)按实配钢筋的承载力计算确定。 承载力检验的荷载设计值是指承载能力极限状态下,根据构件设计控制截面上的内力设计值与构件检验的加载方式,经换算后确定的荷载值(包括自重)

续上表

项目	内 容
挠度检验要求	(1)当按现行国家标准《混凝土结构设计规范》(GB 50010—2010)规定的挠度允许值进行检验时,应符合下列公式的要求: $$a_s^0 \leqslant [a_s]$$ $$[a_s]=\frac{M_k}{M_q(\theta-1)+M_k}[a_f]$$ 式中 a_s^0——在荷载标准值下的构件挠度实测值; $[a_s]$——挠度检验允许值; $[a_f]$——受弯构件的挠度限值,按现行国家标准《混凝土结构设计规范》(GB 50010—2010)确定; M_k——按荷载标准组合计算的弯矩值; M_q——按荷载准永久组合计算的弯矩值; θ——考虑荷载长期作用对挠度增大的影响系数,按现行国家标准《混凝土结构设计规范》(GB 50010—2010)确定。 (2)当按构件实配钢筋进行挠度检验或仅检验构件的挠度、抗裂或裂缝宽度时,应符合下式的要求: $$a_s^0 \leqslant 1.2a_s^c$$ 同时,还应符合公式 $a_s^0 \leqslant [a_s]$ 的要求。 式中 a_s^c——在荷载标准值下按实配钢筋确定的构件挠度计算值,按现行国家标准《混凝土结构设计规范》(GB 50010—2010)确定。 正常使用极限状态检验的荷载标准值是指正常使用极限状态下,根据构件设计控制截面上的荷载标准组合效应与构件检验的加载方式,经换算后确定的荷载值。 注:直接承受重复荷载的混凝土受弯构件,当进行短期静力加荷试验时,a_s^c 值应按正常使用极限状态下静力荷载标准组合相应的刚度值确定
抗裂检验要求	预制构件的抗裂检验应符合下列公式的要求: $$\gamma_{cr}^0 \geqslant [\gamma_{cr}]$$ $$[\gamma_{cr}]=0.95\frac{\sigma_{pc}+\gamma f_{tk}}{\sigma_{ck}}$$ 式中 γ_{cr}^0——构件的抗裂检验系数实测值,即试件的开裂荷载实测值与荷载标准值(均包括自重)的比值; $[\gamma_{cr}]$——构件的抗裂检验系数允许值; σ_{pc}——由预加力产生的构件抗拉边缘混凝土法向应力值,按现行国家标准《混凝土结构设计规范》(GB 50010—2010)确定; γ——混凝土构件截面抵抗矩塑性影响系数,按现行国家标准《混凝土结构设计规范》(GB 50010—2010)计算确定; f_{tk}——混凝土抗拉强度标准值; σ_{ck}——由荷载标准值产生的构件抗拉边缘混凝土法向应力值,按现行国家标准《混凝土结构设计规范》(GB 50010—2010)确定

续上表

项目	内　容
裂缝宽度检验要求	预制构件的裂缝宽度检验应符合下式的要求： $$\omega_{s,max}^{0} \leqslant [\omega_{max}]$$ 式中　$\omega_{s,max}^{0}$——在负载标准值下，受拉主筋处的最大裂缝宽度实测值(mm)； $[\omega_{max}]$——构件检验的最大裂缝宽度允许值，按表 6－5 取用
检验结果验收要求	预制构件结构性能的检验结果应按下列规定验收： (1)当试件结构性能的全部检验结果均符合《混凝土结构设计规范》(GB 50010—2010)相关检验要求时，该批构件的结构性能应通过验收。 (2)当第一个试件的检验结果不能全部符合上述要求，但又能符合第二次检验的要求时，可再抽两个试件进行检验。第二次检验的指标，对承载力及抗裂检验系数的允许值应承载力、抗裂检验系数的允许值减 0.05 取用；对挠度的允许值应取挠度规定允许值的 1.10 倍。当第二次抽取的两个试件的全部检验结果均符合第二次检验的要求时，该批构件的结构性能可通过验收。 (3)当第二次抽取的第一个试件的全部检验结果均已符合要求时，该批构件的结构性能可通过验收

构件的承载力检验系数允许值见表 6－4。

表 6－4　构件的承载力检验系数允许值

受力情况	达到承载能力极限状态的检验标志		$[\gamma_u]$
轴心受拉、偏心受拉、受弯、大偏心受压	受拉主筋处的最大裂缝宽度达到 1.5 mm，或挠度达到跨度的 1/50	热轧钢筋	1.20
		钢丝、钢绞线、热处理钢筋	1.35
	受压区混凝土破坏	热轧钢筋	1.30
		钢丝、钢绞线、热处理钢筋	1.45
	受拉主筋拉断		1.50
受弯构件的受剪	腹部斜裂缝达到 1.5 mm，或斜裂缝末端受压混凝土剪压破坏		1.40
	沿斜截面混凝土斜压破坏，受拉主筋在端部滑脱或其他锚固破坏		1.55
轴心受压、小偏心受压	混凝土受压破坏		1.50

注：热轧钢筋系指 HPB235 级、HRB335 级、HRB400 级和 RRB400 级钢筋。

构件检验的最大裂缝宽度允许值见表 6－5。

表 6－5　构件检验的最大裂缝宽度允许值　(单位：mm)

设计要求的最大裂缝宽度限值	0.2	0.3	0.4
$[\omega_{max}]$	0.15	0.20	0.25

3.装配式结构施工

装配式结构施工的验收标准见表6－6。

表6－6　装配式结构施工验收标准

项目	内　容
主控项目	(1)进入现场的预制构件,其外观质量、尺寸偏差及结构性能应符合标准图或设计的要求。 检查数量:按批检查。 检验方法:检查构件合格证。 (2)预制构件与结构之间的连接应符合设计要求。 连接处钢筋或埋件采用焊接或机械连接时,接头质量应符合国家现行标准《钢筋焊接及验收规程》(JGJ 18—2012)、《钢筋机械连接通用技术规程》(JGJ 107—2010)的要求。 检查数量:全数检查。 检验方法:观察,检查施工记录。 (3)承受内力的接头和拼缝,当其混凝土强度未达到设计要求时,不得吊装上一层结构构件;当设计无具体要求时,应在混凝土强度不小于10 N/mm^2 或具有足够的支承时方可吊装上一层结构构件。 已安装完毕的装配式结构,应在混凝土强度到达设计要求后,方可承受全部设计荷载。 检查数量:全数检查。 验收方法:检查施工记录及试件强度试验报告
一般项目	(1)预制构件码放和运输时的支承位置和方法应符合标准图或设计的要求。 检查数量:全数检查。 检验方法:观察检查。 (2)预制构件吊装前,应按设计要求在构件和相应的支承结构上标志中心线、标高等控制尺寸,按标准图或设计文件校核预埋件及连接钢筋等,并作出标志。 检查数量:全数检查。 检验方法:观察,钢尺检查。 (3)预制构件应按标准图或设计的要求吊装。起吊时绳索与构件水平面的夹角不宜小于45°,否则应采用吊架或经验算确定。 检查数量:全数检查。 检验方法:观察检查。 (4)预制构件安装就位后,应采取保证构件稳定的临时固定措施,并应根据水准点和轴线校正位置。 检查数量:全数检查。 检验方法:观察,钢尺检查。 (5)装配式结构中的接头和拼缝应符合设计要求;当设计无具体要求时,应符合下列规定: 1)对承受内力的接头和拼缝应采用混凝土浇筑,其强度等级应比构件混凝土强度等级提高一级;

续上表

项目	内　容
一般项目	2)对不承受内力的接头和拼缝应采用混凝土或砂浆浇筑，其强度等级不应低于C15或M15； 3)用于接头和拼缝的混凝土或砂浆，宜采取微膨胀措施和快硬措施，在浇筑过程中应振捣密实，并应采取必要的养护措施。 检查数量：全数检查。 检验方法：检查施工记录及试件强度试验报告

二、施工材料要求

参见本书第四章施工材料要求的相关内容。

三、施工机械要求

参见本书第四章施工机械要求的相关内容。

四、施工工艺解析

预制预应力混凝土空心楼板安装工艺流程见表6－7。

表6－7　预制预应力混凝土空心楼板安装

项目	内　容
抹找平层或硬架支模	(1)圆孔板安装之前应先将墙顶或梁顶清扫干净，检查标高及轴线尺寸，按标高和设计要求拉线抹水泥砂浆找平层，厚度一般为15～20 mm，配合比为1∶3。 (2)圆孔板安装在混凝土墙上时采用硬架支模的方法：按板底标高将100 mm×100 mm木方用钢管或木支柱支撑于承重墙边，木方承托板底的上面要平直，木方要互相支顶，保持硬架稳定，钢管或木支柱下边垫通长脚手板，木柱根部应用木楔顶严。 (3)混合结构圆孔板支承在内横墙上：板下有现浇混凝土圈梁，采用硬架支模法将圆孔板安放在圈梁侧模板顶部，先安圆孔板，后浇圈梁混凝土
施划楼板位置线和标准楼板编号	在承托预应力圆孔板的墙或梁侧面，按设计要求划出板缝位置线，并在墙或梁上标出楼板型号，圆孔板之间按设计规定拉开板缝，当设计无规定时，板缝下缝宽度一般为≥40 mm。缝宽大于60 mm时，应按设计要求配筋
吊装楼板	起吊时要求各吊点均匀受力，板面保持水平，避免扭翘使板开裂。如墙体采用抹水泥砂浆找平层方法，吊装板前先在墙或梁上洒素水泥浆(水灰比为0.45)。按设计图样核对墙上的板号是否正确，然后对号入座，不得放错。安装时板端对准位置线，缓缓下降，放稳后才允许脱钩
调整板位置	用撬棍拨动板端，使板两端搭墙长度及板间距离符合设计图样要求
支吊板缝模板	板缝用铅丝吊好后，端部和跨中应有支撑。超过150 mm的宽板缝采用底部支模的方法，施工方法同普通模板支搭方法。底模模板面要比圆孔板底面标高高5 mm，拆模以后用水泥砂浆抹平

续上表

项目	内　容
锚固筋与连接筋绑扎或焊接固定	如为短向板时，将板端伸出的锚固筋(胡子筋)经整理后向上弯成45°弯角，并相互交叉。在交叉处绑1根ϕ6 mm通长连接筋，严禁将锚固筋上弯90°弯角或压在板下。弯锚固筋时应用工具套管缓弯，防止钢筋弯断。如为长向板时，安装就位后按图样要求将锚固筋进行焊接，用1根ϕ12 mm通长筋，把每块板板端伸出的预应力钢筋与另一块板板端伸出的钢筋隔根焊接，但每块板至少点焊4根。焊接质量符合焊接规程的规定
安装跨中临时支撑	为满足楼板上较大的施工荷载需要，在板缝混凝土浇筑前应在楼板跨中做临时支撑
清板缝、浇筑混凝土	圆孔板安装后及时灌缝，灌缝前必须清除缝内残渣、杂物，混凝土浇捣应密实。同时应进行混凝土养护
成品保护	(1)圆孔板在运输或存放时，不同板号应分别存放。堆放场地应平整夯实，存放时板与地面间留一定空隙(一般不小于200 mm)，并有排水措施，板在运输时将板绑扎牢固，以防移动、跳动或倾斜，板端部与绳索接触处混凝土应采用衬垫加以保护。 (2)大模结构混凝土墙体安装楼板时，一般情况下，应在混凝土强度达到4 MPa以上时，方准安装楼板。 (3)短向预应力圆孔板原则上不允许开洞。当需要开洞时应由设计人员同意并经过核算必要时采取补强措施。并将开洞处的板孔用混凝土或砂浆封堵严密，以防板孔内存水。 (4)圆孔板锚固筋要妥善保护，不得反弯或折断。 (5)扣完板后，板中间应加一道支撑，保证施工安全及楼板的的安装质量
应注意的质量问题	(1)安装不合格的楼板：安装楼板前不但要检查产品合格证，还应检查是否有裂纹或其他缺陷。防止就位后发现板不合格。 (2)板端搭接在支座上的长度不够：板安装就位不准，使板两端搭接长度不等，或是安装就位后随意撬动板造成的。 (3)楼板瞎缝：安装前没有按设计图样要求划出缝宽位置线；吊装就位时不看线；就位后其他人员随意撬动板，都会造成板缝瞎缝。 (4)楼板与支座处搭接不实：扣板前应检查墙体标高，抹好砂浆找平层，扣板时浇水泥素浆。 (5)堵孔过浅或楼板锚固筋折断：扣板前应检查孔堵的是否符合设计要求。短向板锚固筋要理顺，按规定绑上钢筋，防止压入墙下，长向板锚固筋按规定焊接。 (6)板底不平：坐浆强度不够，或硬架支模通长木方接头不牢、或施工荷载过大而跨中未设临时支撑。 (7)当所需楼板现场无货需替代时，不可用荷载等级较小的楼板替代

第二节　预制楼梯、休息平台板安装

一、验收条文

参见本章第一节验收条文的相关内容。

二、施工材料要求

参见本书第四章施工材料要求的相关内容。

三、施工机械要求

参见本书第四章施工机械要求的相关内容。

四、施工工艺解析

预制楼梯、休息平台板安装施工工艺流程见表 6—8。

表 6—8 预制楼梯、休息平台板安装

<table>
<tr><th>项目</th><th>内容</th></tr>
<tr><td>浇水泥浆</td><td>安装休息板时，应随安装随在预留洞安装位置浇水泥砂浆，水灰比为 0.5，并保证休息板与墙体接触密实</td></tr>
<tr><td>安装休息板</td><td>首先检查安装位置线及标高线，安装时休息板担架吊索一端高于另一端，以便能使休息板倾斜插入支座洞内。将休息板吊起后对准安装位置缓缓下降，安装后检查板面标高及位置是否符合图样要求，用撬棍拨动，使构件两端伸入支座的尺寸相等</td></tr>
<tr><td>楼梯段安装</td><td>安装楼梯段时，用吊装索具上的倒链调整一端绳索长度，便踏步面呈水平状态。休息板的支撑面上浇水湿润并坐 1∶3 水泥砂浆，使支座接触严密。如支撑面不严有孔隙时，要用铁楔找平，再用水泥砂浆嵌塞密实</td></tr>
<tr><td>焊接</td><td>楼梯段安装校正后，应及时按设计图样要求，用连接钢板（规格尺寸不得小于图样规定）将楼梯段与休息板的预埋件围焊，焊缝应饱满，如图 6—1 所示。
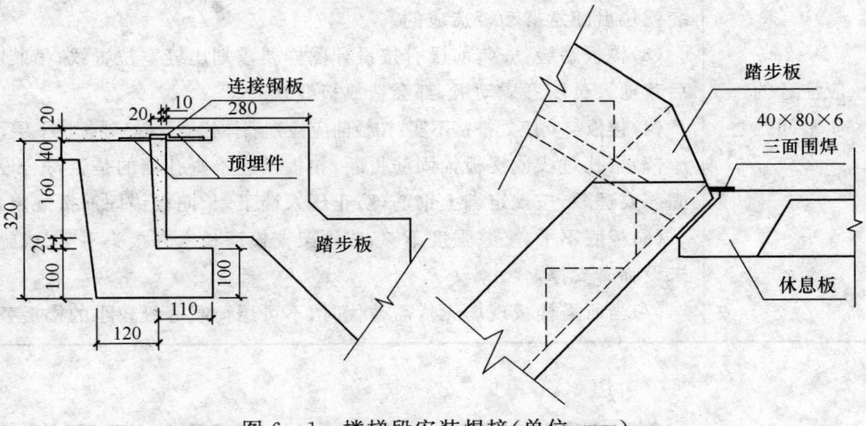

图 6—1 楼梯段安装焊接（单位：mm）</td></tr>
<tr><td>灌缝</td><td>每层楼梯段安装完后，应立即将休息板两端和墙间的空隙支模浇混凝土。模内应清理干净，混凝土用 C20 细石混凝土，振捣密实，并注意养护</td></tr>
</table>

续上表

项目	内　容
成品保护	(1)楼梯段、休息板应采取正向吊装、运输和堆放。构件运输和堆放时，垫木应放在吊环附近，并高于吊环，上下对齐。 (2)堆放场地应平整夯实，下面铺垫板。楼梯段每垛码放不宜超过6块，休息板每垛不超过10块。 (3)安装休息板及楼梯段时，不得碰撞两侧砖墙或混凝土墙体。 (4)楼梯安装后，原则上在灌缝混凝土强度达到1.2 MPa前不得上人；上人前应及时将踏步面加以保护，避免施工中将踏步棱角损坏
应注意的质量问题	(1)楼梯段支承不良，主要原因是支座处接触不实或搭接长度不够。安装休息段时要用木楔校对标高，安装楼梯板时除校对标高外，还应校对楼梯段斜向长度。 (2)楼梯段干摆：主要原因是操作不当，安装时没有坐浆，干摆浮搁，安装找正后未及时灌缝。安装时应严格按设计要求浇水泥浆，安装后及时灌缝。 (3)焊接不符合要求：构件连接仅采用短钢筋两端点焊，影响结构整体性能。应按设计要求，用连接铁件四周围焊牢固。 (4)休息板面与踏步板面接槎高低不符合要求：主要原因是休息平台位置不正确的影响，安装标高不符合设计要求。安装休息板应注意标高及水平位置线的准确性。 (5)楼梯段左右反向：安装时应注意扶手栏杆预埋件的位置，并应与图样核对

第三节　预制阳台、雨罩、通道板安装

一、验收条文

参见本章第一节验收条文的相关内容。

二、施工材料要求

参见本书第四章施工材料要求的相关内容。

三、施工机械要求

参见本书第四章施工机械要求的相关内容。

四、施工工艺解析

预制阳台、雨罩、通道板安装见表6－9。

表6－9　预制阳台、雨罩、通道板安装

项目	内　容
坐浆	安装构件前将墙身上的找平层清扫干净，并浇水灰比为0.5的素水泥浆一层，随即安装，以保证构件与墙体之间不留缝隙

续上表

项目	内　容
吊装	构件起吊时务必使每个吊钩同时受力，吊绳与平面的夹角应不小于45°。当构件吊至比楼板上平面稍高时暂停，就位时使构件先对准墙上边线，然后根据外挑尺寸控制线，确定压墙距离轻轻放稳(如设计无要求时，压入墙内不少于100 mm)，挑出部分放在临时支撑上
调整	构件放稳后如发现错位，应用撬棍垫木块轻轻移动，将构件调整到正确位置。已安装完的各层阳台、通道板上下要垂直对正，水平方向顺直，标高一致
焊接锚固筋	构件就位后，应将内边梁上的预留环筋理直并与圈梁钢筋绑扎。侧挑梁的外伸钢筋还应搭接焊锚固钢筋，锚固钢筋的型号、规格、长度和焊接长度均应符合设计及构件标准图集的要求。焊条型号要符合设计要求，双面满焊，焊缝长度≥5倍锚固筋直径。焊缝质量经检查符合要求后，办理预检手续。锚固筋要锚入墙内或圈梁内，如图6－2所示
浇筑混凝土	阳台外伸钢筋焊接完，阳台内侧环筋与圈梁钢筋绑扎完，并经检查合格办理隐检手续，与圈梁混凝土同时浇筑。浇筑混凝土前，模内应清理干净，木模板应浇水润模，振捣混凝土时注意勿碰动钢筋，振捣密实后，紧跟着木抹子将圈梁上表面抹平(注意圈梁上表面的标高线)。通道板安装时板缝要均匀，板缝模板支、吊要牢固，缝内用细石混凝土浇筑，振捣密实，混凝土强度等级要符合设计要求
成品保护	(1)构件重叠码放时应加垫木，为使吊环不被压坏，垫木厚度应不小于100 mm，且上下垫木位置应垂直对正。堆放场地应平整夯实、排水良好。每垛构件码放高度不超过10块。 (2)剔凿预埋钢筋铁件时，不得损坏构件。 (3)运输和安装过程中，不得任意断伤构件外露钢筋。 (4)安装构件时，不得碰坏砖墙或混凝土墙
应注意的质量问题	(1)安装不平：临时支撑顶部和水泥砂浆找平层必须在一个水平标高面上，阳台板外端可适当统一上翘5～10 mm。 (2)位置不准确：安装时必须按控制线及标高就位，若有偏差应及时调整。 (3)支座不实：应注意找平层的平整，安装时应浇水泥素浆，安装完仍有孔隙，应用干硬性砂浆塞实。 (4)锚固筋长度及搭接焊不符合要求：锚固筋采用搭接焊时，应采用双面焊缝，有时改为单面焊时造成钢筋锚固长度或焊接长度不够。 (5)锚固筋未伸进墙内或圈梁内：由于构件安装时位置不准确，使锚固筋与混凝土墙体位置错开。吊装时应按位置线就位。 (6)阳台、通道板上下不垂直、出墙尺寸不统一：主要原因是安装时没有按构件施画和建筑物上位置线就位。 (7)阳台、通道板渗水：由于未认真做防水处理。安装完之后应随时将外边缝30 mm宽的垫浆剔掉，按设计要求做防水处理。通道板之间缝隙必须用细石混凝土浇筑密实。 (8)安装晒衣架破坏阳台板：安装晒衣架时应在板底向上钻孔或剔凿，严禁从上向下剔凿

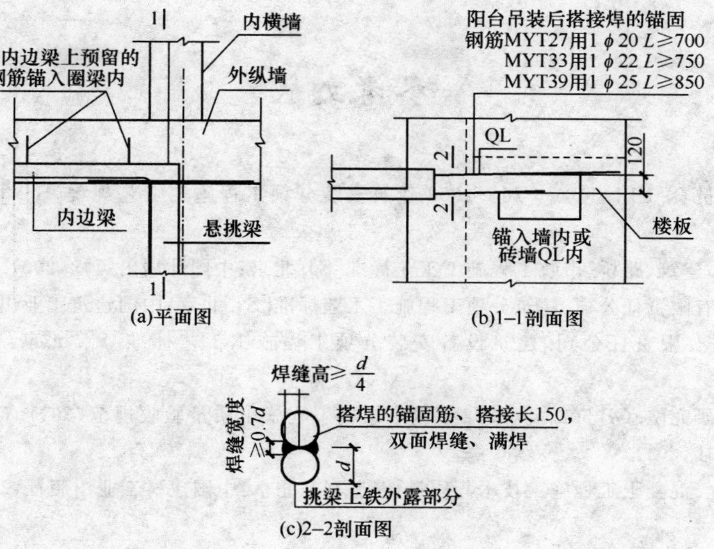

图 6－2 锚固筋的焊接(单位:mm)

参考文献

[1] 北京市建设委员会. DBJ/T 01－26－2003 建筑安装分项工程施工工艺规程[S]. 北京：中国市场出版社，2004.

[2] 北京城建集团. 建筑、路桥、市政工程施工工艺标准[S]. 北京：中国计划出版社，2007.

[3] 北京建工集团有限责任公司. 建筑分项工程施工工艺标准[S]. 北京：中国建筑工业出版社，2008.

[4] 北京建工集团有限责任公司. 建筑设备安装分项工程施工工艺标准[S]. 北京：中国建筑工业出版社，2008.

[5] 中国建筑科学研究院. GB 50204—2002 混凝土结构工程施工质量验收规范(2011 年版)[S]. 北京：中国建筑工业出版社，2011.

[6] 宋功业，邵界立. 混凝土工程施工技术与质量控制[M]. 北京：中国建材工业出版社，2003.